農林資源開発史論 II

# 日本帝国圏の農林資源開発

「資源化」と総力戦体制の東アジア

野田公夫 編

京都大学学術出版会

# はしがき

本書は『農林資源開発の世紀―「資源化」と総力戦体制の比較史―』と対をなす「シリーズ　農林資源開発史論」の一冊である。二冊に共通する問題意識を述べておきたい。

昭和戦前期の日本では「資源」という言葉が急浮上し、あらゆるものが「資源化（＝資源開発）」の対象として眼差されることになった。「資源」とは、自然の素材的富をさす「富源」とは異なり、典型的には、なんらかの経済的価値を見出されかつアクセス可能となった自然のことである。自然がもつ経済価値に注意がはらわれることは新しいことではないが、「資源」という概念は、自然に対する接し方を根本的に変える大きな能動性をもっていた。科学・技術等の力によりすべての「自然」を「資源」化できるかもしれないという野放図な「期待」と「欲望」を生み出したからである。そして興味深いのは、このような「（能動的）資源」概念が総力戦期に急浮上したこと自体が、極めて「日本的」な現象であったことである。それはなぜであろうか。

本シリーズでは、「資源」概念をクローズアップした「時代」に注目しつつ、その実相を農林業に照準を定めて考察する。資源問題を扱った研究は多いが、これまでは鉱物・化石燃料等の非生物資源か採集産業としての漁業・林業における資源枯渇問題に関心が集中しており、「再生産性を本質とする農林業[1]」を扱ったものはないように思う。自然に依拠し再生産を基本原理とする農林業（したがってまた農林業現場は「二次自然」としての性格をもつ）において、「（さらなる）資源化」の要請はいかに遂行され何をもたらしたのだろうか。執筆者の多くは日本をフィールドにしているが、ドイツ・アメリカの研究も加えて、可能な限り比較史な検討を行いたい。

翻って「今」を見ると、地球環境問題が前面化されている。その問題の中心は二酸化炭素排出量に規定された地球温暖化だと説明され、問題解決のためには排出量が少ないクリーンエネルギーと、エネルギー消費が少ないエコ製品への切り替えが必要だとされることが多い。かかる文脈のもとに、二〇一一年三月一一日〔東日本大震災〕までは、原子力発電が最も現実性の高いクリーンエネルギーだと称揚され、エコ製品はあたかも消費すればするほど「環境にやさしく」なるかのように宣伝されてきた。

他方、「資源戦争」というアナクロな言葉が復活したことにも驚かされる。それは、生産力と人口の爆発のなかで「命綱としての資源」という命題が急速にリアリティを増したことに加え、金融工学〔バーチャル世界〕の暴走に対する不安が「実体〔確かさ〕への執着」を助長したことの反映なのであろうか。いずれにしても、国境の壁がどんどん低くなりつつあるグローバル化世界のなかで、再び「資源支配とそのための土地支配」への衝動が異常に強まるという、一見すると奇妙な事態が進展しているのである。いずれの問題の背景にも、資源すなわち「経済行為の対象としての自然」が無限定な拡大を遂げることによって生み出された「地球〔総体〕の資源化」があるのであろう。

農林業の発展過程の特色をその長期においてとらえた言葉に「形成均衡」(2)というものがある。たとえば農業は、農地拡大と集約化(――これらが「形成」の意味である)の過程でしばしば自然破壊の元凶になったが、農産物の多くは「生命〔人間〕の再生産」を維持する必需品であるうえ、限定された農地のうえで「農業の再生産」をする以外には確保できないため、自ずと持続可能な形態にリニューアルされる(――これが「均衡」の意味である)必要があった。かかる過程で形成・発動される強力な社会的力が共同体規制とよばれるものである。日本の水田には一〇〇〇年以上の歴史をもつものすらあるが、かかる驚異的持続を支えたのは、技術と社会組織および規範〔共同体規制〕とエートスの「巧みな革新」であった。これこそが、〈採掘〔採集〕・製錬―汚染・放棄・荒廃―人々の放逐〉

を繰り返し「環境対策」などその弥縫策でしかないような他の資源現象とは決定的に異なる、農林資源の本来的特質（形成均衡的性格）である。衣・食・住・燃料＝生命に直結する農林業は、それが維持できなければ直に集団の滅亡（もしくは移動）に帰結したのであり、それを防ぐための厳しさと巧みさと住民一人一人への配慮は、現代科学の「画一的で目の粗すぎる処方箋」が忘れ去ってしまったものである。環境問題研究は農林業が積み上げてきた「形成均衡」の分厚い歴史を深く学ぶべきであろうと思う。

本書は現在の資源問題を直接扱うものではないが、カテゴリーの時代性と比較史的差異および農林資源問題に着目することを通じて、現代社会に対し若干の議論素材を提供することはできるかもしれない。高望みであることは重々自覚しつつも、単なる過去の研究には終わらせたくないという、ひそやかな期待をいだいている。

二〇一二年一一月

執筆者を代表して
野田　公夫

**注**

(1) ここでの林業は単なる採集産業ではなく育林過程に裏付けられたものを指す。
(2) 祖田修の造語である。同著『農学原論』岩波書店、二〇〇〇年を参照されたい。

# 目　次

野田公夫編（農林資源開発史論第Ⅰ巻）
『農林資源開発の世紀
――「資源化」と総力戦体制の比較史――』

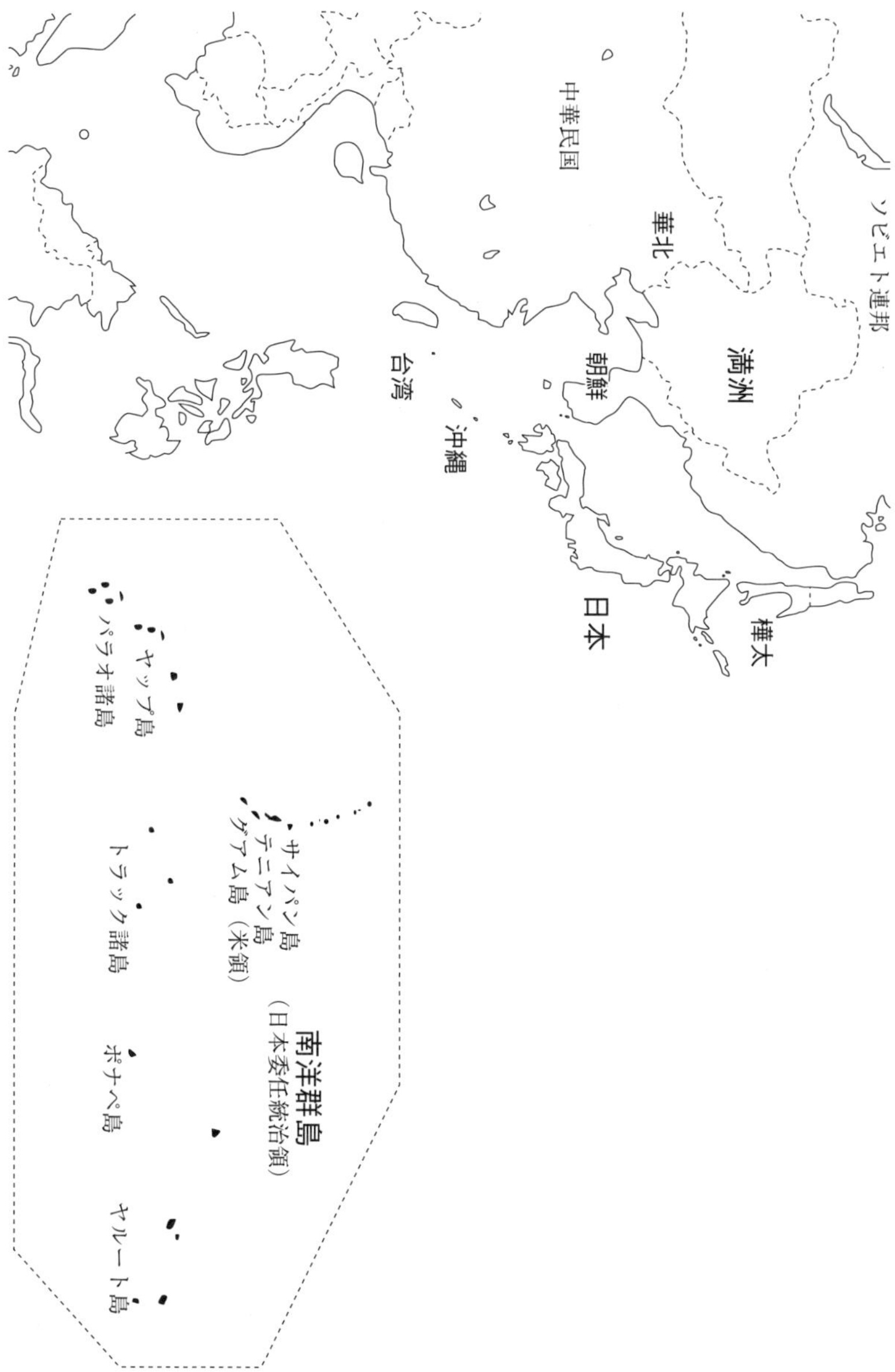
ソビエト連邦
満洲
華北
中華民国
朝鮮
日本
樺太
台湾
沖縄
南洋群島
（日本委任統治領）
サイパン島
テニアン島
グアム島（米領）
トラック諸島
ポナペ島
ヤルート島
ヤップ島
パラオ諸島

日本帝国圏関連地図

# 序章　日本帝国圏の農林資源開発

## ――課題と構成――

野田公夫

### はじめに

本書の課題は、第一に、日本帝国圏（取り上げたのは満洲・樺太・南洋群島および華北占領地）における農林資源開発の実態を具体的事例的に明らかにすることであり、第二に、個々の事例の共通の受け皿としての日本帝国圏をその多様性と相互連関性において把握することである。以下、二つの課題の意味を概括したい。

第一、地域事例分析について。資源問題や環境問題への関心が急増しているが、これらの研究の現時点における最大の制約は実態分析の圧倒的不足である。とくに、総力戦体制期における農林資源開発の歴史過程を具体的に解明した研究は皆無であり、本書の第一の課題はこの欠落を埋めることである。「世界」は本質的に多様であるが、その「多様性」を最もクリアかつ豊かに示すのが農林業である。ここでは、ありきたりの「普遍」は通用しない。すべてが、「自然」という人間が容易に左右できない決定的条件と、そのなかで長い歴史を背負って形成された社会（自然・人関係、人・人関係）に規定された、固有で具体的な存在だからである。農林資源開発の具体的「実際」を積み重ねることを通じて、個別性に満ちた農林資源問題の実相を明らかにしたい。

第二、帝国圏諸地域の多様性と相互補完性について。帝国圏における農林資源開発は、経営主体の零細性と多数性したがってまた資本力の欠乏という制約に対処する必要上、主たる方策を「組織化（産業組合の結成）」に頼ることになった。しかし、当然のことながら「組織化」の適合性には地域に応じて大きな差異があった。本書では、かかる実態を帝国圏全域について数値をもって明らかにしたい。他方、農村こそが民族性と軍の母体とされながら脱農が止まらないという日本「内地」の状況は農政家たちにも深刻に受けとめられ、「人口問題」への対処が重要論点になった。また戦争要因とは別に、日本「内地」の需要が著増した農業領域では帝国レベルでの補完を不可欠とする新たな事態も生じていた。このような個別地域を越える帝国全体の「資源管理」「資源問題」のありようを、各地域の「組織化」の差異（産業組合の比較史）をふまえつつ考えてみたい。

ところで、日本帝国圏の拡大過程が地政学的戦略性に貫かれたものであり、この点において先発の欧米帝国主義の植民地拡大とは大きく相違しているという、マーク・ピーティの興味深い指摘がある。[1] 多様で多分に偶然的な経緯を持ち、遠く（物理的距離だけの問題ではない）かつ分散的に配置されていた西欧植民地とは異なり、日本は同じアジア圏にある自らの隣接諸国・地域を植民地化した異例の帝国主義であり、さらに南方進出を意識しつつ南洋群島を、北方を睨みながら満洲へと順次同心円状に影響圏を拡大した。当初はこれらの地域を貿易赤字の大きな部分を占めていた農産物を輸入代替化する場として位置づけたが（嚆矢＝台湾蔗糖生産）、内地との競合が問題にされてきた三〇年代以降（ピーク＝朝鮮米大量流入をめぐる朝鮮総督府と農林省の対立）は工業開発に主軸を転じ、戦時体制下には植民地に重工業を本格的に移植した初めての帝国主義となった。いずれにしても、総力戦を戦うという観点から帝国圏が有機的に位置づけられ動員されたところに日本帝国圏の際立った特徴があるというのである。本書でも、このような観点をふまえつつ帝国圏諸地域の農林資源開発のあり方を考察したい。

# 第一節　帝国圏農林業の役割─内地農林産物の海外依存─

## 一・日本「内地」における農林資源開発の限界

日本内地農業はすでに平野部（農地開発可能地域）開発を基本的に終了していたうえに、都市・農村格差が明瞭になり大きな社会問題になりながらも農村過剰人口が解消されない、という難問をかかえていた。そして全体として顕著な市場経済化をとげつつある時代において、「富と権威および種々のチャンスを体現する都市」と、「貧困と差別と逼塞の状況を強める農村」との乖離がビジブルになりつつあった。かかる時代状況にあっては、総力戦体制構築上の必要性が認識されたとしても、農業生産構造の抜本的改革は不可能であった。他方、世界トップレベルの森林比率[2]を基盤とする林業も、そのほとんどが急傾斜地にあるため大規模な平地林をもつ諸国林業との競争はむずかしいうえ、開発自体が困難であった。

日本農業には「三大基本数字」というものがあった[3]。明治中期から戦後高度経済成長期に至る半世紀余りの間、農地面積六〇〇万町歩・農家戸数五五〇万戸・農業就業人口一四〇〇万人という規模と構成が維持され続けてきたことをさす言葉である[4]。それが意味するところは次の三つである。①急速な産業化にもかかわらず農業規模を確保し続けたこと。これは日本農業が、土地合体資本（装置）としての安定性をもつ水田を中心とし、かつ強い規範に支えられた主体（イエとムラ）によって担われていたために可能になった。②同じ数字が他方では、日本農業拡大の限界的な状況を示すものでもあったこと。ただし、一見不変にみえる数値も東日本の「増」と西日本の「減」とが相殺しあったものであり、それなりのダイナミズムを有してはいた。しかし大局的にみれば、内地農業はすでに外延的拡大の余地を強く制約されていた。

表序-1　産業別輸入額比率の推移（1）

| | Ⅰ 1880-82 | Ⅱ 1890-92 | Ⅲ 1900-02 | Ⅳ 1911-13 | Ⅴ 1924-26 | Ⅵ 1934-36 |
|---|---|---|---|---|---|---|
| 工　業　品 | | | | | | |
| 加工食料品 | 14.6 | 13.7 | 11.2 | 8.5 | 7.8 | 6.7 |
| 繊維品 | 55.1 | 27.6 | 12.5 | 5.7 | 5.9 | 1.9 |
| 木製品 | 0.0 | 0.0 | 0.0 | 0.1 | 1.8 | 0.5 |
| 化学品 | 7.1 | 8.1 | 11.3 | 14.6 | 11.0 | 9.9 |
| 窯業品 | 0.6 | 0.6 | 0.6 | 0.6 | 0.5 | 0.5 |
| 金属品 | 7.3 | 7.7 | 10.0 | 12.1 | 8.1 | 11.1 |
| 機械 | 3.0 | 10.0 | 13.8 | 9.3 | 6.7 | 4.8 |
| 雑製品 | 2.5 | 1.4 | 0.9 | 0.7 | 0.7 | 0.6 |
| **農　産　物** | **4.1** | **24.9** | **32.8** | **44.0** | **50.0** | **52.1** |
| 水　産　物 | – | – | 0.6 | 0.2 | 0.8 | 0.9 |
| **林　産　物** | **–** | **0.2** | **0.3** | **0.3** | **2.1** | **1.2** |
| 鉱　産　物 | 5.6 | 5.9 | 5.9 | 4.1 | 4.5 | 9.7 |
| 合　　計 | 100.0 | 100.0 | 100.0 | 100.0 | 100.0 | 100.0 |

出典：大川一司・篠原三代平・梅村又次編『長期経済統計』第14巻、山澤逸平・山本有造『貿易と国際収支』東洋経済新報社、112-118頁、表6-3-(2)より作成。なお、原表数値の小数第二位を四捨五入してあるので、合計が100.0にならないものもある。

③「構造改革（個別大経営の創出）」型の経営主体育成がほぼ不可能であったこと。これは基本的には①②二条件の産物であるが、戦時期における強力な農村労働力吸引が全階層的落層化を引き起こしたことが問題解決をさらに困難にした。

他方、当時の日本は農業就業人口がほぼ半ばを占める農業国（一九二〇年は五五・六％であった）であったにもかかわらず、平時においてすら農産物の多くを海外に依存せざるをえない状況にあった。次にこの点を簡単にみておきたい。

## 二．内地農林産物需要の海外依存状況

驚くべきことに、工業化が進展しつつあった昭和期になっても、農産物が輸入品目の第一位を占めていた。表序-1は一八八〇（明治一三）年から一九三六（昭和一一）

表序-2　産業別輸入額比率の推移（2）

| | Ⅴ | Ⅵ | | Ⅴ | Ⅵ |
|---|---|---|---|---|---|
| **工業品・加工食料品** | **(7.8)** | **(6.7)** | **工業品・化学品** | **(11.0)** | **(9.9)** |
| 砂糖 | 88.1 | 80.0 | 硫安 | 34.0 | 14.0 |
| 飼料（含ふすま） | 6.8 | 14.4 | 豆糟 | 12.1 | 10.5 |
| **工業品・繊維品** | **(5.9)** | **(1.9)** | **農産物** | **(50.0)** | **(52.1)** |
| 生糸 | 7.9 | 35.2 | 繰綿 | 51.4 | 49.2 |
| 毛織糸 | 40.3 | 4.3 | 米 | 21.5 | 22.2 |
| くず・故繊維 | 3.6 | 17.6 | 羊毛 | 6.7 | 12.2 |
| 綿織糸 | 1.7 | 19.1 | 豆類 | 6.0 | 5.7 |

出典：表序-1に同じ。各輸入品目における「農業に関連する細目」の比率を表示した。

年までの産業別輸入品割合の推移を概観したものであるが、次のような興味深い傾向が読み取れる（この数値には他国からの「輸入」のみならず植民地からの「移入」も含まれている）。

一貫して減少しているのは、「繊維品」と「加工食料品」であり、Ⅰ期（一八八〇～八二年）からⅤ期（一九三四～三六年）にかけて、各々五五・一％から一・九％、一四・六％から六・七％へと低下した。ここでは輸入しかみていないが、もちろん「繊維品」は綿織物・生糸を中心に最大の輸出部門に成長していったのである。他方、前半は増加しながら後半には減少に転じたものがある。「化学品」は七・一％から一四・六％（一九一一～一三年）に増加しながら一九三四～三六年には九・九％に低下し、「金属品」は七・三％→一二・一％（一九一一～一三年）→一一・一％、「機械」は三・〇％→一三・八％（一九〇〇～〇二年）→四・八％と推移した。これらの産品は、当初先進諸国からの輸入に頼りながら、明治末から大正にかけて輸入代替化をすすめ自給力を強化したものである。

これに対して農産物の動きは際立って異なっている。第Ⅰ期には四・一％にすぎなかったものが、時期を経るごとに急増し、Ⅵ期には全輸入額の五二・一％を占めるに至ったのである。主食である米についていえば、Ⅲ期（三二・八％）は輸出品から輸入品へと需給関係が大きく切り替わった時期であり、Ⅳ期（四四・〇％）は米不足が引き起こした「近代日本最大にして最後の民衆騒擾」といわれた米騒動の直前である。他方、工業の発展にともない一義的に比重を増加させたかにみられる「鉱産物」は、意外なことにⅣ期（一九一一

表序-3　産業別輸入額と農林産物輸入額比率の推移

| | 1936 年度 | 1937 年度 | 1938 年度 | 1939 年度 |
|---|---|---|---|---|
| 工業品 | 1,262.3 | 2,003.6 | 1,716.6 | 2,079.7 |
| 農産物　① | 1,885.7 | 2,044.7 | 1,375.5 | 1,327.9 |
| 水産物 | 24.1 | 25.0 | 27.8 | 36.8 |
| 林産物　② | 46.1 | 51.2 | 29.8 | 35.9 |
| 鉱産物 | 374.3 | 587.9 | 608.5 | 613.7 |
| ①＋②＝　③ | 1,931.8 | 2,095.9 | 1,405.3 | 1,363.8 |
| 合　計　④ | 3,592.5 | 4,712.4 | 3,758.2 | 4,094.0 |
| ③/④×100 | 53.8% | 44.5% | 37.4% | 33.3% |

出典：大川一司・篠原三代平・梅村又次編『長期経済統計』第 14 巻、山澤逸平・山本有造『貿易と国際収支』東洋経済新報社、182–183 頁、「第 2 表　類別輸入額（当年価格）」より作成。

〜一三年）がボトムであった。第Ⅴ期から第Ⅵ期にかけて急増するがそれでも農産物の五分の一以下であったのである。

なお、昭和期（Ⅳ・Ⅴ期）についてその主な内訳をみたのが表序-2である。ここで「農産物」についてみると、農産物輸入総額の半ばを繰綿が、一割前後を羊毛が占めていることがわかる。主食としての「米」および油糧原料であるとともに肥料や飼料にも使われた「豆類」以外は工業原料としての輸入であった。他方、「加工食料品（工業品）」として輸入されるものの大部分は砂糖であった。

また、これらの表では示されていない三六年以降の推移をみたものが表序-3である。これによれば、戦時体制下には「農（林）産物」輸入比率は明らかに低下するが、それでも一九三九年時点で3割を超えており「鉱産物」の二・二倍余りを占めていた。さらに先にみたように、「工業製品」としてカウントされた輸入額のなかの無視できない比率を農業由来製品が占めていたことを考えれば、帝国圏レベルでの農林資源開発には大きな役割と期待があったといわなければならない。

## 三．帝国圏農林業への期待

とくに日本内地では不可能な農業生産構造の抜本的変革を遂行

する場として期待されたのが傀儡国家化した満洲であった。ここでは「国策」として大規模（目標＝一〇〇万戸・五百万人／一戸あたり経営規模一〇町歩）な開拓団の入植が「東亜のモデル農業づくり」「大東亜共栄圏のショウインドウ」の意味も付加されて期待された。樺太には漁業（鰊漁とその加工）とともに森林資源・石炭資源の開発が期待されたが、森林は戦時体制以前にパルプ資本により濫伐され資源性を大幅に減じることになった。委任統治地域となった南洋群島では台湾に続きまずは蔗糖生産が、次いで漁業（鰹漁と鰹節生産）およびパイナップルやパーム椰子などの熱帯産品の供給が期待された。これらの地域（満洲・樺太・南洋群島）の農業資源開発は、農業移民・開拓移民を主たる担い手として実施されたことが大きな特徴であった。

台湾・朝鮮では、前者では蔗糖・精糖と米作が、後者では米作が割り振られた。いずれの地域も歴史的に築かれてきた分厚い農業・農村をもっていたため、ここでは移民の投入ではなく、伝統農業・伝統村落に対する半ば強制的な「近代」の導入と組織化が主たる方策となった。すなわち①地籍と土地所有権の確定（土地調査事業）および②土地改良（土地生産性の向上）とジャポニカを使った米質の改良＝日本化（市場生産性の向上）[5]、③産業組合による組織化（経済的・技術的合理化）が追究されたのである。

他方、戦争が進展し占領地域が急速に拡大するなかで、占領地域において農林産物集荷体制（さらには生産指導体制）が組織されていく。東南アジアと中国の一部地域がそれに該当する。

## 第二節　帝国圏における農林資源開発の基本視角——二つの研究に学びつつ——

日本帝国圏の農林資源開発に関する興味深い研究が刊行された。安富歩・深尾葉子編著『満洲の成立』（名古屋大学出版会、二〇〇九年）と井上貴子編著『森林破壊の歴史』（明石書店、二〇一一年）[6]である。いずれも「森林破壊」

に照準を合わせているうえ、「森林」の側を単なる受動的存在として描いているため、総力戦体制下における総体的な農林資源化という本書の問題関心と合致するものではないが、重なるところは大きいうえ、農林資源問題を地域具体的に考察している点、問題状況の多様性をクリアに示している点で、参考にすべきところは多い。以下、両研究に学びつつ、本書にかかわる論点を整理しておきたい。

## 一・「満洲における森林消滅（安富・深尾編『「満洲」の成立』）」を素材に

『満洲の成立』は満洲における森林資源消滅の規模・スピードとそのメカニズムを具体的に明らかにして衝撃的ですらあった。満洲（中国東北部）では、清の封禁政策が弛緩した一九世紀末以降に漢族が流入して牧野の耕地化がはじまり、日露戦後には東北アジア最大の森林地帯であった鴨緑江流域の森林開発に手がつけられた。その結果、日露両国資本の進出によりわずか数十年の間に広大な森林が消滅したというのである。それは、両国の鉄道建設にともない枕木となり、蒸気機関車の燃料となり、激増した馬車の原料になった。他方、軽量で通年流すことができる日本型筏の導入により材木運搬は大幅に能率化され、森林破壊に拍車をかけた。これまで想像困難であった広大な森林のあっというまの消滅過程が、以上のような相互連関によって見事に説明されたのである。ここでの森林破壊は、いわば過度に開放され爆発的に拡大した市場の産物として現象していたといえよう。

かかる事態を容易に許した条件として、統一権力の崩壊が資源管理を不可能にしたこと、日・露はむろん流入した漢族も含め「植民者」的寄生性が強かったこと、歴史的に商品経済に深く馴染んだ社会であったことが指摘され、樹木の再生性に乏しい自然環境であったことが破壊状況を一層深刻なものにしたと説明されている。意外であったのは、日・露の森林資源伐採以前から大量に流入しつつあった漢族（およびその後の朝鮮族）による農地開拓は、主に平原（畑）や湿地（水田）を対象としており、直接森林破壊に結び付くものではなかったと指摘されていることである。[8]前近代社会における森林破壊の最大の原因は農業（耕地化）であるというイメージが強かったが、それは現代の焼畑による森林破壊のメカニズムから類推された一つの思考上のバイアスであったのかもしれない。同書に収録されているドイツの事例[9]とともに、森林破壊にも多様な経路があり、土地条件とその利用状況に照らして実態をみる必要があることを具体的に示したものとして重視したい。

私たちの書物の範囲では、森林が主たる開発対象になり、〈森林消滅〉の事態を全体規模で引き起こしたのは植民地樺太であるが、ここでの開発主体／森林消滅原因は農民（開墾）でも蒸気機関車（燃料・枕木）[10]でも帝国権力（木材需要）でもなく、パルプ資本（製紙原料）であった。そして、平地林の消滅が広大な農地を生んだかつての満洲とは異なり、山林地帯である樺太は農地ではなくはげ山を生んだのである。なお、満洲では戦時期に大量流入した日本の開拓移民団による森林濫伐が多発した。ここでの濫伐主体は入植農民であり過伐原因は農業の拡大ではなく農業展望の無さであった（第六章　今井良一論文）。

## 二・「朝鮮における植民地権力の緑化主義（井上編『森林破壊の歴史』）」を素材に

植民地期朝鮮の森林問題は満洲とはおおいに性格を異にしていた。[11]ここでのポイントは「市場」ではなく「植民地権力（朝鮮総督府）」であり、それがとった「緑化主義」「禁伐主義」であったという。[12]森林保全が植民地権力の方針となったのは、それまでの朝鮮の国家も村落も「無主公山」における森林資源保全に失敗し続けており、植民地権力こそが「文明化」の力とならなければならないとする差別認識と、その裏面をなす「啓蒙」主義の産物であったというのである。

植民地権力は「緑化主義」に基づき私有林や村落共同利用地での森林資源利用法に規制を加えたが、これが朝鮮農民の生活を「市場の暴力」にさらすことになった。ここでは、植民地権力による森林破壊が朝鮮農民に敵対したのではなく、逆に「緑化主義（森林保護）」が彼らを疎外したのであった。普遍性をもった権力の喪失が略奪的破壊をうんだ満洲とは反対に、植民地権力が採用した画一的な「緑化主義」により森林は保護され、皮肉なことにこのことが、多分に森林資源に依拠していた農民の生活を困難に陥れたのであった。ここには、森林破壊が悪／森林保護は善などという単純な構図では問題は把握できないこと、そして農山村現場（農山村に暮らすひとびと）に目線を置いたときにこそ問題の現実的な意味が見えてくることが示されている。

もっとも、総力戦体制期帝国主義である日本という視点からみれば、以上の事態はさほど意外なものではない。先にみたように、ピーティは日本の植民地拡大過程における地政学的戦略性を指摘したが、ここでは、植民地が単なる商業的収奪の対象ではなく、帝国圏としての総合性において、すなわち総力戦体制に相応しい有機的実態を持つべきものとして位置づけられていた。ついでながら、堀和生がつとに強調する「植民地を工業化する」日本帝国の個性的性格(13)もまた、かかる時代状況の中で再定義されるべきものであろうと思う。「資源を保育する」とは「国力を保育する」ことであり、これが総力戦体制期帝国権力の最も基本的なスタンスであることは十分首肯しうることといえよう。

## 三．本書の視角─再生産性と現場性という立脚点─

以上の論点について付言すれば、資源「保育」自体がニュートラルな行為であるわけでは決してない。そこには常に、「何のために〃誰のために」という問題が避けられない論点としてつきつけられている。加えて、一旦戦争状態になれば「資源としての保育」は「勝つための動員」に簡単に置き換わるほど「軽い」ものでもある。その意味では「総力戦体制の資源保全」とは「平時における心構え」に過ぎないものともいえよう。「総力戦」とは勝つために発揮できる「総力」をマキシマムにする体制にすぎないからである。本書では残念ながら扱えなかったので植民地朝鮮に即して議論を深めることはできないが、戦時期における帝国権力と傀儡国家の関係の問題として満洲農業移民の分析（第六章　今井良一論文）と、帝国官僚と日本人移民との間にある植民目標の深刻なズレに関する分析（第七章　中山大将論文）が近似した問題群を扱っている。

総力戦体制期農林資源開発をめぐる研究状況は、先に述べたように、因果関係を語るには、あまりにも実証研究が不足しており、個別性が極めて高い農林資源を扱う場合には、開発の対象・地域・主体・管理技術等の異なる膨大な事例分析を積み上げる必要がある。本書第三章の執筆者である大瀧真俊によれば、例えば、乾田馬耕を普及させるうえで牽引力を増すべく馬の大型化が必要であったが、馬の飼料消費も増えるため効用とコストの兼ね合いが「適正馬」のレベルを決定し、それが満たされない場合には牛への転換も起こったし、他方、和牛における霜降り肉は中国山地の黒牛の遺伝子特性と近江地方の二毛作（裏作物の濃厚飼料への転用）および鍋料理にこだわった食文化という三つの諸要素が合成することによってこそ成立しえた（第四章　野間万里子論文・牛肉食）。また、同じ作目を同じ方法で育てたとしても、寒地においては作業適期が一気に狭められることにより全く異なる労働編成（人海戦術）を必要とした（第六章　今井良一論文・満洲）し、地力再生産と栄養（脂肪分・蛋白質）確保のために乳牛をいれた「有畜小農経営」が推奨されても、牛では馬のような運搬業務ができず（兼業収入の減）、そもそも生き物を飼うことは出稼ぎを不可能にするため、別方向から農家経済を破壊することになった（第七章　中山大将論文・樺太）。さらに、同じ鰹漁の経験を買われた静岡漁民はラグーンで鰹の餌となる小魚を採る技術を持たなかったために沖縄漁民に太刀打ちできず、南洋鰹漁から撤退を余儀なくされた（第八章　森亜紀子論文・南洋）、などなどである。

いずれの論点も小さなものであるうえ叙述も単純化しすぎであるが、少なくとも閉鎖空間（工場のことである）を設置しさすればどこでも普遍性をもった技術が導入できる工業技術との差は歴然としているであろう。このような小さな問題の一つ一つに気配りし、かかる無数の知を積み重ねていくことが、再生産資源問題を考える場合に堅持すべき基本姿勢なのである。農林資源開発は再生産を前提としているのであるから、少なくともそれを保証する場＝生態均衡系を意識しながらその意味を把握・評価する必要がある。環境への貢献を謳う近年の科学技術も、（少なくとも今のところは）そのような内容を把握しうる広さも深さも欠いており、依然として極めて小さな部分均衡モデルでしかないようにみえる。これが、「科学」の視野とは別に、絶えず「歴史」と「伝統」から知を汲み取る努力を重ね続けるべき理由である。

## 第三節　章別編成と諸論点

### 一・第Ⅰ部─帝国圏という視座─

最初に帝国圏全体を見通す二つの論考を配置した。

第一章・坂根嘉弘「日本帝国圏における農林資源開発組織─産業組合の比較研究─」

第二章・足立泰紀「総力戦体制下における「農村人口定有」論
　　─「人口政策確立要綱」の人口戦略に関連して─」

日本内地の農産物供給能力を補うために帝国圏に期待をかけざるを得なかったが、資本不足と零細経営という二つの制約をクリアするためには「組織化」が最も効果的な方策であった。そのために、関係者を結集した農林資源開発組織として、日本内地の産業組合と同名の組織を帝国圏全域で結成したのである。しかし、内地の産業組合がそれなりの成果をあげえたのは、日本農業の主体が強固な凝集性（イエとムラ）をもっていたうえ農業自体もすでに市場的性格を強く帯びており、組織化を受容する十分なモチベーションを有していたからであった。帝国圏の現実とは距離があったうえ、帝国圏内部のバラエティが極めて大きかったことを考えれば、これらの差異を反映して、おのおのの産業組合は顕著な性格差を持たざるを得なかったであろう。坂根論文では、帝国圏全域における産業組合（農林資源開発主体）の現実的力量を基礎データに基づき比較分析した。第Ⅱ部の諸章が明らかにした諸地域における農林資源開発の状況的差異は、この見取り図のうえに置くことによって帝国圏における一つの位置づけを得るであろう。

他方、本シリーズ第Ⅰ巻が明らかにしたように、資源概念を「人」にまで及ぼし、「人的資源の動員」に決定的に依拠せざるを得なかったことが、日本総力戦体制とりわけその農林業資源開発における際立った特徴であった。したがって、「資源」的切り札として再認識された「人」したがってまた「人口」に対する強い関心は、当該期農林資源開発問題に深い関連をもつ今一つの重要課題であった。しかし、このような時局の要請とは別に、一九二〇年センサスと人口統計学は、遅ればせながら日本にも「人口現象の近代的変化」すなわち少産・少死傾向の強まりとその下での人口増加率の鈍化から減少へ推移する動き（人口転換）が明瞭に姿を現してきたことを告げていた。しかも、人口増殖の確かな場である農業・農村自体が、総力戦体制が要求する工業化・都市化の波に洗われ傷つき縮小しつつあるという現実があった。このようななかで、昭和三五（一九六〇）年に一億人の人口を達成することを目標とする「人口政策確立要綱」が決定され（一九四一年一月閣議決定）、そのなかで帝国圏における「農業人口四割定有」が謳われた。問題は日本内地のみならず帝国圏の広がりをもって把握されたのである。足立泰紀論文は、このことが総力戦体制期農林資源開発に及ぼした影響を考察したものである。

次に、帝国圏の広がりのなかで農林資源の流通が拡大していた状況を検討した。

第三章・大瀧真俊「日満間における馬資源移動―満洲移植馬事業一九三九～四四年―」

第四章・野間万里子「帝国圏における牛肉供給体制―役肉兼用の制約下での食肉資源開発―」

大瀧論文は馬を扱った。これまで大瀧が精力的に明らかにしてきたように、近代日本馬政は優良軍馬を育成するための遺伝子獲得を軸にし、国家政策として強力にすすめられてきたが、明治農法の技術論的コアが乾田馬耕と称されるように農耕馬としての期待も大きかったため、この二つの論理が対立しあいつつ存在していた。大陸への馬移出は当然軍馬であったが、戦時最終盤には満洲農業へのテコ入れのために一気に農耕馬へ切り替えられた。満洲においても二つの論理の角逐がおこったところが興味深いであろう。他方、野間論文は牛をみた。軍の馬に対し民の牛という明瞭な相違があった。軍馬を頂点とする馬とは異なり、牛はなによりも農村に広く分布した農耕牛であり、その役目が終わった時にいくばくかの肥育が施されて消費される肉牛であったからである。しかし牛とても総力戦体制と無縁でいられたわけではない。すでに日露戦期に牛缶が兵食として大量に需要されたし、その後は牛肉消費量の増加を輸入でカバーすることが常態化したからである。しかし豪州牛・青島牛・山東牛なども試みながらなぜ「朝鮮牛の生体移入」という畜種と形態が主流になっていくのか――そこには、牛商品に期待された使用価値の特殊性とともに植民地化が可能にした防疫条件の変化があったのである。

## 二・第Ⅱ部――帝国圏諸地域の農林資源開発――

第Ⅱ部では、帝国圏諸地域の地域事例分析を行った。

第五章・白木沢旭児「戦時期華北占領地区における綿花生産と流通」

第六章・今井良一「「満洲」における地域資源の収奪と農業技術の導入――北海道農法と「満洲」農業開拓民――」

第七章・中山大将「植民地樺太の農林資源開発と樺太の農学――樺太庁中央試験所の技術と思想――」

第八章・森亜紀子「委任統治領南洋群島における開発過程と沖縄移民
――主体・地域・資源の変化に着目して――」

白木沢論文は、華北占領地を扱った。戦線の拡大とともに華北地域が日本軍の占領下におかれ、新たに帝国圏に参入してくる。そこでは農林資源をめぐるいかなる事態が現象したのであろうか。「戦争が戦争を養う（石原莞爾）」という関東軍の食糧現地調達方針が農林資源の文字通りの略奪を数多引き起こしたと考えられるが、これは本章の所掌範囲ではない。ここでは占領下華北における綿花をめぐる諸状況が考察される。これまでの研究では、戦時下の綿花需要は著しく過小評価されていた。もちろん軍需には強いものがあったが、日本内地では外貨不足のためスフや人絹など人造繊維による代替が強力にすすめられており、綿製品の使用は厳しく禁じられていたからである。したがって当該期の綿花の資源性に関心が向けられることはほとんどなかった。白木沢論文はそのような通説が間違いであり、しかも占領政策上極めて重要なものであったことを明らかにする。

今井論文では満洲開拓地農業を考察する。先に述べたように、満洲は、帝国にとって最大の開発対象地域であり、農業生産構造変革という野心的試みを可能にする事実上唯一の場であり、大東亜共栄圏のシンボルとして〈東亜のモデル農業〉を創出すべきショウウインドウでもあった。このようなものとして、まさに国家的事業として位置づけられたのである。しかし他方では、開拓団のみじめな失敗が数多報じられてきた。多くの開拓民が入植後農業経営を「満人」に任せ、自らは地主化してしまうケースが相次いだのであり、それは、端的にいえば満洲に送り込まれた開拓団は、肝腎の寒地農業技術をもたなかったからであった。かかる状態に対する切り札として注目を浴びたのが同じ寒地の開拓地で開発された農業技術体系である「北海道農法」の移植であった。今井論文は、北海道農法の導入過程を見つめ直し、容易に定着しなかった理由を開拓民の目線から検討している。「同じ寒地」とはいえ異郷の農法を移植するということが如何に大変なことであるか、それにもかかわらず指導者も家畜も農機具も決定的に不足したまま突入していかざるを得ない「無理」が多面的に明らかにされるであろう。

これに対し、事実上農業が存在しなかった農業不適の地で農林資源開発に取り組んだのが樺太であり、中山論文がこれを担当した。中山論文は、農業不適の地・米作不能の地に植民社会をつくることの意味とその条件を模索することに全力をあげた「樺太庁中央試験所の技術と思想」に照準を定めた。ここでは、「北方」への進出拠点たるべき大きな野望のもとに、日本民族の文化的象徴である「米食」を否定するところにおいてこそ成立する「北方文化」の確立に邁進した。もともと漁業出稼ぎの地である樺太への移民者は「内地にいてはありつけない米を山ほど食べる」ためにこそ来たという側面が強いため、彼らと帝国（樺太庁）官僚との間には鋭い矛盾が存在したのである。「北方文化の確立」を資源論的にいえば、「樺太に存在する自然をすべて活用（＝資源化）する」ということである。それにしても、実際、樺太中試がとりくんだ諸テーマのあまりにも無謀なバラエティに唖然とするであろう。

「北辺の地」樺太とは地理的に対極に位置する「内南洋」たる南洋群島を森論文が対象にした。熱帯の海域に広がる南洋群島では、農林資源開発の対象はがらりと変わる。この地では、蔗糖と南方漁業（鰹漁と鰹節生産）を主としつつ、キャッサバ（タピオカ澱粉原料）・パイナップルやココ椰子からボタン原料用の貝殻採取やウミガメの養殖に至るまで、実に様々な「熱帯産品」が対象となった。さらに移民たちの多数が沖縄出身者であること、およびこの地は日米海戦の最前線であるため、戦局に応じて位置づけ自体が激変するという際立った特色があった。また熱帯産品供給力という面では広大な土地条件に支えられた「外南洋」＝東南アジアが圧倒するため、該地の占領支配が安定すれば開発拠点は東南アジアに移動する動きを強め、不安定化すれば再び拠点化の要請が強まる。他方、戦時体制突入後にすすめられた大規模な基地建設は、初期開発の中心であった蔗糖畑を大量に潰すとともに労働力も吸引した。複雑な経過的・境界的な諸条件に規定され、南洋群島の位置も内実も、まさに激変を重ねたのであった。本章では以上のようなダイナミックな過程が明らかにされるであろう。

## 注

（1）マーク・ピーティ、浅野豊美訳『二〇世紀の日本　四　植民地—帝国五〇年の興亡—』読売新聞社、一九九六年。例えば「特殊例としての日本帝国主義と植民地主義」と題する項で、その内容を次のように述べている。「……日本を海外帝国の建設に踏み切らせた要因の中で最も突出し、決定的であったのは、島国としての安全保障上の利益であったことが明らかである。島国ゆえに、その安全保障観には、敵対心に満ちた世界で自国は脆弱であるという意識が突出するのだ。近代植民地帝国の中でこれほどはっきりと戦略的な思考に導かれ、また当局者の間にこれほど慎重な考察と広範な見解の一致が見られた例はない。日清戦争の末期、主に国家的威信を理由に占領された台湾を例外として、日本の植民地はいずれも、戦略的な利益に合致するという最高権力者レベルでの慎重な決定に基づいて領有された。日本が周辺の大陸に払うこうした関心は、ヨーロッパ列強がはるか彼方の海岸に対してもつ関心とは全く性格を異にし、イギリスが自国の安全保障を、海峡を挟んだオランダ沿岸低地地方の中立維持政策によって保とうとしてきたこととよく似ている。……日本のアジア大陸への拡張は西洋列強のアジアへの怒涛の進出の前に国家の戦略上の拠点を確保するものであった。そういう意味では、日本の初期の帝国主義は受動的性格をもっていたともいえるものだった」（二六頁）。また一九三〇年代（ピーティのいう第三段階）の日本植民地については次のように述べている。「……侵略の時代に、日本の植民地政策の関心の中心に置かれていたのは、帝国の経済的強化を図ることと、植民地経済を本土の準戦時体制、後には戦時体制の要求に合わせて統合することであった。国家の指導者を没頭させた新たな地政学的見地からは、植民地とは、自給自足の高度国防国家建設へと向かうための経済的エンジンの中心となって生産を担う部分なのであった。日本が準戦時経済へと向かい、自給自足のための工業設備を建設する決定が下されると……朝鮮と台湾の総督府の手で大規模な工業化計画が打ち出され、農業生産ははるかに低い位置づけに変えられた」（一一八～九頁）。そして「……一九三〇年代の中ごろまでに、準戦時の、次いで戦時の環境に基づく統制によって、日本が植民地に対する支配を緩めればあり得たかもしれない展望は、一切潰え去った。植民地統治機関では今や、ますます戦闘態勢を強める日本のために、従属下の人々に経済的政治的イデオロギー的支持を強要することが任務だとされた。……海外では、日本は責任を負うに足る植民地列強だとの認識に代わって、アジアを無軌道に征服するための布石とすることだけが帝国の存在理由であるというイメージが広がっていった」（一一九～一二〇頁）。

（2）現時点でも森林比率は六七％に達し、スカンジナビア諸国とならび世界最高レベルにある。

(3) 横井時敬の言葉だと言われている。その現代的意味については、野田公夫『〈歴史と社会〉日本農業の発展論理』農山漁村文化協会、二〇一二年を参照されたい。

(4) 「三大基本数字」のうち最初に崩れたのは「農業就業人口」であり一九六〇年において一、一九六万人（基本数字に対し八五）に減少していたが、農家戸数は六〇六万戸（同一一〇）・農地面積は六〇七万戸（同一〇一）であり依然として「基本数字」以上のレベルが維持されていた。しかし一九八〇年には農家戸数・農地面積も減少が顕在化し、各々四六六万戸（同八五）・五四六万町歩（同九二）となり、二〇一〇年には各々二五三万戸（同四六）・四五九万町歩（同七七）・二六一万人（同一九）にまで急減した。以上、『ポケット農林水産統計』各年次および「二〇一〇年農業センサス」。

(5) 価格生産性というタームを避けて市場生産性という妙な表現をしたのは、生産者手取りを増やすことではなく日本市場への適合性に置かれたという育種目的と、とくに朝鮮の場合には精米過程を握る輸出業者の支配力を決定的に強化することになったという育種効果がうんだヘゲモニーを明示するためである。ちなみに、朝鮮では米の増産はそれを上回る日本への移出増に帰結し、朝鮮内消費量は逆に減少した。

(6) これは二〇一〇年六月に開催された政治経済学・経済史学会春季総合研究会「森林破壊の歴史―環境問題と循環型社会の可能性―」における報告とコメントおよび討議をもとに構成したものである。同研究テーマの提起者であった井上貴子が「序章　森林破壊の歴史を検討する今日的意義」を、座長を務めた松本武祝が「終章　研究会のまとめに代えて―植民地朝鮮の視点から―」を執筆している。

なお、いま一人の座長であった伊藤正直の「あとがき」によれば、政治経済学・経済史学会（旧土地制度史学会）は「環境問題を正面のタイトルに掲げて研究会を持つのは、一九九九年の創立五〇周年記念大会以来のこと……／今日では、環境と経済のかかわりについては、様々な視点や方法で語られるようになっている。しかしながら、我々の学会では、この問題についての思考の錘の深度は必ずしも十分に深いとはいえず、思考の網の目もまだまだ粗いものと自己判断せざるを得なかった」。その結果「「森林破壊に焦点を絞り」「資源管理と土地利用の実態把握を軸として、森林の劣化と保全について（近代を中心に）歴史的に検証する」ことに限定して、この課題にアプローチすることにした」（二一一頁）とある。かかる議論との関連でいえば、私たちの共同研究は、伊藤の最後のフレーズを「資源管理と土地利用の実態把握を軸として、農林資源開発について（総力戦体制期を中心に）歴史的に検証する」と微修正し、さらに「〈資源〉概念自体の歴史的・批判的検討」を付加したものと位置づけられようか。さらにいえば、現在流行の「環境」なる概念は、問題の包括性・総合性を理解するうえではすぐれたものだと思うが、逆にそれゆえに内容は空疎であり、考察を具体化するうえでは「力」になりにくい（人間をつつむすべて、としか言っていない）。私たちは、ひとまず「環境」というタームを離れて、資源問題・資源開発問題として論点を具体化したいと考えている。環境問題の根本は「過剰な商品化」「自然の資源化」であると思うからである。

(7) 大地が凍結する冬季の馬車交通の効率性は極めて高く、大量の馬車需要を長期にわたり持続させたという。

(8) 前掲『森林破壊の歴史』二〇三頁。ここでは前掲『満洲の成立』の共同執筆者でもある永井リサが質問に答えて「……農地化の場合は、草原から農地を造成し、湿地を開発して水田ができており、森林の伐採と農地化は必ずしも直接には結びつかない。そのため、森林破壊がただちに環境破壊を生むという狭義の認識ではなく、生態系の劣化という総合的な視座から、問題に接した方がよいのではないか」と述べている。また後者の点に関しては「日本の場合は、放置していても森林はある程度再生するが、中国のとくに西側では草原や乾燥地になってしまい再生してこないため、中国の環境劣化は草原や湿原の問題を抜きに考えるわけにはいかない」との指摘もあわせなされている。『満洲の成立』ではそのような留保はなされておらず、日・露インパクトの前史として漢族流入が位置づけられていたので、この「意外」感となった。

(9) 近代ドイツにおける農地拡大は基本的に湿地埋立と干拓によるものであり、林地破壊をともなっていないという。藤田幸一郎「近代ドイツの森林問題」（前掲『森林破壊の歴史』）。

(10) この時代の「鉄道」とは、燃料・枕木のみならず車両用木材の需要も大きく、実態的には「木道」と呼ぶべきものである、とは泉桂子の指摘である（前掲『森林破壊の歴史』二〇七頁）。

(11) 松本武祝「研究会のまとめに代えて―植民地朝鮮の視点から―」前掲『森林破壊の歴史』。

(12) 帝国経営という視点からすれば「二〇世紀当初、両岸を合わせて約二三〇余万町歩、その森林備蓄量はおよそ一〇余億万尺〆と見積もられており……一九二〇年頃までは東洋一の木材生産力を誇っていた」という鴨緑江流域こそが森林開発のターゲットであったのであろう。前掲『森林破壊の歴史』。

(13) 例えば『東アジア資本主義史論』（Ⅰ）（Ⅱ）、ミネルヴァ書房、二〇〇八年、二〇〇九年。

## 参考文献

赤嶋昌夫『農政みみぶくろ』楽游書房、一九七六年。

井上貴子編著『森林破壊の歴史』明石書店、二〇一一年。

池川玲子『「帝国」の映画監督　坂根田津子―『開拓の花嫁』・一九四三年・満映―』吉川弘文館、二〇一一年。

上野満『協同農業の理想と現実』家の光協会、一九八一年。

島木健作『満洲紀行』創元社、一九四〇年。

須田政美『辺境農業の記録―部分復刻版―』発行者・須田洵（自家版）二〇〇八年。

西田美昭・加瀬和俊編著『高度経済成長期の農業問題』日本経済評論社、二〇〇〇年。

日本農業研究会編『日本農業年報第二輯　植民地農業問題特輯』改造社、一九三三年。

野田公夫『〈歴史と社会〉日本農業の発展論理』農山漁村文化協会、二〇一二年。

藤原辰史『稲の大東亜共栄圏―帝国日本の〈緑の革命〉―』吉川弘文館、二〇一二年。

堀和生『東アジア資本主義史論』（Ⅰ）（Ⅱ）、ミネルヴァ書房、二〇〇八年、二〇〇九年。

マーク・ピーティ、浅野豊美訳『二〇世紀の日本　四　植民地―帝国五〇年の興亡―』読売新聞社、一九九六年。

安富歩・深尾葉子編著『満洲の成立』名古屋大学出版会、二〇〇九年。

山澤逸平・山本有造『貿易と国際収支』東洋経済新報社、一九七九年（大川一司・篠原三代平・梅村又次編『長期経済統計』第一四巻）。

山本有造『「満洲国」経済史研究』名古屋大学出版会、二〇〇三年。

同　『「大東亜共栄圏」経済史研究』名古屋大学出版会、二〇一一年。

# 第Ⅰ部　日本帝国と農林資源問題

# 第一章　日本帝国圏における農林資源開発組織
## ——産業組合の比較研究——

坂根嘉弘

豊原実業懇和会信用組合（豊原信用組合）事務所

樺太庁編輯『樺太庁施政三十年史』1936 年、909 頁。豊原産業組合は、1915 年 12 月に設立された、樺太産業組合界を代表する組合。資金的基盤が強固で頗る経営良好であり、模範組合として樺太産業組合界を牽引した。豊原産業組合については本章第 2 節を参照。

# はじめに

産業組合法は、一九〇〇年に公布・施行され、日本における産業組合の組織化がスタートした。産業組合は、信用、購買、販売、生産(のちに利用)の四種事業が認められていた。このなかで先行的に設立が進んだのが、信用組合である。一般に、産業組合の四種事業のなかでは信用組合の収益性が高く、信用組合は産業組合経営の中心的事業であった。信用組合は、対人信用による無担保短期貸付に特徴があった。したがって、対人信用が成立し、貸付金返済の確実性が見込める状況でないと、その設立や安定的経営が難しかった。同時に、運用資金源としての出資金や貯金の確保が信用事業には不可欠であったから、組合員の貯蓄行動や協同組合員としての協調行動が求められた。日本の農民や農村社会はそれらの条件を満たしており、それを基盤に産業組合は急速に広がっていったのである(1)。

本章の課題は、このような日本の産業組合を基準に、日本帝国圏に設立された産業組合と共時的な比較を行い、地域により産業組合のパフォーマンスの違いが生じてきた理由を考察するところにある。取り上げる地域は、日本「本土」、沖縄、台湾、朝鮮、樺太、南洋群島である。特に、樺太、南洋群島を重点的に取り上げて、上記の課題を検討したい(2)。

日本帝国圏における産業組合は、以下の法令によって設立の根拠を得た。朝鮮金融組合・産業組合は、一九〇七年地方金融組合規則、一九一四年地方金融組合令、一九二六年朝鮮産業組合令、台湾産業組合は一九一三年台湾産業組合規則、樺太産業組合は一九一五年樺太産業組合法、南洋群島は一九三二年南洋群島産業組合令、である(3)。このなかでも樺太・南洋群島における産業組合は、日本の産業組合とはその機能を異にしており、殖民地の農林資源開発組織としての色彩を強くもつことになった。この点は後述したい。

ここでは、上記諸地域における産業組合の研究史を振り返っておきたい。上記諸地域の産業組合研究のなかで、基礎文献や先行研究の点からみて、最も豊富なのが日本である。日本産業組合についての基礎文献はかなり豊富で、それに基づく日本産業組合分析は戦前からきわめて多い。一九七〇年代以降は、個別産業組合の一次資料による研究が進んでおり、その研究レベルはかなり高いといえる。(4) これに対し、日本帝国圏における産業組合研究は、朝鮮の金融組合を除くと、ほとんど進んでいない。(5) おそらく、沖縄、樺太、南洋群島についての先行研究は、存在しないと思われる。(6)

本章では、第一節で、日本帝国圏における産業組合の比較分析を行い、第二節と第三節で樺太、南洋群島の産業組合の特徴を明確にしたい。以上を前提に、第四節では、農村経済発展と産業組合との関連を定量的に検討したい。

## 第一節　日本帝国圏における産業組合の比較

本節では、日本を基準に、朝鮮、台湾、沖縄、樺太、南洋群島における産業組合の比較検討を、一九二〇年、一九三〇年、一九三五年、一九四〇年の四時点で行い、各地域産業組合の概要を確認しておきたい。

表1-1が、組合数と一組合当りの事業規模を示している。まず、組合数をみると、日本が一万三〇〇〇から一万五〇〇〇組合と他を圧倒しているのが分かる。それも一九二〇年から一九四〇年へと少しずつ増加している。数字だけを追うと静的な漸増のようにみえるが、この表面的な漸増のうちに二つの動きが隠れていた。一つは、設立、解散の激しい動きである。後述するように、この点は日本産業組合の特徴であった。二つは、部落組合から町村組合へという組織基盤の拡大である（行政指導による一町村一組合主義の推進）。この時期は、町村以上

表 1-1　産業組合事業の推移（一組合当り）　単位：円

| | 年末 | 組合数 | 払込済出資金 | 積立金 | 借入金 | 貯金 | 貸付金 | 販売高 | 購買高 | 利用料 | 剰余金 |
|---|---|---|---|---|---|---|---|---|---|---|---|
| 日本 | 1920 年 | 13,442 | 4,557 | 2,015 | 4,117 | 18,403 | 17,267 | 20,030 | 17,063 | 377 | 424 |
| 沖縄 | 1920 年 | 48 | 5,696 | 4,000 | 6,739 | 3,036 | 16,123 | 285 | 3,458 | | 1,025 |
| 朝鮮金融組合 | 1920 年 | 200 | 6,391 | 2,747 | 47,720 | 25,245 | 78,456 | | | | 1,209 |
| 台湾 | 1920 年 | 251 | 38,135 | 8,632 | 15,567 | 21,651 | 90,576 | 39,716 | 87,706 | 678 | 6,704 |
| 樺太 | 1920 年 | 26 | 11,292 | 869 | 5,281 | 2,824 | | | | | 1,863 |
| 日本 | 1930 年 | 14,082 | 17,341 | 8,653 | 18,204 | 96,308 | 87,053 | 24,749 | 13,291 | 1,129 | 1,186 |
| 沖縄 | 1930 年 | 60 | 8,627 | 5,695 | 7,828 | 8,796 | 24,001 | 11,829 | 6,461 | 521 | 3,764 |
| 朝鮮金融組合 | 1930 年 | 643 | 14,013 | 20,425 | 95,286 | 124,617 | 158,957 | | | | 1,429 |
| 朝鮮産業組合 | 1930 年 | 33 | 3,323 | 188 | 51,182 | | | 74,693 | 20,239 | 678 | |
| 台湾 | 1930 年 | 407 | 35,047 | 25,375 | 20,263 | 104,925 | 171,219 | 47,240 | 50,580 | 2,669 | 6,938 |
| 樺太 | 1930 年 | 45 | 27,987 | 6,610 | 5,987 | 27,455 | 62,647 | 2,566 | 2,814 | 158 | 4,179 |
| 日本 | 1935 年 | 15,028 | 18,753 | 9,849 | 18,449 | 113,967 | 86,053 | 34,073 | 21,373 | 1,018 | 597 |
| 沖縄 | 1935 年 | 91 | 5,773 | 4,422 | 5,138 | 13,138 | 15,056 | 17,284 | 12,372 | 583 | 7,546 |
| 朝鮮金融組合 | 1935 年 | 698 | 19,471 | 27,322 | 117,676 | 219,796 | 256,914 | | | | 1,497 |
| 朝鮮産業組合 | 1935 年 | 75 | 4,987 | 2,658 | 63,642 | | | 115,983 | 58,150 | 1,221 | |
| 台湾 | 1935 年 | 462 | 33,813 | 30,279 | 33,232 | 211,945 | 201,684 | 304,115 | 59,370 | 2,805 | 5,945 |
| 樺太 | 1935 年 | 76 | 24,408 | 5,958 | 11,453 | 43,258 | 61,590 | 9,018 | 8,209 | 760 | 1,794 |
| 南洋群島 | 1935 年 | 7 | 27,229 | 2,539 | 20,000 | 32,430 | 132,102 | | 5,179 | 5 | 4,919 |
| 日本 | 1940 年 | 15,101 | 31,305 | 13,539 | 15,807 | 332,817 | 89,720 | 150,849 | 77,554 | 2,122 | 2,019 |
| 沖縄 | 1940 年 | 107 | 7,637 | 5,590 | 8,241 | 44,673 | 19,175 | 69,490 | 3,928 | 1,161 | 27,647 |
| 朝鮮金融組合 | 1940 年 | 723 | 23,343 | 45,538 | 170,266 | 597,708 | 503,652 | | | | 7,944 |
| 朝鮮産業組合 | 1940 年 | 115 | 6,516 | 7,959 | 114,371 | | | 397,540 | 107,528 | 3,185 | |
| 台湾 | 1940 年 | 501 | 41,091 | 37,074 | 63,994 | 424,361 | 339,748 | 268,471 | 117,621 | 3,989 | 7,295 |
| 樺太 | 1940 年 | 94 | 36,199 | 9,214 | 27,419 | 127,642 | 104,207 | 41,066 | 55,026 | 1,167 | 2,715 |
| 南洋群島 | 1940 年 | 7 | 59,139 | 25,474 | 59,943 | 323,654 | 328,242 | | 18,059 | | 8,410 |

出典：『産業組合要覧』。
注：朝鮮産業組合の組合数は調査組合数である。

組合の割合が、一九一六年五〇％、一九二四年六七％、一九三一年七一％と急速に高まっていく時期にあたっていた[7]。一組合当り事業規模が拡大していることも、この組織基盤拡大の動きと正則的であった。

　日本に次いで多いのは、朝鮮金融組合と台湾産業組合である。日本帝国圏では、朝鮮と台湾が先行しているのは明らかであり、ともに急速に拡大していた。特に、朝鮮の一九二〇年代以降の拡大が目立っている。朝鮮金融組合は、一九一八年の金融組合令第一次改正により、それまでの政府資金貸付機関的な初期金融組合から金融業務を基盤にした信用組合的な金融組合へと大きく性格を変えるが、一九二〇年代以降の金融組合の急拡大はこの金融組合令第一次改正（金融組合の機能転換）によるものであった[8]。樺太は、一九二〇年にはまだ二六組合であり、いわば産業組合草創期にあたっていたが、その後一九三〇年代にかけて急増していく（一九四〇年九四組合）。南洋群島は一九三五年に七組合であり、そのまま戦時期に入っていく。このように、この間、ほとんどの地域で組合数が増加していくが、同時に一組合当り事業規模も拡大していった。

次に、その一組合当り事業規模を、日本を基準に検討しておきたい。積立金、借入金、貯金は、朝鮮、台湾が常に日本を上回っている。ただし、朝鮮、台湾の貸付金はかなり大きく、そのために貯貸率（貸付金／貯金）が一〇〇％を超えている。貯貸率が一〇〇％を下回るのは一九三〇年代である（日本は一九一七年）。朝鮮金融組合は、金融組合令第一次改正により都市組合の設立が進み、その結果、資金構成における預り金、借入金の拡大と貸出金の増大、都市組合の預金比重の高まり、商工業者・官吏・会社員・自由業者など都市中産者の預金割合の高まり、非組合員預金の多さ、公共的預金の多さ、当座貸越、手形割引の拡大といった特徴がみられるようになり、全体的に日本の市街地信用組合的な色彩が強くなる。台湾は、販売高、購買高においても日本を大きく上回っており、信用事業とあわせ、台湾産業組合経営の良好さを示している。この点は、渋谷平四郎『台湾産業組合史』が、台湾・日本を比較しつつ「市街地信用組合同様農村信用組合も内地に比して著しい成績を挙げて居る事が立證されるのである[9]」としているのと符合している。

他方、沖縄、樺太、南洋群島は、積立金、貯金、販売高、購買高、利用料のいずれの指標においても、日本を下回っている。特に、沖縄、樺太の貯金の弱さが目立っている。逆に、借入金や貸付金は日本を超えている場合が多く、貯貸率はいずれも一九三〇年代後半にならないと一〇〇％を下回らない。全体的に産業組合経営の困難さを示すものとなっている。

次に、表1-2により、日本、沖縄、樺太、南洋群島の組織率をみておきたい。南洋群島以外は、調査産業

表 1-2　産業組合組織率

| | | 総戸数に対する産業組合員数の割合 | 農業戸数に対する農業組合員数の割合 |
|---|---|---|---|
| 1920 年 | 日本 | 23 | 36 |
| | 沖縄 | 16 | 22 |
| | 樺太 | 8 | 8 |
| 1925 年 | 日本 | 33 | 53 |
| | 沖縄 | 15 | 19 |
| | 樺太 | 8 | 6 |
| 1930 年 | 日本 | 40 | 65 |
| | 沖縄 | 16 | 16 |
| | 樺太 | 7 | 11 |
| 1935 年 | 日本 | 47 | 78 |
| | 沖縄 | 24 | 31 |
| | 樺太 | 16 | 34 |
| | 南洋群島 | 8 | |
| 1940 年 | 日本 | 59 | 102 |
| | 沖縄 | 57 | 73 |
| | 樺太 | 29 | 113 |

出典：『産業組合要覧』1940 年度。『国勢調査報告』。加用信文監修『都道府県農業基礎統計』農林統計協会、1983 年。樺太庁編『樺太庁治一斑』。樺太庁編『樺太庁統計書』。『南洋群島島勢調査書』1935 年。『外地国勢調査報告第 1 輯　樺太庁国勢調査報告』文生書院、2000 年。

注：1）産業組合員数並びに農業組合員数（産業組合員数のうち農業就業者）については、調査産業組合当りの産業組合員数・農業組合員数に産業組合数を乗じて推計した。ただし、南洋群島は、産業組合員数・農業組合員数とも実数である。

2）総戸数は『国勢調査報告』の「普通世帯」数（南洋群島は『南洋群島島勢調査書』の「邦人普通世帯」）。農家戸数は、日本、沖縄については『都道府県農業基礎統計』、樺太は『樺太庁治一斑』、『樺太庁統計書』。南洋群島の総戸数・農業戸数は、1935 年の総戸数（『南洋群島島勢調査書』1935 年）以外はとれない。

組合からの推計である（一〇〇%を超える場合があるのは、そのためである）。二種類の数値を用意した。一つは、総戸数（全職業）に対する組織率（産業組合員数／総戸数）であり、いま一つは、農家戸数に対する組織率（農業組合員数／農家戸数）である。

総戸数組織率をみると、日本では一九二〇年の二三%から徐々に増加し一九四〇年には五九%となる。沖縄では、一九二〇年の一六%から一九四〇年の五七%と、日本と同様の経過をたどるが、一九三五年ではいまだ二四%（日本四七%）であり、一九三〇年代後半に急速に拡大したことを示している。朝鮮では、一九一七年三%、一九二七年一二%、一九三八年三九%、一九四〇年四八%、一九四一年五二%と、(10)これまた一九三〇年代に急拡大していた。これに対し、樺太、南洋群島は、一九三五年で一六%、八%であり、かなり低位であった。

次に、農家組織率である。日本では、一九二〇年では三六%といまだ低かったが、その後急拡大し、一九四〇年には一〇二%となり、ほとんどすべての農家を組織することになった。沖縄の場合は、一九二〇年代には二〇%前後にすぎず(一九二三年二二%、一九二五年一九%、一九三〇年一六%)、かなり低かった。沖縄の職業別組合員構成は、常に九割以上が農家であり、水産業、商工業者、公務自由業は少なかったから、農家組織率はかなり低位であったとみなければならない。しかし、沖縄も、一九三〇年代後半には農家組織率は急増し、一九四〇年には七三%になった。樺太も、一九三〇年代後半に急拡大し、一九三五年の三四%から一九四〇年には一一三%となり、ほぼ全農家を組織するにいたった。このように、組織率では、どの地域とも日本と比べると低かったが、一九三〇年代後半に急速に拡大することになったのである。

以下では、日本の産業組合の発展を念頭に、樺太、南洋群島の産業組合を検討し、産業組合発展の一般的な条件を探りたい。(11)

# 第二節　樺太における産業組合

## 一．農林資源開発組織としての産業組合

樺太産業組合の特徴の一つは、産業組合が樺太拓殖の重要な一手段と位置づけられていたことである。その意

味で、樺太の産業組合は、殖民地における農林資源開発組織としての色彩を強くもつことになった。産業組合法の一部施行に関しての樺太庁長官から内務大臣宛の稟請書《りんせい》（一九一四年十二月二十二日）は、次のように述べている。「本島ハ領有以来日尚浅ク開拓未タ半ナラスト雖モ移民ノ数既ニ五万ヲ踰《こ》エ部落ヲ構成スルモノ百有余ノ多キニ達シ今後益々増加ノ趨勢ニ在リ今ニ於テ是等移民ニ対スル産業ノ発達ト経済ノ向上ヲ企図シ以テ各自ノ福利ヲ増進シ公共ノ精神ヲ作興シテ移民ノ生計ヲ安固ニシ生産ヲ楽マシムルハ土着ノ精神ヲ鞏固ニスル所以ニシテ拓殖上喫緊ノ要務ナリ」(12)。ここには、産業組合をして、樺太拓殖の手段とすること、樺太開発の推進力とすることが述べられている(13)。これが樺太庁の産業組合設立・普及の目的であり、樺太産業組合に課せられた使命であった。

## 二　樺太産業組合数の推移と組織基盤

樺太産業組合の嚆矢は、一九一五年十二月に設立許可となった豊原実業懇和会信用組合（豊原信用組合）である。この豊原信用組合は、資金的基盤が強固で頗る経営良好であり（後述）、模範組合として樺太産業組合界を牽引した組合であった(14)。その後の産業組合数を示したのが、表1-3である。一九一〇年代後半以降、樺太産業組合数は増加し、一九二一年には三三組合となったが、一九二〇年代は解散組合も増加し、組合数は伸び悩んだ。加えて、一九二六年には樺太庁による不良組合の整理が行われ、一九二一年と同じ三三組合にまで落ち込んだ。その後は順調に設立がすすみ、一九三三年には五七組合となった(15)。

一九三四年からは、日本の農山漁村経済更生計画に呼応して、第一次産業組合拡充三箇年計画（一九三四年度～一九三六年度）が、また一九三八年からは第二次産業組合拡充三箇年計画（一九三八年度～一九四〇年度）が実施され、組合数は急増し一九四〇年には九四組合となった。樺太産業組合数は、一九四〇年がピークで、一九四一年八五組合、一九四二年八四組合と太平洋戦争期には減少していった。これは、樺太庁の方針により、一町村に

表 1-3　樺太産業組合の設立及び解散

| | 設立 | 解散 | 現在数 |
|---|---|---|---|
| 1915 年 | 1 | | 1 |
| 1916 年 | 5 | | 6 |
| 1917 年 | 9 | | 15 |
| 1918 年 | 9 | | 24 |
| 1919 年 | 4 | 2 | 26 |
| 1920 年 | 2 | 2 | 26 |
| 1921 年 | 7 | | 33 |
| 1922 年 | 2 | 1 | 34 |
| 1923 年 | 4 | 4 | 34 |
| 1924 年 | 7 | 4 | 37 |
| 1925 年 | 1 | 1 | 37 |
| 1926 年 | 1 | 5 | 33 |
| 1927 年 | 4 | 1 | 36 |
| 1928 年 | 3 | 2 | 37 |
| 1929 年 | 4 | 1 | 40 |
| 1930 年 | 5 | | 45 |
| 1931 年 | 4 | 2 | 47 |
| 1932 年 | 1 | | 48 |
| 1933 年 | 9 | | 57 |
| 1934 年 | 11 | 2 | 66 |
| 1935 年 | 12 | 2 | 76 |
| 1936 年 | 8 | | 84 |
| 1937 年 | 4 | 3 | 85 |
| 1938 年 | 1 | 5 | 81 |
| 1939 年 | 8 | 3 | 86 |
| 1940 年 | 11 | 3 | 94 |
| 1941 年 | 2 | 11 | 85 |
| 計 | 139 | 54 | |

出典：『樺太産業組合要覧』1941 年度、1 頁。

信用単営及び兼営各一組合の設置を目標に整理がすすんだことによる。[16]

　未設置町村数は、一九三六年末で四村であり（四〇市町村のうち、設置市町村が三六）[17]、地域的普及は比較的すすんでいた。解散組合は、一九四一年までで五四組合であり、解散率は三九％であった。日本産業組合の解散率は四四％（一九〇〇～一九三〇年）であったから、低い部類に属していた。[18]

　一組合当りの組合員数をみると（表1-4）、樺太はかなり少ない。全国と比べると、三分の一程度でしかなかった。組合員の過少は、産業組合経営の困難さを予想させる。樺太産業組合がどの範域に多かったのかは、それに関する統計がみあたらないので分からないが、『樺太産業組合要覧』（一九三五年度）の「第五各種組合ノ状況」（区域）から判断すると、町村以上組合が三八、町村未満組合が三八となる。町村未満組合三八のうち、一大字一七、一字七であり、残り一四が町村内複数区域となる。当時の町村数は四〇、大字数は一七〇であった。樺太庁は、産業組合法施行当時は「部落を区域」とする方針であったが[19]、そうでない組合も多く存在していたのである。町村を超える範域を持っていたのは、主に養狐《ようこ》組合、酪農組合、薪炭組合などの特殊組合（後述）であったから、通

表 1-4　一組合当り組合員数（樺太、全国）　　単位：人

| | 樺太 | 全国 | | 樺太 | 全国 |
|---|---|---|---|---|---|
| 1903 年 | | 79 | 1922 年 | 77 | 216 |
| 1904 年 | | 76 | 1923 年 | 90 | 235 |
| 1905 年 | | 82 | 1924 年 | 78 | 251 |
| 1906 年 | | 91 | 1925 年 | 82 | 272 |
| 1907 年 | | 93 | 1926 年 | 85 | 298 |
| 1908 年 | | 110 | 1927 年 | 100 | 315 |
| 1909 年 | | 111 | 1928 年 | 107 | 335 |
| 1910 年 | | 108 | 1929 年 | 108 | 347 |
| 1911 年 | | | 1930 年 | 94 | 360 |
| 1912 年 | | 111 | 1931 年 | 116 | 367 |
| 1913 年 | | 117 | 1932 年 | 119 | 380 |
| 1914 年 | | 121 | 1933 年 | 122 | 390 |
| 1915 年 | | 124 | 1934 年 | 128 | 404 |
| 1916 年 | 49 | 128 | 1935 年 | 130 | 418 |
| 1917 年 | 56 | 136 | 1936 年 | 132 | 433 |
| 1918 年 | 56 | 150 | 1937 年 | 142 | 452 |
| 1919 年 | 56 | 166 | 1938 年 | 144 | 473 |
| 1920 年 | 59 | 188 | 1939 年 | 191 | 497 |
| 1921 年 | 61 | 201 | 1940 年 | 222 | 543 |

出典：『産業組合要覧』。『樺太産業組合要覧』1935 年度、1941 年度。
注：1）調査組合についての一組合当り組合員数である。
　　2）1911 年は統計数値が公表されていない。

常の産業組合は町村以下の範囲におさまっていた。

## 三．組合員の職業別構成

表1-5で、組合員の職業別構成をみておきたい。樺太産業組合の職業別構成は、農業に基盤を置いていた日本内地とは、大きく違っていた。樺太の場合は、「水産業＋農業＋商業」（一九二〇年）から「商業＋農業」（一九三〇年）、「農業＋商業」（一九四〇年）へと、大きく職業構成が変化している。樺太の特徴は、水産業、商業、其の他の割合が高いところにあった。初期の時期に水産業の割合が高かったのは、大正中期頃まで、水産業が樺太産業構造において重要な位置を占めたことに対応している。また、其の他の半分以上は公務自由業であったが、商業や公務自由業が多くなるのは、南洋群島と共通するところでもあり（後

表 1-5　樺太産業組合の職業別組合員割合の推移　単位：%

| | 農業 | 林業 | 工業 | 商業 | 水産業 | 其の他 | 計 |
|---|---|---|---|---|---|---|---|
| 1920 年 | 26 | 2 | 4 | 23 | 27 | 19 | 100 |
| 1930 年 | 25 | 2 | 4 | 32 | 11 | 26 | 100 |
| 1940 年 | 46 | 1 | 7 | 19 | 4 | 23 | 100 |

出典：『産業組合要覧』。

述）、この部分が大きいことは新開地的・殖民地出先的な特徴でもあった。

職業別戸数に対する職業別組合員の割合をみると（一九三六年末）、農業三八％、商業一七％、水産業九％、工業四％、林業五％となる。[20]樺太では、内地と比べると、商業と水産業の組織率が高かった。これは、さきほどの組合員の職業別構成と符合する。それでも、農業が四割弱であるのに対して、商業が二割弱、水産業が一割弱であることには注意すべきであろう。農業の組織率は、相対的には高かったのである。

## 四．樺太産業組合の経営状況

樺太の産業組合は、樺太庁によって、主に組合構成員を基準に四種の組合に分類されていた。農村組合（三六）、漁村組合（六）、市街地組合（一九）、特殊組合（二〇）である（括弧内は一九三八年八月の組合数）[21]。農村組合、漁村組合は、それぞれ農業者、漁業者を主体とする組合である。信用事業、販売事業、購買事業、利用事業を複数兼営する組合が普通であった。市街地組合は、商業者や公務自由業など非一次産業を主体とした信用組合（単営組合）であったが（兼営の場合もある）、産業組合法第一条第四項の規定による市街地信用組合ではない[22]。市街地組合は、樺太産業組合界をリードした南部地方の比較的古い組合と、北部地方の新興町村の市街地組合とに分けることができる。経営状況は、概して南部のほうがよかった[23]。特殊組合は、消費組合、酪農組合、養狐組合、其の他からなる。一九三八年八月における組合数は、順に、一、七、一〇、二であり[24]、酪農組合と養狐組合に特徴があった。養狐組合は、組合員数は少なく（四二人）、資金の九割以上を払込済出資金（五〇％）

表 1-6　樺太産業組合の経営（1938 年 8 月末現在）

(1) 一組合当り　　単位：円

| | 組合員数 | 運用資金 | | | | | 貸付金 | 販売高 | 購買高 |
|---|---|---|---|---|---|---|---|---|---|
| | | 払込済出資金 | 諸積立金 | 借入金 | 貯金 | 合計 | | | |
| 農村組合 | 144 | 6,097 | 2,321 | 17,949 | 4,463 | 30,831 | 12,471 | 14,268 | 17,707 |
| 漁村組合 | 68 | 8,360 | 2,974 | 6,445 | 5,559 | 23,339 | 19,020 | 4,941 | 3,765 |
| 市街地組合 | 241 | 81,091 | 20,710 | 12,282 | 145,224 | 259,308 | 169,520 | 95 | 604 |
| 特殊組合 | 92 | 8,765 | 3,850 | 7,848 | 290 | 20,753 | 1,038 | 12,595 | 3,598 |
| 合計 | 150 | 27,077 | 7,719 | 12,777 | 41,033 | 88,606 | 51,739 | 9,347 | 8,174 |
| 日本内地 | 473 | 19,517 | 11,337 | 14,645 | 172,567 | 223,414 | 82,521 | 58,829 | 33,644 |

(2) 資金構成　　単位：%

| | 払込済出資金 | 諸積立金 | 借入金 | 貯金 | 合計 | 貯貸率 |
|---|---|---|---|---|---|---|
| 農村組合 | 20 | 8 | 58 | 14 | 100 | 279 |
| 漁村組合 | 36 | 13 | 28 | 24 | 100 | 342 |
| 市街地組合 | 31 | 8 | 5 | 56 | 100 | 117 |
| 特殊組合 | 42 | 19 | 38 | 1 | 100 | 359 |
| 合計 | 31 | 9 | 14 | 46 | 100 | 126 |
| 日本内地 | 9 | 5 | 7 | 77 | 100 | 48 |

出典：『樺太年鑑』1939 年版。『産業組合要覧』1938 年度。

と借入金（四五％）にたよっており、単年度の販売金額も小さく、総じて厳しい経営状態であった[25]。酪農組合では、豊原と真岡の酪農組合が樺太バターの声価を高めたといわれ、今後期待できるのが敷香《しすか》・十和田の酪農組合とみられていた[26]。

第一節でみたように、樺太産業組合の経営は、日本と比べるとかなり貧弱であった。ここではそれを四種別にみておきたい（表1-6）。組合員数は、市街地組合が最も大きかったが、それでも内地の半分ほどでしかない。農村組合は内地の三分の一以下であったが、漁業組合や特殊組合はそれよりもさらに少なかった。組合員規模が小さく事業規模が小さいことは、事業単位当りのコストが高くなり、ある程度の組合員を確保しないと、組合経営は厳しい。また、運用資金額では、最も良好な市街地組合でも日本内地の平均的組合の水準であった。

市街地組合を日本内地と比べると、貯金が

やや弱いが、払込済出資金や積立金では内地を大きく超えていた。特に、払込済出資金（一人当り払込済出資金）の大きさに特徴があった。資金構成でも、借入金割合は小さく、貯金の弱さを払込済出資金や積立金で補う形となっている。ただ、貸付金は大きく、貯貸率は一〇〇％を超えていた。後述するように、組合員一人当りの貯金額も比較的多く、市街地組合は内地産業組合と比肩できる経営を行っていたといえる。

これに対して、農村組合、漁村組合、特殊組合は、すべての指標において貧弱であった。運用できる資金自体がかなり小さく、それに伴い、各事業規模が大きくなり得ない状況を示している。貸付金、販売高、購買高とも、かなり貧弱であることが分かる。資金構成をみると、貯金が非常に弱く、借入金依存度が高い。借入金はほとんど信連よりの借入である(27)。貯金に比べて貸付金が大きく、貯貸率もかなり高い。資金構成における払込済出資金の比重の高さも含めて、初期産業組合的な経営状況を示していた。基本的には、貯蓄動員の弱さという問題を抱えていたといえよう。

個別の産業組合についてふれておきたい。表1-7は、一組合員当り貯金額が二〇〇円以上の優良の上位一〇組合を掲げている。この上位一〇組合をみると、組合員構成において非一次産業従事者が主体であるという特徴を見出すことができる。樺太庁の意図にもかかわらず、樺太における農業の不振はぬぐえず、農業が産業組合経営の中軸的な主体となりえていなかったことを示している。運用資金は総じて大きい。内地一組合当りより低いのは三組合のみである。資金構成では、総じて払込済出資金と貯金の割合が高いのが特徴である。特に、どの組合も払込済出資金の割合が高かった。したがって、借入金の割合は総じて低い。

最上位の豊原信用組合は、樺太産業組合陣営をリードする、樺太産業組合界を代表する組合である。まず気が付くのは、資金額が飛びぬけて大きいことである。内地の平均的な組合の資金額よりも、はるかに大きい。一組合員当り貯金額も一五〇〇円と内地平均の五倍ほどにのぼる。資金構成をみると、借入金はなく(28)、貯金への依存度が高い。貯貸率はやや高いが、表示の数値をみる限り良好な経営状況を示している。特徴は、組合員がほとん

表 1-7　樺太における優良産業組合の概況（1935 年）

単位：円、%

| 組合名 | 支庁名 | 設立年 | 組合員数 | 職業別割合 | | | | 資金構成 | | | | | | 一組合員当貯金額 | 貯貸率 |
|---|---|---|---|---|---|---|---|---|---|---|---|---|---|---|---|
| | | | | 農林水産業 | 商工業 | 公務自由業・其の他 | 計 | 払込済出資金 | 積立金 | 借入金 | 貯金 | 計 | 計（実数） | | |
| 豊原実業懇和会信 | 豊原 | 1915 | 521 | 1 | 54 | 45 | 100 | 31 | 13 | | 57 | 100 | 1,423,861 | 1,553 | 111 |
| 真岡町信 | 真岡 | 1929 | 347 | 13 | 65 | 22 | 100 | 19 | 3 | | 79 | 100 | 612,394 | 1,389 | 78 |
| 敷香信 | 敷香 | 1925 | 391 | 7 | 51 | 42 | 100 | 39 | 3 | 12 | 46 | 100 | 414,891 | 488 | 171 |
| 久春内興進社信購販利 | 泊居 | 1918 | 57 | 19 | 47 | 33 | 100 | 24 | 12 | 24 | 40 | 100 | 66,775 | 468 | 143 |
| 本斗信利 | 本斗 | 1922 | 315 | 25 | 45 | 30 | 100 | 19 | 7 | | 74 | 100 | 187,087 | 437 | 94 |
| 泊居一徳社信 | 泊居 | 1917 | 184 | 16 | 64 | 21 | 100 | 48 | 0 | 27 | 26 | 100 | 241,132 | 336 | 336 |
| 船見町積善信販購利 | 大泊 | 1928 | 122 | 40 | 49 | 11 | 100 | 49 | 7 | | 44 | 100 | 89,006 | 320 | 170 |
| 知取町信 | 元泊 | 1923 | 355 | 5 | 41 | 54 | 100 | 44 | 7 | 15 | 34 | 100 | 327,502 | 316 | 221 |
| 恵須取町信利 | 鵜城 | 1923 | 211 | 13 | 38 | 49 | 100 | 41 | 9 | 8 | 41 | 100 | 153,099 | 299 | 192 |
| 落合町信 | 豊原 | 1930 | 392 | 8 | 42 | 51 | 100 | 44 | 3 | | 53 | 100 | 169,685 | 227 | 169 |
| 計（一組合当り） | | | 371 | 11 | 50 | 39 | 100 | 33 | 8 | 6 | 52 | 100 | 368,543 | 571 | 133 |
| 日本（調査組合 13,864） | | | 418 | 72 | 16 | 12 | 100 | 13 | 7 | 13 | 68 | 100 | 161,018 | 307 | 76 |

出典：『樺太産業組合要覧』1935 年度。『産業組合要覧』1935 年度。

注：表示した産業組合は、貯金額が一組合員当 200 円以上の 10 組合。一組合員当貯金額の順に示している。1935 年の樺太産業組合総数は 76 組合。

どすべて商業・公務自由業という非一次産業である点である。農林水産業は一%にすぎない。商工業者・公務自由業を主体とした、運用資金の充実した市街地信用組合の様相を呈していた。(29) ちなみに、豊原信用組合のほかにも、真岡《まおか》町信用組合を筆頭に、知取《しりとる》町信用組合、敷香信用組合、泊居《とまりおる》一徳社信用組合が優良組合として評価の高い組合であった。(30) いずれも市街地信用組合的色彩の強い組合である。

このような上位の優良組合を除くと、樺太産業組合は、いずれも厳しい経営状況に置かれていた。これを示すのに、すべての組合を示すと紙数を要するので、ここではその代替として、一九三五年における樺太産業組合の貯貸率と組合員一人当り貯金額との関係を図示しておきたい（図1-1）。一般に貯貸率と組合員一人当り貯金額とは、かなり高い正の相関関係を示す。ところが、樺太産業組合の場合、両者の相関係数は〇・二三八と高くはなく、X軸、Y軸のそれぞれに近接する二グループに分かれるのである。X軸に近接するグループは、組合員一人当り貯金額が大きく、貯貸率が低いグループである。Y軸のそれは、組合員一人当り貯金額が小さく、貯貸率が高いグループである。前者が、相対的に経営が優良なグループである。これには、表1-7の、町場に展開した商業・公務自由業を主体にした、市街地信用組合的な産業組合が含まれている。後者が貯金額の小さい、経営不良のグループである。なかには貯貸率が一〇〇〇%を超える、協同組合とはみなしがたい組合が幾つかみられた。

最後に、金利水準をみておきたい。表1-8が郵便貯金、日本内地の銀行、信用組合、沖縄の信用組合、樺太の信用組合の預貯金・貸付金の金利を示している。沖縄は内地で最も金利の高いところであった。(31) 年次を揃えて金利を示すのは簡単ではないが、一九三一年、一九三二年、一九三五年の金利を表示している。内地の預貯金金利を比較すると、郵便貯金が最も低く、次に銀行預金で、信用組合貯金が最も高くなる。貸付では、銀行よりも信用組合がやや高くなる。以上の点は、これまでから指摘されている点である。(32) 日本内地、沖縄、樺太の信用組合で比較すると、樺太は沖縄よりも高くなっている。内地と比べると、かなり高い。特に、樺太の貸付金利は非常に高い。樺太の貸付金利が高いのは、一般に金融機関の不備や不動産信用の程度が低いことから説明されてい

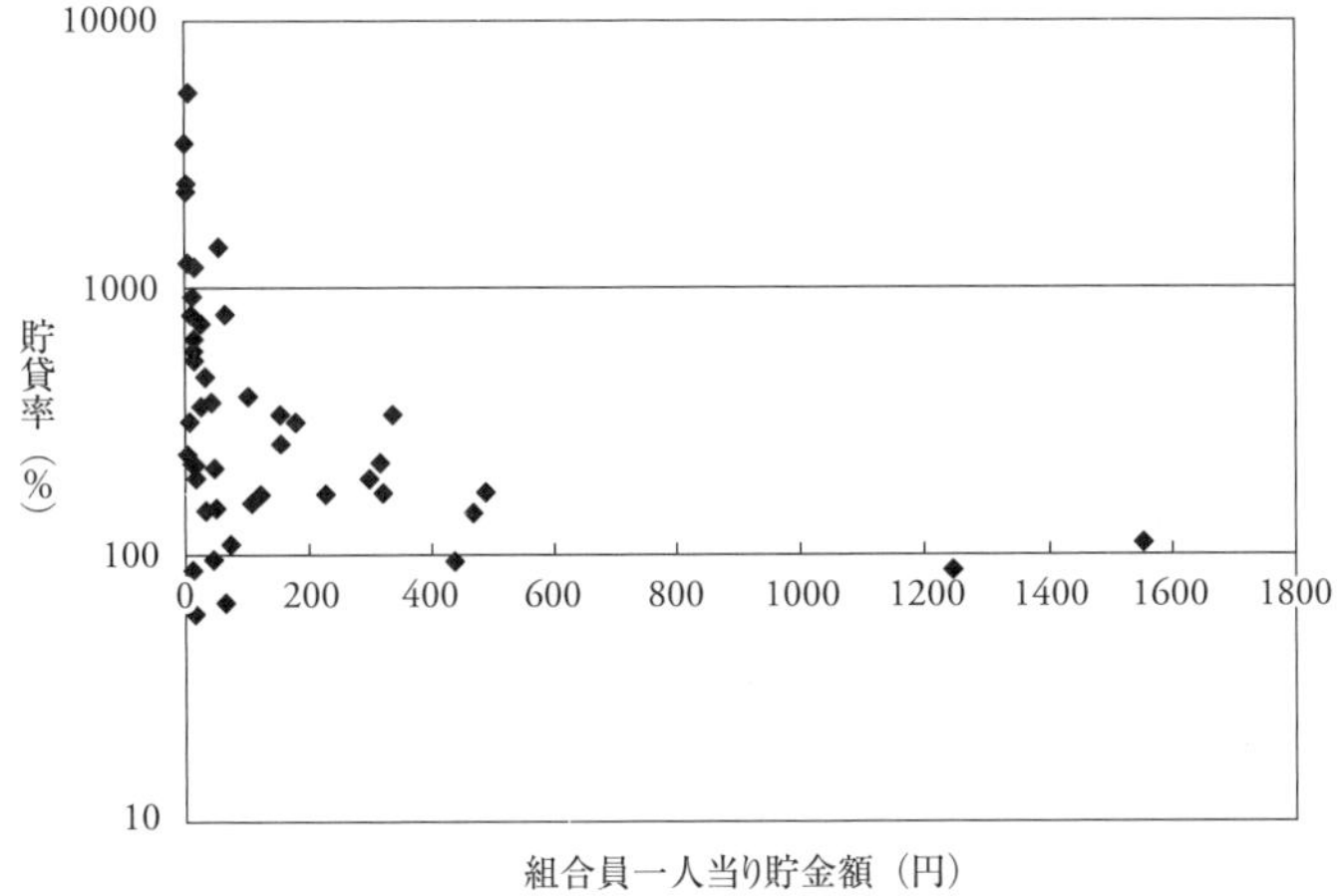


図 1-1 樺太産業組合の貯貸率と組合員一人当り貯金額

表 1-8 金利比較表

単位：年%

| | 樺太信用組合 | | 沖縄信用組合 | | 全国信用組合 | | 全国銀行 | | 郵便貯金 |
|---|---|---|---|---|---|---|---|---|---|
| | 貯金 | 貸付 | 貯金 | 貸付 | 貯金 | 貸付 | 預金 | 貸付 | |
| 1931年 | 7.45 | 15.90 | 5.90 | 11.00 | 5.18 | 9.50 | 4.70 | 9.42 | 4.20 |
| 1932年 | 5.86 | 14.14 | 5.40 | 11.00 | 5.03 | 9.27 | 4.20 | 9.31 | 3.00 |
| 1935年 | 5.48 | 13.90 | | | 3.87 | 8.58 | 3.70 | 8.10 | 3.00 |

出典：『産業組合要覧』1931年度、1932年度。『樺太産業組合要覧』1931年度、1932年度。『農林中央金庫史』2、1956年。『日本長期統計総覧』3、1988年。

注：1) 年次は樺太の金利がとれる年次を採用。

2) 樺太信用組合は『樺太産業組合要覧』の「普通」金利。沖縄信用組合は『産業組合要覧』の貸付金・組合員貯金の「普通」金利。全国信用組合の1931年、32年は『産業組合要覧』の貸付金・組合員貯金の道府県別「普通」金利の単純平均。全国の1935年は『農林中央金庫史』2（表43）の「定期貯金」「貸出」金利（道府県の単純平均）。全国銀行の預金は『日本長期統計総覧』3の定期預金（6か月）、貸付金の金利。郵便貯金は『日本長期統計総覧』3の「通常貯金」金利。

る。[33]

## 五．樺太産業組合界のリーダー

表1-9が樺太産業組合協会の役員一覧表である。樺太産業組合協会は、一九三一年の第二回全島産業組合大会の決議に基づいて設立されたもので、組合事業の普及、指導奨励、相互連絡、調査、表彰、監査などを業務とした。いわば、府県に置かれた産業組合中央会支会に相当する機関である。会長、副会長、参事には、樺太庁の長官、内務部長、地方課長（いずれも高等官）が就任したが、その他の参事（定員一〇名）は樺太内の産業組合長が就任した。[34]参事には、豊原信用組合長の高橋弥太郎（豊原市長）を筆頭に、樺太内の有力産業組合の著名な組合長が顔を並べている。九名の民間参事のうち、八名の出生地・職業などを知ることができたが、いずれも日露戦後から第一次世界大戦後に渡樺した人物で、すでに樺太で高い社会的地位を得ていた人々である。[35]注目したいのは、職業が、呉服商、洋服商、海産仲買業、旅館経営、雑貨商並びに公務、医業と、非一次産業が多数を占めていることである。このことは、樺太産業組合界をリードした人物が非農業部門の人々であることを示しており、上記した樺太産業組合の商業者的・市街地信用組合的な性格と一致していた。このようなことから、樺太産業組合に対しては、「農民のためといふよりも、むしろ市街地商人のために存在する」[36]という批判が起こることになる。

同様のことは、樺太産業組合の役職員をみても言えることである（表1-10）。内地の役職員録をみると、①出生地と組合所在地とが一致、②職業が農業、というのが一般的であったが、樺太の場合は、この両方とも妥当しないところに特徴があった。いうまでもなく、すべて入植者であり、職業も農業以外の多様な分野からの参入者が多かったのである。

表 1-9　樺太産業組合協会役員（1936 年末現在）

| 役職 | 氏名 | 居住地 | 産業組合関係役職 | 出生地 | 生年 | 渡樺 | 職業 | 備考 |
|---|---|---|---|---|---|---|---|---|
| 会長 | 今村武志 | 豊原 | 樺太庁長官 | 宮城県 | 1880 | 1932 | 官僚 | 朝鮮総督府勤務、黄海道知事、殖産局長、内務局長。戦中・戦後、仙台市長。 |
| 副会長 | 武藤公平 | 豊原 | 樺太庁内務部長 | | | | 官僚 | |
| 参事 | 上野武雄 | 豊原 | 樺太庁内務部地方課長 | | | | 官僚 | 樺太信用販売購買利用組合連合会長、樺太産業組合青年総連盟理事長 |
| 参事 | 高橋弥太郎 | 豊原 | 豊原実業懇話会信用組合長 | 長野県 | 1883 | 1906 | 洋服商 | 豊原市長、豊原商工会議所顧問、樺太製糖監査役、樺太評議会評議員など |
| 参事 | 的場岩太郎 | 豊原 | 豊原酪農購販組合長 | 岡山県 | | 1905 | 牧畜業 | 1930 年篤農家表彰（大日本農会）、豊原市市会議員など |
| 参事 | 安羅五右衛門 | 大泊 | 船見町積善信販購利組合長 | 宮城県 | 1879 | 1906 | 海産仲買業 | 大泊鱗光卸売市場専務取締役、大泊町会議員など |
| 参事 | 鈴木桂次郎 | 留多加 | 留多加積善信利組合長 | 新潟県 | 1880 | 1907 | 公務 | 留多加郵便局長、樺太評議会評議員、留多加町会議員など |
| 参事 | 藤森朗澄 | 真岡 | 真岡町信用組合長 | 山梨県 | 1888 | 1906 | 呉服商 | 真岡商工会議所副会頭、真岡町会議員、樺太製紙取締役など |
| 参事 | 辻　博雄 | 知取 | 知取町信用組合長、知取畜産販購利組合長 | 山形県 | 1890 | 1916 | 旅館経営 | 知取町初代名誉村長、村評議員、牧場経営など |
| 参事 | 作佐部蔚 | 敷香 | 敷香酪農信販購利組合長 | | | | | |
| 参事 | 池田弥吉 | 恵須取 | 恵須取町信利組合長、恵須取養狐販購利組合長 | 滋賀県 | 1881 | 1921 | 雑貨商 | 恵須取魚菜市場会社社長。清酒醸造、養狐業兼営。軍隊御用商人など |
| 参事 | 堀川弘政 | 小能登呂 | 小能登呂信販購利組合長、小能登呂養狐販購利組合長 | 高知県 | 1896 | 1921 | 医業 | 公医、村会議員など |

出典：『樺太経世』2–6、1930 年。藤井尚治『樺太人物大観』敷香時報社、1931 年。『樺太庁職員録』1935 年 8 月 1 日現在、樺太庁長官官房秘書課、1935 年。『樺太年鑑』1937 年版。山野井洋『樺太人物論』ポドゾル社、1937 年。『樺太商工人事興信録』帝国興信所樺太支所、1941 年。菱沼右一『樺太官庁会社紳士録』中央情報社、1941 年。河北新報社宮城県百科事典編集本部編『宮城県百科事典』1982 年。

表 1-10　樺太産業組合役職員録

| 氏名 | 役職名 | 組合名 | 出生地 | 経歴大要 | 職業職柄 |
|---|---|---|---|---|---|
| 高橋弥太郎 | 組合長 | 豊原実業懇和会信用組合 | 長野県 | 洋服洋品商 | 豊原市長 |
| 高梨又七 | 専務理事 | 豊原実業懇和会信用組合 | 福島県 | 前豊原市収入役 | |
| 佐藤貞之輔 | 組合長 | 知床村信販購利組合 | 宮城県 | 仙台市立第二中学中退、東京市築地工手学校予科修了、農業 | 青年団長、赤石産業組合理事 |
| 松本定蔵 | 組合長 | 三郷製酪購販利組合 | 埼玉県 | 入間郡大井村高等小学校卒業 | 三郷村村会議員、警防団長、納税組合長、農業 |
| 藤井与四郎 | 組合長 | 本斗購販組合 | 北海道 | 漁業 | |
| 佐々木毅 | 主事 | 本斗購販組合 | 宮城県 | 宮城水産校出身 | |
| 長崎平三郎 | 組合長 | 瑞穂信販購利組合 | 滋賀県 | 1929 年以降医業に従事す | |
| 鈴木□雄 | 専務理事 | 瑞穂信販購利組合 | 愛媛県 | 三島中学卒業、1934 年組合入所 | |
| 小田正作 | 組合長 | 恵須取町興農信販購利組合 | 山梨県 | 郵便局長、王子製紙会社恵須取山林部主任を経て現農業 | 町会議員 |
| 田辺周二 | 専務理事 | 恵須取町興農信販購利組合 | 石川県 | 元樺太庁高等官、眞岡農事試験場長、恵須取町役場産業課長 | 町興農副会長 |
| 山本量蔵 | 主事 | 恵須取町興農信販購利組合 | 新潟県 | 元農場経営、現在養狐場及牧場経営、牛乳販売をなす | 現町会議員、警防団分団長、産青連委員長 |

出典：協同組合新聞社編『全国産業組合要覧並役職員録』協同組合新聞社、1941 年。

## 六・産業組合の不振と樺太農村社会

ここでは、主に農村組合や漁村組合を念頭に、それらの組合が不振であった理由を、農家や農村社会のあり様の点から考えてみたい。

真岡町信用組合は豊原信用組合に次ぐ業績の信用組合であったが（表1-7参照）、その組合長であった藤森朗澄は樺太でも有名な人物であった（表1-9参照）。藤森の信用組合についての議論は正鵠を射ていた。まず、それを紹介しておこう。曰く、「申す迄もなく信用組合は人格の結合である人々の間の精神上並に道徳上の結合である。猶一層詳しく云ふならば住馴れた土地に於て極めて親密なる間柄同志の者の美しき結合である。組合員各自の気質と技量とは幼少の時から互いに目撃し熟知してる人々の間の団結である。かるが故に不義理をなしたり人を欺いたり或ひは怠慢放逸の者は組合員たるの素質でないのである。之を以て組合員は常にその行為をつゝしみ徳を樹て業を励み勤倹力行能く組合員たるの義務を尽さんことを希ふ様になるのである」[37]。藤森は、対人信用を基礎とする無担保短期信用が可能であることの基盤を、組合員の面接性の高さとそれによる機会主義的行為やモラル・ハザードの抑制に求めているのである。これは、信用組合成立の根拠として、きわめて正当な理解である。しかし、現実の樺太農村社会は、このような状況にあったのであろうか。

樺太領有直後における豊原附近の農業地帯（鈴谷《すずや》平野）の村落について、南鷹次郎（札幌農学校教授）の視察復命書（一九〇五年十月調査）は、だいたい次のように述べている[38]。ロシアの流刑農民の監督政策上から密居制であるが、村落の境界は誠に漠然としていて、標木など明示するものもなく、村民の村落という観念にいたっては極めて薄弱である。農民は土地所有権を有しておらず、他人の権利を侵さなければ、土地の選定は自由で、自由に開発し、耕種することができた。以上が南鷹次郎の観察であるが、日本の農業移民が直面した農業村落は、このような状態だったのである。確認したいことは、日本人農業移民が入植した地域には、農業集落の景観も実質もともなってはおらず、それらがない状態から出発しなければならなかった点である。日本人農業移民の社会関係を作っていく上での困難さを示している。

これに加えるに、入植した日本人農業移民の流動性の激しさである。農業移民の機会主義的な流動性の高さについては、同時代から指摘があり、近年の研究でも強調されているが、[39]ここでは数量的に確認できるデータを示しておきたい。表1-11が、『樺太庁国勢調査報告』により、樺太の人口流動性の高さを職業別に示したものである。『樺太庁国勢調査報告』には、自らが樺太に渡ってきた年次（渡樺年次）を答えさせるという項目がある。その集計結果が、一九二〇年・一九三〇年の両度にわたり、職業別・年次別に示されている。これにより、一九〇五年から一九二〇年の渡樺者で、一九二〇年時点及び一九三〇年時点で樺太に居住する内地人の渡樺年次別・職業別の人員を知ることができるのであり、渡樺年次ごとに、一九二〇年の人員から一九三〇年の人員を差し引くと、一九二〇年から一九三〇年の一〇年間に、死亡、樺太からの退去、職業変更（無職も含む）となった者の、渡樺年次別・職業別の人員総計を知ることができるのである。ただし、もともとの渡樺年次が正確に申告されているかどうかは確認しようがないし、この一〇年間に職業を変え、また元の職業に戻った場合の移動は統計には表れてこない。また、この一〇年間に、各職業に他の職業から移ってきた人員も各職業には加算されているから、実際の流動性は表示されている数値よりも高かったとみなければならない。これらの事情から、表示されている流動性は、ミニマムなものである。表1-11では、紙数の関係から、一九〇五年から一九二〇年までの年次ごとを集計した数値を、それも増減割合のみを示した。それによると、一九〇五年から一九二〇年の渡樺者のうち、一九二〇年から一九三〇年の一〇年間で、鉱業八六％、工業七三％、交通業五九％、水産業五八％、農業四一％、商業二七％がいなくなっていることを示している（ただし、無職として樺太にとどまっている場合がある）。上述したように、これはミニマムな数値である。鉱工業の流動性が極めて高く、商業はかなり低い。農業や水産業もこの一〇年間だけで半分ほどは移動していることが分かる。樺太庁は、「移動性の乏しき農業移民」、つまり「定着的農

表 1-11　1905 年から 1920 年における渡樺者の 1920 年から 1930 年の間における増減割合

| | |
|---|---|
| 農業 | −41% |
| 水産業 | −58% |
| 鉱業 | −86% |
| 工業 | −73% |
| 商業 | −27% |
| 交通業 | −59% |
| 公務自由業 | −53% |
| その他 | −72% |
| 無職 | 1446% |

出典：『外地国勢調査報告第 1 輯　樺太庁国勢調査報告』文生書院、2000 年。
注：1) 1904 年以前は、樺太領有以前であるので、集計からはずしている。
2) 無職が増加しているのは、加齢・退職による無業者が増加したためと思われる。

民」を移住後の保護特典を以って招来し、樺太社会の礎とすることを意図したのであるが、[40] それでも樺太農家の機会主義的な移動を抑えることは出来なかったのである。この樺太農家の流動性の高さは、内地農家とは比べものにならない、驚くべき高い流動性である。

これだけの高い流動性のもとで、農家間の面接性・共同性・相互扶助観念・村落規制などの社会関係が育つことは難しかったに違いない。もともと何らかの社会関係が存在しないところから農民間の社会関係を作らなければならなかったのであるが、その主体となるべき農民たちが短期に移動を繰り返していたのである。これでは、藤森のいう「人々の間の精神上並に道徳上の結合」「住馴れた土地に於て極めて親密なる間柄同志の者の美しき結合」を築き上げるのは、なかなか困難であったろう。樺太の農村組合や漁村組合は、その成立の前提条件が脆弱なところから出発せざるを得なかったのである。

『産業組合年鑑』（一九四三年用）は、このような事情を的確に指摘している。曰く、樺太への移住者は「一攫千金を夢みる者か、大魚をあてこむ者か、或は安い山の払下げを受けて一儲けしようと云う者の類が多く、又それ等の人々は集団移民でなく、各地からの寄り集りであり従つて職業や生活様式を異にし就中相互の利便のために協力する念に乏しく」、「居住者の多くは恒心なく、また隣保共助の観念に欠け」ていたと述べている。[41] また、豊原信用組合の坂本英一は、樺太産業組合運動の困難について、「樺太の産業組合経営は内地と異なり、概して定住性に乏しき組合員なれば、産業組合精神を強調することが甚だ困難で尚植民地気質が産業組合精神を強化するに訓練を要するのである。内地の農民大衆を組合員とする産業組合は土着性に強く結成力に富む構成員なるを以て、組合精神を徹底せしむるには甚だ容易である。例へば組合青年連盟組合婦人会及教育委員会「家の光」普及運動の成績等、吾が樺太の遠く及ばざる処で豊信《ほうしん》組合のみが組合精神欠如せりと断定するは早計である」としている。[42] ともに、正鵠を射た指摘である。ここに述べられているのは、産業組合の基盤となる「人々の間の精神上並に道徳上の結合」「住馴れた土地に於て極めて親密なる間柄同志の者の美しき結合」の形成の弱さである。つまり、樺太農民は、各地からの個別農家の寄り集まりにすぎず、土着性が低い（流動性が高い、面接性が低い）ゆえに、隣保共助の観念や村民の結成力が弱く、ために産業組合の前提条件の形成が不充分であった、ということである。

この点は、樺太産業組合法の施行にあたり、『樺太日日新聞』も明確に指摘していた。「今日の状態にては、吾人は遺憾ながら、各部落民の自治能力を云為する以前、初めより部落民に自治協同など云う念無きに非る歟を疑わざるを得ず」[43]とし、産業組合の前提となる自治的・自律的な協同行動の存在に強い疑義を呈していたのである。『樺太日日新聞』の特徴は、むしろ逆に「各部落の自治的発達を計らんが為めに、産業組合組織を奨励するの最も必要なる」「各部落の自治共同的発達を計るには是非とも産業組合の如きもの組織を必要とする」[44]とし、農林資源開発組織としての産業組合を中軸にした、農民の自治共同的な発達に望みを託していたのである。後者の点には、日本的「村」の形成が弱かった鹿児島地方において、農家小組合によってそれを創出しようとした農家小組合政策と類似の論理を見出すことができる。[45]

このように樺太において産業組合が不振であったのは、「人々の間の精神上並に道徳上の結合」「住馴れた土地に於て極めて親密なる間柄同志の者の美しき結合」が弱くならざるを得なかった樺太農村社会に、その一つの原因があったのではないのかということである。

# 第三節　南洋群島における産業組合

## 一・南洋群島の金融事情と産業組合令

南洋群島では与信機能をもつ金融機関がない状態が長く続いていた。広い地域に小島が散在するという地理的条件や人口の稀薄、産業経済の未発達のために、地元銀行は設立されず、内地銀行は支店進出をためらった。郵便局だけが制度的な金融機関であった。非制度金融（模合・無尽・頼母子講）が資金調達の一部を代行していたが、もとより十分なものではなかった。質屋業も存在しなかった。したがって、産業資金や生活資金の調達が難しい状況に置かれていた。また、南洋群島はその生活物資や生産資材を内地よりの移入にたよっていたが、その際の金融取引も銀行不在で円滑を欠いた。為替も郵便為替にたよるほかなく、荷為替金融も不可能であった。要するに、産業組合ができるまでは、郵便局が唯一の制度的金融機関として、預貯金や為替業務を一手に引受けているという状態であった。加えるに、南洋群島商人は出稼ぎ性向が強く機会主義的であったため、銀行不在のなかで、内地商人（卸商）は取引においてそのリスクを見込まざるを得ず、それが物価高の一要因となっていた。この金融の不円滑が南洋群島開発にとり甚だしい障害になっていた。[46] このような状況に対して、現地の商工業者を中心に、組合金融の整備や金融機関の設置を要求する声が高まっていた。[47] 産業組合は、農林資源開発の一組織として、南洋群島における産業開発上の障害を取り除くことを期待されて登場することになる。

一九四〇年版の『産業組合概況』（南洋庁拓殖部商工課）は、このような金融事情を次のように述べている。「従来南洋群島に於ける金融は無尽講に依つて僅かに其の一部分を補足され其の他は総て資金を内地に需むるか又は個人貸借に依るの外途がなかつた為資金の獲得に甚しく支障を来し其の結果利子歩合は極度に高まり為に物価の騰貴を誘致し産業発展上に及ぼす影響が少くなかつたのである」[48]。また、南洋庁拓殖課「群島産業組合状況」（一九三六年四月）も「従来南洋群島は金融機関の欠如の為、産業の開発上及経済生活の上に甚だしくその発達を阻害せられ居り、金融機関として僅かに無尽講あるのみにして其の弊に悩まされたりし」[49]としている。産業組合は、現地日本人（特に商工業者）にとっては待望の金融組織だったのである。

## 二・南洋群島産業組合の設立とその基盤

南洋群島産業組合令・南洋群島産業組合令施行細則は、一九三二年九月・十月に公布された[50]。表1-12が南洋群島産業組合の一覧表である[51]。一九三九年末の実績を示しており、発足から数年のちの産業組合経営として落ち着いてきた時期である。組合数は、南洋群島産業組合令の翌年（一九三三年）の一月に二組合、十月に三組合、一九三四年一月に二組合が設立された（計七組合）[52]。南洋群島産業組合令を契機に、満を持して設立された様子がうかがえる。この七組合が戦時期まで存続する。地域別には、サイパン支庁に四組合（ガラパン町二組合、テニアン町二組合）、パラオ、トラック、ポナペの各支庁に一組合ずつが設立された。サイパン支庁には四組合が設立されたが、サイパン支庁には南洋興発関係者を中心に南洋群島日本人の約七割が集中しており、南洋興発関係の農業者や彼らを顧客とする商工業者が多く存在していた[53]。ヤップ、ヤルート両支庁下には設立されなかった。そもそもヤップ、ヤルート両支庁下の日本人は少数であった[54]。七組合のうち、信用単営組合が四組合、兼営組合が三組合である。兼営三組合のうち二組合は信用事業を兼営していた[55]。南洋群島産業組合が信用事業を軸にしていたことは明らかである。

組合員数は、パラオ信組、サイパン信組、ガラパン信購販利組合が三〇〇人を超えており、当時の内地の平均的組合よりやや少ない程度の規模であったが（表1-4参照）、他の四組合は明らかに過少であった[56]。組合員の職業別構成は、ガラパン信購販利組合、テニアン購販利組合を除くと、商業とその他の比重が高いのが特徴である。[57]南洋群島産業組合は商工業者を基盤に設立、運営がなされたことを確認することができる。ただ、ガラパン信購販利組合は農業が組合員の九割をしめる農業者中心の産業組合であった（テニアン購販利組合は農林水産業四一％でそれほど高くはない）。また、組合員はすべて日本人であり、現地住民は参加していない。[58]

以上を南洋群島産業組合役員一覧表（表1-13）で確認しておきたい。『産業組合概況』（一九四〇年版）に掲載されている役員名簿と『現代沖縄県人名鑑』並びに『大南洋興信録第一輯南洋群島編』の「個人」とをマッチングさせたものである。経歴などが判明した三三名分を表示した（不明の残り四二名分は紙数の関係で略している）。確認し

**表1-12　南洋群島産業組合（1939年末）**

単位：円、％

| 産業組合名称 | 設立認可 | 所在地 | 組合員 | 職業別割合 | | | | 資金構成 | | | | | | 購買品売却額 | 1組合員当貯金額 | 貯貸率（％） |
|---|---|---|---|---|---|---|---|---|---|---|---|---|---|---|---|---|
| | | | | 農林水産業 | 商工業 | その他 | 計 | 払込済出資金 | 積立金 | 借入金 | 貯金 | 計 | 計（実数） | | | |
| パラオ信 | 1933.01.17 | パラオ島コロール町 | 334 | 10 | 29 | 61 | 100 | 13 | 10 | 27 | 50 | 100 | 391,683 | | 592 | 155 |
| サイパン信 | 1933.01.17 | サイパン島ガラパン町 | 321 | 20 | 40 | 40 | 100 | 21 | 5 | 11 | 62 | 100 | 765,050 | | 1,482 | 137 |
| テニアン信 | 1933.10.06 | テニアン島テニアン町 | 115 | 7 | 70 | 23 | 100 | 30 | 8 | 12 | 51 | 100 | 137,727 | | 608 | 234 |
| ガラパン信購販利 | 1934.01.20 | サイパン島ガラパン町 | 337 | 90 | 7 | 3 | 100 | 31 | 4 | 43 | 22 | 100 | 46,585 | 32,731 | 31 | 255 |
| テニアン購販利 | 1934.01.20 | テニアン島テニアン町 | 97 | 41 | 44 | 15 | 100 | 34 | 1 | 64 | | 100 | 9,316 | 8,449 | | |
| トラック信販購 | 1933.10.06 | トラック諸島松島 | 177 | 17 | 45 | 38 | 100 | 13 | 6 | 23 | 57 | 100 | 263,338 | | 854 | 144 |
| ポナペ信 | 1933.10.06 | ポナペ島コロニヤ町 | 124 | 7 | 57 | 36 | 100 | 22 | 3 | 26 | 50 | 100 | 201,275 | | 806 | 328 |
| 計（一組合当り） | | | 215 | 32 | 35 | 33 | 100 | 19 | 6 | 19 | 55 | 100 | 259,282 | 20,590 | 668 | 168 |
| 日本（調査組合14,251） | | | 497 | 71 | 16 | 13 | 100 | 8 | 5 | 6 | 82 | 100 | 292,082 | 50,485 | 529 | 36 |

出典：『産業組合概況』1940年版、南洋庁拓殖部商工課。『産業組合要覧』1939年度。
注：購買品売却額、販売額、利用料については、表示以外は記載がない。

表 1-13　南洋群島産業組合役員一覧表（1940 年）

| 氏名 | 役職 | 産業組合名 | 職業 | 原籍 | 渡南 | 生年 |
|---|---|---|---|---|---|---|
| 木下新蔵 | 組合長 | サイパン信 | 農園経営 | 徳島 |  | 明治 20 |
| 太田貞蔵 | 理事 | サイパン信 | 商業 | 山形 |  | 明治 25 |
| 古堅宗全 | 理事 | サイパン信 | 商業 | 沖縄 | 大正 15 | 明治 25 |
| 大峰厳彦 | 理事 | サイパン信 | 醸造業 | 宮崎 |  |  |
| 松本栄太 | 理事 | サイパン信 | 商業、会社重役 | 山口 | 大正 14 | 明治 19 |
| 城間文義 | 理事 | サイパン信 | 醸造業、漁業 | 沖縄 | 大正 14 | 明治 31 |
| 宮澤幸次郎 | 理事 | サイパン信 | 土木建築請負業 | 兵庫 |  | 明治 29 |
| 山口百次郎 | 理事 | サイパン信 | 料理業 | 山形 | 大正 3 |  |
| 吉田清 | 監事 | サイパン信 | 印刷業 | 長崎 | 昭和 4 | 明治 20 |
| 名城政保 | 監事 | サイパン信 | 商業 | 沖縄 | 昭和 7 | 明治 26 |
| 大島利雄 | 監事 | サイパン信 | 商業 | 宮城 |  |  |
| 野原松 | 理事 | ガラパン信購販利 | 農業 | 沖縄 | 大正 12 | 明治 25 |
| 平川崇永 | 理事 | ガラパン信購販利 | 農業 | 沖縄 | 大正 12 | 明治 39 |
| 大城善英 | 理事 | ガラパン信購販利 | 産組役員 | 沖縄 |  | 明治 33 |
| 志波喜六 | 組合長 | テニアン信 | 商業 |  |  |  |
| 児玉正作 | 理事 | テニアン信 | 醸造業 | 宮崎 | 昭和 5 | 明治 31 |
| 小林光之助 | 理事 | テニアン信 | 自転車業 | 栃木 |  |  |
| 柴田新三郎 | 理事 | テニアン信 | 商業 | 福島 |  | 明治 17 |
| 徳松安領 | 理事 | テニアン信 | 料理業 | 沖縄 | 大正 11 | 明治 32 |
| 原次郎 | 監事 | テニアン信 | 無職 | 二世 |  | 明治 02 |
| 徳松安領 | 組合長 | テニアン購販利 | 料理業 | 沖縄 | 大正 11 | 明治 32 |
| 知念清十 | 理事 | テニアン購販利 | 料理業 | 沖縄 | 昭和 8 | 明治 23 |
| 仲宗根松寿 | 理事 | テニアン購販利 | 料理業 | 沖縄 | 大正 10 | 明治 28 |
| 天野代三郎 | 組合長 | パラオ信 | 商業 | 愛知 | 大正 8 | 明治 20 |
| 山内賢洲 | 理事 | パラオ信 | 商業 | 福井 | 大正 6 | 明治 14 |
| 最上三郎 | 理事 | パラオ信 | 酒造業 | 鹿児島 | 大正 10 | 明治 32 |
| 杉山隼人 | 理事 | パラオ信 | 代書業 | 静岡 | 大正 7 |  |
| 山本耕三 | 監事 | パラオ信 | 南洋新報編集長 | 高知 |  | 明治 35 |
| 万永保治 | 組合長 | トラック信販購 | 組合長 | 長崎 | 大正 6 | 明治 26 |
| 久保利男 | 理事 | トラック信販購 | 泡盛製造業、養豚業 | 東京府 |  | 明治 19 |
| 中里儀助 | 理事 | ポナペ信 | 鰹漁業 | 秋田 | 大正 5 | 明治 23 |
| 橋口鉄熊 | 監事 | ポナペ信 | 椰子葉繊維業 | 鹿児島 | 大正 12 | 明治 09 |
| 鈴木道夫 | 監事 | ポナペ信 | 商業、林業 | 千葉 |  | 明治 27 |

出典：『産業組合概況』1940 年版、南洋庁拓殖部商工課。大宜味朝徳編輯『現代沖縄県人名鑑』海外研究所、1937 年。『大南洋興信録第一輯南洋群島編』大南洋興信録編纂会、1938 年。

たい第一は、職業では非一次産業が多いことである。明らかに農林水産業であるのは四名にすぎない。第二は、原籍が比較的ばらついていることである。確かに沖縄出身者は一〇人（全体の三〇％）で府県別のトップであったが、南洋群島日本人に占める沖縄出身者割合（一九三七年では五五％[59]）からすると少なかった。以上の役員の職業と原籍の点で特徴的なのは、ガラパン信購販利組合である。職業が農業である点、原籍が三人とも沖縄である点である。前者は、組合員構成で九割が農業者であったことに対応しているし、後者は、『産業組合年鑑』が「ガラパン及びテニアン組合は沖縄県人がその主体である[60]」と指摘しているのに対応していると思われる。

## 三．個別組合の経営状況

次に、個別組合の経営状況をみておこう（表1-12）。資金構成をみると、全体的に払込済出資金や借入金比率が高く、いまだ初期産業組合的な状況がみられるが、それでも貯金比率が高いのが特徴である。資金合計では、パラオ信組とサイパン信組の額が大きく、内地平均を越えている。特に、サイパン信組の資金額は、貯金を軸にして、内地平均の二倍を大きく越えている。一組合員当り貯金額をみても、内地平均の三倍ほどであり、樺太の豊原信組のそれと匹敵する大きさである。貯貸率はやや高いが、サイパン信組は、この数値の限りでは、堅固な経営であったろうことがうかがえる。他の信組も比較的貯金額が大きく、比較的良好な経営であったように思われる。『大南洋興信録第一輯南洋群島編』の「個人営業」をみると、多くの個人商工業者が、「銀行」（取引金融機関）をサイパン信組、パラオ信組、トラック信組、ポナペ信組と記しており、これらの信組がそれぞれの島の町場で営業する中小商工業者によって支えられていたことを示している。資金源や授受信先からすると、内地の市街地信用組合的な性格が強いと思われる。

それに対し、農業者主体のガラパン信購販利組合、テニアン購販利組合は、経営が困難であった。ガラパン信購販利組合は、組合員数は多かったが、個々の組合員の経済力が弱く、一組合員当り貯金額は極端に低い。その結果、資金構成において、借入金比率が高くなった。購買事業もそれほど盛んとはいえず、収益が低かったに違いない[61]。おそらく信用・購買事業の収益の低さに規定されたのであろうが、積立金も弱い。一九三四年には払込済出資金の半分ほどの欠損をだしている。テニアン購販利組合は信用部門をもたず、ガラパン信購販利組合よりもすべての指標において深刻な状況にあった。借入金が払込済出資金の二倍近くに達しており、資金調達コストの高さを予想させる。購買事業は、ガラパン信購販利組合よりも低調で、唯一の稼ぎ頭としては弱い。その結果、連年、少なくない欠損を出している（ただ、欠損額は年々縮小している[62]）。

## 四．貸付事業

商工業者の信用組合への期待は、金融取引の円滑化と資金調達にあった。ここでは、産業組合の貸付事業についてみておきたい。

『産業組合概況』の一九三九年末のデータによると、信用事業を展開している六組合全体では、貸付のうち、無担保五七％、有担保四三％となる。パラオ信組だけは有担保貸付が九三％であるが、特にサイパン支庁下の三組合は、無担保貸付が八割以上と無担保での信用供与が多数をしめている[63]。また、産業資金と経済資金との別では、産業資金としての貸付が多くをしめているのも特徴である。サイパン信組とトラック信販購組合が二割から三割の経済資金貸付がある他は、一〇〇％近くが産業資金貸付であった。信用組合の貸付事業が、商工業者の産業資金需用に応じていたことが分かる。

次に、一九三四年七月から一九三五年六月の職業別貸付額がわかるので、どの職業への貸付が多いかを、出資口数（一九三五年末）を基準に検討してみたい[64]。六組合全体でみると、出資口数割合は、商業五〇％、水産業一％、工業一五％、農業一六％、交通業四％、その他一四％である。貸付額では、商業五六％、水産業一％、工業二二％、農業九％、交通業三％、その他八％となる。つまり、職業別貸付割合をみると、全体的には、商業と工業に比重がかかっており、農業とその他が相対的に少なくなっているのである。個別組合でみると、農業者主体のガラパン信購販利組合は農業への貸付が多かったが、それを除くと、他の組合ではすべて商工業者への貸付比重が高くなっているのである。全体として、商工業への貸付が相対的に大きいことは明らかであった。(65)

金利についてであるが、物価と同様に、内地と比べるとかなり高かった。『産業組合年鑑』によると、一九三四年の貸付利子は、最高二二％、最低一二％、普通一八％、同年の貯金利子は、最高八％、最低二％、普通六％としている。(66)表1-8の沖縄、樺太と比べても、貸付・貯金利子ともに高くなっている。特に、貸付利子は、最も高い樺太よりも、はるかに高くなっているのである。『産業組合年鑑』一九三五年用は「群島に於ける金融は組合の設立以来相当に緩和されて来たし金利も漸次低下の傾向にある」とし、同一九四一年用も「而して群島の他の金融機関も産業組合の利率に緩和され、漸次低下しつゝあるは喜ぶ可き現象なり」としている。(67)以上を前提とすると、産業組合設立以前のインフォーマル金融は相当な高金利であったろうこと（その弊害も大きかったであろうこと）、産業組合設立後は漸次低下の傾向にあったらしいこと、それでも内地や樺太と比べるとかなり高金利であったこと、が分かるのである。(68)

## 第四節　農業の発展と産業組合

ここでは、産業組合をとりまく各地域の農業経済発展の状態が、産業組合の発展を規定した側面があるのではないのか、という視点から、農業生産額と産業組合経営との関係を定量的に検討しておきたい。なお、表1-1

でみたように、沖縄産業組合は、貯蓄動員が弱く、資金構成における貯金の割合も小さかった。それに規定され、各事業部門の成績も良好ではなかった。組織率も内地と比べると低かった。沖縄産業組合は総じて不振であった。[69] ここでは、このような沖縄産業組合も含めて検討しておきたい。

表1-14が、産業組合経営指標と農業生産額との相関関係を示したものである。被説明変数の産業組合経営指標として、貯貸率、一組合当り、一組合員当りの、貯金、払込済出資金、積立金、借入金、販売価格、購買価格をとり、説明変数として、農業就業者一人当りと農家一戸当りの農業生産額をとっている。説明変数の農業生産額は三種類のデータを用いた（表1-14の注記を参照）。期間は、資料的制約から、一九一三～一九四〇年と一九二〇～一九三九年である。

相関係数をみると、貯貸率（逆相関）や販売事業、購買事業との相関係数が〇・八前後と非常に高いことがわかる。次いで高いのは、貯金である。逆に、積立金や借入金は低かった。以上の結果は、農業生産の拡大と産業組合事業の発展を正則的に把握する考え方に極めて整合的である。[70]

では、沖縄や樺太の農業生産の状況はどうであったろうか。[71] 表1-15が農家一戸当り、農業就業人口一人当りの農産物生産額を、日本を基準に比較したものである。沖縄、樺太ともに、日本と比べると農産物生産額が低位であったことがわかる。特に、沖縄の農家一戸当り農業生産額は、日本の半分程度であった。表示した時期は、砂糖価格の下落などによる農村疲弊が深刻化した、いわゆる「ソテツ地獄」の時期にあたる。樺太も一九三〇年代後半の時期を除くと、日本よりもかなり低位であった。とりわけ、農業就業者一人当りの農産物生産額は、日本の半分乃至は半分以下の水準であった。

以上から、沖縄や樺太の産業組合の不振は、その一つの要因として、農業生産の低位性から説明できるのではないだろうかということである。[72]

表 1-14　産業組合経営指標と農業生産額との単相関行列（日本）

| | | 農業就業者1人当農業生産額（A） | 農家1戸当農業生産額（B） | 農業就業者1人当農業純国内生産額（C） | 農家1戸当農業純国内生産額（D） | 農業就業者1人当農産物生産額（E） | 農家1戸当農産物生産額（F） |
|---|---|---|---|---|---|---|---|
| 貯貸率 | | −0.792*** | −0.781*** | −0.792*** | −0.783*** | −0.783*** | −0.760*** |
| 貸付金 | 1組合平均 | 0.234 | 0.210 | 0.241 | 0.220 | 0.260 | 0.296 |
| | 1件平均 | 0.526*** | 0.512*** | 0.511*** | 0.498*** | 0.063 | 0.081 |
| 貯金 | 1組合平均 | 0.539*** | 0.516*** | 0.590*** | 0.570*** | 0.368 | 0.334 |
| | 1組合員平均 | 0.555*** | 0.533*** | 0.598*** | 0.579*** | 0.315 | 0.282 |
| 払込済出資金 | 1組合平均 | 0.406** | 0.382** | 0.411** | 0.390** | 0.099 | 0.136 |
| | 1組合員平均 | 0.360* | 0.341* | 0.332* | 0.316 | 0.445** | 0.470** |
| 積立金 | 1組合平均 | 0.345* | 0.319* | 0.374** | 0.351* | 0.003 | 0.036 |
| | 1組合員平均 | 0.296 | 0.273 | 0.300 | 0.280 | 0.235 | 0.270 |
| 借入金 | 1組合平均 | 0.103 | 0.077 | 0.103 | 0.080 | 0.414* | 0.450** |
| | 1組合員平均 | 0.017 | 0.037 | 0.043 | 0.061 | 0.656*** | 0.683*** |
| 販売価格（販売事業） | 1組合平均 | 0.695*** | 0.680*** | 0.762*** | 0.749*** | 0.726*** | 0.705*** |
| | 1組合員平均 | 0.764*** | 0.758*** | 0.843*** | 0.830*** | 0.908*** | 0.898*** |
| 売却価格（購買事業） | 1組合平均 | 0.743*** | 0.727*** | 0.785*** | 0.772*** | 0.776*** | 0.753*** |
| | 1組合員平均 | 0.890*** | 0.887*** | 0.900*** | 0.897*** | 0.941*** | 0.939*** |

出典：『産業組合要覧』。『日本帝国統計年鑑』。『農林省統計表』。大川一司他編『長期経済統計 1　国民所得』東洋経済新報社、1974 年、第 10 表（204 頁）、第 15 表（209 頁）。梅村又次他編『長期経済統計 9　農林業』東洋経済新報社、1966 年、第 33 表（218～219 頁）。

注：1）(A)～(D) は、1913～1940 年における産業組合経営指標変数と農業生産額（大川一司他編『長期経済統計 1　国民所得』第 10 表、第 15 表）との相関係数。(E)(F) は、1920 年～1939 年における産業組合経営指標変数と農産物生産額（『日本帝国統計年鑑』、『農林省統計表』掲載の、食用農産物、園芸農産物、工芸農産物の合計で、加工を加えていない）との相関係数。観察単位は日本内地。***は 1% 有意水準、**は 5% 有意水準、*は 10% 有意水準。

2）農業就業者数、農家戸数は、梅村又次他編『長期経済統計 9　農林業』第 33 表。生産額はすべて当年価格で計算。

3）貯金の一組合平均（1918～1921 年）、一組合員平均（1913～1916 年、1918～1919 年）については、前後の統計数値と連続するように、『産業組合要覧』の数値を修正した。

4）ちなみに、農業純国内生産額（1934 年～1936 年価格のデフレート値）と貯貸率との相関係数は、農業就業者 1 人当 −0.491***、農家一戸当 −0.464**となる。

表 1-15　農産物生産額表（当年価格）

| | 日本 | | 沖縄 | 樺太 | |
|---|---|---|---|---|---|
| | 農家 1 戸当（円） | 農業就業人口 1 人当（円） | 農家 1 戸当（日本）を 100 とした場合 | 農家 1 戸当（日本）を 100 とした場合 | 農業就業人口 1 人当（日本）を 100 とした場合 |
| 1920 年 | 631 | 252 | 88 | 33 | 20 |
| 1921 年 | 502 | 200 | 53 | 90 | 55 |
| 1922 年 | 473 | 187 | 50 | 84 | 47 |
| 1923 年 | 493 | 195 | 47 | 76 | 44 |
| 1924 年 | 589 | 234 | 52 | 61 | 36 |
| 1925 年 | 581 | 231 | 43 | 68 | 39 |
| 1926 年 | 506 | 202 | 45 | 61 | 34 |
| 1927 年 | 486 | 194 | 45 | 73 | 43 |
| 1928 年 | 464 | 186 | 49 | 94 | 51 |
| 1929 年 | 447 | 179 | 50 | 77 | 41 |
| 1930 年 | 325 | 131 | 63 | 96 | 49 |
| 1931 年 | 267 | 108 | 67 | 79 | 40 |
| 1932 年 | 330 | 134 | 62 | 83 | 40 |
| 1933 年 | 391 | 159 | 56 | 84 | 41 |
| 1934 年 | 385 | 157 | 61 | 91 | 44 |
| 1935 年 | 436 | 178 | 54 | 74 | 36 |
| 1936 年 | 508 | 207 | 56 | 73 | 35 |
| 1937 年 | 575 | 235 | 53 | 93 | 45 |
| 1938 年 | 615 | 249 | 54 | 106 | 50 |
| 1939 年 | 848 | 343 | 53 | 111 | 51 |

出典：『日本帝国統計年鑑』。『農林省統計表』。『樺太庁治一斑』。『樺太庁統計書』。梅村又次他編『長期経済統計 9　農林業』東洋経済新報社、1966 年。加用信文監修『都道府県農業基礎統計』農林統計協会、1983 年。

注：農産物総額は、食用農産物、園芸農産物、工芸農産物の合計。日本・沖縄は『日本帝国統計年鑑』、『農林省統計表』による。日本の農家戸数、農業就業人口は、『長期経済統計 9　農林業』、沖縄は『都道府県農業基礎統計』による。樺太の農産物総額・農家戸数・農業就業人口は、『樺太庁治一斑』・『樺太庁統計書』による。デフレートしていない。

# おわりに

本章の課題は、従来研究がなかった樺太、南洋群島における産業組合をできうる限り具体的に検討し、そのなかから産業組合発展の条件を探り出すということであった。本章における樺太、南洋群島の産業組合についての検討は、一次資料を欠いており、刊本を中心としたものとならざるを得なかった。この点の不充分さは今後詰めていかなければならないが、これまで分析を欠いていた地域における産業組合のアウトラインを示すことはできたと思う。

樺太と南洋群島の産業組合の特徴は、殖民地における農林資源開発組織としての役割を担っていたという点であった。しかし、ともに農村産業組合が振るわず、それぞれの地域金融市場における産業組合の位置はそれほど大きなものにはならなかった。むしろ、樺太、南洋群島はともに、内地の市街地組合的な信用組合の発展に特徴をもったのである。それを考慮すると、樺太、南洋群島の産業組合が農林資源開発組織としての役割を十全に果たし得たのかどうかは、かなり疑わしい。

対人信用で無担保金融である農村産業組合の前提としては、貯蓄動員を如何に進めるのか、農村社会がいかに農民（組合員）の機会主義的行動を抑制し得るのか、という点が焦点となる。日本本土では、日本的な「家」制度があり、「家」の永続・没落回避を目指した勤倹貯蓄という農民行動が一般化していたのであり、これが貯蓄動員の前提となったし、日本的な「村」が農民の機会主義的行動を抑制し、取引統治の役割を果たしたが、樺太、南洋群島ともに、このような前提を持ち得なかった。日本的な「家」が形成されていなかったため、それに伴う農民倫理の形成は弱く、内地の「家」を基礎とした「村」社会とは違い、流動性の高い農民を構成員とする村落社会だったため、農民間の社会関係が充分に形成されなかったのである。これに加えるに、これらの地域では、農村経済の発展がかなり弱く、産業組合をめぐるこのような経済的環境も産業組合の発展に阻止的にはたらいたと思われる。経済的・非経済的側面の両方からみて、産業組合発展の前提が弱かったと言わざるを得ないのである。

**注**

(1) 日本の「家」や「村」がそれらの前提条件を提供したことについては、坂根嘉弘『日本伝統社会と経済発展』（二〇一一年、農山漁村文化協会）第四章を参照いただきたい。なお、関連文献については、坂根前掲書、第四章の注記を参照していただければ幸甚である。

(2) 以下、本章では、日本「本土」の意味で本土とする。また、文章の流れのなかで、論旨をより明確にするために、日本「全国」、「内地」を使う場合がある。「内地」とは、大日本帝国憲法が施行された時点（一八九〇年十一月）で日本の領土であった地域を指している（この点について、たとえば、溝口敏行・梅村又次編『旧日本植民地経済統計』東洋経済新報社、一九八八年、三頁を参照）。以下、本土などに括弧を付さない。

(3) 殖民地とは、未開地の農業入植地を意味する言葉。また、拓殖とは、「拓地殖民の略で、未開地を開墾し人民を移し植えること」（高倉新一郎『北海道拓殖史』柏葉書院、一九四七年、三頁）である（三木理史「移住型植民地樺太と豊原の市街地形成」『人文地理』五一―三、一九九九年、四頁、一四頁）。

(4) 基本文献として、同時代には、『産業組合』（産業組合中央会）、『産業組合年鑑』（産業組合中央会）、『組合金融』（産業組合中央金庫）があり、その他多数の産業組合に関する調査資料やパンフレット類が刊行されている。同類の機関誌や調査資料は府県や産業組合中央会府県支会からも発行されており、これらにより、中央会や府県の産業組合政策や産業組合陣営の動向などを知ることができる。産業組合経営の基礎資料としては、『産業組合要覧』（農商務省、農林省。以下、本章では『産業組合要覧』とのみ表記する）、府県の『産業組合要覧』類（名称は一様ではない）がある。前者では、府県別の、後者では、個別産業組合ごとの組合経営の基礎データを得ることができる。すでに産業組合史は、昭和初期に刊行されている。産業組合中央会『日本産業組合史』（一九二六年）、辻誠『日本産業組合史』（産業組合中央会、一九二九年）、東浦庄治『日本産業組合史』（高陽書院、一九三五年）である。戦後には、『農林行政史』第一巻、第二巻（農林大臣官房総務課、一九五八年、一九五九年）、『産業組合発達史』（全五巻、産業組合史刊行会、一九六五～一九六六年）がある。後者の『産業組合発達史』は、日本産業組合に関する基礎的事項とともに分析的記述も含まれており、いわば日本産業組合の「正史」といった位置にある。これらの基礎文献や個別産業組合の一次資料をもとに日本産業組合研究が進んできたが、その関係論文は、おびただしい数にのぼっている。

（5）朝鮮では、朝鮮総督府財務局管轄の金融組合とは別に、朝鮮総督府殖産局のもとに産業組合が組織された。このうち、朝鮮金融組合の研究は比較的豊富である。基礎的な文献としては、戦前では、秋田豊編『朝鮮金融組合史』（朝鮮金融組合協会、一九二九年）、山根譓《さとる》『金融組合概論』（朝鮮金融組合協会、一九二九年）、山口正吾「朝鮮における金融組合」（『東亜』三―一一、一九三〇年）、車田篤『朝鮮協同組合論』（朝鮮金融組合協会、一九三二年。一九九〇年に不二出版から復刻）、静田均「朝鮮における金融組合の発達」（京城帝国大学法学会編『朝鮮経済の研究』第三、一九三八年）、文定昌『朝鮮農村団体史』（日本評論社、一九四二年）がある。基礎的な統計資料としては、『金融組合要覧』（朝鮮総督府財務局）、『金融組合統計年報』（朝鮮金融組合連合会）、『金融組合年鑑』（朝鮮金融組合連合会）がある。機関誌『金融組合』（朝鮮金融組合連合会）や『金融と経済』（朝鮮経済協会）などに、分析的文献や調査報告的文献がかなり掲載されている。主な研究文献として、秋定嘉和「朝鮮金融組合の機能と構造」（『朝鮮史研究会論文集』五、一九六八年）、高承済『植民地金融政策の史的分析』（御茶の水書房、一九七二年）、波形昭一『朝鮮における金融組合』（国際連合大学、一九八一年）、松本武祝「植民地朝鮮農村における金融組合の組織と機能」（『農業史研究』四五、二〇一一年）がある。産業組合の基礎的資料としては、『産業組合概況』が刊行されている。台湾については、渋谷平四郎『台湾産業組合史』（産業組合時報社、一九三四年。一九九〇年不二出版より復刻）が基本文献である。先行研究としては、松田吉郎氏の「台湾の産業組合について」（『台湾史研究』一四、一九九七年）など一連の論稿があるが、台湾産業組合研究は進んでいない。台湾産業組合については、別途論じたい。ちなみに、『産業組合』三九七（一九三八年十一月）には、「日満支協同組合特輯」があり、朝鮮の金融組合・産業組合、台湾の産業組合、満州の農事合作社、関東州の金融組合、中国の合作社についての論稿が掲載されている。

（6）たとえば、前掲の『日本産業組合史』の類や『農林行政史』、『産業組合発達史』などにも、日本帝国圏の産業組合についての記述は、皆無に近いという状況である。

（7）堀越芳昭「信用組合の成立と展開」『金融経済』一九二、一九八二年、四七頁。

（8）波形前掲論文。松本前掲論文。以下の朝鮮金融組合については、これらの文献による。

(9) 渋谷前掲書、四八六頁。
(10) 秋定前掲論文、一一〇頁。
(11) 沖縄については、坂根嘉弘「沖縄県における産業組合の特徴」(『広島大学経済論叢』三六—二、二〇一二年)を参照いただきたい。
(12) 『樺太庁施政三十年史(上)』(初出、一九三六年)原書房、一九七三年、九一二頁。
(13) あわせて『樺太年鑑』一九三九年版(一七六頁)、『産業組合年鑑』第一五回(一九四三年用、四二五頁)を参照。なお、樺太産業組合法は、大部分は日本の産業組合法が適用されているが、樺太の特殊事情により施行されない点、特殊規定を設けた点などがある。紙数の関係で略すが、これらの諸点については、前掲『樺太庁施政三十年史(上)』(九一四〜九一六頁)を参照いただきたい。
(14) 『樺太年鑑』(一九三六年版、一三三頁)を参照。
(15) 一九二六年の整理については、前掲『樺太庁施政三十年史(上)』(九二三頁)を参照。
(16) 『樺太産業組合要覧』一九四一年版、一頁。『調査時報』(北海道拓殖銀行)八〇、一九四二年一〇月二四日、一二頁。「樺太産業組合の概況」『組合金融』一四—九、一九四二年。
(17) 『樺太年鑑』一九三八年版、一二五頁。ちなみに、一九四一年でも未設置村は四村である(前掲『樺太産業組合要覧』一九四一年版、三頁)。
(18) 日本産業組合の地域別解散率については、坂根前掲「沖縄県における産業組合の特徴」を参照いただきたい。
(19) 前掲『樺太庁施政三十年史(上)』九一七頁。
(20) 『樺太年鑑』一九三八年版、一三六頁。
(21) 『樺太年鑑』一九三九年版、一七七頁。
(22) 市街地信用組合は、①区域が市または主務大臣の指定する市街地、②手形の割引、③組合区域内の員外貯金、④他種産業組合事業の兼営禁止、の特別な信用組合であった。一九一七年の産業組合法改正による(『産業組合発達史』第二巻、産業組合史刊行会、一九六五年、四四二頁。戦後の信用金庫の前身)。したがって、樺太の市街地組合は、員外貯金や手形割引の取扱をしていない。

(23) 前掲『調査時報』八〇、一五頁。前掲「樺太産業組合の概況」。
(24) 前掲『樺太年鑑』一九三九年版、一七七頁。
(25) 『樺太産業組合要覧』一九三五年度、四頁。養狐組合については、福家勇『樺太とはどんな処か』(樺太日々新聞代理部、一九三三年)の養狐産業(二五七~二八三頁)や篠田七郎「樺太の養狐信用販売購買利用組合」(『産業組合』三五一、一九三五年)がある。
(26) 前掲『樺太年鑑』一九三六年版、一四〇頁。
(27) 前掲『調査時報』八〇、一五頁。前掲「樺太産業組合の概況」。
(28) 上位一〇組合のうち豊原信用組合を含む五組合で借入金残高がないが、短期の借入金が季節的な資金需要期にはあったと思われる(前掲『調査時報』八〇、一四頁。前掲「樺太産業組合の概況」)。
(29) 竹野学氏が指摘しているように、豊原信用組合の貯金額は、樺太産業組合の貯金総額の三五%前後をしめ、貸付総額でも三〇%前後を占めていた。受信・与信先はともに豊原の商工業・公務自由業の両者であった(竹野学「戦前期樺太における商工業者の実像」蘭信三編『日本帝国をめぐる人口移動の国際社会学』不二出版、二〇〇八年、四四三頁)。このように豊原信用組合は、受信・与信面で大きな位置を占めていたのである。ちなみに、竹野前掲論文(四四二頁)により、樺太小売業者の借入先(一九三六年)をみると、問屋五一%(五二%)、銀行一五%(一三%)、信用組合一二%(一九%)、個人一四%(一三%)である(括弧内は豊原。他の借入先があるので合計は一〇〇%にならない。以下同じ)。一九三一年の東京市の小売業者金融調査によると、順に、二二%、二一%、九%、一八%となる(「小売業者の金融問題」『組合金融』七―九、一九三五年)。東京市の小売業者と比較すると、樺太では小売業者に金融上不利な問屋金融が圧倒的割合をしめていたのが分かる。それでも産業組合の比較的低利な資金がそれをカバーしつつあることを示している。
(30) 『樺太年鑑』一九三五年版、一九三六年版。
(31) 『産業組合現勢調査』産業組合中央会、一九二五年。
(32) たとえば、有元英夫「銀行信用組合間の預金争奪と農村経済に及ぼす影響」(『企業と会社』一九二六年七月)など。
(33) たとえば、拓務省官房文書課『最近十年間に於ける樺太の経済』(一九二八年、一六三一頁)など。
(34) 一九三五年三月の会則変更で役員構成が変わった(表1-9は会則変更後の役員表である)。それまでは、会長に内務部長、副会長に産業組合連合会長が就任していた。事務所は、樺太庁地方課におかれていた（樺太産業組合協会については、前掲『樺太庁施政三十年史（上）』九三五～九四四頁を参照）。第一次・第二次産業組合拡充三箇年計画を樹立、推進したのは、樺太産業組合協会である。なお、樺太産業組合の連合組織としては、一九二五年設立の樺太信用組合連合会（一九三四年から樺太産業組合連合会＝樺太信用販売購買利用組合連合会）が唯一存在する。こちらも、事務所は樺太庁地方課におかれ、会長は地方課長など樺太庁高等官が兼任した。しかし、一九四二年からは、民間会長（民間初代会長は高橋弥太郎）となり、事務所も樺太庁を出ることになる（「官営から脱した産業組合連合会」『樺太』一九四二年八月）。また、樺太産業組合連合会は、それ以上の上位組織（産業組合中央金庫など）に結びついていない点で、事業上の制約が大きかった。樺太側からの要望により、ようやく一九四二年から産業組合中央金庫法が樺太で施行された（東亜協同組合協議会編『華北合作事業総会・中央金庫法樺太に実施』東亜協同組合協議会、一九四二年。「中金と樺太産組取引開始」『組合金融』一四―三、一九四二年）を参照。

（35）山野井洋『樺太人物論』（ポドゾル社、一九三七年、五八～七七頁）に、豊原信用組合長の「高橋弥太郎論」がある。その経歴をみると、日露戦後、裸一貫で樺太に渡り、少しずつ蓄財、土地・宅地を購入していき、長者番付に載るまでの資産家に成長したのが分かる。このような一攫千金を夢みた一旗組みの渡樺がほとんどであったろう。山野井洋氏は、樺太に来て見ても「仕事らしい仕事はなかつた。夢見て来る人と失望して帰る人とが便船毎に輻輳した」と評しているが（山野井前掲書、七一頁）、樺太社会のあり様（流動性の高さ）を象徴している。

（36）「時の問題　産連の独立」『樺太』一九四二年八月、二〇頁。

（37）藤森朗澄談「真岡の信用組合」『樺太経世』二―六、一九三〇年、二七頁。ただし、この文章の限りでは、藤森が、樺太社会でそのような信頼関係の厚い社会が成立し得ているかどうかについて、どう考えているかは言及されていない。

（38）「領有直後の樺太農業　南鷹次郎博士の視察復命書から」『樺太』一九四二年十二月。ちなみに、日露開戦前の樺太人口は三万一九六四人で、うち六九％が流刑人であった（福家前掲書、一七八頁。遠藤興一「植民地支配期の樺太社会事業（上）」『明治学院論叢』四八八、一九九一年、三一頁）。ただ、ア・ア・パノフ『サガレンの植民史』（拓務省拓北局、一九四二年、七一頁、一一一頁など）は、違う数字をあげている。

（39）たとえば、戦前においては、「新開地の弊として一攫千金的気分が多く、之が農民心理にも影響して仕事に安定せず浮動的に転業する者が多かつた。殊に大正九年乃至十四年に行はれた軍用道路の開鑿と及松毛蟲に依る蟲害木の大量伐採事業の如きは其高賃銀の為めに多くの農民をして其土地を放棄せしめた」（小寺廉吉「植民地としての樺太の特性」『拓殖奨励館季報』一―四、一九四〇年、一六頁）など。また、福家前掲書は、「樺太の農業移民は移住者の六割が与へられた耕地を放棄して何処かへ転住し現在止つて開拓の事業に従事してゐる者は其の四割にしか該当せぬのであります」（四一六頁）と述べている。同様の指摘は、高倉新一郎『北海道拓殖史』（柏葉書院、一九四七年、二七八頁、二八八頁）などにみられる。同様の方法による近年の研究は、樺太農家の定着率（年次ごとに、その年次の農家戸数をその年次までの樺太農業移民戸数の累計で除した数値）を算出している。それによると、定着率は、一九二〇年の六五％から年々減少し、一九四〇年には二六％にまで下がっている（竹野学「人口問題と植民地」『経済学研究』五〇―三、二〇〇〇年、一二八頁）。

(40) 樺太庁内務部殖産課『樺太の農業』一九二六年、三頁。福家前掲書、二一五～二三九頁。引用は、前掲『樺太の農業』、三頁および福家前掲書、二一五頁。ただ、樺太庁の農業政策は、もともと積極性を欠いていたようである。記者の取材で、記者に、「樺太庁の農業政策はどうも積極的ぢやありませんね」と質問された今村武志（樺太庁長官、表1-9参照）は、それを否定せず、「それよりも僕はどうしても工業で行かねばならぬと思ふ」と述べている（今村武志「樺太庁政の今後」『樺太』一九三八年一月号、五七～五八頁）。樺太庁の農業政策が積極性を欠いていたことについては、高倉新一郎氏も繰り返し指摘している（高倉前掲書、二七八頁、二九四頁など）。

(41) 『産業組合年鑑』一九四三年用、四二五頁。類似の指摘は、『産業組合年鑑』一九三一年用以降、毎年度なされている。

(42) 坂本英一「豊原信用組合の行き方　足羽九頭男氏への抗議」『樺太』一九三三年六月号、八二頁。

(43) 「産業の組合論」『樺太日日新聞』一九一五年六月四日。『樺太日日新聞』の記事は、神戸大学付属図書館デジタルアーカイブ新聞記事文庫による。

(44) 「産業組合如何」『樺太日日新聞』一九一四年八月七日。「樺太低利資金　貸出額多からず」『樺太日日新聞』一九一六年六月四日。

(45) 坂根嘉弘『分割相続と農村社会』九州大学出版会、一九九六年、第四章。

(46) 以上、『南洋群島要覧』（南洋庁、一九三六年度、二五六頁）、長山礁波「群島の商品はなぜ高いか」（『南洋群島』一―四、一九三五年）などを参照。

(47) 今泉裕美子「サイパン島における南洋興発株式会社と社会団体」波形昭一編『近代アジアの日本人経済団体』同文館出版、一九九七年、七八頁。今泉裕美子「南洋群島経済の戦時化と南洋興発株式会社」柳澤遊・木村健二編『戦時下アジアの日本経済団体』

日本経済評論社、二〇〇四年、三〇四頁。なお、ガラパンでは一九三五年ごろ無尽組合が沖縄県人により組織され、対人信用による貸付が行われていた(『具志川市史』四、移民・出稼ぎ証言編、二〇〇二年、五五八頁。『具志川市史』四、移民・出稼ぎ論考編、二〇〇二年、六五〇頁)。

(48) 南洋庁拓殖課「群島産業組合状況」『南洋群島』二―四、一九三六年四月、六八頁。

(49) 『産業組合概況』一九四〇年版、南洋庁拓殖部商工課、一頁。

(50) 南洋群島開発史上における南洋群島産業組合令の位置づけについて、今泉裕美子氏は、産業組合令公布の一九三二年ごろは、ちょうど南洋興発による「糖業単一主義」が見直され始め、南洋群島経済が戦時化へと転換する時期にあたるのであり、産業組合はその基盤作りの意味をもったと位置づけている(今泉前掲「南洋群島経済の戦時化と南洋興発株式会社」、三〇七頁)。本書第八章の森亜紀子「委任統治期南洋群島における開発過程と沖縄移民」も、一九三二年を南洋群島開発過程の一画期としている。なお、南洋群島の研究史整理については、今泉裕美子「日本統治下ミクロネシアへの移民研究」(『史料編集室紀要』二七、二〇〇二年)、千住一「日本による南洋群島統治に関する研究動向」(『日本植民地研究』一八、二〇〇六年)がある。

(51) 個別産業組合のデータは、本来、南洋庁拓殖部商工課の『産業組合概況』がすべての基礎になるはずであるが、今のところ、一九四〇年版しか披見し得ていない。個別組合の経営状況が少しでも分かる資料は、『産業組合年鑑』一九三五年用～一九三九年用、『南洋群島要覧』一九三四～一九三九年版、前掲「群島産業組合状況」、『大南洋興信録第一輯南洋群島編』(大南洋興信録編纂会、一九三八年)の「会社・信用組合」などがあり、産業組合ごとに連年の基礎的な経営データを得ることは可能である。本章では、紙数の関係から、最後の個別組合データ(表1-12)を示した。以下、個別経営については、これらの資料による。

(52) 表示の七組合のほかに、南洋サイパン信購販利組合が一九三三年十月六日に設立認可を受けているが、結局事業を開始できなかった(『南洋群島要覧』一九三四年版、二七六頁)。なお、産業組合の事務は、樺太庁では地方課と支庁の殖産係が、南洋庁では拓殖課と支庁の庶務係が担当した。従事する職員は、樺太庁には専任属二名・雇二名がいたのに対して、南洋庁では専任職員はいなかった(山本繁蔵「樺太と南洋群島の産業組合に就て」『南洋群島』一―一〇、一九三五年。山本は南洋庁拓殖課長)。樺太と比べ、行政や産業組合陣営での産業組合振興への取組が格段に弱いことが強調されている。南洋群島では、地理的問題もあり、産業組合間の横の連携はとれておらず、産業組合協会や産業組合連合会などの上位組織は存在しない。

(53) 『南洋群島要覧』(南洋庁、一九三九年版、一八四頁)は、商業について、「群島の開発に伴ひ邦人の移住する者逐年増加し、商業亦急速の発達をなしつゝあり。……主なるものは雑貨販売業にして「サイパン」「テニアン」「パラオ」等主要島に於ける市街地は相当繁栄を示しつゝあり、其の他の島に於ては大概雑貨販売の傍ら島民生産の「コプラ」の仲買をなすもの多し」としている。

(54) たとえば、一九三七年十月現在の日本人数（内地）を支庁ごとに示すと、サイパン四万二二二一人、ヤップ四八〇人、パラオ一万一三一二人、トラック三五五八人、ポナペ三六〇七人、ヤルート五二三人、計六万一七〇一人であった（『南洋庁統計年鑑』第七回、一九三七年度）。

(55) パラオ信組は、一九三六年にパラオ信販購利組合が定款変更したものと思われる。

(56) 表1-12の組合員数は一九三九年末現在であり、設立時はもっと少なかった。七組合の総数を示すと、一九三四年末一〇四八人、一九三七年末一二九〇人、一九三八年末一四〇六人、一九三九年末一五〇五人、一九四〇年末一七三五人である（『産業組合要覧』一九四一年度）。

(57) 職業別産業組合員数が職業別人口（職業別戸数がとれないので、便宜的に男子人口を使用）にしめる比率をみると（一九三八年）、農業四％に対し商業一四％と、商業が圧倒している（『南洋群島要覧』一九三九年版。『産業組合要覧』一九四一年度）。第二節で述べた如く、樺太では農家組織率が商業より圧倒的に高くなっており、職業別組織率で商業が圧倒するのは南洋群島産業組合の特徴である。

(58) 『産業組合年鑑』一九三五年用、三一一～三一二頁。

(59) 前掲『南洋庁統計年鑑』第七回。

(60) 『産業組合年鑑』一九三五年用、三一二頁。ガラパン信購販利については、『現代沖縄県人名鑑』の「大城善英」の項に、一九三二年以降「産業組合の設立に専念し終に郷里の先輩伊礼代議士を動かして昭和九年一月ガラパン信用購買販売利用組合の創立認可を得組合幹部の一員として活躍しつゝあり」とある（大宜味朝徳編輯『現代沖縄県人名鑑』海外研究所、一九三七年、四八頁）。伊礼代議士とは、伊礼肇（一八九三～一九七六年。中頭郡北谷村出身、京大法卒、弁護士。一九二八年以降衆議院議員）と思われる（前掲『現代沖縄県人名鑑』、一八～一九頁。『沖縄コンパクト事典』琉球新報社、二〇〇三年）。また、表1-13には掲載がないが、ガラパン信購販利組合長の新里太郎は、沖縄県人会の有力者で、伊礼肇法律事務所の主任を務めていた（今泉裕美子「南洋群島引揚げ者の団体形成とその活動」『史料編集室紀要』三〇、二〇〇五年、三二頁）。加えて、前掲『具志川市史』

四には、テニアン購販利組合（徳松安領組合長）に勤務していた、あるいは、「信用組合は大和の人［内地の人］が組織しているから、沖縄の人は借りにくいわけ」といった証言がある（前掲『具志川市史』四、移民・出稼ぎ証言編、六五九頁、六七四頁）。「沖縄の人は借りにくい」信用組合は、テニアン信用組合のことと思われる。

(61) 『産業組合年鑑』は、購買事業について、日用品、雑貨を中心に供給しているが、「概して個人商店よりも廉価に供給して居る」としている。また、販売・利用事業については、「現在、殆ど見るべきもの無し」としていた（『産業組合年鑑』一九三九年用、三六九頁）。なお、借入金は、「運転資金の為め政府低利資金を東洋拓殖株式会社を経て現在迄拾四万円の借入をなせり」としている（『産業組合年鑑』一九三七年用、三一六頁）。この低利資金は、草創期の産業組合にとり、有効であったはずである。

(62) 内地からの南洋群島への農業移民は、出稼ぎ者としての心情が強く、割のいい仕事を求めて移動を繰り返していった。ある沖縄移民の次の言葉が象徴的である。「稼ぎに行っているさあね、だからどこが儲かるって言えば、もうすぐそこに行きよったさ」（森亜紀子「ある沖縄移民が生きた南洋群島」『アジア遊学』一四五、二〇一一年、一三四頁）。農業移民の流動性は相当に高かった。高い流動性の農業者を主体としたガラパン信購販利組合やテニアン購販利組合は、組合員の、機会主義的行動の抑制の点からも、困難が大きかったと思われる。農業移民の流動性の高さについては、亀田篤「南洋群島における沖縄県出身者の移動傾向」（『地域文化論叢』五、二〇〇三年）、宮内久光「南洋群島における沖縄県出身者男性移住者の移動経歴」（『立命館言語文化研究』二〇―一、二〇〇八年）など多くの先行文献が指摘している。

(63) 担保の内容は不明である。南洋群島では、土地調査により、官有地（五七％、七万町歩）、島民有地（四一％、五万町歩）に分け（残余は若干の邦人及外人有地）、官有地については、貸付と譲渡で民間に対処した。譲渡はごく一部で、ほとんどは貸付である。貸付地は転貸や譲渡が禁じられており（南洋庁長官の許可制）、担保とすることはできない（上原轍三郎「南洋群島に於ける土地問題」『法経会論叢』八、一九四〇年）。つまり、ごく一部の譲渡地を除き、土地が有力な担保物件となりえないのである（もっとも、農民への譲渡地は担保物件として価値が低く、不動産登記もどのようになっていたのか不分明である）。要するに、有力な担保となりえるものが少なかったと思われる。この点も、銀行が進出しにくい要因であったろう。なお、土地調査事業については、富永治吉「南洋群島土地調査について」（経済安定本部総裁官房国土調査室『台湾・南洋群島における土地調査』一九五二年）がある。富永は、満洲国地政総局監査官として、南洋群島における土地調査事業に従事した。

(64) 貸付額は前掲「群島産業組合状況」七〇～七一頁。出資口数は『産業組合年鑑』一九三七年用、三一五頁。

(65) 詳細には不明であるが、『産業組合年鑑』は、「大部分証書の貸付の方法に依り希に手形の割引も為されるが之は数ふるに足りぬ」(『産業組合年鑑』一九三九年用、三六九頁)としている。

(66)『産業組合年鑑』一九三六年用、三一八頁。

(67)『産業組合年鑑』一九三五年用、三一一頁。『産業組合年鑑』一九四一年用、四七三〜四七四頁。

(68) 上述のように、『産業組合年鑑』は組合金融が金利低下に寄与していることを主張しているが、実際のところ、信用組合が、どの程度、地域経済に寄与し、金利を裁定しえたのかは、検討を要する。たとえば、信用組合貯金の受入・払戻は、郵便貯金の預入・払戻のだいたい半分程度であったし(『南洋群島要覧』。『産業組合年鑑』)、郵便貯金や産業組合貯金以外にも、かなりのインフォーマル金融が行われていたことは間違いない(前掲『具志川市史』四、移民・出稼ぎ証言編をみても、多くの人が模合や無尽に言及している)。前掲『産業組合概況』一九四〇年版や『南洋庁統計年鑑』などに模合・無尽の組数や掛け金・落札額が掲載されているが、もともとインフォーマル金融の規模を行政側が把握することは不可能で、実態はそれらの数値よりもはるかに大きかったに違いない。なお、産業組合における貸付金以外の余裕金は、現金の他は預け金として、郵便貯金、振替貯金、南洋興発株式会社などに預けられていた(前掲『産業組合概況』一九四〇年版)。詳細は不明である。

(69) より詳しくは、坂根前掲「沖縄県における産業組合の特徴」を参照いただきたい。

(70) 第一次産業所得と貯貸率の逆相関については、加藤譲『農業金融論』(明文書房、一九八四年、一五八頁)に、農業所得と信用組合の貯金増加との相関については、万木孝雄「戦前期農村貯蓄動員の進展」(『農業経済研究』六七—四、一九九六年)に、すでに検討がある。ともにモデルと整合的な結果を得ている。

(71) 南洋群島は、農産物生産額の半分ほどは甘蔗であり、南洋興発などの企業的形態の生産額を含んでいるものと思われる。そのため、検討からはずしている。

(72) 北海道拓殖銀行の前掲『調査時報』八〇(一五頁)や前掲「樺太産業組合の概況」は、樺太農村組合の不振について、樺太農業が未だ開拓途上にあり、農家も完成農家少なく、生産物の販売代金も少額であり、まだ農業用資材、生活用具などが蓄積されている段階で、このような農業の現段階を反映している、としている。この指摘は、農業生産の低位性が当該地の産業組合の発展を制約しているという本章での主張と整合的である。

## 参考文献

秋定嘉和「朝鮮金融組合の機能と構造―一九三〇年〜一九四〇年代にかけて―」『朝鮮史研究会論文集』五、一九六八年。

安倍惇「日本の南進と軍政下の植民政策」『愛媛経済論集』五―一、一九八五年。

安倍惇「南洋庁の設置と国策会社東洋拓殖の南進」『愛媛経済論集』五―二、一九八五年。

蘭信三編『日本帝国をめぐる人口移動の国際社会学』不二出版、二〇〇八年。

有本寛「開発経済学からみた自治村落論」『農業史研究』四〇、二〇〇六年。

飯高伸五「日本統治下マリアナ諸島における製糖業の展開」『史学』六九―一、一九九九年。

今泉裕美子「サイパン島における南洋興発株式会社と社会団体」波形昭一編『近代アジアの日本人経済団体』同文館出版、一九九七年。

同　「南洋群島経済の戦時化と南洋興発株式会社」柳澤遊・木村健二編『戦時下アジアの日本経済団体』日本経済評論社、二〇〇四年。

泉田洋一『農村開発金融論』東京大学出版会、二〇〇三年。

上原轍三郎『殖民地として観たる南洋群島の研究』（初出、一九四〇年）『アジア学叢書』一〇六、大空社、二〇〇四年。

大鎌邦雄『行政村の執行体制と集落』日本経済評論社、一九九四年。

大鎌邦雄編『日本とアジアの農業集落』清文堂出版、二〇〇九年。

大宜味朝徳『南洋群島案内』（初出、一九三九年）『アジア学叢書』一一二、大空社、二〇〇四年。

勝部眞人編『近代東アジア社会における外来と在来』清文堂出版、二〇一一年。

加藤譲『農業金融論』明文書房、一九八四年。

亀田篤「南洋群島における沖縄県出身者の移動傾向」『地域文化論叢』五、二〇〇三年。

川本彰『むらの領域と農業』家の光協会、一九八三年。

齋藤仁『農業問題の展開と自治村落』日本経済評論社、一九八九年。

佐伯尚美『日本農業金融史論』御茶の水書房、一九六三年。

坂根嘉弘『分割相続と農村社会』九州大学出版会、一九九六年。

同　『日本伝統社会と経済発展』農山漁村文化協会、二〇一一年。

産業組合史刊行会『産業組合発達史』全五巻、一九六五年～一九六六年。

渋谷平四郎『台湾産業組合史』（初出、一九三四年）『各県産業組合史料集成』三五、不二出版、一九九〇年。

高倉新一郎『北海道拓殖史』柏葉書院、一九四七年。

高村聰史「南洋群島における鳳梨生産の展開と「南洋庁移民」」『史学研究集録』二三、一九九八年。

同　「南洋群島における鰹節製造業」『日本歴史』六一八、一九九九年。

竹野学「人口問題と植民地」『経済学研究』五〇―三、二〇〇〇年。

同　「植民地樺太農業の実体」『社会経済史学』六六―五、二〇〇一年。

中山大将「樺太殖民地農政の中の近代天皇制」『村落社会研究ジャーナル』一六―一、二〇〇九年。

波形昭一『朝鮮における金融組合』国際連合大学、一九八一年。

堀越芳昭「信用組合の成立と展開」『金融経済』一九二、一九八二年。

松本武祝「植民地朝鮮農村における金融組合の組織と機能」『農業史研究』四五、二〇一一年。

宮島三男「『産業組合要覧』にみる産業組合の設立と解散の実状」『農協基礎研究』九、一九八七年。

三木理史「移住型植民地樺太と豊原の市街地形成」『人文地理』五一―三、一九九九年。

同　『国境の殖民地・樺太』塙書房、二〇〇六年。

溝口敏行「日本統治下における「南洋群島」の経済発展」『経済研究』三一―二、一九八〇年。

溝口敏行・梅村又次編『旧日本植民地経済統計』東洋経済新報社、一九八八年。

森亜紀子「ある沖縄移民が生きた南洋群島」『アジア遊学』一四五、二〇一一年。

安丸良夫『日本の近代化と民衆思想』青木書店、一九七四年。

柳田国男『最新産業組合通解』（初出、一九〇二年）『明治大正農政経済名著集』五、農山漁村文化協会、一九七六年。

万木《ゆるぎ》孝雄「日本における初期農業協同組合の発展要因」『協同組合奨励研究報告』一八、一九九二年。

同　「戦前期農村貯蓄動員の進展」『農業経済研究』六七―四、一九九六年。

同　「日本における農村信用組合の形成過程」『アジア経済』三七―三、一九九六年。

同　　「戦前農村信用組合の収支構造」『東北農業経済研究』一五―二、一九九六年。
渡辺尚志・五味文彦編『新体系日本史三　土地所有史』山川出版社、二〇〇二年。

# 第二章　総力戦体制下における「農村人口定有」論

## ―『人口政策確立要綱』の人口戦略に関連して―

足立泰紀

（右）石橋幸雄『農業適正規模』東洋書館、1943 年
（左）人口問題研究会編『人口・民族・国土』刀江書院、1941 年
厚生省が「農村人口の定有」を政策課題にする時期、農業政策においては「農業経営の適正規模」が論じられていた。

# はじめに

総力戦体制下、一九四〇年代には新たな人口理論、人口政策が台頭してくる。そのような人口理論、人口政策は、後述するように農村人口へ着目しながら独自の構想を打ち出す。小論の課題は、そのような人口理論、人口政策が農村人口・農業問題をどのように捉えていたのか、他方、農政の立場、農業経済論の諸潮流はそのような人口政策とどのように関連していたのかを歴史的に検討することにある。

周知のように総力戦体制下においては、あらゆる「モノ」を生産力の増強のために「資源化」させていく発想のもと、統制的な諸政策が展開されるが、「ヒト」についても例外ではない。「ヒト」は、質的にも量的にも重要な資源、すなわち「人的資源」として政策対象に位置づけられる。「人的資源」は、国家総動員体制下、戦時厚生事業においても大きくクローズアップされてくる。(1) 一九四〇年に開催された第四回人口問題協議会では「東亜新秩序ノ建設ハ国力ノ根幹タル人口ノ増強ニ俟ツコト多シ」として「人口増強」という言葉が初めて使われ(2)四一年一月に閣議決定された「人口政策確立要綱」では「人口の増殖力」、「人口の資質」が人口政策の主要な目標に据えられるように戦時「国策」において「人的資源」のあり様は大きな課題となってくる。当時の健民健兵策は「体力の時代」(3)の政策とも形容されるように、個々の人間の身体的資質にまで及ぶ諸施策が実施されるようになる。人口学のみならず、医学、保健学、労働科学といった「科学」も動員され人口を量的質的に捉えようとする「特異」な歴史的特徴を伴うものであった。そのような実態については、近年、総力戦体制研究、社会事業史研究、家族史研究といった諸領域で究明がなされてきている。

ところで、そのような総力戦体制下の人口政策は、後述するように当時の都市と農村人口の人口学的差異にことさら留意をはらい構想されたものであった。そしてそのような人口政策は敗戦とともに終焉するのに対し、農村人口問題は、戦後においても新たな課題 ── 農村「過剰」人口、その後の兼業化の進展[4] ── として農政上、浮上してくる。農村人口を捉える視覚の戦前戦後の断続、連続という課題は、農業経済学史的にも究明されるべき課題であろう。筆者は、昭和戦前期、新たな分析手法によって形成された東畑精一、大槻正男、近藤康男らによって構築された「農業経済学」、またそれに基づく農政ビジョンの骨格は、戦後に継承されていくとみているが、総力戦体制期は、そのような新しい農業経済学研究が進展するにもかかわらず、農政関係、農業経済研究の「旧世代」[5]が依然として政策的影響力を持って「政治」に「参与」[6]する時代でもあった。当時の「特異」な人口政策を、そのような新旧の農政、農業経済学の諸潮流との交錯のなかで明らかにすることは、戦後へ連なる農業問題をも照射する一つの手がかりとなると考えている。

小論ではこのような問題意識のもとで①総力戦体制化の人口政策がどのような人口学的意図を内包していたのかを政策の策定関係者の農村人口論に着目して取り上げ、②そのような人口学的政策的含意が農政や農業経済研究の側からどのような文脈で理解されたのかをみることで、総力戦体制下の人口政策論、農政論の孕む問題[7]を検討したい。

# 第一節　人口政策確立要綱における人口戦略

## 一．人口問題・人口政策の経緯

① 人口過剰論から人口不足論へ

資本主義社会において人口が過剰なのか、不足なのかという問題は、経済学史上また我が国社会政策上において重要な課題として議論されてきた。我が国においても、二六年の高田保馬の「産めよ殖えよ」という提言を契機に、膨大な人口論が生まれている[8]。その背景には三四年が「マルサス没後百年」にあたり経済学史的研究が集中したということに加え、昭和恐慌による都市労働者の失業問題、農村の貧困問題という現実への対応から人口問題が取り上げられるようになったことがあげられよう。当時の基調をなしたのは人口過剰論であり、過剰人口を吸収する産業育成、また産児制限や移民、人口統制も検討されている。

たとえば三〇年代半ばにおいても、商工主義的人口論者の上田貞次郎は次のように述べる。「人口の潮は一刻の猶予もなく黙々として押し寄せつつある。日本の人口は毎日五千八百人づつ生まれ、二千八百人づつ死んで、差引き一年に百万人づつ殖えていく。……畢竟人口の問題は国民が如何に暮らしを立てるかの問題であり、人口政策はあらゆる国策に基調を與えることとなる。……特に日本にあっては人口激増の時期が来てゐるので、これが議論の種子になる。……苟くも日本人口の地方別の数字を点検したものは我日本が如何に偉大なる農業国であるかを認識せざるを得ない[9]。」そして「問題の解決は工業化の過程を益々速かならしむることであって、青年の離村を食い止めるべきではあるまい[10]。」と提言する。ここでは、日本の人口が「激増の時期」であり、人口増加を吸収する労働市場の拡大が必要である。そのため産業政策とりわけ工業政策によって、拡大する過剰人口を解消すべきであるとの認識が示されている。一方人口の供給源の農村に関しては次のような認識を示す。「我が国人口増加の大部分は農村における出生による。そのため農村の児童人口は著しく大となってゐる。然るにその児童人口の一部は青年となるまで農村に居つてしかる後都市に移動する。都市はこの青年人口を迎えることにより自然増加以上に遥かに大なる青壮年人口を受れることになる。これに反して農村では、青壮年人口が不相応に縮小して新潟県の如きは殆んど瓢箪型の構成図を示すこととなる[11]。」

ここでは農村は「近代都市に対する養育院化し、かつ養老院化」するという人口構成上の問題は指摘されるが、農村からの人口流出は労働市場との関係で把握されるにとどまっている。厚生省の人口学研究からは自由主義的経済学的人口論と捉えられているように、上田らの過剰人口問題へのアプローチは主に労働市場の需給関係に焦点をあてるものであり、出生率、死亡率が問題とされるのも、生産人口と労働市場との関係においてである。問題は都市労働市場での需給関係であり、それを規定する農村人口の流出構造に関し究明がなされているわけではない。したがってこのような視座からは、戦時の都市労働市場の拡大による労働力の不足状況は、「過剰から不足」として理解される。

しかし人口現象に対しては、このような上田のアプローチとは異なる、もう一つ別の視点、すなわち人口現象を長期的な人口学的な視点から捉える方法が現れた。死亡率、出生率の低下により人口増加がいつかは停止状態になり、その後減少していくという「人口転換」[12]の問題を中心に据える視座からの人口論である。それは第一次世界大戦後の西欧諸国が大きく出産率を逓減させてきている経験から生まれているが、特に我が国でも一九二〇年の第一回の国勢調査以降、その傾向が見られていることへの懸念が強まっていた。

すなわち短期的な労働力の需給関係から労働力人口が不足すると言う意味での人口不足論ではなく、人口学的な長期的な人口転換を踏まえた視点から人口減少社会論を捉える人口論の立場である。このような人口学的に捉えられた人口減少社会への危惧が、次にみる厚生省の戦時人口政策の基調のひとつに据えられる[13]。

## ②『人口政策確立要綱』における人口思想

まず総力戦下の人口政策に関連する諸施策[14]を列挙しておきたい。陸軍の強力な後押しによって三八年一月「厚生省」が設置されるが、同年四月には、国家は「人的及物的資源ヲ統制運用」できるとする「国家総動員法」が制定され、本格的な総力戦体制に移行する。

そのような推移のなか、七月には「社会事業法」が制定され、三九年八月には「厚生省人口局」が設置、同時に「人口問題研究所」が開設されている。四〇年九月には「国土計画設定要綱」が閣議決定され、国防国家の形成のため、物的人的資源の動員がますます強化される。国防国家の形成、軍需動員による労働力の不足が拡大するなか、人口政策を集約させた『人口政策確立要綱』（以下『要綱』と略記）が企画院で策定、四一年一月に閣議決定される。『要綱』はその後の「大東亜建設審議会に関する件」（四二年五月）「工業規制地域及工業建設地域に関する暫定処置」（四二年六月企画院総裁談）「結核対策要綱」（四二年八月閣議決定）「皇国農村確立促進ニ関スル件」（四二年一一月閣議決定）にも影響を与える内容を持っていた。

『要綱』は、その理念・目的に、「東亜共栄圏ヲ建設シテ其ノ悠久ニシテ健全ナル発展ヲ図ルハ皇国ノ使命ナリ」として「我国人口ノ急激ニシテ且ツ永続的ナル発展増殖ト其ノ資質ノ飛躍的ナル向上トヲ図ルト共ニ東亜ニ於ケル指導力ヲ確保スル為其ノ配置ヲ適正ニスルコト特ニ喫緊ノ要務」としてあげる。

そして周知のように具体的目標として、人口目標値を一九六〇年に一億人にすることをあげている。この数値は、四〇年の人口問題研究所調査部の推計値[15]をもとに政策的に「考案」された目標人口である。調査部の推計は、一九五〇年に人口は八五〇〇〜八六〇〇万となり、二〇〇〇年に約一億二〇〇〇万を迎えて以降、人口は減少するという内容であった。人口学的には我が国人口は、長期傾向としては人口減少という局面を将来向かえることは予測されてはいたが、調査部によって「人口転換」の時期と、その時期の人口規模が明示されたのである。人口政策担当者には、人口を消耗する総力戦の遂行という政策課題[16]に加え、さらに将来来るべき「人口転換」への推移を「是正」するという二重の政策課題が課せられたことになる。一九六〇年の人口一億人という数値は、諸施策を実行して、二〇〇〇年以降の人口減少を是正するために努力して到達すべき「目標値」として設定された点に留意したい。「日満支ノ強固ナル結合ヲ根幹トスル大東亜ノ新秩序」（「基本国策要綱」）の建設にむけ量的な人口増殖を目指すための、喫緊の労力不足への対応、総力戦を担うための人口増殖という目的だけではなかったのである。婚礼年齢を一〇年間で三年早くする、一夫婦の出生数を五児にするといった人口増加の方策、保健所の設置による乳児死亡率の改善等の諸施策も、「人口転換」を是正するため積極的に講じられた。

また『要綱』では、農業人口の「定有」比率を『「内地人人口ノ四割」ヲ「日満支ヲ通ジ」「農業ニ確保」』と記されている。この農村人口の定有問題にも、戦争遂行のための食糧増産を図り、農村の壮丁健民を育成するという目的とともに、農村社会が有する人口増殖力によって将来における「人口転換」を阻止し、民族的な人口増殖を図ろうという人口学的戦略的意図が潜伏していた。

## 二．『人口政策確立要綱』企画関係者における農業人口論

### ① 農村の「人的資源の過剰と労力の不足」論

『要綱』は企画院で策定されるが、以下では、企画院調査官であり、『要綱』策定の実質的責任者でもあった美濃口時次郎（美濃口は協調会を経て企画院産業部に移り、後に名古屋大学教授となる）の農村人口理解をみておきたい。

美濃口の三〇年代の研究方法は、我が国における「人的資源の過剰」である「失業」を人口問題の観点から実証的に捉える点に特徴があった[17]。美濃口は、我が国における失業が英国等のような完全失業として顕在化せず潜在化してしまう社会条件を、我が国の軽工業的な産業構造、農業社会的性格に求めた。しかし戦時経済の進行は、「第二の産業革命」であり産業構造は重工業化へシフトし「人的資源」のあり方は軽工業段階と大きく変容するとする。農村から都市への人的資源の移動、農村内の人的資源の変化を美濃口はどのように見ていただろうか。

美濃口は「日本の農家は現在の技術の発展程度でも其の労力を充分に活動せしむることにならば、一労働単位当たり一町歩、農家一戸当たりでは二町五反位を必要とする[18]」という矢作栄蔵の意見をひきあいにし、「日本の農業には八百万もの労働力が余って」いると指摘する。そして「日本の農村における人口が耕地に比較して一般的に過剰である」というマルサス的理解を示し、「私見を以てすれば、人的資源の過剰と労力の不足といふ一見したところでは相互に矛盾したるがごとき二の現象が同時に起つている」、「人的資源の過剰と不足が同時に存在

してゐるといふことは、日本の農業に於ける技術及び経営方法の改善の方法の必要なることを物語つている」と述べる。かくして美濃口は、日本の農業の経営改善を行えば、人的資源の過剰問題と労力の不足が解消できると展望するのである。

近藤康男はこのような美濃口理論を「抽象理論としては言えるかもしれない。しかしそれは土地私有制度下の小農生産という生産関係を捨象している」「陸軍のはね上がりを是認する経済官僚の観念論といわねばならない」[19]と指摘している。しかし『要綱』に見られる人口転換を見通した人口増殖論はここには現れてこない。むしろ工業化段階における農業経営の発展を展望している農業近代化論[20]に近い内容であろう。

ではこのように人口問題を人的資源の問題として捉える美濃口の考え方は、『要綱』とどのように関連していくのだろうか。『要綱』が閣議決定された後、四一年一一月に開催された「第五回人口問題全国協議会」で特別講演を行った美濃口の言説[21]を拾っておこう。

「日本の人口の発展と云ふものを将来に於いて阻害しない様にする……昭和七十五年に一億二、三千萬程になりますが、それが日本の最大限だと云ふこと、それ以後は日本の人口は段々と少なくなって行くと云ふこと、これは無論大変なこと……日本民族が段々に「老齢化」すると云ふこと（を防ぐこと）」「（大東亜の防衛をするためには）人口が決して多う過ぎるといふことはない。むしろ不足と云ふことがはつきりして参る……昭和三十五年に一億になる程度の増加力を持たなければ、将来の日本が立って行けない」「他の民族の増加力を凌駕すると云ふこと」「結婚の年齢が遅くなって来たと云ふことが、今日の出生が減って参りました一番大きな原因（大正一四年水準に戻す）」「乳幼児の死亡、或は青年の結核の死亡と云ふものを下げます場合には、必ずしも人口の老齢化と云ふことを起こさない」

このような美濃口の報告は、『要綱』の概要にそった説明的な内容であり、人口学的な政策発想で語られているが、美濃口独自の人的資源過剰論に基づく言及は後退している。

では『要綱』以降の美濃口の農村人口論についてはどうであろうか。美濃口は「農村人口を維持しなければならない[22]」と端的に述べる。その第一の理由として「戦争遂行の食糧を保障するため」という通俗的な理由を挙げ、第二に朝鮮や台湾等から十分な食糧が得られるようになっても農村の人口を維持する必要があるのは、「人口の増強をするうへに、ぜひとも必要である」と述べ、『要綱』とほぼ同じ内容を述べるのみである。

農村における人的資源は過剰であり合理的経営によって解消されるべきものであったものが、農村人口を人口の増強のために維持する必要があると構想自体が大きく変容しているのである。美濃口の人的資源論が『要綱』に反映しているとは言いがたいであろう。

### ② 国土計画と人口増強戦略

以下では人口学的研究を『要綱』の実現化と並行して精力的に推進した人物、舘稔を取り上げる。舘は三七年に日本人口問題研究会委員会幹事、三九年に内閣府統計官、企画院調査官、四二年厚生省研究所人口民族部という肩書きが示すように、当初から国策機関で人口問題研究に携わっている。舘の残した人口研究に関する成果は多数にのぼるが、以下では舘の人口政策論、農業人口観について概略しておきたい。

まず舘は、満州事変以降の動向を、「従来の出稼ぎ移民乃至過剰移民の観念では到底理解し得ない其の民族的意義を理解せしめる重要なる機会を与えた[23]」とし、「過剰人口処理の問題は人的資源涵養の問題に、経済的人口問題は民族的人口問題に急速度の転換を行つた」と述べる。そして「現下の人口問題」として「経済構造の変化と相表裏する産業人口の一大編成替に関する問題、即ち人口再配分の問題」、「戦時経済体制の要求であり、民族発展の要望である人口増殖に関する問題」、「民族政策に直接関連する諸問題」という三つを挙げる。

そのような舘の「時局」を反映した言説は、当時の国策的要求に応えるものであったが、その研究態度の特質は、我が国人口現象の客観的分析を行いながらも、『要綱』の進める政策実現の方途を周到に検討していくという双方向なスタイルを持っている点である。

舘が人口学的に解明した論点は多岐に及ぶが、『要綱』の政策推進に関連して重要な点を挙げてみたい。

人口問題を国土計画と関連づけて論じるのが舘の特徴である。舘はまず、国土計画における人口再分配計画を考える場合に、人口現象の地域特性を明らかにすることが必要であると述べ[24]、その地域的特性を人口の増殖力で捉えていく。それをまず郡鄙で比較分析し（一）市部の増殖力は郡部の増殖力の五分の二に過ぎない、（二）市郡部の増殖力の懸隔は出生率にある、（三）市郡とも自然増加率は死亡率の低下によって高まってきている、（四）死亡率の改善は市部において著しく郡部において遅々としている、（五）市部の出生率は減退傾向が見られるが郡部には認めることができない、という事実を示す。（図2-1）そして、三五〇の相関係数の算定を行い、「人口増殖力の地域的差異を決定するデモグラフ的要因は出産力に在る」との結論を得るのである。つまり「都市化」という要因が出産力を決定する重要な要因であると位置づける。かくて都市化と出産力との関係を重視するところが舘の人口政策の立脚点の特徴となる。

そして次に重視されるのが、都市への人口流入構造である。舘は「都市は原則として人口補給源としてのある特定の現実的背地を持っている[25]」との理論に基づいて、各都市と人口補給源である地域との関係を分析している。

これらの分析から解明できることは、第一に人口現象の地域的特性の把握を「標準化人口動態率」に換算して把握すると出生率に市部と郡部にやはり大きな隔たりがあるという点であり、第二には農村からの滔々たる人口の都市集中[26]が起こっているが、地域的に見ると人口減少地域が非常に増加している点である。後者については一四県、四八市が減少地域であり、それは「近代経済下最初のこと」であると注意を促す。さらに三七〜四〇年にかけて四ブロックの人口吸引の七割が工場従業員で占められ、「異常な速度と異常な規模」で都会への人口流出が起こっていると指摘し、そのことが人口増殖力を低下させていると危惧するのである。

以上の危惧は、国土計画にも係わる諸点であった。以下では『要綱』が制定される前に著された「人口政策の

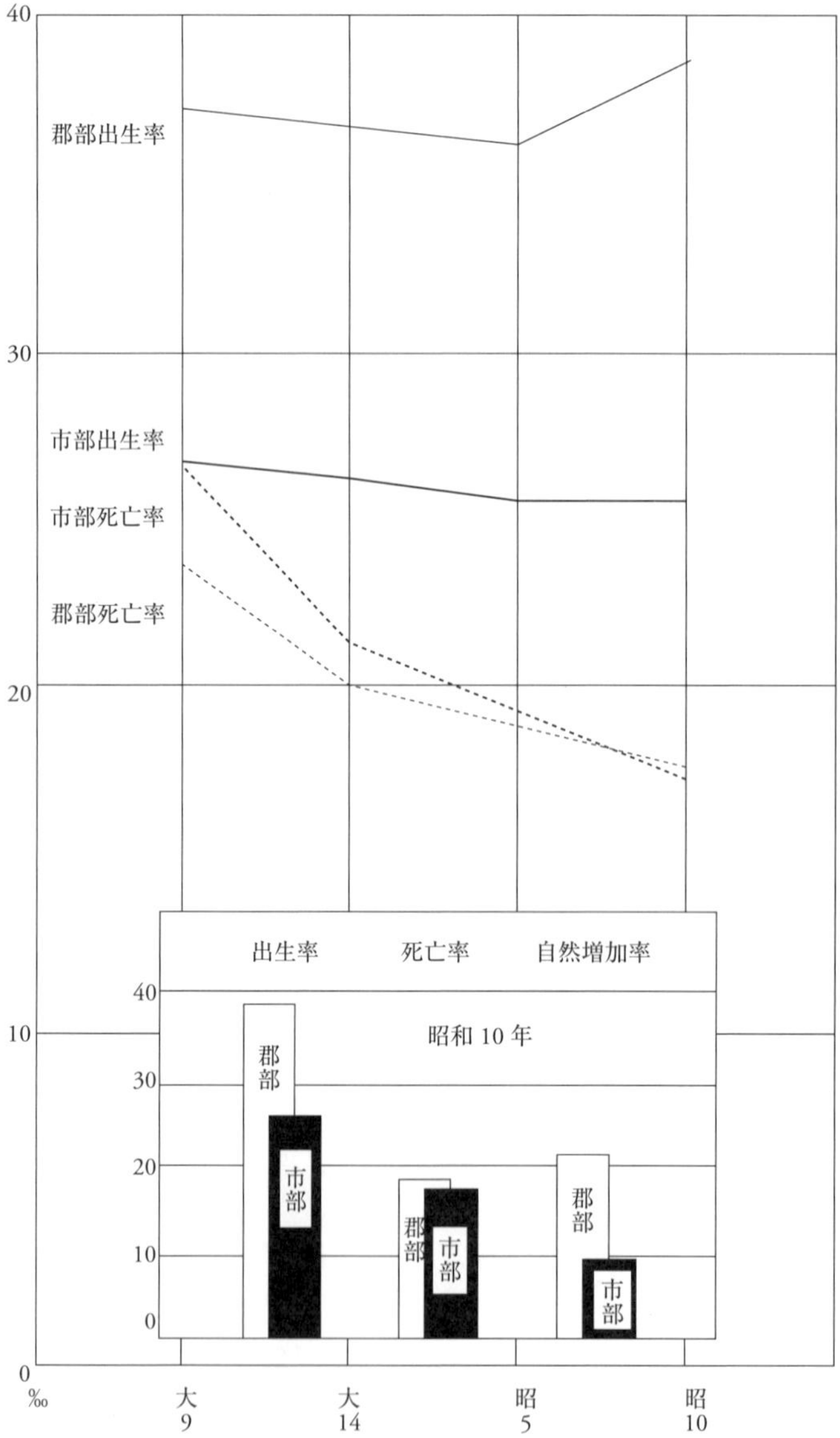


図 2-1　市郡別標準化出生率死亡率及自然増加率

出典：舘稔『人口問題説話（再版）』汎洋社，1943 年，217 頁。

立場より見たる国土計画に関する若干の基本的私見[27]」を取り上げる。

まず舘は、「国防上の要求」と「生産力拡充」によって国土計画が考えられている点について、それが「物的側面」に偏重しており「国土計画論が工業立地論を出ずること」が問題であるとし、何よりも「人口増強が此の最高目的の下に包摂されるべき重要なる目標」であると述べる。ここにも舘の人口戦略観がうかがわれる。すなわち工業立地論では、都市と郡部の良好な人口学的関係が形成されないし、人口学的配慮なしに立地した都市には滔々と人口流入し、そのような都市化の傾向はますます人口増殖率を下げていくことになる。舘は「工業又は工場の地方分散を遂げることは、之を人口政策の立場から見る限り、過大都市の人口集中を止め、人口を分散せしむること以外、人口増殖を確保すべき何等の積極な保証とはなり得ない」と断言している。このように国土計画を「人口増強」の立場から立案する必要性を舘は強く主張するのである。昭和三五年の人口一億を目指すにも、自然増加率は一六‰を二〇年間維持する必要があるのだが、近年の一三‰代の水準では「並大抵の努力」ではできない。したがって舘は人口増殖に対して阻害要因となるものをできる限り回避する方策を考える。人口増殖を最も阻害している要因として、工業化、都市社会化の進展に向けられる舘の目には厳しいものがあるが、次のような方途を提唱する。まず「東亜生活圏における人口配置」については「自由主義的過剰人口移民」の観念を否定すること、「内地ニ於ケル重工業ハ一定限度ニ止メ」、また内地については「人口増殖力ノ地域特性」を勘案して増殖力の増進に努めること、また地域ブロックは「地域」「生活圏」を形成したものにすること等、多面にわたる内容を提言している。人口増殖力、出産力を高めていくような国土計画、人口配置を考えることに主眼が置かれているのである。「出産力の地域的差異を決定することに都市化という要因が重要なる役割を演じている利益社会的社会関係を極力緩和して共同社会的関係を拡大強化するが如く措置することにある[28]」と述べ、出産力も高まる有機的な結合社会（ゲマインシャフト）的な社会への転換、さらには「郷土観念」の振作といった構想も語られる。また農業政策に関しては、「適正規模」論や「農業機械化」論は人口増殖への考慮が薄いと批判している。さらに「人口移動の規制」までも提言するのである。

舘にとって、将来の人口減少社会を是正するためにも農村の共同社会的関係を維持することは相当に重要であったと言えよう。その思想は農本主義的様相をも帯びている。当初の『要綱』（第一案）になかった「農村人口の定有」が、『要綱』成案では盛り込まれているのは、推察に過ぎないが、舘の人口戦略性が盛り込まれたためではないだろうか。

しかし『要綱』以降の、「農村の人口構成」の実態は、「農村人口構成の崩壊」[29]という様相に至っており、舘の人口戦略を切り崩していく事態にまで進行していた。にもかかわらず舘がそのような農村社会の人口構成、人口流出の戦時的変容を捉える場合、その視点は人口学的な領域に向けられるのみであり、戦時の食糧増産という課題や、農業経営問題に関してはほとんど配慮が払われていない。農業の担い手が、老齢化、女子化してきてもそれは出産力との関係で考察されるのみである。[30] 舘の思考方法は人口学的に終始しており、社会科学的な分析、認識には至らない。しかしこのことが後述する農政や農業経済論に困難な問題を与えることになる。

舘の人口研究は、農村人口現象を人口学的に深部まで捉える客観的分析であり、他方将来起こる人口転換を是正するという戦略的意図のもとでの政策提言につながるものであった。舘においては将来においても人口を増殖させ続ける基盤である農村社会は、何よりも工業化・都市化から守られなければならなかった。そのため国土計画の産業・人口配置も反工業化・反都市化の観点から慎重に計画立案される必要[31]があったのである。しかし総力戦の進行は舘の戦略構想も打ち砕いていく事態として推移していった。

# 第二節 「農業人口定有」問題をめぐって

## 一・「農業人口・農家割当て」論

農政・農業経済関係は、人口政策に関してはいささか後追い的、受動的立場に置かれる。『要綱』が発表された当時の状況を、大槻正男は「我が国の農業経済学界は、……我が国の農業及び農村が、より重大にして他によっては代替され得ない任務、即ち質・量に関し共に優秀なる日本人人口の源泉たる任務を有することを、今更に政府当局によって教えられて、あわてふためいた状を露呈した」[32]と述べている。人口の源泉たる農村人口を維持していくことは農業の担う重要な任務であり、同時に食糧増産を図るためには農業経営の規模拡大によらなくても集約化した家族経営によって十分に実現可能であると主張[33]してきた大槻とって、『要綱』における農業人口の定有論は、機械化、規模拡大を説く論者とは異なり、農村人口の保持を論じている点では一定の親和性を持っている内容でもあった。しかし大槻は、『要綱』の内容自体よりも、「農業経済学界は……農業人口四割保有を金科玉条として、……割当計算にのみ奔命しているかの如き状をみる」[34]と述べている状況を問題とするのである。

まず大槻が引用している井野碩哉農相の発言を見ておこう。

現在農家戸数は五百五十万戸で、農家一戸当り平均五・七人だから、今後に於ても一戸平均五・七人程度になるものとして換算すれば、七百万戸になる。このうち満支へ百五十万戸移住させるから、結局五百五十万戸は内地に於て保有する。これは現在の専業農家三八十万戸、兼業農家百七十万戸、合計五百五十万戸と相応する。一方開発見込地、百三十万町歩であるから、これを現在の専業農家に割当てると一戸当たり二、三反歩となる。現在の一戸平均耕地面積一町三反九畝に加へれば一町六、七反歩となり、之が我が国の農家の適正規模と見ている。[35]

ここでは、『要綱』の示す将来の農業定有人口を農家の家族員数で割って農家戸数を産出し、その農家戸数から満州農業移民戸数を引くと、現状の農家戸数五五〇万戸になるという農家戸数の割当てが考えられている。したがって現状の農家戸数を維持して、未開墾地によって規模拡大すれば一町六反の専業適正規模農家三八〇万戸になるという計算が行われている。

このような農家戸数の割当て論は他にもみられる。たとえば小野武夫[36]は次のように述べている。

現在我国の平均耕作面積は一町九畝であるが、今仮にこの平均面積に約五反を増加して、各戸一町五反とするならば、現存農家三戸中の一戸だけは農村外に流出させせなければならぬ。農村戸数の流出は農村人口の絶対的減退を意味する。然るに現に我政府は基本人口国策として総人口の四割を農村に確保することに決定している。この総人口四割といふことは大体現在の農村人口を肯定しているのであるから、現在戸数の三分の一を農村外なる都市とか満州とかに移植せしむれば、この人口国策の原則を破る結果となるであろう。故に農村人口は大体現在の儘に委し、唯今後に見越さるべき自然増加分を都市又は満州に流出せしむることに致したい。換言すれば、かうした自然増加分だけの流出ならば、現有人口を大体そのまま保存することになり、農村の兵力供給力にもさして影響はしないから異存はない訳である。

井野と小野の計算の方法はいささか異なるが結論的な部分で共通する点は、当時の農家戸数五五〇万戸は『要綱』の農業人口に該当すること、満州農業移民は農村の人口増加分を割り当てている点であろう。ただし、小野は適正規模の実現にはふれていない。いずれにせよこのような議論こそ、大槻が批判する農業経済学界の現状の様相でもあった。

上述の小野の議論に対し櫻井武雄は批判を試みながら自論を展開している。櫻井は「(農村の)現有人口すらすでに四割水準を割つているのであり、都市の高賃金をのぞんで、滔滔として農村人口の流出が一世の風潮をなしているとき、農村の現有人口を維持することそのことすら、決して生易しいことではないはず[37]」と述べ、現状の農村人口を維持することで『要綱』を実現することは不可能だと言うのである。農村からの人口流出状況を踏まえた批判であろうが、いま少し櫻井の議論をみておきたい。櫻井の計算は以下のようなものである。

「内地農業戸数五百五十万戸から、開拓民として送出されるべき百万戸を減ずれば四百五十万戸となり、一家六人強とすれば農業人口にして約二千七百万人である。かりにこれをもつて、内地農村に配置さるべき農業人口とすれば、満州に配置あるべき農業人口は千三百万人となり、日満の比率はほぼ二対一の割合となる。これを農家戸数の上の配置に直してみると……かりに適正規模政策がある程度奏効するものとすれば、経営規模の拡大とともに家族員数も増加するものと考えられるから、一戸当り七人とすれば、内地農村において三百八十万戸、満州において百八十万戸を配置すればよい……内地農村に配置すべき農家戸数三百八十万戸に対して、現在の耕地総面積六百町歩を不変とすれば、一戸当り耕作面積は平均一町六反となる[38]」と述べる。ここでは満州農業移民が内地農業人口を減らし計画実現されるものであることを前提にすれば『要綱』にいう農村人口の定有は可能であるとする点で先の井野や小野と異なる。櫻井は、農家戸数が五四八万戸から三八〇万戸に一六八万戸減少することに関しても、一〇〇万戸の満州農業移民、「兼副業農家」六八万戸の工鉱業への流出を想定しているが、農林省の「適正規模論」である一町六反を『要綱』の下で実現させる点は、先の井野らの構想と類似している。

以上『要綱』に対する農業経済学関係者のいくつかの反応を列挙してみた。論者の特徴として、『要綱』における農業定有人口を実現化することは上位目的として位置づけられるが、同時に満州農業移民に関しては「満州開拓民二十ヶ年百万戸」計画が実現されるべき国策として前提とされていること、専業農家を適正規模農家の対象として設定していることなど国策に沿う農業改革構想[39]であることが指摘できよう。

しかしこれらの議論は農業問題の深部を捉えてはいない。将来にむけての農業構造改革をどのように実現していくのかについては、社会科学的な発想からは不問にされている。まさに大槻の指摘する「割当計算にのみ奔命しているかの如き状」であった。当然『要綱』の企図した人口学的人口戦略などは、ここではほとんど解されていなかった状況と言えよう。『要綱』を踏まえた農業改革構想は農業人口・農家戸数の割当てに終始しており、設計主義的に国策を追随しただけの内容であった。

## 二．「小農経営」論からの危惧

先にみた「割当て主義」的な農業改革構想は、社会科学的分析を欠いた構想であったが、以下では、農業経営の現状を踏まえ、適正規模、農業人口定有を検討した論稿をみておきたい。

まず、帝国農会の石橋幸雄の議論(40)を取り上げよう。

石橋は、「農事統計表」における四〇年の農家戸数は五四八万戸、総戸数に占める割合は、三九・三%であるのに対し三〇年の「国勢調査」では、農業就業人口は一三九七万人、有業人口に占める割合は四七・二%、世帯数でみれば四七四万世帯、総人口に占める割合は四二・二%という数字の差異を問題にし、『要綱』が構想する農業人口は現有の農業人口ではまかなえないことを「農家一斉調査」をもとに検討する。推計の詳細は略するが、実際の農業者は二三八五万人程度であると推計し、農業人口は総人口の三割程度であることを論証し、満州農業移民を配置するとしても、なお八〇〇万人から一二〇〇万人の農業者が今後増加する必要があるとする。しかし農業人口の有する出生力や強靭な資質が今後低下すれば、人口資源としての農業人口を保有する必要もなかろうと農業人口保有に疑問を呈している。また農家戸数の減少は必ずしも人口資源としての農業の地位の低下を示すものでもないとし、むしろ労働者に近い兼業農家を問題視する。一方耕作規模の大きい専業農家層は家族員も多く出生力も大きい傾向があるため、農業人口の四割確保という量的な問題ではなくて質的な問題として農業人口を考えなければならないとする。そのような視点から、石橋は四割の定有人口にとらわれず将来の食糧生産を担う農家数を推計していく。石橋は「農家戸数の三十四・五％を占める五反未満の農家の平均耕作面積は二・五反」である我が国の零細農業経営構造こそ問題であるとし、食糧生産を担える農家層を「一町歩以上農家百八十二万七千戸に、その労働補給源としての四十六万一千戸を加えて、二百二十七万戸、それに集約なる蔬菜農家三十万戸、一町未満農家の再編成による四十三万一千戸を加えて、結局三百万九千戸」これに北海道の五反以上層を加えた三一七万戸が食糧生産の確保上保有すべき農家戸数であるとする。そこに農家世帯員数六・五一人を掛けて、農業人口は二〇六四万人となる。そして「標準耕地面積が一町六反」であることからみても、「昭和十六年度農産物総生産価格五十六億七千万円、仮に総費用をその四割と見て、農業所得額は三十四億円、しかうして農業人口一人当生計費百六十円とすれば、三十四億円を以って抱擁し得る農業人口は二千百二十五万人」と推計し、「我国農業の実態に於いて、現在に於いても総人口の四割を農業人口を確保することは極めて無理といわなければならない」と断言するのである。しかも石橋は、時局下の兼業化の進展、とりわけ「職工農家」の増加は、ますます農家の弱体化をもたらしていると述べ、農家の実態を度外視し、単に多数の農家戸数を保持させるならば、農家は表面的には存続しても「農業生産の主体としての農家は弱体化し、いはば空洞の農家とならざるを得ない」と警告する。このように石橋の立論は、農家の零細経営実態、兼業化の進展の現状を経営経済学の立場から分析することで、食糧生産を担う農家経営が弱体化している点を明らかにするものであり、『要綱』の農業人口定有論に水を投げかけるものであった。

このような石橋の懸念は孤立していたわけでもない。農林省サイドの田辺勝正からも『要綱』の実現を疑問視する議論が同時期になされている。(41)

まず田辺は、『要綱』の人口増殖策に対しては「農村人口の総人口に対する割合を、少なくとも将来に向かって堅持し、自然増加に基づくそれ以上の農村過剰人口を都会産業に供給すると同時に、之に基づいて起る人口対策の不備は、農村たると都会たるとを問わず人口の増強を実現すべき一般人口を以って補うべき方法を採用するより他に途はない」と一定度の肯定的理解を示す。

しかしながら「今日以上の農業人口乃至は農家戸数を我国の農村に確保することは、我が国現下の農業事情に鑑み、到底不可能」という結論を田辺は導くのである。その論証は、昭和三五年における農家数七〇〇万戸（一戸五・七人）が「日満支」に確保はできるか、という課題設定のもとで検討される。

まず開拓民利用地二〇〇〇万町歩があるとされる満洲であるが、その内実は、開拓の可能性のある土地が六〇〇万町歩、残り一四〇〇万町歩は湿地干拓であり、土壌改良も困難である。そのような土地において一戸二〇町歩の経営を今後実現しようとする満州開拓、農業移民計画はかなり無理であるという。

そして「支那」についても一三億三〇八万七四九八畝の総耕地面積には、すでに五一〇三万戸の農家が存在する。しかも農家の耕地面積は平均二五畝（日本の面積で一町五反）であるような零細農業であり、そのような土地に「我国の農民が集団して多数移民し得るが如きは容易に想像し得ざる」と述べる。

一方「内地」の農家はどうであろうか。一戸当たり耕地面積は近年微増して一町一反一畝になっている。現状を鑑みれば、五五〇万戸農家戸数以上を養いうる状況にない。たとえ国内未墾地一五〇万町歩が開拓されたとしても、粗放経営になるから一戸平均三町として五〇万戸の農家創出しかないできないと推察する。

このように田辺は農業の耕地面積との関係から農業人口の定有の不可能性を指摘している。そして大槻らの小農論者と同様、兼業農家、職工農家が増加している現状においては、農家経営がおかれている不利な条件の克服こそが肝要であるとして、小作制度の廃止と、徹底した自作農の確立が必要であると説くのである。田辺の視座は農業経営の置かれた現実を踏まえながら農林省の政策観を反映した視点からの『要綱』の人口定有の無理を指摘する内容であると言えよう。舘らの人口論者の農業問題に対する基本的な認識不足を、田辺は指摘しているのである。

このようにみてくると、総力戦体制下における農村、農家経営の変容への経済学的視座の欠落、これが人口論者の問題であることはもはや明らかであろう。

一方、「農家割当て」論を批判し、農村の「与労力」を重視してきた大槻も、既に問題は農村人口の量的維持よりも農業経営の担い手の劣化に重点移行していると指摘する。大槻は「農村問題として、人口国策上からみても最も憂慮すべきことは、兼業農家を含めたる総農家戸数の減少傾向ではなく、第一には専業農家の激減傾向、兼業農家の激増傾向である[42]」と述べ、とりわけ「農家に農業以外の他の仕事が加はると云う意味での兼業ではなくして、農業自体が他の仕事の兼業となる、と云う意味の兼業」、すなわち「職工農家」の増加による経営主体の弱体化を指摘する。

そして「『要綱』の精神に即したる農村計画としては、内地農業に保有すべき農家戸数五百五十万戸の内、少なくともその七割五分以上を専業農家たらしめるものでなければならない」と提言するのである。大槻は「集約化農業生産技術条件の飛躍的な改良を図り、以って、経営規模を拡大せずして、……小経営規模に於いて有能なる農家がその家族労働力を充分働かしめ得る如き可能性の創造」とこれまでの自説を繰り返すのだが、またそのような集約化が無理であるなら「専業農家の経営規模を多少拡大することによって農家戸数―したがって農業人口―の減少を招来せしめるのもまた已むを得ない」と一定程度の規模拡大も是認するのである。

戦時下の農村労働力の流出によって家族農業経営は、これまでにない新たな「兼業化」の局面[43]に立たされた。そして農業経営をめぐる社会経済条件の変容が、農業経営の担い手の質を急速に弱体化させているなかにあって、小農論の側からは、農村人口の維持よりも、専業化の保持がさけばれていたのである。

# おわりに

最後に小論をひとまずまとめつつ今後の課題について述べておきたい。

『要綱』は、人口学研究者とりわけ厚生省研究員の舘稔らによって実証的人口研究によって得られた知見を踏まえた政策内容となっていた。『要綱』には「人口転換」を是正するという人口学的な戦略が潜伏していた点は見逃せない。だが『要綱』に盛り込まれた個別の施策に関していえば、それは人口学、医学、保健学、人的資源論、都市工学的な国土計画論、工業立地論等が、総花的に布置された内容である。各論的には諸施策がそれぞれの立脚点に基づき政策提言できる内容でもあった。しかし、個別施策が「人口転換」による将来社会のあり方を是正するという長期的戦略を、総合的に推進していく保障があったわけでもない。とりわけ舘が国土計画における都市分散、産業・人口配置を、人口増殖を目的とする人口再生産の視点から危惧している点――特に農村社会の出産力の高さを維持しながら将来の人口増殖を求める人口配置戦略、「都市化」「工業化」の抑制という思想――に関しては、どこまで理解が得られていたかは疑問が残るところである。

そのような政策担当者内部に生じている知的亀裂という問題はともかくとしても、『要綱』自体の外装は民族膨張主義的「国策」イデオロギーによって包含され、人口政策パッケージとして流通し、様々な戦時国策と相俟って対応がなされていったと言うべきであろう。(44)

確かに人口政策関係者は農村人口を人口学的に分析し我が国の人口問題の深部を客観的に捉えた。しかし先にみたように農村問題への基本的認識という点では、多くの問題があった。さらに「日満支において農業人口の四割定有」という課題の実現に関して、主に「内地」における都市・農村人口の分析結果が、風土も異なる地でどのように応用されるのかという素朴な疑問も残る。管見する限り、舘においてはそのような政策課題への方途は示されてはいない。そうした諸点を含め、人口学的な政策論の様々な陥穽を指摘することはできよう。

このように理論的にも内在的問題を孕む人口政策論を、後追い的、いささか受動的な立場から捉えた農政、農業経済学の諸潮流も、あまり生産的な成果を得たとは言いがたい。多くの議論が、政策実現のために定有すべき農業人口数、農家戸数の辻褄合わせに終始するという国策の追随に終始したのも無理からぬところもあろう。[45]舘の構想した人口転換に対する「反人口革命」的な戦略レベルを、おそらく多くの論者は捉え損ねていた。

しかし「人口学」という科学が政策動員されるとき、[46]その戦略が、「反産業化」「反都市」というおよそ「近代」と逆行する様相を帯びてくるという点に関しては、我が国の総力戦体制がかかえる矛盾、葛藤の側面として更なる検討が必要と思われる。

当時の『要綱』に対する政策的態度としては、たとえば産業組合中央会会頭であった千石興太郎は「農村に対する保健厚生の施設を整備（すれば）……農村の人口は、一層の増加をみるにいたるべきは、きはめて明らかなことであって、……農村に対する健民政策を積極化して、その徹底を期すること……保健婦の設置を積極的に勧奨することとなし、これによって妊婦の保護、乳幼児の保健、家庭衛生の指導、栄養食の奨励等を実行し……[47]」と述べている。しかし、農村厚生事業によって農村民の健康を増進させ、乳幼児死亡率を引き下げ、農村人口の増殖を図ろうとする取組みが、人口学的戦略を受容して実践されていたとは言いがたい。

## 注

（1）美濃口時次郎「人的資源と社会事業」『社会事業』昭和一五年四月号。また戦時農村厚生事業を論じたものに、大久保満彦『農村の厚生問題』（常盤書房、一九四二年）がある。

（2）高澤敦夫「戦時下日本における人口問題研究会と人口問題研究所」戦時下日本社会研究会『戦時下の日本』行路社、一九九二年、一一三頁。

(3) 鹿野正直『健康観にみる近代』(朝日選書、二〇〇一年)六七頁以下を参照。

(4) 中安定子「農村人口論・労働力論の流れ」『昭和後期農業問題論集五農村人口論・労働力論』農山漁村文化協会、一九八三年を参照。

(5) 「旧世代」の鬼っ子として新しい世代は「社会科学」的な農業経済学を構築していった。ここでは「新世代」を東畑精一、近藤康男、大槻正男、「旧世代」としてさしあたり、農山漁村経済更生運動、そして満州農業移民政策に積極的に関わっていく那須皓、橋本傳左衛門、石黒忠篤、小平権一らを念頭においている。

(6) 石田雄は、「社会科学的分析ではなく期待の論理化が「参与」する側の特徴」であると指摘する。石田『日本の社会科学』(東京大学出版会、一九八四年)一二五頁以下を参照。

(7) 近年、高岡裕之氏は、新たな資料により戦時人口政策と農業政策との関連を政策形成に焦点をあて解明されている。高岡裕之「戦時人口政策の再検討」川越修・友部謙一編著『生命というリスク』法政大学出版会、二〇〇八年。「戦時期日本の人口政策と農業政策」『関西学院史学』三五、二〇〇八年三月。『総力戦体制と「福祉国家」―戦時期日本の「社会改革」構想』岩波書店、二〇一一年。本稿作成に際しては氏の研究から多くを学んだ。本章では国策レベルに集約されない「「在野」の議論」(高岡前掲論文(二〇〇八年三月七頁)での受容あるいは反駁過程も問題として捉えなおしたい。

(8) 高田保馬以降の人口論、人口研究については、南亮三郎『人口論発達史』(三省堂、一九三六年)を参照。

(9) 上田貞次郎『日本人口政策』千倉書房、一九三七年、一～四頁。

(10) 上田前掲著、二九六頁。

(11) 上田前掲書、二九二頁。

(12) なお上田貞次郎も、将来の人口推計を行い、我が国将来人口が八〇〇〇万人程度で停止することを推計している。上田貞次郎編『日本人口問題研究』協調会、一九三三年。

(13) 本章で取り上げている厚生省人口問題研究所、企画院における人口論、人口政策は、皇民化政策を推進しようとする朝鮮・台湾植民地当局の基本的な考え方とは、対立する内容である。後者は「混合民族論」の立場にたち同化政策、混血を進めようとするのに対し、厚生省、企画院の立場は、「純血主義」的、「優生学」的である。前者が主な政策対象とする人口は「内地人」である大和民族をさすのであり、人口研究も主に「内地人」を対象としている。この点に関しては、小熊英二『単一民族神話の起

(14) 源―〈日本人〉の自画像の系譜』(新曜社、一九九五年、第一三章)を参照。また「優生学」からの混血批判については、古屋芳雄『国土・人口・血液』(朝日新聞社、一九四一年、一一一頁以降)を参照。植民地戸籍については、遠藤正敬『近代日本の植民地統治における国籍と戸籍』(明石書店、二〇一〇年)を参照。

この時期の厚生事業・人口政策の推移についての研究は、高岡前掲論文のほか、藤野豊「日本ファシズムと厚生省の設置」『年報・日本現代史』第三号、一九九七年。鐘家新『日本型福祉国家の形成と「十五年戦争」』(ミネルヴァ書房、一九九八年)などを参照。

(15) 中川友長の推計方法では戦争の要因は捨象してある。中川友長「将来人口の計算に就いて」『人口問題研究』第一巻二号、一九四〇年。中川「日本人口の将来」(『人口問題講演集第一四号』一九四一年)を参照。なお二〇〇〇年の国勢調査の結果に基づく将来人口推計は、二〇〇六年に一億二七七四万人でピークを迎え、その後減少に転じ、二〇五〇年には一億六〇万人に達すると推計され、中川推計と近似している。

(16) 「たとえば出生率の逓減について言えば、逓減という事態そのことには何ら問題性はないのであり、その事実経過に対し特定の価値関心(かつての『国力低下』論や現今の『若年労働力不足』論など)から『問題』としてそれを定位した時、はじめて人口論議が生まれる。その際、『問題』のたて方・論議の方向に認識者の価値関心が介在する」という指摘があるように人口政策は価値観を抜きに存立しえない。前掲、高澤敦夫「戦時下日本における人口問題研究会と人口問題研究所」戦時下日本社会研究会『戦時下の日本』行路社、一九九二年、一〇三頁。

(17) 美濃口時次郎『人的資源論』八元社、一九四一年。なおこの著作は三〇年代の論文を取りまとめたものである。

(18) 美濃口前掲書、二五六~二七三頁。

(19) 近藤康男『昭和ひとけたの時代』農山漁村文化協会、二一六頁、二四四頁。

(20) 企画院にいた勝間田清一の農業理論も基本的には計画的合理的に農業生産機構を高度化して生産力増強に応えようとする内容であり、『要綱』でいう農村人口の確保という問題設定は見られない。勝間田清一『日本農業の統制機構』白楊社、一九四〇年。

(21) 以下の引用は美濃口時次郎「人口政策確立要綱に就いて」人口問題研究会『人口政策と国土計画』一九四二年、三~八頁。

(22) 以下の引用は、美濃口時次郎「農業人口の確保」『農業と経済』第九巻五号、一九四二年。なお後の美濃口時次郎『人口政策』(千倉書房、一九四四年)においては、政策論的人口論は展開されていない。

(23) 舘稔「事変下の我が国の人口問題と大陸経営の民族的使命」『医事公論』一三九七号、一九三九年。
(24) 以下の引用は舘稔「人口再配分計画の基礎として見たる人口増殖力の地域的特性」『人口問題研究』第三巻二号、一九四二年。
(25) 舘稔「都市人口補給源としての『仮想的背地』の決定に関する一考察」『人口問題研究』第二巻二号、一九四一年。
(26) 舘稔『人口問題説話（再版）』汎洋社、一九四三年、二二八～二三〇頁。
(27) 舘稔「人口政策の立場より見たる国土計画に関する若干の基本的私見」『商工経済』昭和一六年一月号。
(28) 前掲、舘稔「人口再配分計画の基礎として見たる人口増殖力の地域的特性」『人口問題研究』第三巻二号。
(29) 舘稔『人口問題説話（再版）』汎洋社、一九四三年、二三二頁。
(30) 舘稔「戦時人口政策と農村婦人」『農業と経済』第一二巻一号、一九四五年。
(31) 当時内務省都市計画東京委員会技師であった石川栄耀は、「生活計画」の視点から国土計画、都市計画を考案するが、そのなかで人口学的増殖がふれられる。『改訂増補　日本国土計画論』（八元社、一九四三年．第三章）を参照。一方当時の農村計画においては、食糧増産が第一義におかれ人口政策への視点は希薄である。たとえば松本辰馬『日本農業国土計画論』（東洋書館、一九四一年）を参照。
(32) 大槻正男「人口問題と適正規模論」『農業経営の基本問題』岩波書店、一九四三年、五三頁。
(33) たとえば大槻正男『国家生活と農業』（岩波書店、一九三九年）を参照。
(34) 大槻前掲論文、五四頁。
(35) 井野発言は大槻前掲論文からの引用。
(36) 小野武夫「新農政と国本農村」『社会政策時報』昭和一七年一〇月号。
(37) 櫻井武雄『東亜農業と日本農業』中央公論社、一九四三年、一六三～一六四頁。
(38) 櫻井前掲書、一六六～一六七頁。
(39) 我妻東策『国防農業論』（千倉書房、一九四五年）も専業農家による「国防農家」の育成を構想するがやはり割当て主義的発想であろう。
(40) 石橋幸雄「農業人口定有の基本問題」『農政』一九四二年一〇月号。
(41) 田辺勝正「農業人口定有国策の意義」『帝国農会報』第三三巻七号。

(42) 大槻前掲論文、五六〜五七頁。
(43) 戦時期の兼業農家対策については、青木紀『日本経済と兼業問題』(農林統計協会、一九八八年、第二章)を参照。
(44) なお四二年第四回大東亜建設審議会では「大東亜建設に伴う人口政策において決定せる皇国民人口の四割をわが民族培養の源泉たる農業に確保する既定方針に則り、農民が矜持を持って農業に全力を注ぎ、十分なる創意を発揮し得るが如き専業農家を育成保持し、大東亜建設を推進するに足る剛健なる精神、雄輝なる気宇の培養源泉たらしむるため、各般の施策を講ずることとし、もつて皇国農業および農民の維持培養を図ること」とされるように農村人口の定有と専業農家保持は同時追及すべき政策課題として位置づけられている。
(45) 農業割り当て論者が、満洲農業移民が実現されるとして「内地」の農村人口の四割定有を想定しているが、企画院は、「内地」の農業人口は三三%になると想定している。岡田知弘『日本資本主義と農村開発』(法律文化社、一九八九年)第六章を参照。国策追随といっても、国策自体が正確に理解されていたとは言えないであろう。
(46) 人口政策要綱以降、我が国では人口政策には見るべきものはなかったが、少子高齢化・人口減少が現実化するなかで、二〇〇四年六月『少子化社会対策要綱』が閣議決定されている。人口学者稲葉寿は、一般社会および知的世界における人口学理論に対する不可知論的態度が、人口政策の放棄や人口政策の無策を助長する点を指摘している。稲葉寿『現代人口論の射程』(ミネルヴァ書房、二〇〇七年)を参照。
(47) 千石興太郎『決戦下農村の使命』大貫書房、一九四二年、七八〜七九頁。

## 参考文献


青木紀『日本経済と兼業問題』農林統計協会、一九八八年。
我妻東策『国防農業論』千倉書房、一九四五年。
阿藤誠『現代人口学』日本評論社、二〇〇〇年。
石川栄耀『改訂増補日本国土計劃論』八元社、一九四二年。
石田雄『日本の社会科学』東京大学出版会、一九八四年。
石橋幸雄『農業適正規模』東洋書館、一九四三年。

逸見謙三「農業人口の固定性」東畑精一・大川一司編『日本の経済と農業　上巻』岩波書店、一九五六年。

稲葉寿『現代人口論の射程』ミネルヴァ書房、二〇〇七年。

大川一司「農業における人口と生産構造」『農業経済研究』第一九巻三号、一九四三年。

大久保満彦『農村の厚生問題』常盤書房、一九四二年。

大槻正男『国家生活と農業』岩波書店、一九三九年。

同　「人口問題と適正規模論」『農業経営の基本問題』岩波書店、一九四三年。

岡崎文規『日本人口問題』目黒書店、一九四一年。

岡田知弘『日本資本主義と農村開発』法律文化社、一九八九年。

同　「農工調整問題と国土計画」戦後日本の食料・農業・農村編集委員会『戦後日本の食料・農業・農村　第一巻　戦時体制期』農林統計協会、二〇〇三年。

荻野美穂「国民国家日本の人口政策と家族―戦前・戦中期を中心に―」田中真砂子・白石玲子・三成美保編『国民国家と家族・個人』早稲田大学出版部、二〇〇五年。

同　『「家族計画」への道―近代日本の生殖をめぐる政治―』岩波書店、二〇〇八年。

小熊英二『単一民族神話の起源―〈日本人〉の自画像の系譜―』新曜社、一九九五年。

勝間田清一『日本農業の統制機構』白楊社、一九四〇年。

金子勇編著『高田保馬リカバリー』ミネルヴァ書房、二〇〇三年。

鹿野正直『健康観にみる近代』朝日選書、二〇〇一年。

神谷慶治「人口問題に関する諸文献」『農業経済学研究』第九巻一一号、一九三四年。

河上肇『人口問題批判』（初出一九二七年）『河上肇全集』第一五巻、一九八三年。

川島秀雄『農村人口政策』光書房、一九四三年。

企画院産業部『農村問題研究会速記録』一九三九年。

企画院研究会『国防国家の綱領』新紀元社、一九四一年。

企画院「人口問題をどうする（下）」『週報』二二八号、一九四一年。

厚生省人口問題研究所『人口政策の栞』一九四一年。

近藤康男『昭和ひとけたの時代』農山漁村文化協会、一九八二年。

同　『一農政学徒の回想上』、農山漁村文化協会、一九七六年。

坂根嘉弘『日本伝統社会と経済発展』農山漁村文化協会、二〇一一年。

鐘家新『日本型福祉国家の形成と「十五年戦争」』ミネルヴァ書房、一九九八年。

ジョン・W・ダワー（猿谷要監修、斉藤元一訳）『容赦なき戦争―太平洋戦争における人種差別―』平凡社、二〇〇一年。

人口問題研究会編『人口・民族・国土』刀江書院、一九四一年。

同　『人口政策と国土計画』刀江書院、一九四二年。

酉水孜郎編『資料・国土計画』大明堂、一九七五年。

千石興太郎『決戦下農村の使命』大貫書房、一九四二年。

祖田修『都市と農村の結合』大明堂、一九九七年。

高岡裕之「戦時動員と福祉国家」『岩波講座アジア・太平洋戦争三　動員・抵抗・翼賛』岩波書店、二〇〇六年。

同　「戦時人口政策の再検討」川越修・友部謙一編著『生命というリスク』法政大学出版局、二〇〇八年。

同　「戦時期日本の人口政策と農業政策」『関西学院史学』三五、二〇〇八年。

同　『総力戦体制と「福祉国家」―戦時期日本の「社会改革」構想―』岩波書店、二〇一一年。

高澤敦夫「戦時下日本における人口問題研究会と人口問題研究所」戦時下日本社会研究会『戦時下の日本』行路社、一九九二年。

高田保馬『人口と貧乏』日本評論社、一九二七年。

同　『民族と経済』有斐閣、一九四〇年。

竹野学「植民地開拓と「北海道の経験」―植民学における「北大学派」―」『北大百二五年史』二〇〇七年。

舘稔『人口問題説話（再版）』汎洋社、一九四三年。

同　「戦時人口政策と農村婦人」『農業と経済』第一二巻一号、一九四五年。

同　『日本の人口移動』古今書院、一九六一年。

田辺勝正「農業人口定有国策の意義」『帝国農会報』第三三巻七号、一九四三年。

帝国農会『中小農保護政策』（復刻版）（初出一九一二年）御茶の水書房、一九七九年。

東畑精一「戦時及び戦後の農業経営問題」『農業経済研究』第一四巻三号、一九三八年。

同　「農業人口の今日と明日」有沢広己・宇野構造・向坂逸郎編『世界経済と日本経済』岩波書店、一九五六年。

永井亨『人口論』（『現代経済学全集』第二二巻）日本評論社、一九三一年。

中川友長「将来人口の計算に就いて」『人口問題研究』第一巻二号、一九四〇年。

中安定子「農村人口論・労働力論の流れ」『昭和後期農業問題論集五農村人口論・労働力論』農山漁村文化協会、一九八三年。

那須皓『人口食糧問題』日本評論社、一九二七年。

同　「満蒙農業移民と我が人口問題」『農業経済研究』第八巻二号、一九三二年。

同　「満蒙移民問題」『東洋』三五巻八号、一九三二年。

同　「東北人口と満洲農業移民問題」『人口問題講演集』第一輯、一九三七年。

同　「日本農民の海外進出」『農業と経済』第五巻五号、一九三八年。

並木正吉「農業人口の補充と流出」東畑精一先生還暦記念論文集『経済発展と農業問題』岩波書店、一九五九年。

同　『農村は変わる』岩波新書、一九六〇年。

野尻重雄『農民離村の実証的研究』岩波書店、一九四二年。

同　「農家労働移動者の社会的地位に関する諸家の見解」『農業と経済』第九巻四号、一九四二年。

野間海造『日本の人口と経済』日本評論社、一九四一年。

同　『人口問題と南進論』慶應出版社、一九四四年。

福武直「日本における家族制度と農村人口」農村人口研究会編『農村人口研究』第二集、一九五二年。

藤野豊「日本ファシズムと厚生省の設置」『年報・日本現代史』第三号、一九九七年。

法政大学大原社会問題研究所『太平洋戦争下の労働者状態』東洋経済新報社、一九六四年。

牧野邦昭「高田保馬の貧困論―貧乏・人口・民族―」小峯敦編著『経済思想のなかの貧困・福祉』ミネルヴァ書房、二〇一一年。

南亮三郎『人口論発達史』三省堂、一九三六年。

美濃口時次郎「人的資源と社会事業」『社会事業』一九四〇年四月号。

同　　　『人的資源論』八元社、一九四一年。
同　　　「農業人口の確保」『農業と経済』第九巻五号、一九四二年。
同　　　『人口政策』千倉書房、一九四四年。
宮出秀雄「農業人口の定有と農業適正規模」人口問題研究会編『人口政策と国土計画』刀江書院、一九四二年。
米本昌平・松原洋子・橳島次郎・市野川容孝『優生学と人間社会』講談社、二〇〇〇年。

# 第三章　日満間における馬資源移動

## ――満洲移植馬事業一九三九～四四年――

大瀧真俊

輸送船に積み込まれる移植馬

満洲移植馬の大陸への輸送には、200頭を搭載可能な大型輸送船（3,000トン級）が使用された。上の写真は、内地の搭載港でのクレーンによる積み込み風景（「大陸へ渡る馬」『馬の世界』第19巻第10号、1939年10月、口絵）。そのキャプションでは「満洲移植馬の輝かしき首途逞しき蹄に強く大陸の土を踏みしめて開拓と建設の聖業へ栄光に輝く船出だ」と開拓との結びつきが強調されているが、実際には軍馬資源としての移植に主眼が置かれていた（本文参照）。

# はじめに

本章では、戦時体制下の一九三九～四四年（昭和一四～一九）に「満洲」[1]へ日本馬三万九〇〇〇頭を送出した満洲移植馬事業を分析対象として、日本帝国圏における馬資源政策の特徴と実態を明らかにする。それを通じて、軍事的要請に強く規定された農林資源のあり様の一つを示したい。

まず農林資源の中における馬資源の特徴について整理する。「資源」という用語は、単なる自然（＝富源）ではなく、その経済（市場）的価値が人によって見出された状態を指す（本書はしがき）。特に戦前日本では、第一次世界大戦以降に登場した総力戦に対し、国家が人・物を効率的に動員するために用いられた言葉であった。この点で、馬は国家による「資源」化が最も早期より、かつ強力に推し進められた農林資源として位置づけられる。第一次馬政計画期（一九〇六～三五年、明治三九～昭和一〇）に実施された洋種血統による日本馬の大型化（馬匹改良）政策は軍馬資源の開発過程と捉えられ、去勢法（一九一六年、大正五）や馬籍法（一九二一年）の施行はその造成された軍馬資源に対する国家管理体制の整備とみなしうるからである。また日本的な馬資源の特色として、第二次世界大戦期にもなお軍馬を中心とした資源政策が続けられたことがある。鉄・石油の不足といった資源的制約、悪路や山岳部が多い戦場（中国大陸）の地形的条件などの理由から、欧米のような軍事輸送の機械化が困難だったためである。

右記のように軍馬資源化された日本馬は、戦時に入ると軍馬の出征のみならず、その予備資源として帝国各地への移植が開始された。その中で最大の比重を占めたのが、満洲移植馬事業である。以下、同事業に関連する先行研究と論点を整理しながら、本章の課題を設定したい。

第一に、資源論の観点からみた帝国圏内の牛馬移動とそれに関する研究について。戦前の牛馬には、どちらに

表 3–1　満洲在来農法と北海道農法

| 農法 | 満洲在来農法 | 北海道農法 |
|---|---|---|
| 特徴 | 主穀式農法、高畦耕 | 穀草式・農牧混合農法、平畦耕 |
| 主な作物 | 大豆・小麦＋高粱・粟など | 大豆・小麦＋燕麦・馬鈴薯・ルーサンなど |
| 耕起作業 | 犂丈（リージャン）による浅耕 | プラウによる深耕 |
| 除草作業 | 鋤頭（チュウトウ）による人力除草 | 除草ハロー、カルチベーターによる畜力除草 |
| 労働力 | 雇用労働力が必要（特に除草） | 自家労働力（大人 2–3 人）のみ |
| 役畜 | 満洲馬（体高約 1.30 m、体重約 300 kg） | 日本馬（体高約 1.45 m、体重約 450 kg） |

出典：各資料・先行研究をもとに筆者整理。
注：体高とは、馬の背中までの高さのことを指す。

も資源として二つの側面が存在した。まず牛の場合、「役肉牛」という呼称が示すように、①農耕用の役牛資源と、②食肉用の肉牛資源という側面があった（第Ⅰ部第四章）。また馬の場合にも、「農馬即軍馬」という当時のスローガンの通り、①農耕・運搬用の役馬資源と、②戦時に備えた軍馬資源という側面があったのである。牛馬資源を扱う際には、以上のうちのどの側面を焦点としているのかに注意する必要がある[2]。

一方、他国との輸出入という点で、牛馬の動きは対極的であった。まず牛の場合には、近代的検疫制度の整備に伴って隣国からの輸入量が増大した。中国山東省からの肉牛資源の輸入、朝鮮からの役牛資源の輸移入がその代表例とされる[3]。これに対し、馬の場合には、戦時の軍馬出征[4]を除いて大陸との往来がほとんど行なわれていない。満洲移植馬事業はその例外的事例として注目されるものであるが、同事業の経緯や実態はこれまで明らかにされていない[5]。同事業の主眼は役馬資源・軍馬資源のどちらとしての移植にあったのか、またその進捗状況はいかなるものであったのか。これらの点を明らかにすることが、本章第一の課題である。

第二に、満洲農業移民における北海道農法の導入・普及をめぐる議論との関わりについて。満洲農業移民経営では、満洲在来農法と北海道農法（プラウ農法）という二つの農法が採用されていた。この点は第Ⅱ部第六章に詳しいため、ここでは表3–1を示すに留めたい。役畜に関しては、浅耕の満洲在来農法では牽引力の小さい満洲馬[6]（蒙古馬）、あるいは驢馬《ろば》・騾馬《らば》で十分であったのに対し、深耕の北海道農法ではそれの大きい日本馬が必要であったという違いが存在した（馬の

写真 3–1　日本馬と満洲馬（蒙古馬）の比較

出典：『馬の世界』第 12 巻 3 号、1932 年 3 月、口絵。

注：左から順に、日本馬（将校乗馬）、騾馬（驢馬と支那馬の交配による）、蒙古馬、驢馬。

体格は写真3−1を参照)。従来の満洲農業移民研究においては、一九四一年(昭和一六)より本格的に導入された北海道農法をめぐって、プラウ耕技術の未熟や農具台数の不足から限定的な普及に留まったという実態を重視した見解[7]と、同農法の導入を通じて農業移民が満洲における食糧増産の担い手として位置づけられたという政策的画期性を重視した見解[8]がみられる。ただしどちらの場合も、プラウの牽引に必要とされた日本馬がどのように供給されたのかについては検討されておらず、僅かに移植日本馬の「配布はなお十分でなかった[9]」と記されている程度である。実際に日本馬がいつ・どれだけ移植されたのか、また具体的にどの程度不足していたのか。こうした移植馬事業と北海道農法との関係を明らかにすることが、本論第二の課題である。

　以上の二点について、本章ではまず第一節において満洲移植馬事業が開始された経緯と計画内容及び事業の概要を示し、その実績をもとに初期一九三九～四〇年、中断期一九四一～四二年、末期一九四三～四四年という三期に時期区分する。第二節以降では、各時期における移植馬事業の進捗状況と移民経営における移植馬の利用実態について検討する。第二節では当初は軍馬資源として移植が開始されたものの、移植後に損耗馬が続出したこと、第三節では内地の大徴発によって移植馬事業が中断された一方、移民経営では北海道農法の導入により日本馬需要が高まったこと、第四節では開拓政策の一環として再開された移植馬事業では、北海道農法の全面的普及に対して日本馬の供給力が不足していたこと、をそれぞれ明らかにする。

## 第一節　満洲移植馬事業の概要

### 一．日中戦争以前

まず満洲移植馬事業が開始されるに至った経緯について整理しておきたい。

一九二〇年代までの軍馬資源開発は内地のみに限定され、外地では目立った馬資源政策が実施されてこなかった。しかし一九三一年(昭和六)の満洲事変以降には、軍馬需要の増大に備えて外地でも軍馬資源の開発が求められ、内地の馬政第二次計画(一九三六～六五年)に合わせて朝鮮馬政計画(一九三六～六五年)、台湾馬政計画(一九三六～六五年)、樺太馬政計画(一九三六～五〇年)がそれぞれ開始された。[10] 外地の三計画ではいずれも「産業並ニ国防上ノ基礎ニ立脚」する方針とされており、これは各地の在来馬を内地と同様に改良して軍馬資源を現地で自給する狙いがあったことを意味している。[11] 一方、満洲では外地に先駆けて満洲馬改良計画(一九三三～七七年)が開始され、その主眼は「馬の改良は軍事上の要望を充たすと共に交通及産業の開発に鞏固なる根底を与ふる」こととされていた。[12] 外地の計画よりも軍事が前面に押し出されていた点が特徴である。ただし馬匹改良には内地でも三〇年を要しており、外地・満州いずれの馬政計画も各地の軍馬資源を直ちに増強しうるものではなかった。

こうした馬政計画が進行中であった一九三七年（昭和一二）二月、拓務省は農業移民の役畜として満洲に日本馬を移植する計画を打ち立てた。[13] 岩手県下で繁殖兼農耕用の牝馬二〇〇頭を購入し、第四、五次開拓団（一九三五、三六年入植）に配布するというものである。一頭当たりの経費は購買価格一〇〇円、輸送費一〇〇円の計二〇〇円で、移民の負担額は家畜購入補助の七五円を差し引いた一二五円とされた。この移植に対する支援を要請された陸軍省は、軍馬補充部に移植馬の購買を斡旋させ、三月一一〜一三日に盛岡市家畜市場で五一頭、同一四〜一七日に黒沢尻市場で一五一頭の計二〇二頭を購入させている。[14] また輸送に関しても、同省運輸部が青森港から清津港までの輸送船として官船宇品丸を提供したとされる。その後の状況については不明であるが、同年夏に「満洲移植馬の先遣隊」として日本馬一〇〇頭（二〇〇頭の誤りか）が移植されたとする雑誌記事がみられる。[15] 以上のように陸軍が協力的な姿勢を示したのは、この移植が前掲の馬匹改良計画に貢献するものであり、後述する戦時と異なって移植馬をめぐる利害が拓務省と一致していたためと思われる。

## 二．「日満ニ亘ル馬政国策」

一九三七年（昭和一二）七月に始まった日中戦争が長期戦の様相を呈してくると、先にみた各地の長期的馬政計画では軍馬需要の急増に対応できないため、帝国圏全体による馬資源計画を新たに策定することが求められた。こうして一九三八年七月一二日に閣議決定されたのが、次の「日満ニ亘ル馬政国策」（以下、「馬政国策」と表記）である。

日満ニ亘ル馬政国策

有事ノ際軍所要ノ軍馬ノ供給ヲ容易ナラシムルト共ニ努メテ産業上ニ及ボス支障ヲ尠カラシムル為左ノ要綱ニ據リ速ニ日満ヲ通ジ馬ノ生産及ビ分布ノ調整ヲ図リ以テ馬資源ノ培養充実ニ努ム

要　綱

一　内地ニ於テハ軍所要ノ有能馬特ニ戦列部隊所要ノ有能馬ノ資質向上ヲ図ルト共ニ生産力ヲ拡充シ以テ国内保有馬ノ維持ニ努メ且外地及ビ満洲国ニ於ケル軍馬資源ノ培養並改良ノ促進ニ付積極的援助ヲ図ル

二　外地ニ於テハ速ニ軍所要馬数ヲ整備スルヲ主眼トシ差当リ内地馬ノ移植ヲ図リ且漸次現地ニ於ケル生産ニ依リ馬資源ヲ充実スルコト

三　満洲ニ於テハ軍所要ノ有能小格馬ノ供給ヲ潤沢ナラシムルヲ主眼トシ優良ナル国内産業並日本産種馬ノ供用ニ依リ改良ヲ促進スルノ外鋭意馬ノ増産ニ努メ別ニ為シ得ル限リ多数ノ有能日本産馬ヲ移民地其ノ他所要ノ地方ニ輸入シ馬ノ増加ヲ図ル様措置スルコト(16)

前述の各地馬政計画から大きく変更されたのは、軍馬資源となる日本馬を移植することが新たに付け加えられた点である。すなわち①内地では戦線で用いられる軍用適格馬(17)の生産を拡充するとともに外地・満州における軍馬資源の増殖を支援する、②外地では当面、内地からの移植によって軍馬資源を整備する、③満洲では後方支援で用いられる小格馬を自給し、それ以上の軍馬資源に関しては内地から輸入して移民に維持させる、というものであった。最も軍馬資源化の進んでいた日本馬を移植することによって、短期的に帝国圏全体へ軍馬資源を配備しようとしたのである。

この「馬政国策」にもとづき、一九三九年（昭和一四）から満洲移植馬事業が、一九四〇年からは朝鮮・台湾・関東州・樺太に対する外地移植馬事業がそれぞれ開始された。後者について本論では詳しく触れられないが、一

表 3-2　外地移植馬事業の実績

| 区分 | 1940 年 | 1941 年 | 1942 年 | 1943 年 | 1944 年 | 5 年間計 |
|---|---|---|---|---|---|---|
| 朝鮮 | 2,320 | 1,505 | 2,796 | 2,618 | 1,290 | 10,529 |
| 台湾 | 765 | 300 | 500 | 232 | – | 1,797 |
| 関東州 | 350 | 370 | 200 | 168 | – | 1,088 |
| 樺太 | – | – | 80 | – | – | 80 |
| 計 | 3,435 | 2,175 | 3,576 | 3,018 | 1,290 | 13,494 |

出典：神翁顕彰会編『続日本馬政史』第 1 巻、764–772 頁。
注：単位は頭、競走馬の移植を除く。1941 年は購買頭数（移植頭数は不明）。

九四四年までの五年間に朝鮮・台湾・関東州・樺太に対して日本馬一・三万頭が移植されたとされる（表3-2）。これに対し、前者では満洲一地域のみに対して三・九万頭が移植されており、戦時下における馬資源移植の中心であったといえる。

## 三　事業計画

「馬政国策」の決定後の一九三八年（昭和一三）一一月七日から一二月一〇日にかけて、陸軍省次官と関東軍参謀長の間で満洲移植馬事業に関する下交渉が行なわれた[18]。その際に争点となったのは、移植馬の管理費用を誰が負担するか、という問題であった。陸軍省側がその予算を満洲国に求めたのに対し、関東軍側は成立後間もない同国の財政では困難であると主張し、逆にそれを日本国政府に求めたのである。結局、前者の意向が「一方的ニ決定」されたのであるが、この過程で注目されるのは、陸軍省・関東軍ともに「拓務省ノ干与《ママ》スルノ適当ナラザル」という姿勢を示していたことである。この交渉と同時期に、拓務省は独自に「馬政国策」にもとづく移植日本馬の管理費用について予算を請求していた（結果不成立）。詳細は不明であるが、先にみた一九三七年の移植と同様に繁殖兼農耕に利用させるためのものであったと思われる。そうした拓務省の介入を認めると、「移植馬ヲ軍馬資源トシテ意図通処理シ無キニ至ル」ことが予想され、これを陸軍省と関東軍は危惧したのであった。戦時に入ったことで、馬資源がもつ二面性（軍馬資源・役馬資源）が政策レベルにおける陸軍・拓務省の省庁間対立として表面化したものと捉えられよう。

具体的な事業計画は、一九三八年一二月二四日の「満洲移植馬ニ関スル打合事項」、一九三九年一月二六日の「満洲移植馬ニ関スル打合事項四ノ細部協定事項」（事項四は移植馬の授受について）、同日の「満洲移植馬ニ関スル質疑応答」の各作成会議を経て、一月三〇日に「軍馬資源満洲移植要綱」（以下、「移植要綱」と表記）としてまとめられた[19]。これらの会議には陸軍省の他、農林省馬政局、関東軍、満洲国からの参加者がみられたが、上記の点が影響してか、拓務省の関係者は最初の会議を除いて出席していない。以下、「移植要綱」を中心に事業の計画内容をみていきたい。

「移植要綱」は、「第一方針」と「第二要領」（全九条）から構成された。まず「方針」では、次のように軍馬資源としての移植であることが明示されている。

大陸方面ニ於ケル軍備ノ増強並現下ノ急迫セル国際情勢等ニ鑑ミ曩ニ閣議ノ決定ヲ見タル日満支ニ亘ル馬政国策ニ基キ昭和十四年度（康徳六年）以降毎年有能内地馬ヲ満洲ニ移植シ以テ有事ノ際ニ於ケル軍馬資源ヲ緊急整備ス

次に「要項」の内容を確認すると、まず事業の業務は日本国・満洲国双方の馬政局が実施にあたり、各関係当局と連携することとされている[20]（第一条）。次に移植馬は「主トシテ之ヲ開拓地」すなわち日本人の農業移民に対して配布するものとし（第二条）、移植地の選定は「国防上及拓士団ノ営農上ノ要求ヲ基礎」とするとされた（第五条）。移植頭数については「常時少クモ三十万頭ヲ保有スルコトヲ目標」とし、一九三九年一万頭、四〇年一万五〇〇〇頭、四一年二万頭、四二年以降三万頭と段階的に引き上げられる計画であった（第三条）。移植馬の資格は「軍用適格馬タルト共ニ営農上使役能力ニ優レタルモノ」（第四条）とされ、具体的には馬種は汎用性の高い「中間種」[21]、馬格は軍用役種にもとづく「乗馬格、砲兵輓馬格及戦列駄馬格」[22]、年齢は「三歳以上十歳以下」、性別は「牝、騸概ネ同数」といった条件が示されている。経費の負担については、馬の購入費は移民五割・日本国三割・満洲

表 3-3　経費負担区分表（1939 年）

| 区分 | 購買費 | | 輸送費 | | 計 |
|---|---|---|---|---|---|
| | 割合 | 見積金額 | 割合 | 見積金額 | |
| 移民 | 5 割 | 150 円 | － | － | 150 円 |
| 日本政府（馬政局） | 3 割 | 90 円 | 4 割 | 40 円 | 130 円 |
| 満洲国政府 | 2 割 | 60 円 | 6 割 | 60 円 | 120 円 |
| 計 | － | 300 円 | － | 100 円 | 400 円 |

出典：軍務局軍務課、「満洲移植馬に関する件」。

国二割、輸送費は日本国四割・満洲国六割とされた（第六条）。一頭当たり購入費三〇〇円、輸送費一〇〇円という見積もり（表3-3）によると、移民の負担額は一五〇円となる予定であり、これは当時の満洲馬の相場価格二五〇円[23]を大幅に下回るものであった。また先にみた一九三七年の拓務省による移植と比べると、馬の購入費が二〇〇円上昇したにも関わらず、国からの補助金拡大によって移民の負担額は二五円しか増加していない。軍馬資源を管理する負担と引き換えに、移民は能力の高い馬を安価で入手できるようになったのである[24]。

以上のように軍馬資源としての移植が基本とされたが、第四条や第五条では役馬資源としての配慮もみられる。先にみた陸軍省・関東軍の下交渉をふまえると、移植後の管理費用を満洲国及び農業移民に負担させる名目として、役馬資源の側面が強調されたものと捉えられる。

事業の実行団体や時期については、前述「満洲移植馬ニ関スル打合事項四ノ細部協定事項」において示された。まず内地における移植馬の購買と輸送は馬政局の監督の下で、民間馬事団体である帝国馬匹協会[25]が実行にあたるとされた。また輸送の時期については、厳寒期を避けた三～一一月とされたが、初年一九三九年に限って六～一一月に遅らせることとされた。

## 四．事業実績

次に全時期を通じた事業実績を概観する。一九三九～四四年（昭和一四～一九）の

表 3-4　満洲移植馬事業の実績

| 時期区分 | | 初期 | | 中断期 | | 末期 | | 6 年間計 |
|---|---|---|---|---|---|---|---|---|
| 年次 | | 1939 年 | 1940 年 | 1941 年 | 1942 年 | 1943 年 | 1944 年 | |
| 移植計画頭数 | ① 1939 年時 | 10,000 | 15,000 | 20,000 | 30,000 | 30,000 | 30,000 | 135,000 |
| | ② 1941 年時 | 10,000 | 15,000 | 16,000 | 20,000 | 20,000 | 25,000 | 106,000 |
| 購買頭数 | 乗馬 | 2,247 | 4,368 | 1,548 | – | – | – | 8,163 |
| | 輓馬 | 1,925 | 1,984 | 689 | – | – | – | 4,598 |
| | 駄馬 | 4,836 | 8,721 | 3,989 | – | – | – | 17,546 |
| | 農馬 | – | – | – | – | 9,834 | 5,116 | 14,950 |
| | 計 | 9,008 | 15,073 | 6,226 | – | 9,834 | 5,116 | 45,257 |
| ③交付頭数 | | 8,940 | 14,922 | – | – | 9,782 | 5,068 | 38,712 |
| 計画達成率 | ③ / ① | 89.4% | 99.5% | – | – | 32.6% | 16.9% | 28.7% |
| | ③ / ② | 89.4% | 99.5% | – | – | 48.9% | 20.3% | 36.5% |

出典：前掲、『続日本馬政史』第 1 巻、746–772 頁より作成。
注：単位は頭、輓馬とは荷車などを牽引する運搬馬、駄馬とは駄載する運搬馬のこと。1941 年の購買馬は一部が移民に交付されたようであるが、詳細不明。

六年間における移植総頭数は三万八七一二頭であった（表3–4）。これは「移植要綱」で予定された一三万五〇〇〇頭の二八・七％に留まり、また最終目標とされた三〇万頭の一二・九％に過ぎず、全体として事業は低調に終わったといえよう。一九四一年と四二年に交付頭数が計上されていないのは、四一年に内地で大規模な馬の徴発が行なわれ、事業が中断されたためである。また一九四三年・四四年の役種がすべて「農馬」とされているのは、役馬を主眼とした移植であったためと思われる（以上二点については第三、四節で詳述）。本章では中断を境として初期一九三九～四〇年、中断期一九四一～四二年、末期一九四三～四四年の三期に区分し、次節より各時期における移植馬事業の進捗状況と移民経営における移植後の利用実態について検討する。

## 第二節　軍馬資源としての移植——一九三九〜四〇年——

### 一・移植開始とその問題

前掲のように初年一九三九年（昭和一四）の移植頭数は八九四〇頭、翌四〇年は一万四九二二頭であった。「移植要綱」に対する達成率はそれぞれ八九・四％、九九・五％となり、この時期の事業は概ね順調に進んでいたといえる。以下、一九三九年を中心に購買と輸送の実態をみていきたい。

一九三九年の事業開始に先立ち、同年六月に移植に関する協定が改めて結ばれた[26]。その際、「移植要綱」の内容から変更されたのは次の三点である。第一に、移植馬の資格が「軍用適格馬」から「軍用保護馬ノ検定ニ合格シタル馬又ハ軍用保護馬ニ指定セラレタル馬」に改められた。軍用保護馬とは、軍馬資源保護法（同年四月七日施行）にもとづく民間馬検査において軍用適格と認められ、徴発に備えた鍛錬調教を義務づけられた馬のことである。この変更は移植馬の選定基準を明確にするとともに、役馬資源としての移植の側面を一層弱めるものであった。第二に、移植馬一頭当たりの購入価格が三〇〇円から三五〇円に引き上げられた[27]。徴発による馬不足から馬価格が高騰を続けており、売却を渋る農家の出ることが予想されたためである。第三に、同年の輸送時期が六〜一一月から八〜一一月へと更に遅らされた。六月より予定されていた購買が同月下旬になっても開始されなかったため、事業時期を全体的に遅らせる必要が生じたのである。

実際に購買事業が開始されたのは、八月中旬のことであった[28]。開始の遅れをとりもどすため、同年に限り購買業務を帝国馬匹協会から各県畜産組合連合会へ委託して行なわれたが、それでも終了したのは一一月中旬のことであった。その購買実績をみると、二一県下で一万頭を購買する計画であったのに対し、実際はそれよりも約一

表 3-5　道府県別移植馬購買計画頭数・実数（1939 年）

| 道府県 | 北海道 | 青森 | 岩手 | 宮城 | 秋田 | 山形 | 福島 | 茨城 | 栃木 | 群馬 | 埼玉 |
|---|---|---|---|---|---|---|---|---|---|---|---|
| 計画頭数 | 2,400 | 660 | 1,400 | 180 | 530 | 160 | 60 | 200 | 200 | 60 | 200 |
| 購買実数 | 2,001 | 532 | 1,298 | 296 | 506 | 150 | 300 | 123 | 250 | 59 | 137 |
| 道府県 | 山梨 | 長野 | 岐阜 | 福岡 | 佐賀 | 長崎 | 熊本 | 大分 | 宮崎 | 鹿児島 | 計 |
| 計画頭数 | 100 | 50 | 200 | 1,800 | 190 | 270 | 540 | 400 | 200 | 200 | 10,000 |
| 購買実数 | 100 | 100 | 151 | 1,331 | 190 | 139 | 544 | 401 | 200 | 200 | 9,008 |

出典：計画頭数は陸軍次官、「満洲移植馬購買に関する件」大日記甲輯昭和 14 年、JACAR: C01001768500、購買頭数は『続日本馬政史』第 1 巻、757 頁より。

○○○頭少なく終わっている（表3―5）。この点について、最も割当の多かった北海道では七月に「値段の関係」から購買予定頭数を減じたと報告されており、[29] 前述の引き上げ後にも購買価格が移植馬を確保する上で障害となっていたものと思われる。また価格のみでなく、農家は軍馬としての徴発や購買には応じるものの、直接の軍用でない移植馬としての購買には中々応じないという問題も生じていた。[30] 購入馬の役種内訳は、乗馬二二四七頭、輓馬一九二五頭、戦列駄馬一一〇一頭、駄馬三七三五頭であった。[31]「移植要綱」の予定外であった低級軍馬の駄馬も含まれており、このことも移植馬の確保が難航したことを示すと考えられる。

以上のように内地で購買された移植馬は、小樽・新潟・門司の三港まで鉄道輸送によって集められた後、各港から雄基・大連までは船舶輸送、両港から移民最寄駅までは満鉄による鉄道輸送という経路で運ばれた（図3―1）。船舶輸送には、陸軍が民間企業から斡旋した二〇〇〇頭搭載の大型船が使用されている（本章口絵）。購買事業の遅れに影響され、船舶輸送は八月二三日から一一月二六日まで、満鉄輸送は八月二五日から一二月九日まで要することとなった。こうして一部の移植が厳寒期に差し掛かったことが、後述のように損耗馬が多発する一因となったと考えられる。

最終的に移植馬が農業移民に交付された駅名は、表3―6の通りである。雄基港を経由した場合には虎林線（虎頭駅―林口駅）、図佳線（図們駅―佳木斯駅）といった佳木斯《ジャムス》周辺、大連港を経由した場合には浜北線（三棵樹駅―北安駅）、綏佳線（綏化駅―佳木斯駅）といったハルピン周辺が多い。いずれもソ連との国境に近い東

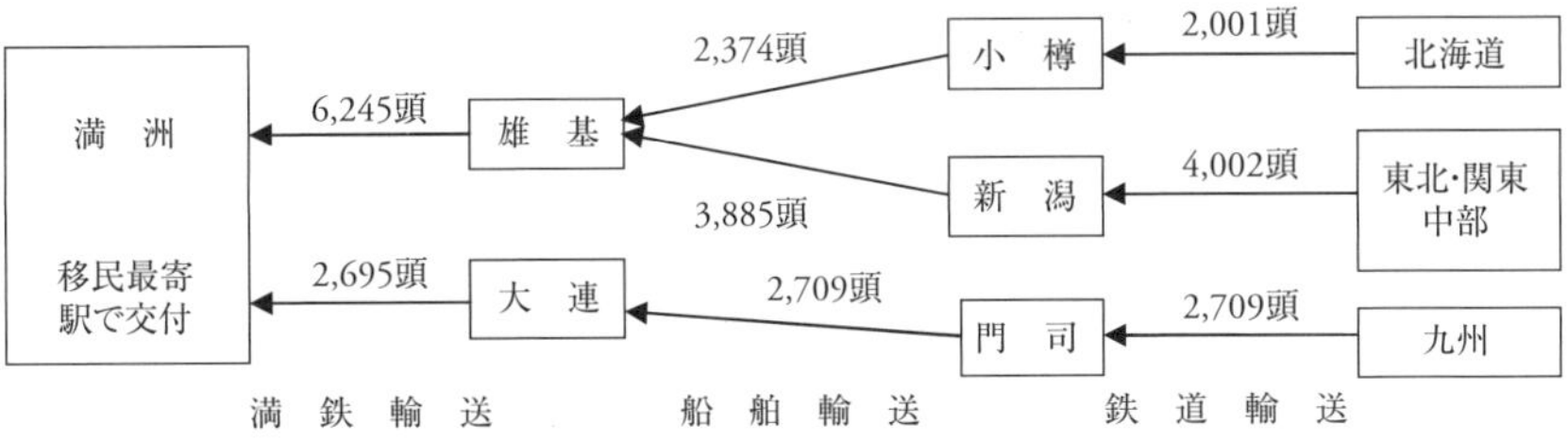


図 3–1　満洲移植馬事業の輸送経路（1939 年）

出典：前掲、『続日本馬政史』第 1 巻、755–759 頁をもとに作成。
注：途中の減少分は、怪我や病気による損耗を示す。

表 3–6　移植馬交付先（1939 年）

①雄基港経由

| 線名 | 虎林線 | | | | | | | | | | 図佳線 | |
|---|---|---|---|---|---|---|---|---|---|---|---|---|
| 交付駅 | 清和 | 虎林 | 湖北 | 楊崗 | 斐徳 | 東安 | 黒台 | 永安 | 東海 | 鶏西 | 彌栄 | 千振 |
| 頭数 | 100 | 200 | 228 | 84 | 200 | 150 | 662 | 300 | 198 | 279 | 346 | 405 |
| 線名 | 図佳線 | | | | 浜綏線 | | | 拉浜線 | | 京図線 | | 鶴岡線 |
| 交付駅 | 閻家 | 勃利 | 竜爪 | 東京城 | 鳥吉密 | 一面坡 | 葦河 | 山河屯 | 四家房 | 前河 | 秋梨満 | 蓮江口 |
| 頭数 | 137 | 168 | 150 | 145 | 50 | 367 | 73 | 254 | 39 | 98 | 113 | 1,519 |

②大連港経由

| 線名 | 浜北線 | | | 綏佳線 | | | 拉浜線 | | |
|---|---|---|---|---|---|---|---|---|---|
| 交付駅 | 通北 | 海倫 | 克音河 | 高老 | 田昇 | 鉄山包 | 五常 | 山河屯 | 四家房 |
| 頭数 | 509 | 331 | 432 | 104 | 115 | 298 | 190 | 140 | 53 |
| 線名 | 奉吉線 | | 寧霍線 | | 北黒線 | 浜綏線 | 満拓 | | |
| 交付駅 | 煙筒山 | 取柴河 | 老来 | 八州 | 孫呉 | 香坊 | | | |
| 頭数 | 55 | 190 | 99 | 79 | 56 | 68 | 76 | | |

出典：前掲、『続日本馬政史』第 1 巻、758–759 頁をもとに筆者作成。

北部に位置し、第一次開拓団（一九三二年）から第八次開拓団（一九三九年）の主な入植地帯であった。

翌一九四〇年（昭和一五）の事業では、前述した初年度の問題点をふまえて、次のような改善が行なわれた。第一に計画頭数を確保するため、購買価格が三八〇円へと更に上乗せされ、移植馬年齢の上限も一〇歳から一二歳へと引き上げられた。

第二に事業時期が早められ、購買事業は四月一日に開始されて一〇月二七日に終了し、輸送事業も一一月一二日に移民最寄駅における最後の交付を終わっている。また同年には、門司港から雄基港への船舶輸送が開始されるという変化もあった。雄基港には軍馬補充部雄基支部が隣接しており、大連港よりも移植馬の検疫や休息に便利であったためである。この他に同年の陸軍は、移植馬事業が大連・雄基港を利用する際の埠頭料金の割引[32]（一九四〇年二月）や、同事業に雄基港の利用を優先させるための軍馬上陸地の変更[33]（同年一一月）といった便宜を図っている。こうした陸軍の強力な支援もあり、同年には全期を通じて最大頭数の移植が実現されることとなった。

## 二．損耗馬の多発

上記のように膨大な予算と陸軍の援助を得て開始された満洲移植馬事業であったが、その受け入れ先であった初期の移民経営では、損耗によって移植馬の約三割が利用不能に陥ったとされる。その主な要因は、「移植馬交付計画当初ハ諸般ノ準備周到ヲ欠キ、殊ニ九月中旬ハ枯草期ニ入リ其越年ニ苦シミタル結果[34]」と報告されたように、移植馬の受け入れ準備、特に冬期飼料の準備が不十分であったことにあった。より具体的には、①武装移民では治安活動に忙殺されて、準備に手が回らなかったこと、②入植当初は移植馬が共同管理とされ、個人所有のように管理が行き届かなかったこと、③馬の飼養管理について知識のない移民が多かったこと、などが指摘されている。

また移民経営で行なわれていた農法とのミスマッチも、損耗馬が多発した間接的な要因であったと考えられる。この時期に採用されていた満洲在来農法では深耕が必要とされず、満洲馬の約二倍の牽引力をもつ移植日本馬の能力を十分に発揮させることができなかった。その一方で改良が進んだ日本馬には、満洲馬や牛と比べて厩舎の乾燥や採光、保温に注意し、また多くの濃厚飼料を与えるなど、集約的な管理が必要であった[35]。こうしたことから、移民の眼に移植日本馬は「御客さんとして立派な家に入り飯許り食ふ[36]」存在と映り、管理が杜撰にされがちだったのである。

## 第三節　馬の大規模徴発による中断―一九四一～四二年―

### 一・戦局の変化と移植馬事業

一九四一年（昭和一六）の移植馬事業では、前二年を上回る二万頭が移植される予定であった。それに向けて、同年の購買は前年よりも早く三月一八日の佐賀県から開始され、また雄基港の検疫を強化するために軍馬補充部雄基支部の獣医が三月一七日付で一名増員されている[37]。しかし同年の事業は、以下二度に亘り縮小されることとなった。

まず五月には、移植頭数が一九四一年二万頭から一・六万頭、四二年三万頭から二万頭へとそれぞれ減らされた[38]。その理由の一つは、軍馬補充数の増加にあった。日中戦争の長期化に伴って「軍備改編ニ基ク編制馬匹ノ増加」が生じ、また馬産地における軍馬の「定期補充[39]」が復活を予定されたためである。もう一つの理由は、先述のように移植後の成績が不良であったため、移植頭数を増加しても「相当数ノ廃馬ヲ生セシムルノ虞」があったことであった。こうして一・六万頭に縮小された同年の購買計画は、表3-7の通りである。一九三九年（前掲表3-5）と比べると、購買予定県が二一から二九へと増加しており、既に主要馬地帯のみでは移植用馬を供給することが不可能となっていた様子がうかがえる。

次いで七月には、移植馬事業そのものが中断された。購買事業は同月一二日に中止され、輸送も七月一〇日の

表 3-7　道府県別移植馬購買計画頭数（1941 年）

| 北海道 | 青森 | 岩手 | 宮城 | 秋田 | 山形 | 福島 | 茨城 | 栃木 | 群馬 |
|---|---|---|---|---|---|---|---|---|---|
| 1,680 | 492 | 2,086 | 1,180 | 987 | 530 | 700 | 440 | 650 | 330 |
| 埼玉 | 千葉 | 神奈川 | 新潟 | 富山 | 石川 | 福井 | 山梨 | 長野 | 岐阜 |
| 558 | 292 | 48 | 280 | 353 | 210 | 280 | 300 | 504 | 380 |
| 静岡 | 山口 | 福岡 | 佐賀 | 長崎 | 熊本 | 大分 | 宮崎 | 鹿児島 | 計 |
| 100 | 419 | 1,121 | 384 | 84 | 449 | 526 | 326 | 376 | 16,065 |

出典：馬政課「昭和 16 年度満州移植馬購買に関する件」昭和 16 年「陸満密大日記第 8 冊 1/4」、JACAR：C01003670800。

表 3-8　馬の総頭数と生産頭数（内地）

| 年次 | 1937 年 | 1938 年 | 1939 年 | 1940 年 | 1941 年 | 1942 年 | 1943 年 | 1944 年 |
|---|---|---|---|---|---|---|---|---|
| 総頭数 | 1,160,072 | 1,103,116 | 1,128,040 | 1,149,742 | 1,089,682 | 1,046,413 | 1,173,369 | 1,191,130 |
| 前年比 | −225,024 | −56,956 | +24,924 | +21,702 | −60,060 | −43,269 | +126,956 | +17,761 |
| 生産頭数 | 116,430 | 116,409 | 130,958 | 136,020 | 155,844 | 166,279 | 182,958 | 156,083 |
| 前年比 | −10,886 | −21 | +14,549 | +5,062 | +19,824 | +10,435 | +16,679 | −26,875 |

出典：『農林省統計表』、『農商省統計表』各年より作成。

雄基港到着分を最後に打ち切られている。この中断の理由については、次のように説明されている。

本年度ハ三月末ヨリ七月上旬迄予定ニ基キ移植事業ヲ実施中ノ処七月相当大ナル○○○（原文伏字、引用者注）ノ発令ニ伴ヒ一旦移植事業ヲ中止シ後上司ノ御指示ニ基キ徴発補充馬ノ国内臨時配給調整ヲ実施スルコト、相成リ十二月中旬此ヲ事業完結ヲ見[40]……

同年の七月七日には関東軍特別演習（関特演）が開始されているため、それに対して民間馬が大量に徴発され、また大陸への船舶輸送が集中された影響と思われる。それらの実態は不明であるが、一九四〇〜四一年における内地馬頭数約六万頭の減少（表3-8）は、開戦時の一九三六〜三七年を除いて戦時中の最大であり、この年の徴発がいかに大規模であったのかを物語っている。また事業中断までに移植された頭数についても不明であるが、「十六年ハ四割ニ過ギズ」[41]という証言によると、一・六万の四割すなわち六四〇〇頭程度であったと推定される。一方、中断前に購買されて輸送されなかった移植用馬は、帝国馬匹協会による徴発馬補充事業に回された[42]。以上の一九四一年における馬資源の動向は、帝国内の馬資源政策の中には①軍馬動員、②内地役馬の確保、③移植馬事業という優先順位が存在していたことを表わしている。

## 二．北海道農法の導入

一方、この時期の満洲農業移民では、北海道農法の導入を契機として移植日本馬の需要が急速に高まっていった。

まず一九四一年（昭和一六）一月の「開拓民営農指導要領」において、移民経営は原則的に北海道農法とする方針が打ち出された[43]。またそれを実現する具体的施策として、四戸組に対して同農法に必要な農具一式を提供し、重点に指導を行なう開拓農業実習農家制度が開始されている。こうして本格的な普及が開始された北海道農法では、「プラウ農法」という別名が示すように、プラウによる深耕が最大の要点とされた。本章で注目したいのは、プラウ耕の役畜として満洲馬や朝鮮牛は不向きであり、日本馬が必要とされた点である。その理由は、同農法奨励の中心人物であった松野伝によると、次のようなものであった。まず満洲馬の場合、牽引力が日本馬の半分程度であったため、プラウによる「所望の深耕が不可能」であった[44]。またそれを頭数の増加で補おうにも、当時の満洲では従来馬の供給地であった外蒙古からの流入が停止し、蒙彊地区からの輸入も減少していたため[45]、必要頭数を確保することが困難であったと考えられる。次に朝鮮牛の場合には、満洲馬と同様に牽引力が不足したのに加え、満洲の短い作業適期の中で移民割当地一〇ヘクタールを耕起するには作業速度が不足していた[46]。このため樺林開拓団（一九三九年入植、牡丹江省）では、移植馬事業の中断中に朝鮮牛が配布されたものの、移民はそれを歓迎せず、日本馬（特に北海道産馬）の直接輸入を希望したという[47]。

こうして管理費を要するだけの「御客さん」であった日本馬は、一転して移民経営に不可欠な存在となった。同農法の普及には①排水溝の設置、②土壌に適したプラウ、③牽引力の大きな馬の三つが必要であったが、そのうち本来、数十年にわたる馬匹改良を必要として「一番難しいと思はれた条件」であった③が、移植馬事業により「容易に解決されつゝ」あると評された。[48] 軍馬を主眼として開始された移植馬事業は、プラウ耕に要する牽引力と速力を兼ね揃えた役畜を供給するという形で、北海道農法と結びつくこととなったのである。

では北海道農法を行なうためには、どれだけの移植日本馬が必要であったのか。北海道農法の実施基準を示した一九四二年（昭和一七）の開拓総局「開拓農業指導要綱」では、役畜は「移植日本馬ヲ原則トシ」、一戸当たりで入植初年度一頭、二、三年度一・五頭、四年度以降二頭以上を飼養することが目標とされている。[49] 年度ごとに頭数が増加しているのは、共同経営から個別経営への移行に合わせたものであろう。ただし以下の八紘開拓団（一九三九年入植、濱江省）からの報告では、単にプラウを牽引するのみならば日本馬一、二頭で可能であったが、連日の運用を考慮すると三頭以上で交代させるのが理想的とされており、右の基準はプラウ耕を行なう上で必要最低限のものであったと考えられる。

現在同団で使つて居るプラウ農具は一頭七分曳乃至二頭曳であるから、日本馬なれば一頭乃至二頭、満馬なれば四頭で曳かせなければならぬので、連日之れを耕作に使役する場合には最少限度日本馬三頭を飼養し、交代に之れを耕作に従事せしめることが理想的であり且つ効果的である。若し一頭や二頭の馬で毎日之を農耕に使役すれば遂に馬を疲労に陥れ甚しきは廃馬とする虞がある。[50]

右の基準に対して移民全体でどれだけの日本馬が不足していたのかについては第四節でまとめて考察することとし、ここでは北海道農法を行なう経営条件が比較的整っていたと思われる開拓農業実習農家の状況をみておきたい。一九四二年(昭和一七)の実習農家四戸組経営概況調によると、五五組計二二七戸における耕馬頭数は計二一五頭、その内訳は日本馬七九頭、満洲馬六〇頭、不明七六頭であった。(51) 一戸当たりの日本馬は僅か〇・三六頭、不明分をすべて日本馬とみなしても〇・七一頭に留まり、入植初年の目標とされた一戸当たり一頭にも達していない。このように模範例となるべき開拓農業実習農家ですら日本馬のみでプラウ耕を行なうことは困難だったのであり、移民全体に北海道農法を理想的・持続的な形で普及させるためには、移植馬事業の再開と拡大が不可欠であったと考えられる。

## 第四節　役馬資源としての移植―一九四三~四四年―

### 一・軍馬から役馬へ

移植馬事業は一九四三年(昭和一八)より再開されたが、その詳細を示した資料は見つかっていない。以下、断片的な資料をつなぎ合わせることで可能な限り実態に迫りたい。

まずこの時期の移植頭数は、一九四三年九七八二頭、四四年五〇六八頭であったとされる(前掲表3-4)。一九四一年の縮小計画に対する達成率でもそれぞれ四八・九%、二〇・三%に過ぎず、再開後の事業は低調に終わったといえる。その理由として、次の二つがあげられる。一つは、移植適齢馬の不足である。内地の馬資源は、一九四二、四三年の大増産によってある程度回復していた(前掲表3-7)。しかし増加の多くは一、二歳馬によるもので、それ以外の中から牡馬・騸馬を軍用に、牝馬を増産の繁殖用に保留すると「三才以上ノ馬ダケデ供出スルコトハ困難ナ状態」(52) にあったのである。このため移植馬年齢の引き下げが検討され、福島と九州地方では一九四三年より二歳馬の購買が試験的に開始されている。[53] もう一つは、輸送能力の低下である。船舶の払底に伴い、この時期の船舶輸送は博多港から釜山港という大陸への最短経路を小型輸送船の反復によって行なわれたとされる。[54] 一九四三年七月一五日に両港間の鉄道連絡航路が開設されているので、これを利用したものと思われる。そうした方法では、初期の専用大型船による長距離輸送のように一万頭以上を大陸へ円滑に輸送することが難しかったと考えられるのである。

右のような困難の中で再開されたこの時期の事業の注目点は、移植馬の役種がすべて「農馬」[55] と記されていたこと（前掲表3-4）である。このことは、移植馬事業の主眼が中断を挟んで軍馬資源の移植から役馬資源の移植に変化したことを示唆している。それを明示した資料は見当たらなかったが、以下の資料によってある程度裏打ちすることができる。

まず一九四三年一月の第一回開拓全体会議では、次の「日本移植馬配給計画要綱案」（「康徳十年度開拓政策実施方策」附属資料第一九）が配布された。前掲一九三九年の「移植要綱」に代わるものと思われる。この中では「開拓増産」を主、「軍用馬」を従とする方針が打ち出されているのである。

日本移植馬配給計画要綱案

第一　方針

日本移植馬ヲ可及的ニ秋耕適期迄ニ配給シ以テ開拓増産ニ寄与スルト共ニ軍用馬ノ保有ヲ図ルモノトス

第二　要領

一　開拓団ニ重点ヲ置キ増産ニ寄与スル如ク配給スルモノトス

二　第八次、第九次、第十次及義勇隊移行第一次ニ対シ重点的ニ配給スルモノトス

三　第六次及第七次開拓団員ハ特ニ配分実績少キ団員ニ補充的ニ交付シ第十一次及義勇隊移行第二次以降ノ開拓団

員ニハ原則トシテ交付セザルモノトス
四　幼駒ハ個人経営安定シ飼養管理優秀ナル者ニ優先的ニ交付ス
五　経費負担区分ハ別紙第二表ニ依ル
六　移植馬ノ輸送円滑化ヲ関係機関ニ要請スルモノトス
第三　措置
配給計画ハ一月中旬ニ決定スルモノトス

第二表

昭和十八年度満洲移植馬経費負担区分表

| 区分 | 購買費 | | 輸送費 | | 共済其ノ他補助金 | 計 |
|---|---|---|---|---|---|---|
| | 負担率 | 金額 | 負担率 | 金額 | | |
| 日本国 | 三 | 円<br>二二三<br>（一九九） | 四 | 円<br>五六 | | 二七九円 |
| 満洲国 | 二 | 一四二<br>（一三三） | 六 | 八四 | 三五 | 二六一 |
| 開拓民 | 五 | 三〇〇<br>（三三三） | | | | 三〇〇 |
| 計 | | 六六五 | | 一四〇 | 三五 | 八四〇 |

備考
開拓民ノ三〇〇円超過額約三三円ハ日本三満洲一ノ比率ヲ以テ日満政府ノ負担トス(56)

次に同年六月二四～二六日に開かれた第五回日満農政研究会では、五十子常任理事（開拓総局長）が移植馬事業に関して次のように発言している。

役畜につきましては、これは随分日本に御無理をお願ひいまして、日本移植馬を相当多数にお送り願つて居ります。この移植馬といふものは、非常に力が強くあります。日本馬と驢馬とを比較すると、二頭から二頭半の力を持つて居ります。これに依らないと大農機具は充分使へませぬ。これは今までの御計画通りにお願ひしたい。これは単に満洲の増産に寄与するのみならず、一朝有事の際には軍が必要とするものであつて、近く開拓地に於て常に鍛錬を受けて居る。寒い地方の農耕に堪へるやうに、或は寒い地方の飼料に堪へるやうに、農耕の傍ら兵器として訓練を受けて居るといふことであります。国防上からいひましても、又兵器として現地に於ける訓練と受けるといふ点からも、生産といふ点からいひましても、是非日本移植馬を今まで通りお送り願ひたい（傍点は引用者）[57]。

五十子は先に役畜供給の点から移植馬事業の必要性を訴えた後、それが軍馬としても役立つことを強調している。初期の事業では、軍馬資源を移植する名目として役馬資源の側面が利用された。それとは正反対に、この時期には役馬資源を移植する名目として軍馬資源の側面が利用されたのである。

以上の二つは移植馬事業そのものに関する資料であるが、同事業の性格の変化に影響を与えた外部要因として、次の二つが考えられる。一つは、中国大陸における軍馬需要の減少である。「大東亜戦争」の開始によって陸軍の主戦場が南方に移動したことで、関東軍の軍馬頭数は一九四一年（昭和一六）一二月一四・一万頭から四三年五月四・一万頭へ、中国派遣軍のそれも一九四一年一二月一四・三万頭から四四年六月一三・〇万頭にそれぞれ減少した[58]。このことから、軍馬資源を新たに満洲へ移植する必要性が低下したと考えられるのである。

もう一つは、満洲農業移民政策の方針転換である。当初、内地農村の過剰人口対策として開始された農業移民は、一九四一年より満洲における食糧増産要員として位置づけられ、またその実現の鍵とされたのが北海道農法であった[59]。一点目の軍需の後退とは反対に、移民・開拓政策上では役畜資源となる日本馬を満洲に移植する必要性が高まっていたのである。

以上の各点を総合すると、この時期の移植馬事業では役馬資源の移植に主眼が置かれていたとみてほぼ間違いないだろう。

## 二．日本馬の不足

前節でみたように、移民経営では北海道農法の導入に伴って日本馬需要が高まったものの、移植馬事業の中断によりその供給が滞っていた。では移植馬事業が再開された後、移民全体でどれだけの日本馬が不足していたのであろうか。この点を、前掲「開拓農業指導要綱」で示された基準（一戸当たり入植初年度一頭、二、三年度一・五頭、四年度以降二頭以上）をもとに検討したい。この基準と一九三九～四四年（昭和一四～一九）の移民戸数及び移植日本馬頭数を比較したものが、表3-9である。ただし①移植馬事業以外の方法で得られた日本馬[60]、②損耗や徴発による移植馬の減少、③離農した移民戸数、④単身入植、共同経営であった義勇隊（一九四一～四四年で四万六八〇〇名入植）を考慮していない。これらを厳密に計算することは難しいが、実際には④の影響が大きく、この表以上に日本馬が不足していたと思われる。年別の日本馬の充足率をみると、最も高かったのは一九四〇年の五六・六％であった。その後、移植馬事業の中断によって四二年には三六・九％まで低下し、再開後も五割に達せずに終わっている。移民戸数と入植年数の増加が、移植馬の供給を上回っていたためである。最終的に一九四四年時点で必要とされた日本馬頭数は八万頭であったが、実際に供給された日本馬頭数は三・八万頭に過ぎず、不足頭数四・二万頭、充足率四七・九％というあり様であった。北海道農法を行なう上で最低限の基準に対してすらこの充足率であり、右記の留意点も考慮すると、移民全体にプラウ耕を普及させるためには日本馬が絶対的に不

表 3-9　満洲農業移民戸数と移植日本馬頭数

| 年次 | | 1939 年 | 1940 年 | 1941 年 | 1942 年 | 1943 年 | 1944 年 |
|---|---|---|---|---|---|---|---|
| 移民戸数 | 入植初年 | 9,212 | 6,677 | 5,052 | 4,526 | 2,895 | 3,738 |
| | 2,3 年目 | 8,905 | 14,026 | 15,889 | 11,729 | 9,578 | 7,421 |
| | 4 年目以上 | 3,124 | 7,215 | 12,029 | 21,241 | 27,918 | 32,970 |
| 所要日本馬頭数 | | 28,818 | 42,146 | 52,944 | 64,602 | 73,098 | 80,810 |
| 移植日本馬頭数 | | 8,940 | 23,862 | 23,862 | 23,862 | 33,644 | 38,712 |
| 充足率 | | 31.0% | 56.6% | 45.1% | 36.9% | 46.0% | 47.9% |

出典：大蔵省管理局『日本人の海外活動に関する歴史的調査』通巻第 23 冊満洲編第 2 分冊、1950 年、182 頁、及び前掲、『続日本馬政史』第 1 巻、746–772 頁より作成。

注：移民戸数は各年入植戸数の累計、単身入植であった義勇隊は含まない。所要日本馬頭数は入植初年 1 頭、2、3 年目 1.5 頭、4 年目以降 2 頭で算出。

足していたといえよう。

以上のように、移植馬事業のみでは北海道農法の普及に必要な役畜を供給することが出来なかった。この状況を受け、移民政策の主管であった拓務省とその後継機関の大東亜省（一九四二年一一月新設）は、以下二つの対策を行なっている。

一つめは、蒙彊地区からの馬の移植である。移植馬事業の中断中であった一九四二年（昭和一七）六月、拓務省は「開拓農民役馬購入費補助」の目的で一七〇万円を同年第二予備金に請求した[61]（同月一二日に内閣総理大臣承認）。その説明では「時局ノ推移ニ伴ヒ満洲開拓地ニ於ケル役馬トシテノ日本馬獲得困難トナリタルニ依リ蒙彊馬ノ移植ヲ図ルニ要スル経費」とされ、移植日本馬の代替であったことが分かる。同じく一九四四年八月、大東亜省は「開拓民役馬購入費補助」の目的で二八〇万円を同年第二予備金に請求した[62]（同二五日に内閣総理大臣承認）。こちらの説明では「満洲開拓民ノ食糧増産ニ資スル為役馬購入ニ対シ補助スルニ要スル経費」とされ、食糧増産に向けた役馬供給と位置づけられている。後者では購入先が記されていないが、省の変遷や予算の請求方法、説明の類似性からすると、四二年と同じく蒙彊地区であろう。二回でどれだけの蒙古馬が購入されたのかは不明であるが、一九四三年佳木斯周辺における蒙古馬の平均価格四五〇円[63]で上記の予算合計四五〇万円を除すと、約一万頭が購入されたこととなる（輸送費を考慮せず）。ただし蒙古馬の牽引力は日本馬の約半分であったため、この頭数は日本馬約五〇〇〇頭に相当するに過ぎず、先にみた四・二万頭の不足に対しては効果が小さかったと思われる。

二つめは、馬産開拓団の創出である。馬産開拓団とは、内地より優良繁殖牝馬を携行して現地で日本馬を生産した特殊開拓団のことで、開拓第二期五ヶ年計画期（一九四二〜四六年）に新設一九〇〇戸、既入植からの移行一五〇〇戸が設置される予定であった。その実績は不明であるが、新設の馬産開拓団として一九四三年に北安省東龍鎮へ秋田県山本郡・岩手県二戸郡から一五〇〇戸ずつ、一九四四年に三江省湯原県へ北海道から一五〇〇戸がそれぞれ入植予定であったとされる。また既存開拓団からの移行事例として、団全体では金城開拓団（北安省）と八紘村開拓団（濱江省）、部落単位では弥栄村（三江省）の宮城区・山形区、千振村（同省）の福島区・群馬栃木区、長野村（東安省）の五和見屯・安都摩屯・北進屯などの名前が確認される。[64]

以上の二つの施策は、移植馬事業の中断と低迷を受けた移民政策当局（拓務省・大東亜省）が、独自に役馬資源の確保に乗り出したものと捉えられる。またそれを拓務省による日本馬移植（第二節）、及び軍主導による移植馬事業と連続的に並べると、満洲農業移民に対する馬の供給目的は役馬資源、軍馬資源、役馬資源の順に変化していったことになる。長期的には開拓政策にもとづく役用（兼繁殖）馬の移植が主流であり、軍需を主眼とした移植馬事業は戦時の一時的現象であったといえよう。

最後に、移植日本馬とそれを用いた農業移民経営を現地中国人がどのようにみていたのかについて触れておきたい。まず移植日本馬については、「日本馬は体位が高く、腰は細く、一般に軍馬として使われ、少しだけ農耕馬として使っていた」、「日本馬は背が高くて大きかった」[65]など、満洲馬に対する日本馬の体格の優越性は評価されていたようである。しかし農業経営については、良い場合で「自分たちと馬の飼料だけは確保できた」、悪い場合では「自分たちで収穫した食糧では、自分たちの食べる分さえなかった。馬の飼料だけは、まあまあだったが」[66]などといった低い評価に留まっている。このことは、移植日本馬と北海道農法が馬の飼料栽培に留まり、満洲の食糧増産に貢献できなかったことを示唆していよう。

# おわりに

本章の内容を、冒頭であげた二つの課題にそくして以下に再整理する。

第一の課題、満洲移植馬事業の進捗状況については、次の三期に区分して検討した。まず初期（一九三九～四〇年）の事業は、軍馬資源を移植する目的で開始された。この時期には陸軍の強力な支援もあり、ほぼ計画通りに実行されている。次に中断期（一九四一～四二年）には、四一年七月に内地で馬の大規模徴発が行なわれた影響から事業が中断された。軍事と内地を優先する帝国主義的性格が、馬資源政策上にも表われたのである。また末期（一九四三～四四年）には、満洲の食糧増産を支える目的で事業が再開された。しかし内地馬資源の枯渇や輸送事情の悪化を受けて、その成績は尻すぼみに終わっている。以上の分析を通じて、移植馬事業の主眼は初期の軍馬資源の配置から中断期を挟んだ末期には役馬資源の配置に変化したことが明らかとなった。また事業の名目と実態が、初期と末期で入れ替わったことにも注目したい。初期には本来主管となるべき陸軍が軍馬資源の移植を農林省馬政局に行なわせ、また移植後の管理費用を移民に負担させるための名目として、役馬資源の側面が利用された。これに対し、末期には移民政策の主管であった大東亜省が輸送力の低下した中で役馬資源を移植する大義名分として、軍馬資源の側面を利用していた。馬資源の二面性（軍馬資源／役馬資源）が、時局や主導者の変化に応じて交互に使い分けられていたのである。

第二の課題、移植馬事業が満州農業移民における北海道農法の導入・普及に与えた影響については、次の二点が明らかとなった。一つは同事業による日本馬の供給量が、移民全体に北海道農法を普及させるためには全く不足していたことである。同農法には移民一戸当たりで入植初年一頭、二、三年一・五頭、四年目以降二頭の日本馬が最低限必要とされ、これに従えば一九四四年時点で日本馬八万頭が供給されている必要があった。しかし移植馬事業による供給量は四・二万頭に過ぎず、充足率は四七・九％に留まっていたのである。もう一つは、その程度の移植頭数ですら、軍事を最優先とした内地の馬資源動向に大きく影響されたことである。具体的には、軍馬需要の増加に伴う移植計画の縮小と中断、移植馬年齢の低下などの現象がみられた。「馬」に焦点を当てると、満洲農業移民の北海道農法に対する役畜の供給は不十分かつ不安定であり、その全面的普及は不可能であったといえよう。

以上のように、満洲移植馬事業は終始、軍馬需要に強く影響されていた。そのことは、従来みられなかった内地―大陸間における馬資源移動を可能とした一方、一九四一年以降には満洲で日本馬需要が高まったにも関わらず、移植馬事業を低迷させる要因ともなった。満洲農業移民における北海道農法は、役畜の供給を軍馬需要の存在に支えられていたのであり、この点で日本帝国主義と不可分の関係にあったのである。

## 注

(1) 現在の中国東北地方。以下、本章では歴史用語として括弧を省略して使用する。「開拓団」や「開拓民」などについても同様。

(2) 牝牛・牝馬の場合には更に繁殖資源という側面もあったが、本章では分析対象としない。

(3) 中里亜夫「明治・大正期における朝鮮牛輸入（移入）・取引の展開（変革期の歴史地理）」『歴史地理学紀要』第三二号、一九九〇年三月、及び河端正規「青島守備軍支配下の食牛開発」『立命館大学人文科学研究所紀要』第八二号、二〇〇三年一二月。

(4) 日清戦争時には五万八〇〇〇頭、日露戦争時には一七万二〇〇〇頭の日本馬が軍馬として大陸に渡った。また後者の際には、軍馬として一万二〇〇〇万頭の濠州馬が緊急輸入されている。

(5) まとまった記述がみられるのは、神翁顕彰会編『続日本馬政史』第一巻、農山漁村文化協会、一九六三年、七四六〜七八四頁のみであるが、同書は資料集成の性格が強い。

(6) 満洲に移住した漢民族は馬産をほとんど行なわず、馬の供給を蒙古地方の遊牧民族に依存していた。このため満洲馬と蒙古馬とほぼ同じ種類であった。

(7) 浅田喬二「満州移民の農業経営状況」『駒沢大学経済学論集』第九巻第一号、一九七七年六月、及び田中耕司・今井良一「植民地経営と農業技術―台湾・南方・満洲―」(田中耕司編『実学としての科学技術』岩波講座「帝国」日本の学知第七巻、岩波書店、二〇〇六年、第三章第四節)。

(8) 玉真之介「満州開拓と北海道農法」『北海道大学農経論叢』第四一号、一九八五年二月、及び同「満洲産業開発政策の転換と満洲農業移民」『農業経済研究』第七二巻第四号、二〇〇一年三月。

(9) 満洲国史編纂刊行会編『満洲国史』各論、満蒙同胞援護会、一九七一年、八三六頁。

(10) 農林省『馬政第二次計画 附朝鮮、台湾及樺太馬政計画』、一九三六年、二九～四九頁。

(11) この文言は、内地の馬政第一次計画第二期(一九二四～三五年)綱領における「国防上及経済上ノ基礎ニ立脚」という表現を踏襲したものと思われる。それが「国防」と「経済」を同列視するものでなく、前者に重点を置くものであったことについては、拙稿「戦間期における軍馬資源確保と農家の対応―「国防上及経済上ノ基礎ニ立脚」の実現をめぐって―」『歴史と経済』第二〇一号、二〇〇八年一〇月を参照されたい。

(12) 神翁顕彰会編『続日本馬政史』第二巻、農山漁村文化協会、一九六三年、九六二頁。

(13) 入江海平「満洲農業移民に対する日本農馬購買並輸送斡旋に関する件」、大日記甲輯昭和一二年、JACAR(アジア歴史資料センター)Ref. C01001546700。

(14) 佐久山徳次郎(陸軍騎兵少佐)「満洲移民用農馬購買の概況」『馬の世界』第一七巻第五号、一九三七年五月、三一～三二頁。

(15) 相馬久三郎(馬政局技師)「大陸馬事視察記」『馬の世界』第二一巻第一〇号、一九四一年一〇月、六七頁。

(16) 馬政局『内地馬政計画提要』、一九三八年九月一〇日、一頁。

(17) 軍馬の役種は、戦線で用いられる乗馬、輓馬(荷車や砲台などを牽引)、戦列駄馬(駄載によって運搬)、及びその後方で物資を運搬する輜重輓駄馬、に分けられる。前のものほど特殊な能力が要求され、後ろのものほど馬種や体格の制約が少なかった。

(18) 馬政課「満洲移植日本馬に関する件」、昭和一四年「密大日記」第六冊、JACAR:C01004633500。

(19) 軍務局軍務課、「満洲移植馬に関する件」、昭和一四年「満受大日記(密)」、JACAR:C01003434700。

(20) 日本側に関しては「元来本事業ハ軍ニ於テ実施スヘキ重要事項ナルモ諸種ノ事情ニ依リ」、馬政局の担当となったとされる（軍事課「軍馬補充部雄基支部に人員増加配属の件」、昭和一六年「陸支密大日記第九号一／三」、JACAR：C04122766800）。ここでいう馬政局とは、第二次馬政計画の開始に合わせて一九三六年に農林省の外局として設置されたもので、一九二三年まで存在した陸軍省馬政局と異なる。しかしその業務のうち、「軍用適格馬ノ資格判定及軍馬資源ノ調査ニ関スル事務」は陸軍大臣の指揮監督下に置かれ、また同局次長を陸軍将官、事務官六名中四名を陸軍佐尉官・各兵科佐尉官とするなど、農林省内にありながら陸軍色の強い部局であった。

(21) 馬の種類は、軽種、中間種、重種の三つに大別される。軽種（サラブレッド種など）は乗用、重種（ペルシュロン種など）は牽引・運搬用にそれぞれ特化した品種であり、中間種（アングロノルマン種など）は両者の中間的な性質をもつ。

(22) 輜重輓駄馬（後方支援馬）が除外されていたのは、満洲馬でも代用可能であったためと考えられる。

(23) 大東亜省『第八次大八浪開拓団総合調査報告書』、一九四三年八月、二〇三頁。

(24) 治療の見込みのない損耗馬は配布しないこととされたが（前掲、「満洲移植馬ニ関スル打合事項四ノ細部協定事項」）、実際には越冬も覚束ない移植馬も配布されており（前掲、『第八次大八浪開拓団総合調査報告書』、七〇頁）、移民も一定のリスクを負っていたといえる。

(25) 一九二六年発足。馬の生産・育成・利用に関するあらゆる団体を会員とした全国組織。陸軍省馬政局の廃止（一九二三年）によって低下した国の馬政機能を代替する役割を果たした。

(26) 一九三九年（昭和一六）六月二二日「満洲移植馬ニ関スル打合事項四ノ細部協定ニ依ル移植実施協定」、同二三日「昭和十四年度移植馬購買価格負担内協定」、（馬政課「満洲移植馬輸送等に関する件」、昭和一四年「乙輯第二類第四冊馬匹」、JACAR：C01007285800）

(27) やむを得ない場合には更に二〇円上乗せすることが認められた。また購買価格の引き上げ分五〇～七〇円は、日満両政府が五割ずつ負担することとされた。

(28) 以下、一九四一年までの事業日付は日本馬事会『社団法人帝国馬匹協会業績概要』、一九四三年三月、及び前掲、『続日本馬政史』第一巻による。

(29) 北海道通信「満洲移植馬協議」『馬の世界』第一九巻第八号、一九三九年八月、一五一頁。

(30) 片桐茂（馬政局次長）「馬政の現在」『馬の世界』第二一巻第六号、一九四一年六月、一四頁。
(31) 前掲、『続日本馬政史』第一巻、七五七頁。
(32) 飯村穣（関東軍参謀長）「昭和一五年度移植馬輸送に関する件」、昭和一五年「陸満機密大日記第三冊」、JACAR：C01003556900。
(33) 副官「関東軍欠数補填馬上陸地変更に関する件」、昭和一五年「陸支密大日記第三八号一／二」、JACAR：C04122486700。
(34) 斉藤稔編『満鮮馬産状況視察報告書』、北海道庁馬産課、一九四三年八月、二六頁。
(35) 前掲、『第八次大八浪開拓団総合調査報告書』、二一三、二一八頁。
(36) 無記名「第三回畜産振興懇談会」『畜産満洲』第二巻第四号、一九四二年五月、三三頁。
(37) 前掲、「軍馬補充部雄基支部に人員増加配属の件」。
(38) 軍務課「軍馬資源満洲移植頭数変更に関する件」、昭和一六年「陸満密大日記第八冊一／四」、JACAR：C01003672400。
(39) 馬産地の二歳馬セリ市場において軍用候補馬を購買することを指す。購買馬は軍馬補充部において五歳まで軍馬として育成・調教された後、各部隊に配属された。
(40) 山田仁市編『第十六回定時総会報告書』帝国馬匹協会、一九四二年一月、一七頁。伏字部分は、「徴発令」あるいは「馬徴発」であったと考えられる。
(41) 前掲、『満鮮馬産状況視察報告書』、一一頁。
(42) 満洲移植馬六二二六頭と朝鮮移植馬一五〇五頭のうち、計一九三〇頭が徴発補充に転用されたとされる（前掲、『続日本馬政史』第一巻、七六五〜七六八頁）。
(43) 前掲、「満州開拓と北海道農法」、一五〜一六頁。
(44) 松野伝・田島亘『満洲の農業と畜産、特に馬産に就て・満洲に於ける農産物の増産と馬産』（馬政局執務参考資料第一一号）、満洲国馬政局、一九四一年、三〇〜三一頁。
(45) 岡田重治「満洲産馬概観（一）」『畜産満洲』第四巻第一〇号、一九四四年一〇月、三四頁。
(46) 松野伝『満洲開拓と北海道農業』、生活社、一九四一年、四七三頁。
(47) 前掲、『満鮮馬産状況視察報告書』、五九〜六〇頁。ただし臨時馬の輸出及移出制限令（一九四〇年）によって、移植馬事業を除いた日本馬の輸入は禁止されていた。
(48) 村山藤四郎「開拓地農業と指導方向」『畜産満洲』第一巻第五号、一九四一年九月、七頁。
(49) 日満農政研究会新京事務局『開拓民の農業 新農法確立ニ関スル研究資料＝新農法ノ確立並ニ普及方策ニ関スル研究＝』、一九四三年四月、一〇頁。
(50) 「飛躍的に発展した八紘開拓団」『畜産満州』第一巻第四号、一九四一年八月、七八頁。
(51) 前掲、『開拓民の農業 新農法確立ニ関スル研究資料』、三八〜四一頁。
(52) 前掲、『満鮮馬産状況視察報告書』、七八頁。
(53) 「優秀な本道産馬 種牝馬供給は独占 大陸視察団の報告」『畜産満洲』第三巻第七号、一九四三年七月、四九頁。
(54) これに合わせて日本馬事会調整部の雄基出張所が解体され、代わりに福岡出張所が増強された（前掲、『続日本馬政史』第一巻、七七一頁）。また一九四四年（昭和一九）には、移植馬の購買地から博多への鉄道輸送費について五割減とする措置がとられた（運輸通信大臣「満洲移植馬ノ運賃割引ニ関スル件」一九四四年三月七日、『日本馬事会雑誌』第三巻第四号、一九四四年三月）。
(55) 一九四一年（昭和一六）の朝鮮への移植馬事業では、「軍馬資源タル馬」の中に「農馬」が含まれている（馬政課「内地馬の外地移植に関する件」、昭和一五年「密大日記」第一〇冊、JACAR：C01004837300）。満洲移植馬事業の「農馬」についても同様であったかは不明であるが、軍馬資源としての性格が後退したことは確かであろう。
(56) 開拓総局「第一回開拓全体会議議事録（秘）」、一九四三年一月（『満洲移民関係資料集成』第五巻、不二出版、一九九〇年、所収）、八八〜八九頁。
(57) 日満農政研究会東京事務局「日満農政研究会第五回総会速記録」、一九四三年六月二十四、五、六日（『満洲移民関係資料集成』第六巻、不二出版、一九九〇年所収）、一一三頁。
(58) 秦郁彦「軍用動物たちの戦争史」『軍事史学』第四三巻第二号、二〇〇七年九月、五八頁。
(59) 前掲、「満洲産業開発政策の転換と満洲農業移民」。
(60) 移植馬事業以外による日本馬の入手方法として、入植時に移民自らが携行する場合（実験農家や馬産開拓団）や、軍から貸与・払下される場合などがあった。
(61) 「大蔵省所管関東局特別会計へ臨時繰入〇拓務省所管開拓農民役馬購入費補助第二予備金ヨリ支出ス」、国立公文書館、本館−

2A–012–類 02635100。

(62) 小磯國昭「大東亜省所管開拓民役馬購入費補助第二予備金ヨリ支出ノ件」一九四四年八月二五日、公文類聚・第六八編・昭和一九年・第五六巻・財政・会計・臨時補給二（第二予備金支出）、JACAR：A03010181400。

(63) 前掲、『満鮮馬産状況視察報告書』、七〇頁。

(64) 「行くぞ馬産開拓団 本年度期し入植開始」『畜産満洲』第三巻第六号、一九四三年六月、及び「馬産開拓団 募集要綱決る」『畜産満洲』第四巻第三号、一九四四年三月。

(65) 西田勝・孫継武・鄭敏編『中国農民が証す「満洲開拓」の実相』、小学館、二〇〇七年、九七頁及び一九二頁。

(66) 同右、四五頁及び一一三頁。

## 参考文献

＊北海道農法に関する文献については本書第六章（今井）を参照。満洲移植馬事業に関する基礎文献・先行研究の少なさを考慮して、戦前雑誌記事の中でも主要なものについては収録した。

大蔵省管理局『日本人の海外活動に関する歴史的調査』通巻第二三冊　満洲編　第二分冊、一九五〇年。

大瀧真俊「戦間期における軍馬資源確保と農家の対応―「国防上及経済上ノ基礎ニ立脚」の実現をめぐって―」『歴史と経済』第二〇一号、二〇〇八年一〇月。

同　「戦間期における軍馬資源政策と東北産馬業の変容―馬産農家の経営収支改善要求に視点を置いて―」『歴史と経済』第二〇九号、二〇一〇年一〇月。

川戸光臣「開拓地に於ける馬の飼育」『馬の世界』第二二巻第二号、一九四二年二月。

雲塚善次『満洲農業の機械化』馬政局執務参考資料第一〇号、満洲帝国馬政局、一九四一年。

斉藤稔編『満鮮馬産状況視察報告書』北海道庁馬産課、一九四三年。

佐々田伴久『外地及満洲国馬事調査書』農林省畜産局、一九三五年。

謝成俠著（千田英二訳）『中国養馬史』日本中央競馬会弘済会、一九七七年（原著は北京・科学出版社より一九五九年発行）。

神翁顕彰会編『続日本馬政史』第一巻、農山漁村文化協会、一九六三年。

同　『続日本馬政史』第二巻、農山漁村文化協会、一九六三年。

薗村光雄「満洲開拓地に於ける農機具の改良と役馬の利用」『馬の世界』第二〇巻第一号、一九四〇年一月。

田村一郎『満洲の農業と畜産』松山房、一九四一年。

千葉荘治郎「移植馬展望」『馬の世界』第一九巻第一〇号、一九三九年一〇月。

日本馬事会『社団法人帝国馬匹協会業績概要』一九四三年。

同　『日本馬事会処務規程』一九四四年。

農林省『馬政第二次計画　附朝鮮、台湾及樺太馬政計画』一九三六年。

馬政局『内地馬政計画提要』一九三八年。

秦郁彦「軍用動物たちの戦争史」『軍事史学』第四三巻第二号、二〇〇七年九月。

松野伝・田島亘『満洲の農業と畜産、特に馬産に就て　満洲に於ける農産物の増産と馬産』馬政局執務参考資料第一一号、満洲帝国馬政局、一九四一年。

南満洲鉄道株式会社鉄道総局『満洲畜産視察団座談会記録』一九三七年。

山崎有恒「満鉄付属地行政権の法的性格―関東軍の競馬場戦略を中心に―」（浅野豊美・松田俊彦編『植民地帝国日本の法的展開』信山社出版、二〇〇四年）。

山田仁市編『第十六回定時総会報告書』帝国馬匹協会、一九四二年。

遊佐幸平『満洲国と「オルローフ・トロッター」』馬政局執務参考資料第六号、満洲国馬政局、一九四一年。

同　『満洲の馬産』馬政局執務参考資料第八号、満洲国馬政局、一九四一年。

（以下、無記名）

巻頭言「国策と移植馬」『馬の世界』第一九巻第四号、一九三九年四月。

巻頭言「満洲国現地の調整」『馬の世界』第一九巻第七号、一九三九年七月。

「満洲移植馬に関する協議会終了」『馬の世界』第一九巻第八号、一九三九年八月。

巻頭言「馬産地の分村と移植馬」『馬の世界』第一九巻第九号、一九三九年九月。

＊防衛省防衛研究所所蔵資料

国立公文書館アジア歴史資料センター（JACAR）のホームページ：http://www.jacar.go.jp/ においてウェブ上で閲覧可能。末尾の英数字一一桁はレファレンスコードを示す。

軍務課「軍馬資源満洲移植頭数変更に関する件」昭和一六年「陸満密大日記第八冊一／四」C01003672400

軍務局軍務課「満洲移植馬に関する件」一九三九年二月八日〜二三日、昭和一四年「満受大日記（密）」C01003434700

馬政課「満洲移植日本馬に関する件」一九三八年一一月〜一九三九年七月、昭和一四年「密大日記」第六冊、C01004633500

同「満洲移植馬輸送等に関する件」一九三九年七月〜八月、昭和一四年「乙輯第二類第四冊馬匹」C01007285800

同「昭和一五年度満洲移植馬並内地に於ける満洲国種牡馬の購買等に関する件」一九三九年一二月〜一九四〇年一月、昭和一五年「陸満密大日記第一冊」C01005951000

同「昭和一六年度満州移植馬購買に関する件」一九四一年三月〜六月、昭和一六年「陸満密大日記第八冊一／四」C01003670800

陸軍次官「満洲移植馬購買に関する件」一九三九年七月〜九月、大日記甲輯昭和一四年 C01001768500

陸軍省「満洲移植馬船舶輸送援助に関する件」一九三九年七月、昭和一四年七月「一大日記」C04014752100

# 第四章　帝国圏における牛肉供給体制

## ——役肉兼用の制約下での食肉資源開発——

野間万里子

(上) 元山での艀積出風景 (吉田雄次郎『朝鮮の移出牛』1927 年)
(下) 仁川での本船搭載風景 (同上)

拡大する生牛・牛肉需要に応えるため、1925 年、元山・仁川を含む 4 港に検疫所が設置された。朝鮮牛移出港は釜山 1 港から一挙に 5 港となったのである。検疫所で 12～20 日間繋留され異常の見られなかった牛は、およそ 2 日間の船旅を経て内地に到着した。最大の移入港であった下関からは、鉄道で全国の飼養地へと送られた。

# 第一節　近代における牛肉需要動向

図4-1は一八九四～一九五〇年の牛豚枝肉量を示したものである。牛枝肉量をみると、第二次世界大戦前後のおよそ一〇年を除き、緩やかな増加傾向にあることが分かる。この間日本は、日清戦争、日露戦争、第一次世界大戦、日中戦争と、相次いで戦争を行った。軍隊を動かすと、当然のことだが、兵員に給食することが必要となる。栄養学の導入・発展につれ文明開化期のような極端な肉食奨励論は下火になったものの、次にみられるような肉食＝力の源という感覚は根強く残った。

吾人の食用物品中に於て血の成分に酷似せるものほど容易に血に変化する道理なれば肉食の需要は此点に於て植物質の食料に優ること勿論なり（中略）曽て普仏戦争の際に何故に独逸は仏国に勝つたといふに時恰も牛疫は仏国に流行し其為め牛羊肉を仏国は其戦線へ送ることは出来なかつたに反し独逸は盛に肉食を其の兵隊に供給した為であると独逸人で申して居るものもありまする、少くとも筋骨を労する人の為めには肉食の必要なることは申までもないことです[1]

食肉は実際に兵食の重要な構成要素の一つであり、一九〇七年の兵士の年間一人当たり食肉消費量は二二斤と、一般人の一・三斤を大きく上回っていた[2]。一九〇四年の急激な増加とその後数年の落ち込みは、日露戦争による兵食用牛缶の需要増に伴うものであり、一九一六年とその後数年の変化は第一次世界大戦による海外への牛缶輸出増や国内の好景気による肉食需要の増加に伴うものである。

戦争による急激な肉需要の増加は、国内の牛肉生産体制の限界を明らかにした。その対応は二つ、豚肉による牛肉不足の補完と、生牛・牛肉輸移入だった。図4-1を見ると、一九二〇年代以降、牛枝肉量の伸びが鈍化し、

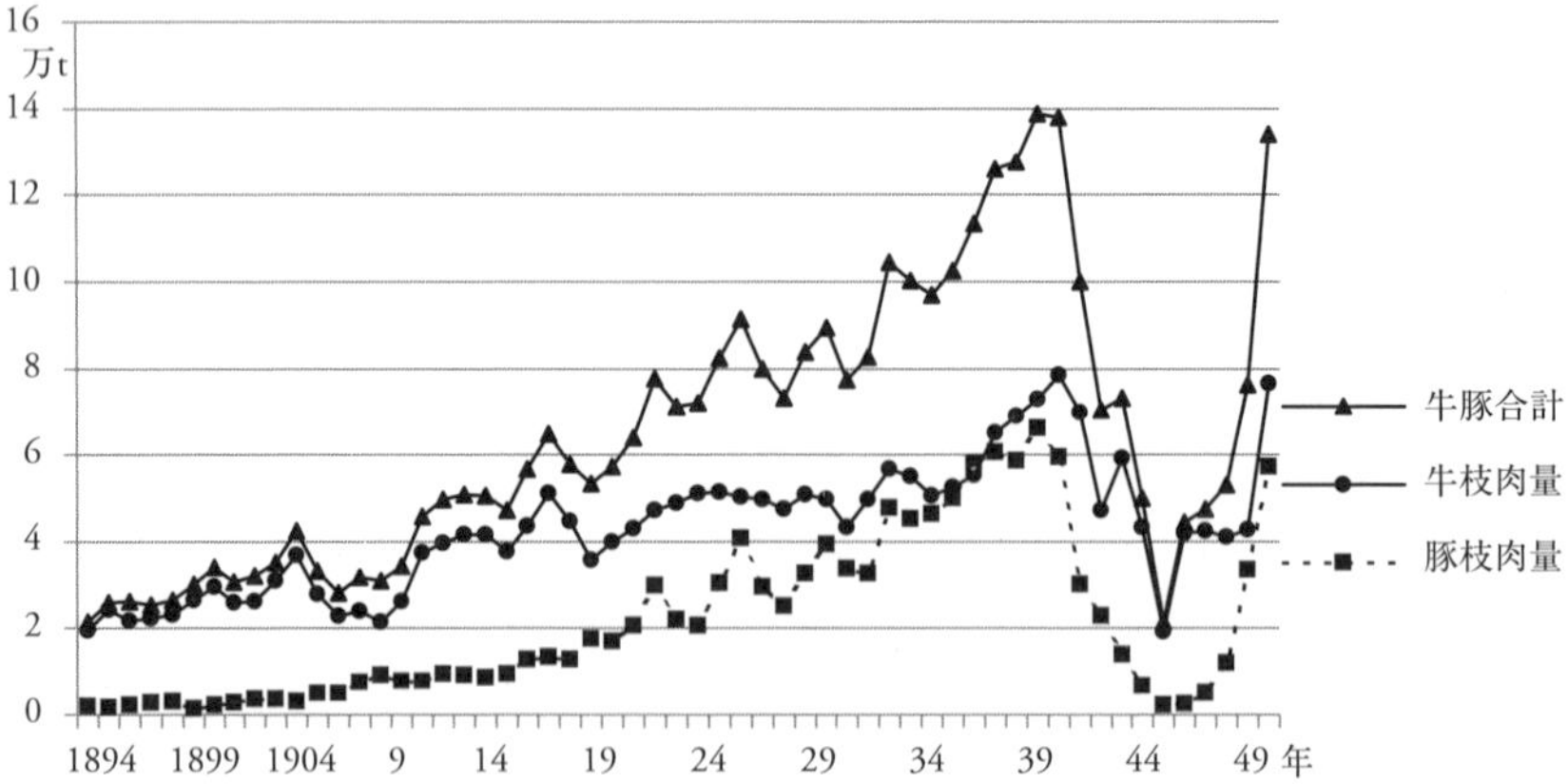


図 4-1　牛豚枝肉量（1894〜1950 年）
出典：農政調査委員会編『改訂農業基礎統計』1977 年、265 頁より作成。

枝肉量の増加分のほとんどが豚肉に依っていることが分かる。それでも、一九三六年を除いては牛枝肉量が豚枝肉量を上回っており、近代における肉食の主役は牛肉であったと言える。本章では、かように戦争と深く結び付きながら、同時期に民間の消費生活に根付きはじめた牛肉消費の二面性（軍需と民需）に留意しつつ、その供給の変化を辿ることとする。

　一九一〇年の韓国併合、一九一四年の膠州湾租借地占領は、外地での食肉資源開発の可能性を広げた。先行研究においては、日露戦争が与えた国内畜牛業への打撃と、それへの対応としての朝鮮牛輸入が指摘されている。「戦時軍需による大量屠殺が役牛飼育にいかに深刻な影響をあたえ、しかも飼育頭数の戦前水準を回復するに五年間を要するとともに、戦時屠殺による飼育頭数の絶対数の減少分の実に四四・五％を輸入に依存しなければならなかった[3]」、「（日清・日露戦後）富国強兵政策の日本にとって肉食は重要な食糧として重視され始め、日本畜産業は西洋畜産業をモデルに基盤を次第に固め、朝鮮牛の輸入も増加した。（中略）日本は軍拡案に沿って大量の獣肉を確保するために、それまで注目すらしていなかった朝鮮牛の輸入に注目したのである[4]」、というのが、それである。これらの研究では、朝鮮牛輸移入を牛肉供給の量的確保として論じている。

一方で内地での食肉資源開発に関しては、肉牛の生産立地を論じた宮坂の業績と近江牛ブランドの確立・発展期として近世から昭和初期の滋賀県における牛飼養を論じた吉田論文がみられるくらいで、これまであまり論じられてこなかった[5]。本章では、より脂肪質な肉を目指す肥育の展開が、同時期の内地における食肉資源開発の方向であったことに注目する。

「缶詰には脂肪多き牝牛を用ふる時は煮沸の際其の脂肪悉く溶解し去りて大いに目方を失ふといふ損な所あれば多くは牡牛をのみ用ふる[6]」、あるいは「日華事変勃発（一九三八）後西日本諸県に対し、軍用牛缶用として、陸軍糧秣廠宇品支廠へ、肉牛の供出が割当てられた。歯ごたえのある脂肪の少ないものが求められ、買い上げ値段が安かったこともあり、主として雄牛、老牛、不妊牛、不良牛が仕向けられ[7]」た、というように求められる牛肉の質は、用途によって異なる。量だけでなく質にも着目することで、帝国圏における食肉資源開発がもたらした帰結を、量的拡大と質的多様化の二つの側面から明らかにできるだろう。

## 第二節　朝鮮牛輸移入の本格化

まず牛肉の量的確保についてみておこう。この時期、牛は、肉専用として存在するのではなく、役肉兼用として存在していた。食肉需要増によって屠牛頭数が増加すると、役牛頭数が減少することになる。牛の売買価格が上昇するため、牛肉の量的確保は牛飼養農家にとっても重要な関心事となるのである。

日露戦争只中に行われた京都府臨時郡農会長会での技師による講演では、

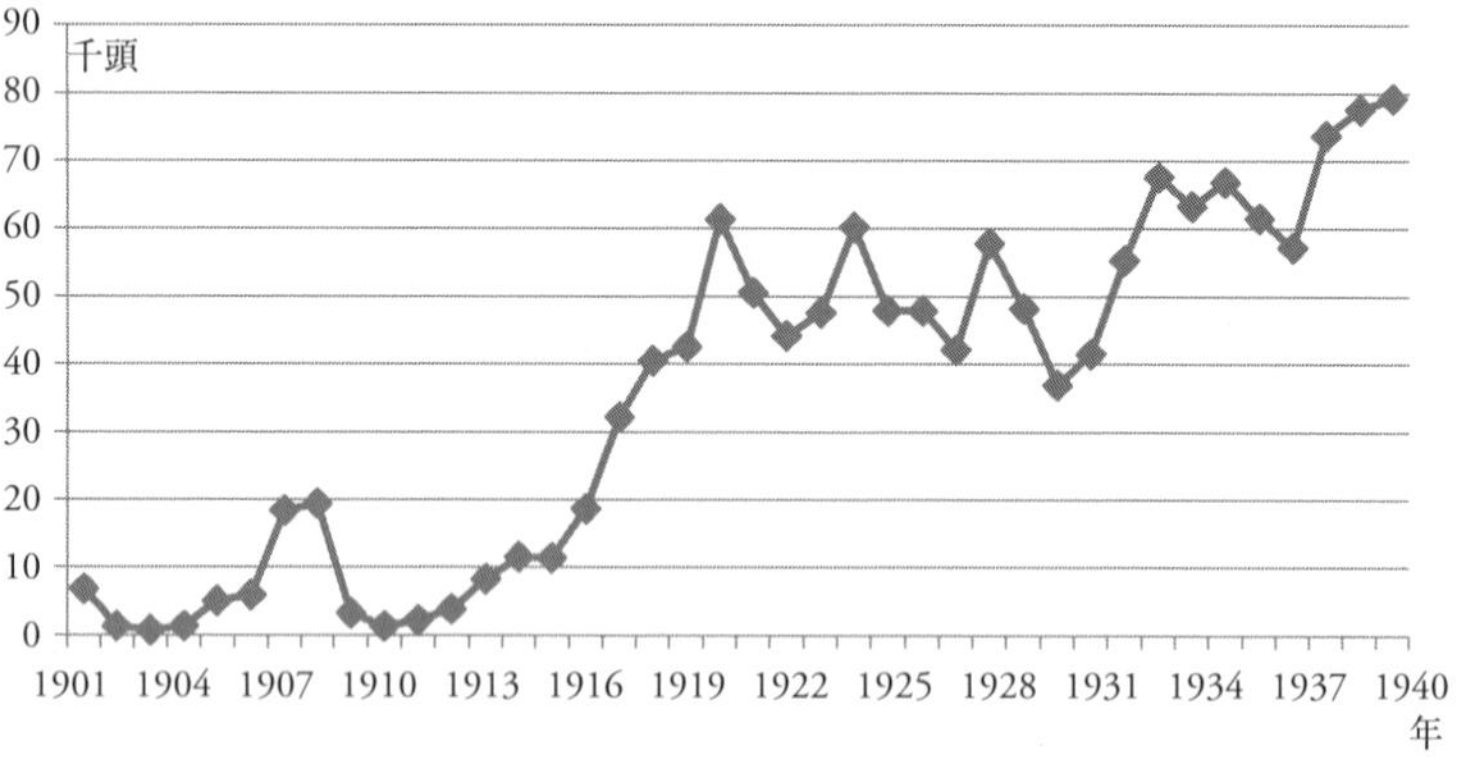


**図 4-2　朝鮮牛輸移入頭数**

出典：1901–04 年は朝鮮総督府殖産局『朝鮮の畜産』1927 年、1905 年以降は『朝鮮総督府年報』各年より作成。

> 頃日は出征軍隊に供給する缶詰用のため多大の屠牛を要します。（中略）縦令有る限りの牛を用ふれば軍隊の供給は事足るとするも、斯くては耕運《ママ》上に事を欠き、由々しき大事を惹き起すことは火をみるよりも明かであります。(8)

と、戦時の屠牛頭数増加が役牛の食潰し的状況につながることを危惧している。

> 因州や作州辺では日露交戦開始以来食用牛の売買益々頻繁で、之が為め価格は頓に昂騰し、従来牝牛一頭六十円位のものは九十円乃至一〇〇円に上りましたが、農家は為めに非常の困難を来たし、中等以下の農家にては到底自ら飼牛して農耕を為す能はず(9)

と、実際に役牛の価格高騰がみられた地域もあったようである。

牛肉不足を補うためにオーストラリアからの冷凍肉輸入や中国山東省からの生牛・牛肉（山東牛・青島肉）輸入もなされたが、海外からの牛肉供給の中核となったのは朝鮮牛輸移入であった。朝鮮半島から日本への生牛移入は、第一次世界大戦以降五万頭前後へと拡大する（図4-2）。枝肉ではなく生牛のままの輸移入には牛疫持込の危険が伴う。実際一八九二～一九〇四年の間、毎年のように牛輸移入によるとみられる牛疫の流行があった[10]。それでも生牛という形での輸移入が中心となったのは、前述したような、肉専用経営が成り立たず使役に供した後肉用にまわるという役肉兼用の牛飼養形態が一般的であったためである。牛は食肉源であるたけではなく、肥料源でもあり労働力でもあったのだ。

牛疫対策について、先行研究に依りながらまとめておく[11]。度重なる牛疫流行によって、検疫港の数や位置がしばしば変更された。日露戦争後、一九〇七年に公布された獣疫検疫規則では牛疫だけではなく炭疽、流行性鵞口瘡（口蹄疫）の検疫も追加され、検疫港として横浜、神戸、長崎、厳原、下関の五港が指定される。検疫所での繫留期間が一〇日以内と明記された。それでも一九〇八年には再度牛疫の大流行をみた。これを受けて獣疫検疫規則が改正され、検疫期間は二〇日間に延長された。さらに、翌一九〇九年には韓国で輸出牛検疫法が制定され、釜山に輸出牛検疫所を設置、内地での二〇日間の検疫が航海期間二日と釜山と内地の検疫所でのそれぞれ九日間に分割された。ここに初めて、朝鮮および内地での二重検疫制が成立したのである。一九一五年には移出牛検疫規則が制定され、釜山以外の港からの生牛移出が可能となると同時に、二重検疫制が廃止された。釜山で一八～二十日間の検疫を受けるか、他港から移出して内地で同様の検疫を受けるか、の二つが可能となった。最大の移入港である下関の福浦検疫所の収容能力が四二〇頭と小さく、移入頭数拡大には二重検疫廃止やむなし、となったのである。一九二〇年には検疫期間が六日短縮され、一九二五年には仁川、元山、鎮南浦、城津にも検疫所が設置され、朝鮮牛移入を簡易化・促進する方向で防疫制度の改正がなされた。中里氏は、日露戦争後韓国を保護国化したことで二重検疫制が可能となり、本格的な牛疫予防対策を実施できたことが朝鮮からの生牛輸入増加の一因となった、と指摘している[12]。

こうして入ってきた朝鮮牛は、役牛として内地で高い評価を受けた。典型的な朝鮮牛評価として、以下に二つ引用しておこう。

一性質極めて静温順良にして制御し易きこと　二性能怜悧にして能く命令を守り仕事に堪能なること　三体格偉大、体質強健にして罹病少なきこと（中略）五粗食に堪へ飼養管理の手数を省くこと（後略）[13]

一粗飼料に耐え且食量の比較的少きこと　二価格非常に低廉なること　三性極めて温順にして老幼婦女の指揮によく従ひ毫末も危険性なきこと　四農耕各種の労役に服しよく其任務を全ふすること　五性来健全にして疾病に犯さること少なきこと　六肥脂容易にして廃役後肉用としての価値大なること　七繁殖力強大にして仔犢の生産多きこと[14]

性質が穏やかで扱いやすいこと、頑丈で病気をしにくいこと、粗末な飼料ですむこと、農耕牛としてよく仕事ができること、が共通して挙げられている。

役牛として優秀であった朝鮮牛は、大正末時点において、北海道・鳥取・熊本・宮崎・鹿児島・沖縄を除く四一府県に広く導入されていた。飼養頭数でみると、山口・兵庫が三万頭超、香川が二万頭以上、大阪・高知が一万頭超と、西日本に多く入っている。[15] 牛飼養総頭数に占める朝鮮牛の割合は，上位三府県が，埼玉七五・五%、茨城六七・八%、大阪六六・四%、乳用牛を除く牛飼養頭数に占める朝鮮牛の割合は，栃木九六・七%、埼玉九四・三%、茨城八七・四%、と関東で高く、絶対数の多かった西日本では六六・四%の大阪が最高となっている。[16]

栃木県はもともと馬耕地帯であり、牛の八割方が乳用で、そもそも役牛が少ない地域であった。[17] 日露戦争後の一九〇七年から県農会による畜牛共同購入補助が行われるようになり、一九一六・一七年ごろからは民間会社により朝鮮牛移入が行われ始めた。一九二〇年からは県農会の事業として朝鮮牛共同購入斡旋が行われた。これにより県内の朝鮮牛頭数は一九二一年の二〇〇頭から一九二五年には八一二頭へと増加し、[18] 先述したとおり乳用牛を除いた牛のほとんどが朝鮮牛ということになったのである。

朝鮮牛導入の状況を，長くなるが引用によって確認しておこう。

世界大戦の影響より諸物価暴騰し特に農用馬匹の如き昂騰の極点に達し栃木県下の実況によれば中産以下の農家に在ては容易に農馬を購入する能はざるが為め農業上必要欠く可らざる馬匹は漸々其数を減ずるの有様となれり（中略）本県農会はここに見あり朝鮮牛の比較的価格低廉にして農用に適し且つ労役を節約するの便利なるを認め中産以下の農家に対し朝鮮牛の使用を奨励せんが為め本年春期に於て各郡数ヶ所に朝鮮牛の耕牛講習会を開催し実地の作業を縦覧せしめ県農会斡旋の下に本年四月一日より朝鮮牛の共同購入を実施したり購入頭数は各郡合計八二頭にして（中略）水田、耕耘及田代掻き等は巧みにして歩様も緩慢ならざるのみならず畔際にて突然立つ等のことなく使用者の意志に任せ間断なく従事するを以て決して馬に劣るが如きことなく田畑に肥料を運搬し又は大麦、小麦等を運搬するに当つて荷車を曳かしむるときは殆んど二倍以上を運搬し得らるるにより労力経済の上より非常に便宜なりとす（中略）朝鮮牛は力量優れるを以て前期の鋤き返しを省略し春期耕耘の儘荒塊掻をなし以て其の労力を減せりと云ふ[19]。

第一次世界大戦の影響により従来利用していた役馬価格が高騰したため、代替とし安価な朝鮮牛に目が付けられたというわけである。実際役牛として使ってみると、作業もよくこなし使いやすい、力もあって非常に役立つ、と好評だったようだ。

一方で、「耕牛の使役拙劣にして二人にて使役するの情態なるを以て牛を以て便利なる耕具となし能はざる」[20]というように、牛を使うことに慣れておらずその利点を生かせない場合もあったようである。

以上見てきたように、朝鮮牛はその役牛としての利用価値の高さゆえに、牛疫持込の危険がありながらも生牛という形で内地に導入された。役利用後に肉用に回るのであるが、一九二五年の総屠牛頭数およそ三二万頭のうち七万頭余りが朝鮮牛と、総屠牛数の二二・四％を占めるまでになる[21]。食肉資源としても、朝鮮牛は非常に重要な役割を果たしたのである。

# 第三節　内地における食肉資源開発

## 一・肥育先進地としての滋賀県

東京の肉牛は何処からくるか、第一等は江州牛と称して滋賀県からくる和牛である、第二等は伊賀伊勢より、第三等は備後尾道より、第四等は神戸より来る、何れも和牛である、神戸牛と言へば上等なものとして世人に記憶せられて居るが、その実今日は第四等に位するのである、第五等は場違牛と称して前記以外の地方より来る牛である。[22]

これは、日露戦後の一九一〇年、乳牛飼養家を中心とする牧畜家向の雑誌記事からの引用である。この記事から、最終飼養地により牛肉（肉牛）の等級付がなされていることが分かる。第一等の江州牛から第四等の神戸牛まで、いずれも中国山地辺で生産された牛がそのほとんどを占めており、等級の差は飼養・使役方法の違いによるところが大きいといえるだろう。第一等とされた滋賀県は、早くも一八六九年に東海道を歩いて生牛を東京に移送しており、その後も需要増加を受けて一八八四年に四日市からの汽船輸送を開始する。さらに一八九〇年の東海道線開通により年間約六〇〇〇頭を鉄道で東京へ送るようになると「従来の飼牛方法を一変せしむるの端を啓き県下畜牛肥育の業之れより大に見るへきものあり」[23]というように、本格的な肥育が施されるようになった。明治中ごろという時期は、「肥育の歴史としてはもっとも古い部類に属するものであろう」[24]とされている。

滋賀県で肥育された牛への高評価は、昭和に入っても変らない。

（一九三三年の）数年前までは、牛の肥育といふと西の方では山口県徳山付近都濃郡地方、この附近であれば小豆島、兵庫県三田地方、伊勢の松坂附近や、近江の八幡附近といふ風に、牛の肥育をする有名なところは大体決つたやうな状態でありました。（中略）従来の有名な肥育地方のものを本場物と称し、この頃肥育して出すやうな地方の牛を場違物といふやうに考へて、東京、大阪、などの肉商はこれを格下げして評価する(25)

とのことである。

滋賀県はこのように、明治中ごろという比較的早い時期から肥育を導入し、しかも昭和に至るまで高い評価の牛肉・肉牛を送り出し続けた肥育の先進地であったのである。だが戦前期の牛肥育については、「その肥育過程での役利用がかなり主要な地位を占めており、肥育技術も低く、いわゆる『飼い直し』の域を出ない短期肥育が主体であった(26)」と役肉兼用であったことを理由に低い評価しかされていない。次項では、滋賀県において、役肉兼用という牛飼養条件の下で、いかにして高品質の牛肉生産を実現したのか、明らかにしたい。

## 二．滋賀県における牛肥育技術

### （1）素牛の選び方と飼分

明治中期以降、意識的に肥育がなされるようになった後も、肉牛専用経営という形は成立せず、役肉兼用牛としての牛飼養が続いた。肥育に供される牛は五～一〇歳であり、肥育前の状態つまり役牛期飼養状態が肥育結果に影響を与える。そこで素牛の選び方が重要になってくるわけであるが、その際重要視されるのが肥育前の肉付であった。肥育前の牛は、肉付によって「平肉・中肉・下肉」の三つに分けられる。平肉とは肉付のよい牛で、並の肉付の牛は中肉、痩せた牛は下肉とされた。この区分によって、肥育期間はそれぞれ一〇〇日、一五〇日、

表4-1　1911年蒲生郡苗村付近における肥育飼料

| 肥育区分 | 標準飼料給与量 |
|---|---|
| 平肉 | 大麦2升　米糠6升　藁・草1束半 |
| 中肉 | 米糠5升　麦糠500目　藁・草2束半 |
| 下肉 | 米糠3升　藁・草1束 |

出典：望月瀧三『日本之産牛』1911年、197–198頁より作成。

表4-2　1910年頃滋賀県における肥育飼料

| 肥育区分 | 標準飼料給与量 |
|---|---|
| 平肉 | 煮麦2升　米糠6升　藁1束半 |
| 中肉 | 米糠5升　麦糠500目　藁1束半 |
| 下肉 | 麦糠500目　藁・草1束半 |

出典：「神戸牛と肥育法」『牧畜雑誌』299号、1910年、25–26頁より作成。

表4-3　肥育牛経済調査

| | 支出 | | | 収入 | | | 1頭分利益 | 年間飼養頭数 |
|---|---|---|---|---|---|---|---|---|
| | 購入価格 | 飼育料 | 敷藁代 | 売出価格 | 厩肥見積価格 | 耕作使用料 | | |
| 甲（100日） | 85円 | 30円 | 8円 | 115円 | 20円 | 6.66円 | 18.66円 | 3 |
| 乙（150日） | 70円 | 30円 | 10円 | 95円 | 25円 | 10円 | 20円 | 2 |
| 丙（1年） | 60円 | 45円 | 15円 | 75円 | 35円 | 10円 | 5円 | 1 |

出典：滋賀県内務部『滋賀県之畜牛』1911年、80–81頁より作成。

一年、と異なる。肥育期間の長短だけではなく、肥育の度合いも異なる。滋賀県の中でも肥育の中心地であった蒲生郡における明治末の標準的な肥育飼料を記したのが、表4-1である。平肉は大麦、米糠の濃厚飼料を多く給与して仕上げており、下肉は全体量が少ないうえに、粗飼料の比率がもっとも大きくなっている。表4-2は、場所が明記されていないが、滋賀県における肥育区分毎の肥育飼料である[27]。表4-1と給与量に若干の違いがあるが、平肉にもっとも多く濃厚飼料を与えており、下肉は量も濃厚飼料の割合も少ないという点は同じである。

収支についてみてみよう。表4-3は、肥育区分毎の収支をしめしたものである。「平肉・中肉・下肉」という表現を使用していないが、肥育期間からすると、甲・乙・丙がそれぞれ平肉・中肉・下肉にあたると考えてよいだろう。収入としては、売出価格の他に、厩肥見積価格、耕作使用料がカウントされている。糞畜、役畜としての重要性がここにも表れている。一頭を肥育した場合に得られる利益は、中肉、平肉、下肉の順になっている。しかし、平肉では年間三頭、中肉では年間二頭、飼養することになるため、年間利益で考えると平肉、中肉、下肉の順となる。

ただし、これらの表に掲げられた金額が実際に現金でやりとりされるものではないことには、注意が必要である。厩肥見積価格という項目がそのことを端的に表しているが、他の項目も同じである。まず売却・購入価格であるが、牛の購入・売却の際には、家畜商が牛飼養農家を訪れ、肥育を施された牛と次に肥育される素牛を交換することが一般的であった。その場合、肥育牛価格と素牛価格との差額が農家に支払われるのである。飼料費・飼育料については、購入であるか、自給であるか、によって、現金の出入りが全く違ってくる。とくに蒲生郡では二毛作が盛んであり濃厚飼料となる大麦を豊富に産出していたため、飼料の自給分が多く、現金支出は少なかったと推測できよう。敷藁代についても、購入よりも自給が多くを占めていたと思われる。

厩肥見積価格、耕作使用料はともに自家消費分であり、実際の現金収支で考えると、中にはマイナスになるケースもあったかもしれない。しかし、肥育導入以前には、厩肥・耕作利用のため、購入価格・飼料費・敷藁代と、さらに牛の交換時には家畜商に追金を払ってまで飼っていた牛が、交換時には農家に現金をもたらすものになったことは、牛飼養農家の経営にとって大きな変化であっただろう。これが多頭飼養になると、飼料費等支出は二倍三倍と増える一方で、農家にとって必要な厩肥・耕作使用量には限りがあるため使い切ることができない。しかも飼料や敷藁の購入分が増えることになる。収支の面から考えると単頭飼養よりも有利になるわけではないことは注意が必要である。飼養農家の経営からみた、肉牛専用経営が成立しなかった要因はここにある。

もっとも高い価格帯で売られる平肉の肥育期間がもっとも短く、もっとも低い価格帯で売られる下肉の肥育期間がもっとも長いのはなぜか。肥育前の肉付がそのままその牛の肥育能力を示すと考えられていたわけではない。当時の史料を読んでいて、遺伝的資質と肥育との関連についての記述は見当たらない。肉付のよい牛にはその牛の生活を維持するための飼料とより太らせ脂肪を付けさせるための飼料が必要であるのに対し、痩牛には生活維持のための飼料、肉付を戻すための飼料、さらに太らせるための飼料が必要となる。[28] 牛が食べられる量には限りがあるため、痩牛の場合は、まず肉付を戻しそれから脂肪を付けるという二段階を踏まねばならないため、長い期間が必要になる。

常態の者を十二の営養状態にするには百日掛るとすれば零の者を一二にするには二百日を要するのであるから、管理の日数が倍価する訳である此倍加する手数は一二の営養価値以外の費用を要するのであるから牛をやせかすと云ふことは肉牛とする役牛の終りの時に於ける飼料費の損耗のみで無くて他に多大の損耗を来たしている（後略）[29]

肥育する際のコストや農耕適期を考えたときに、一年よりもさらに長い期間肥育して脂肪を十分に付けるよりも、一年間肥育してある程度の肉量増加ができたところで売り払うことが選ばれたのであろう。

このように肥育開始前の肉付によって飼分することで使役と肥育とを連絡させると、「役牛時代の飼育が極めて肝腎である」[30]というように、使役農家の飼養状況まで変化が求められることになる。といってもこれは、よい餌を十分に与えて使役は極力控えるのが望ましいということではない。肥育にまわる前の五〜一〇年間で、使役によって十分筋肉を発達させておくことが望まれており、使役期間中に筋肉が蓄えられた段階になって初めて、肥育を施すべきとされるのである。[31] 五歳未満は生育のための栄養量も必要とされるため、肥育には効率が悪いと考えられていたこともある。[32]

表 4-4　第 1 回蒲生郡畜牛肥育試験飼料給与量目

| | | 米糠 | 麦 | 麦糠・小麦糠 | 野生草 | 藁 | 乾草 |
|---|---|---|---|---|---|---|---|
| 甲 | 第 1 期 | 27 | 29.7 | 48.5 | 210 | 30 | – |
| | 第 2 期 | 28.8 | 46.2 | 55.8 | 210 | 26 | – |
| | 第 3 期 | 21.6 | 39.6 | 44.1 | – | 9 | – |
| 乙 | 第 1 期 | 18 | 24.75 | 27 | 140 | 16 | 10 |
| | 第 2 期 | 23.4 | 34.98 | 39.92 | 200 | 34 | 40 |
| | 第 3 期 | 19.8 | 25.04 | 33.3 | – | 30 | 50 |
| 丙 | 第 1 期 | 21.6 | 8.7 | 21.6 | 300 | 6 | – |
| | 第 2 期 | 15.3 | 6.38 | 27.3 | 50 | 30 | – |
| | 第 3 期 | 2.25 | 10.295 | 9.75 | – | 25 | – |
| 丁 | 第 1 期 | 20.7 | 9 | 20.7 | 270 | 32 | – |
| | 第 2 期 | 28.8 | 14.7 | 34.8 | 140 | 48 | 20 |
| | 第 3 期 | 21.6 | 13.5 | 30.6 | – | 36 | 30 |

出典：『滋賀県農会報』第 87 号、1919 年より作成。

注：肥育期間は 100 日間。うち第 1 期 30 日間、第 2 期 40 日間、第 3 期 30 日間。ただし丙のみ 95 日間。

単位の記載はないが、30〜40 日間の飼料給与量であることから貫と考えられる。

## (2) 蒲生郡畜牛肥育試験成績

植民地朝鮮からの生牛移入が拡大しつつあった一九一七年八～一一月と翌一九一八年二～五月の二度にわたって、蒲生郡農会により畜牛肥育試験が行われた。第一回試験は、「従来郡内一般農家が飼養牛に対する飼養管理及飼料給与法が学理上飼料標準及方法との関係調査の目的を以て」行われた[33]。表4-4は、この第一回試験の飼料表である。飼育期間を三期に分け飼料を変えていることが分かる。草中心の第一期から濃厚飼料中心の第三期へと、徐々に濃厚飼料の比率が高くなる。濃厚飼料の内容は米糠の比率が低下していき、麦糠比率が高くなっている。肥育牛は五～六歳の牝和種四頭であるが、この試験によって二〇～三〇貫、肥育前体重の一九～三四%増量している（表4-5）。

第一期は粗飼料食込みの時期で、第二期以降の飼料効率を上げる準備期間と言える。第二期は増肉期、第三期は肥育の仕上げ・増脂の時期であり、通常、一日平均増体量は第三期がもっとも小さくなる。増体割合がもっとも大きい丁号は、第三期の一日平均増体量が第二期よりも少し小さいものの第一期を上回っているため、より長

表 4-5　第 1 回蒲生郡畜牛肥育試験結果

| | 肥育前体重 | 1 回目測定時体重（1 日平均増体量） | 2 回目測定時体重（1 日平均増体量） | 3 回目測定時体重（1 日平均増体量） | 肥育後体重 | 増体重 |
|---|---|---|---|---|---|---|
| 甲 | 158 | 163.5 (0.366) | 179.5 (0.41) | 182 (0.192) | 188 | 30 |
| 乙 | 130 | 134.5 (0.3) | 148 (0.346) | 151 (0.231) | 156 | 26 |
| 丙 | 93 | 98.5 (0.393) | 104 (0.25) | 113 (0.346) | 114.8 | 21.8 |
| 丁 | 97 | 102 (0.357) | 112 (0.455) | 123 (0.423) | 130 | 33 |

出典：『滋賀県農会報』87 号、1919 年より作成。
注：1 回目測定甲乙 15 日目、丙丁 14 日目。2 回目測定甲乙 54 日目、丙丁 36 日目。
3 回目測定甲乙 67 日目、丙丁 62 日目。
単位の記載はないが、牛の体重であることから貫と思われる。

期の肥育が必要と考えられる。一〇〇日間という短い期間での肥育であるため、肥育に入る前の使役段階で一定の栄養状態に達していることが必要だったことが、このことからも知れよう。

第二回試験は、「第一回の成績に鑑み従来使役のみに飼養せる湖辺町村農家に対し副業として経済的肥育を指導する為め飼料標準及方法を示し細心注意を加へ実施」された。表4-6は、その一日当たり飼料給与量である。第一回試験に比べると、肥育期間中の飼料量の変化は小さいが、一〇～二〇日毎に細かく記載されている。こうした飼料給与によって甲号は肥育前の一〇一貫から肥育終了時には一一五貫まで、乙号は九二貫から一一七貫まで増量している。甲号の増体量が小さいことについては、「第三期の頃より耕耘期に入りたるを以て軽使役をしたるが故に成績順調ならず為めに予期の結果を見る能はざりき」とされている。肥育前に使役に供されることは筋肉を発達させるため肥育に有益であるが、一旦肥育を開始すると、使役は肥育にマイナスの影響を与えると認識されている。

第一回、第二回とも「飼料の種類は農家に於て普通給与するものの内より選択す」、「野生草及乾草は飼料中に混し又は飼料給与中に授与す」、「調理法は煮熟法に依り能く揉み又は熱湯を注加し其柔軟となるを程度とし之れに他飼料を混与す」、「飼料の給与は一日四回或は六回に分与す」、という方法に従って行われた。第二回試験の甲号については、「飼料変化の為め稍々食欲の不振の徴ありしも日を経るに従ひ漸次増進したる」とある。

表 4-6　第 2 回蒲生郡畜牛肥育試験 1 日当飼料給与量目

| | | 米糠 | 麦 | 麦糠 | 大豆粕 | 菜種莢 | 藁 |
|---|---|---|---|---|---|---|---|
| 甲 | 第 1 期 1 回 | 0.57 | − | 0.3 | − | − | 1.2 |
| | 2 回 | 0.57 | − | 0.3 | 0.3 | − | |
| | 3 回 | 0.57 | − | 0.3 | 0.3 | − | 0.9 |
| | 第 2 期 1 回 | 0.61 | − | 0.2 | 0.3 | − | 0.9 |
| | 2 回 | 0.95 | − | − | 0.3 | − | 0.9 |
| | 第 3 期 1 回 | 0.76 | − | 0.25 | 0.3 | − | 1 |
| | 2 回 | 0.76 | − | 0.3 | 0.3 | − | 1 |
| | 3 回 | 0.76 | − | 0.3 | 0.3 | − | 1 |
| 乙 | 第 1 期 1 回 | 0.76 | − | 0.9 | − | 0.2 | 1.2 |
| | 2 回 | 0.76 | − | 0.9 | − | 0.2 | 1 |
| | 3 回 | 0.86 | − | 0.9 | − | 0.2 | 1 |
| | 第 2 期 1 回 | 0.86 | 0.1 | 0.6 | − | 0.2 | 1 |
| | 2 回 | 0.86 | 0.1 | 0.6 | − | 0.2 | 1 |
| | 第 3 期 1 回 | 0.86 | 0.16 | 0.6 | − | 0.2 | 1 |
| | 2 回 | 0.76 | 0.16 | 0.3 | 0.15 | 0.2 | 1 |
| | 3 回 | 0.76 | 0.32 | 0.3 | 0.15 | 0.2 | 1 |

出典：『滋賀県農会報』87 号、1919 年より作成。
注：単位の記載はないが、30–40 日間の飼料給与量であることから貫と考えられる。

手間のかかる給与法に、牛の状態にあわせて飼料を調節することも求められたことは、飼養管理の面からも、多頭飼養を難しくしていたといえる。

## 三・県農会による肥育技術普及事業

滋賀県では、一九〇四年に種牡牛貸付規定を定め、さらに一九〇九年畜牛共進会を開催するなど、畜牛振興に努めた。しかし、一九〇九年の第一回と一九一一年の第二回、いずれの共進会とも種牛部門のみであり、肉牛部門が加わるのは一九二七年の第三回畜牛共進会まで待たねばならなかったように、肥育よりも生産を重視する姿勢が強くみられた。ようやく一九二〇年に県農会は肥育指導牛制度を設け、さらに一九二六年には畜牛団体肥育指導を開始する。肥育振興の取組は、子牛生産強化・牛種改良の動きと比べて非常に遅いといわざるを得ない。

肥育指導牛制度とは、従来からの肥育地二二箇所、各一名に対して「技術者指導監督の下に合理的肥育法を施し以て一般に其の範を示さんとす」[34]るものであった。肥育指導牛に指定されると交付金（初年度は二〇円、その後は肥育成績に応じて五〜一五円に）が支給された。肥育期間は一〇〇日を標準とし、三期に分けて「一定の標準」に従って飼料の給与・管理方法を定めることとされていた。先の飼分区分でいうと平肉に当たり、最上位の肉牛肥育こそが広めるべき目標であった。飼料については、「可成其の地方に於て得らるるものを用ふるものとす」ということであるが、飼料の給与・管理方法の「一定の標準」作成には、前節で述べた蒲生郡における畜牛肥育試験が参考にされたことが十分に考えられる。畜産家向の本や雑誌では、ケルネル氏、ウォルフ・レーマン氏などのさまざまな飼養標準が紹介されていたが[35]、こうしたものは家畜の一日当所要栄養量や各種飼料の成分分析であり、面倒な計算をしなければ一日分の飼料量を割り出せなかった。また、飼料表や給飼養標準だけでなく欧米の飼養試験結果の紹介もされていたが、いずれもチモシーやオーチャードグラスなど、日本では一般的ではないものが多く利用されていたため、実践的とは言えなかった。

肥育指導牛制度は「大正九年度以来之を実施し相当効果を見るへきもの有之候」とされ、「尚之を助成する為左記方法に依り団体指導可致計画にして貴組合区域内に一箇所（愛知神崎組合に対しては二箇所）設置可致候」として一九二六年の畜牛団体肥育指導へと発展した。大字単位で一〇頭以上の牛に対して、個別指導によって得られた肥育方法を実践させるものであった[36]。

畜牛団体肥育指導開始初年である一九二六年の栗太、甲賀、蒲生三郡の成績が分かる[37]。栗太郡はもともと育成地としての性格が強い土地である[38]。三〜七歳の牝和種一〇頭が選ばれ、平均肥育前体重九一・二貫から平均増体量一二・八貫を得て、平均肥育後体重は一〇四貫である。甲賀郡は育成地に属していながらも明治末頃から肥育が盛んになった土地である[39]。こちらは五〜六歳の牝和種一一頭が選定され、平均で、肥育前体重一〇二貫から肥育後体重一三四貫へと、実に三二貫もの増体を得ている。肥育の育の中心地であった蒲生郡では、五〜七歳の牝和種一一頭平均で、肥育前体重一〇一・四貫から二五・六貫の増体、肥育後体重は一二七貫となっている。肉質の評価はされておらず、あくまでも増体量での評価にはなるが、県内の肥育先進地である蒲生郡がトップの成績をあげているわけではない点は注目に値する。

県農会による肥育振興策着手が遅かったことはすでに述べた。一九三五年には去勢牛の肥育も開始するが、組織的な指導が必要になるのは、去勢などの新しい技術の導入、あるいは肥育指導牛設置のような県内の一地域で行われていた技術を他地域に移植する、といった、従来の技術体系に変更を加えるような場合になってから、ということを示しているのではないだろうか。

## 四．肉牛の理想

一九一六年『滋賀県農会報』に次のような文章が載せられた。

蒲生郡の肉牛の如き脂肪塊の体表に隆起したる状態にあるものは之れは宜しく一升二合肉と称するを適当とするのである。脂肪塊の隆起するまで肥育せしむるは普通の場合に於ては必要のないものであるけれども、役牛の終り即ち肉牛と云ふ名称を付すべき時代に至りて必要なるものであつて実際肥育牛と称するは此様に為つたものを云はねばならぬのである。[40]

体表から見て、脂肪がこぶ状になっているのが分かるほど皮下脂肪が付いていることが、よく肥育された証拠とされているのである。

しかし、一一年後、一九二七年多賀村字敏満寺の団体肥育指導牛の評価[41]では、「左右下肋部脂肪塊」が「前駆各部疵」や「背部尾根疵」などと同じく「疾病損豈」として、減点対象になっている。とはいえこの牛は、全一〇頭の肥育指導牛のうち二番目の点数を得ており、肉質は「中の上」の評価である。[42] 肥育前体重三九五斤から、一〇〇日間の肥育後には五九〇斤となっており、五〇％近くもの増体を得ている。全体的には高い評価を得ているもののわずか一〇年ばかりで脂肪こぶに対する評価が反転している。

一九三三年、京都帝国大学畜産学教室の羽部義孝が岡山で行った講演では、「大理石のような」脂肪交雑があり、軟らかいのがよい肉質だとする。また、同じ脂肪であっても黄色く軟らかい脂肪は嫌われるとし、飼料によって脂肪の質が変化することも説いている。米糠ばかりで肥育された牛の脂肪の融解点が二八度であるのに対し、大豆粕[43]と米糠、または麦とふすまで肥育された牛の脂肪融解点は、それぞれ五三度、五一度となっている。[44] 実際に米糠ばかりで肥育することは考えにくいが、融点があまりに低いと保存状態によっては脂肪が溶け出し、品質が低下してしまう。冷蔵技術の普及状況を考えると、脂肪の融解点が低いことの問題点は理解できよう。

脂肪こぶに対する評価の反転が持つ意味を考えておきたい。脂肪こぶが肥育の成果と捉えられていた時期は、皮下脂肪による脂肪こぶができるくらいになってようやく筋肉内にも脂肪交雑が入るという状況だったのであろう。肥育の技術の展開につれ、脂肪はできるだけ筋肉内に交雑させて皮下脂肪は少なく、と最初から筋肉内への脂肪交雑が可能となったのではないだろうか。肥育技術向上の具体的な内容は明らかでないが、脂肪の質までもが問題とされるような状況と合わせて、脂の入った肉への嗜好が一貫してみられる。これは「すき焼肉として最上のものを生産することに，肉牛生産の技術的頂点がおかれた」[45]こと、つまり、油を多用する西洋料理でもなく、硬い肉をことこと軟らかくする煮込でもなく、まずは牛鍋として受容されたという消費形態と切り離して考えることはできない。[46]

以上見てきたように、内地の肥育先進地である滋賀県では、より脂肪質な肉を目指して肥育が行われた。これは、より鍋に適する肉への志向でもあり、日露戦争、第一次世界大戦という牛肉の量的確保が問題となった時期にも、軍需ではなく民需を背景として質を追求する食肉資源開発が内地において行われていたのである。

## 第四節　肉牛としての朝鮮牛評価―畜産試験場肥育試験結果を中心に―

朝鮮牛移入は、役肉兼用という当時の牛飼養形態にうまく適合したため進展をみた。ただし、肉牛としての朝鮮牛評価は、役牛としてのそれとは異なり評価の分かれるところであった、移入が本格化した当初、一九一〇年頃における評価は概して低かったといえる。

その肉は外観程にあらず概して我が最上等には及ばざるも缶詰などには最も適当なりと云ふその価格は数年前まで我が牛価の三分一位なりしもその後需用多き為め現今我が二分一位に騰貴し居れり(47)其過度に使役する結果と繁殖力の劇しい結果とは著しく肉用としての価値を減じて、大牢の滋味などと云ふ事は到底朝鮮牛には望めない(48)

役牛あるいは繁殖牛としての優良性が肉牛としての価値を損なうことにつながっている。こうした肉牛としての低評価は、一九二〇年代になると変わってくる。

朝鮮牛と雖も、相当の飼養法を施したる後、肉用とせば、其肉味佳良なりとす。見よ、朝鮮牛が内地に移入せられたる当時は、羸痩骨立せるも、農家に飼養せらるること、数月にして、営養回復し、次第に脂肪沈着し、後に至りて肉用に供せば、良肉を得るを見て之れを知るべし、今日神戸牛と称するものの内には、半数以上、三丹芸備地方に於て育成せられたる、朝鮮牛あるを見ても、如何に朝鮮牛が、肉用に恰適なるかを證明するに足るべし。依て農家は二・三歳の朝鮮牛を購ふて、農耕に使役しつつ育成し、数年の後成熟年齢に達するを待て、之を肉牛として売却せば、購入代金以上

> に売れ、其上牝牛を飼養せば、毎年一犢を生産し、更に其犢を育成するときは、二重の利得となり、農業経済上願《ママ》る有利の事業なりとす。[49]
>
> 朝鮮牛の肉は概して脂肪に乏しいから内地牛に比しては肉味が稍不良であるとも云はれて居るが、移入後内地で飼養せられたものは内地牛と大差はない、しかし肥えいされたものは脂肪が多くなつて軟らかく肉味も頗る佳良となるのである（中略）肉牛としての用途に対する考察は良否相半して居るが、特に肥えいを施さなくても肥えい牛以上に脂肪も多く肉味も良好な牛もある[50]

どちらの引用でも肉牛としての朝鮮牛評価が低いことに言及しているが、内地で飼養されるうちに脂肪も付いて肉牛として十分評価できるものとなる、としている。肉牛としての朝鮮牛の低評価は遺伝的資質によるものではなく、飼養管理法次第で肉牛としての価値を高めることが可能だと考えられているのだ。

以下では、一九二〇年一～五月にかけて行われた和種（但馬牛および神石牛）肥育試験[51]と一九二〇年一二月から翌二一年二月までの改良和種（鳥取牛および島根牛）肥育試験[52]、一九二一年一二月から翌二二年四月までの朝鮮牛肥育試験[53]との比較から、朝鮮牛の肉牛としての価値について、検討したい。

この一連の試験は、それぞれの牛種について肉牛としての価値を比較評価し改良に資することを目的として行われた。この種の試験で生体評価だけでなく屠肉評価まで行っているものは珍しく、しかも牛種間比較ができるものは管見の限り唯一である。

### 一．供試牛について

和種は、滋賀県・広島県の畜産技師の斡旋により選ばれた「成る可く所謂純粋の和牛に近きものにして且つ肥

表 4-7　試験牛一覧

| | | 性 | 年齢 | 産地 | 試験前飼養地 |
|---|---|---|---|---|---|
| 朝鮮種 | 朝鮮牛① | 牝 | 4 | – | 畜産試験場 |
| | 朝鮮牛② | 牝 | 5 | – | 茨城県東茨木郡 |
| | 朝鮮牛③ | 牝 | 6 | – | 茨城県東茨木郡 |
| 和種 | 但馬牛① | 牝 | 5 | 兵庫県 | 滋賀県蒲生郡苗村 |
| | 但馬牛② | 牝 | 6 | 兵庫県 | 滋賀県蒲生郡日吉村 |
| | 神石牛① | 牝 | 5 | 広島県 | 広島県双三郡八幡村 |
| | 神石牛② | 牝 | 5 | 広島県 | 広島県神石郡高蓋村 |
| 改良和種 | 鳥取牛① | 牝 | 5 | 鳥取県 | 鳥取県八頭郡 |
| | 鳥取牛② | 牝 | 4 | 鳥取県 | 鳥取県八頭郡 |
| | 島根牛① | 牝 | 3 | 島根県 | 島根県能義郡広瀬町 |
| | 島根牛② | 牝 | 7 | 島根県 | 島根県能義郡井尻村 |

出典：注（51）、（52）、（53）を参照。

育地方の慣行に倣ひ五六歳の成牝牛中より体型形態品質等略々中等に位するもの」[54]が、購入された。

改良和種のうち鳥取牛は和種にブラウンスイス種を導入したもので父母とも二回雑種である。島根牛は和種にデヴォン種を加えたもので、島根牛①は一回雑種牡と二回雑種牝の子、島根牛②は血統不明である。なお、島根牛②は、肥育試験末期に妊娠中であることが分かり、肥育は継続したものの解体は見合わされたため屠肉に関するデータは得られていない。

朝鮮牛①は、肥育試験の前年に、畜産試験場が大崎家畜市場で購入し堆肥試験に供していたものである。この牛以外の和種・改良和種・朝鮮種一〇頭はいずれも、肥育試験までは農家で役牛として飼養されていたものである。一口に朝鮮牛といっても、品種固定はなされておらず地方によって体格や性質に差があったが[55]、本試験に供された三頭は体型から朝鮮北部のものと推察されている。朝鮮牛②・③は、購入当時著しく痩せており、性質は神経質とされている。

## 二、飼料について

いずれの試験においても、試験場付近で入手しやすく価格の低廉な飼料を利用し、ケルネル氏飼養標準に基づき配合された。飼料給

表 4-8　飼料給与量　　　　単位：貫

| | 野乾草 | 稲藁 | 米糠 | 玉蜀黍 | 大豆粕 | 澱粉粕 | 食塩 | 計 | 1 日当給与量 |
|---|---|---|---|---|---|---|---|---|---|
| 朝鮮牛① | 91.53 | 9.43 | 11.48 | 146.41 | 6.76 | – | – | 258.01 | 2.46 |
| 朝鮮牛② | 91.95 | 9.61 | 11.52 | 146.64 | 6.79 | – | – | 258.65 | 2.46 |
| 朝鮮牛③ | 83.08 | 8.60 | 10.46 | 132.81 | 6.15 | – | – | 234.71 | 2.24 |
| 但馬牛① | 144.34 | 45.08 | 17.61 | 55.65 | 22.81 | 92.54 | 5.08 | 383.92 | 3.66 |
| 但馬牛② | 127.05 | 41.44 | 15.75 | 46.90 | 21.28 | 84.46 | 4.73 | 341.61 | 3.25 |
| 神石牛① | 138.18 | 42.98 | 16.73 | 52.20 | 22.44 | 87.86 | 5.08 | 366.46 | 3.49 |
| 神石牛② | 122.96 | 37.94 | 14.88 | 47.25 | 19.95 | 77.92 | 5.08 | 325.96 | 3.10 |
| 鳥取牛① | 102.65 | 30.55 | 4.45 | 115.98 | 11.43 | – | 3.12 | 268.18 | 3.48 |
| 鳥取牛② | 99.36 | 29.53 | 4.33 | 112.32 | 11.10 | – | 3.12 | 259.74 | 3.37 |
| 島根牛① | 92.97 | 27.69 | 4.03 | 105.01 | 10.36 | – | 3.12 | 243.17 | 3.16 |
| 島根牛② | 90.03 | 26.82 | 3.90 | 101.67 | 10.02 | – | 3.12 | 235.56 | 3.06 |
| 朝鮮牛平均 | 88.85 | 9.21 | 11.15 | 141.96 | 6.57 | – | – | 250.45 | 2.39 |
| 和種平均 | 133.13 | 41.86 | 16.24 | 50.50 | 21.62 | 85.69 | 4.99 | 354.49 | 3.38 |
| 改良和種平均 | 96.25 | 28.65 | 4.18 | 108.75 | 10.73 | – | 3.12 | 251.66 | 3.27 |

出典：表 4-7 に同じ。

与量を示したのが次の表4-8である。一日当給与量をみると朝鮮牛が他の二グループよりも低くなっているが、粗飼料／濃厚飼料の別でみると濃厚飼料給与量はむしろ他のグループよりも多い。粗飼料、とりわけ稲藁給与量の低さが目につくが、この給与量のさらに二〜三割しか採食しなかったため、肥育開始後第五週以降は朝鮮牛への稲藁給与はとりやめられた。したがって粗食に耐えるという役牛としての朝鮮牛評価はこの試験からは確認できない。

粗飼料／濃厚飼料の構成比、飼料給与総量が異なるものの、飼料費（表4-9）をみると、朝鮮牛と和種との間に大きな差はない。むしろ改良和種の飼料費が他の二グループに比べて高くなっている。ただこれは、改良和種試験時の飼料単価が高かったことに依るようである。

## 三．増体について

増体割合[56]（表4-10）をみると、和種とくに神石牛の成績が落ちる。朝鮮牛は三頭とも二〇％前後にまと

表 4-9　飼料費　単位：円

| | 野乾草 | 稲藁 | 米糠 | 玉蜀黍 | 大豆粕 | 澱粉粕 | 食塩 | 計 | 1日当飼料費 |
|---|---|---|---|---|---|---|---|---|---|
| 朝鮮牛① | 17.17 | 0.24 | 19.52 | 42.01 | 2.70 | － | － | 81.63 | 0.777 |
| 朝鮮牛② | 17.24 | 0.23 | 19.59 | 42.08 | 2.71 | － | － | 81.84 | 0.779 |
| 朝鮮牛③ | 15.58 | 0.29 | 17.78 | 38.11 | 2.45 | － | － | 74.21 | 0.707 |
| 但馬牛① | 24.54 | 4.06 | 4.40 | 19.76 | 11.06 | 17.03 | 1.22 | 80.84 | 0.770 |
| 但馬牛② | 21.60 | 3.73 | 3.94 | 16.65 | 10.32 | 15.54 | 1.13 | 72.91 | 0.694 |
| 神石牛① | 23.49 | 3.87 | 4.18 | 18.92 | 10.88 | 16.17 | 1.22 | 77.51 | 0.738 |
| 神石牛② | 22.60 | 3.42 | 3.72 | 16.77 | 9.68 | 14.34 | 1.22 | 70.52 | 0.672 |
| 鳥取牛① | 20.84 | 2.12 | 1.65 | 41.17 | 7.77 | － | 1.13 | 74.69 | 0.970 |
| 鳥取牛② | 20.17 | 2.05 | 1.60 | 39.87 | 7.55 | － | 1.13 | 72.37 | 0.940 |
| 島根牛① | 18.87 | 1.93 | 1.49 | 37.28 | 7.05 | － | 1.13 | 67.74 | 0.880 |
| 島根牛② | 18.27 | 1.86 | 1.44 | 36.09 | 6.82 | － | 1.13 | 65.62 | 0.852 |
| 朝鮮牛平均 | 16.66 | 0.25 | 18.96 | 40.73 | 2.62 | － | | 74.53 | 0.755 |
| 和種平均 | 23.06 | 3.77 | 4.06 | 18.03 | 10.48 | 15.77 | 1.20 | 75.45 | 0.719 |
| 改良和種平均 | 19.54 | 1.99 | 1.55 | 38.60 | 7.29 | － | 1.13 | 70.10 | 0.910 |

出典：表 4-7 に同じ。

まっている。

生体量一貫増加に要した飼料費と澱粉価をまとめたものが表4-11である。生体量増加に必要な飼料費は、朝鮮種でもっとも高く、改良和種で目立って安くなっている。前項でみたとおり総飼料費では三グループにそれほど差はなかったが、朝鮮牛の体量の小ささが単位体量当の飼料コスト増に結果している。改良和種試験時の飼料単価を考えると改良和種の増体効率はずば抜けている。澱粉価をみても、改良和種が他の二グループを引き離してトップで、朝鮮種は最下位である。

朝鮮牛は増肉性において、経済面から、和種および改良和種に劣ることが明らかになった。肥育の目的は単に牛を太らせて増肉することだけではない。肉の質も問題となる。次項では、屠肉の評価を検討する。

## 四．屠肉について

まずは、生牛の見積評価（表4-12）からみていこう。東京牛肉商三～四名の立会鑑定によるものである。慣習上、英斤での査定となっていて、実際の枝肉量が貫

表 4-10　増体量

| | 肥育前 | | | 肥育後 | | | | 増体割合 |
|---|---|---|---|---|---|---|---|---|
| | 体高 | 腹囲 | 体量 | 体高 | 腹囲 | 肥育後体量 | 断食後体量 | |
| 朝鮮牛① | 3.96 | 5.47 | 82.7 | − | − | 103.2 | 100.7 | 21.8 |
| 朝鮮牛② | 4.13 | 5.55 | 84.6 | − | − | 104.3 | 101.7 | 20.2 |
| 朝鮮牛③ | 3.85 | 5.33 | 77.1 | − | − | 94 | 91.9 | 19.1 |
| 但馬牛① | 4.02 | 6.91 | 101.3 | 4.05 | 7.13 | 121.3 | 119 | 17.5 |
| 但馬牛② | 3.98 | 7.07 | 94.6 | 4.03 | 7.23 | 116 | 114 | 20.5 |
| 神石牛① | 3.93 | 6.81 | 95.3 | 3.96 | 6.93 | 111.6 | 109.1 | 14.5 |
| 神石牛② | 3.9 | 6.43 | 84.2 | 3.94 | 5.74 | 100.8 | 97 | 15.2 |
| 鳥取牛① | 4.28 | 6.22 | 110.0 | 4.33 | 7.27 | 137.7 | 129.3 | 17.5 |
| 鳥取牛② | 4.15 | 6.44 | 102.0 | 4.19 | 7.12 | 136.1 | 129 | 26.5 |
| 島根牛① | 3.95 | 6.02 | 101.3 | 4.00 | 7.14 | 126.7 | 119.5 | 18.0 |
| 島根牛② | 3.82 | 5.70 | 100.0 | 3.89 | 7.12 | − | − | − |
| 朝鮮牛平均 | 3.98 | 5.45 | 81.5 | − | − | 100.5 | 98.1 | 20.4 |
| 和種平均 | 3.96 | 6.81 | 93.9 | 4.00 | 6.76 | 112.4 | 109.8 | 16.9 |
| 改良和種平均 | 4.05 | 6.10 | 103.3 | 4.10 | 7.16 | 133.5 | 125.9 | 20.7 |

出典：表 4-7 に同じ。
注：体高・腹囲は尺、体量は貫、増体割合は％。

表 4-11　生体量 1 貫増加に要した飼料費・澱粉価

| | 飼料費（円） | | 澱粉価（貫） |
|---|---|---|---|
| | 給与量ベース | 採食量ベース | 採食量ベース |
| 朝鮮牛① | 4.389 | − | 7.694 |
| 朝鮮牛② | 4.464 | − | 7.822 |
| 朝鮮牛③ | 4.991 | − | 8.738 |
| 但馬牛① | 4.042 | 3.885 | 7.716 |
| 但馬牛② | 3.407 | 3.279 | 6.513 |
| 神石牛① | 4.755 | 4.537 | 9.000 |
| 神石牛② | 4.248 | 3.923 | 7.765 |
| 鳥取牛① | 2.696 | 2.642 | 4.789 |
| 鳥取牛② | 2.122 | 2.061 | 3.735 |
| 島根牛① | 2.667 | 2.444 | 4.421 |
| 朝鮮種平均 | 4.615 | − | 8.085 |
| 和種平均 | 4.113 | 3.906 | 7.749 |
| 改良和種平均 | 2.495 | 2.382 | 4.315 |

出典：表 4-7 に同じ。

表 4-12　屠体評価

| | 見積枝肉量（英斤） | 見積枝肉量（kg） | 見積単価（100英斤/円） | 見積価額（円） | 枝肉量（貫） | 枝肉量（kg） | 枝肉歩留（%） | 精肉量（貫） | 精肉歩留（%） |
|---|---|---|---|---|---|---|---|---|---|
| 朝鮮牛① | 460 | 207 | 60 | 276.0 | 55.86 | 209.5 | 55.5 | 43.56 | 43.3 |
| 朝鮮牛② | 430 | 193.2 | 56 | 240.8 | 53.40 | 200.3 | 52.5 | 41.43 | 40.4 |
| 朝鮮牛③ | 410 | 184.5 | 59 | 241.9 | 50.20 | 188.3 | 54.6 | 39.02 | 42.5 |
| 但馬牛① | 550 | 247.5 | 93 | 511.5 | 69.12 | 259.2 | 57.5 | 55.62 | 45.0 |
| 但馬牛② | 520 | 234 | 95 | 494.0 | 65.52 | 245.7 | 58.1 | 51.30 | 46.7 |
| 神石牛① | 490 | 220.5 | 92 | 450.0 | 62.56 | 234.6 | 57.3 | 46.64 | 42.7 |
| 神石牛② | 450 | 202.5 | 90 | 405.0 | 53.91 | 202.1 | 55.6 | 41.92 | 43.2 |
| 鳥取牛① | 640 | 288 | 65 | 416.0 | 77.34 | 290.0 | 59.8 | 60.50 | 46.8 |
| 鳥取牛② | 630 | 283.5 | 65 | 409.5 | 76.77 | 287.9 | 59.5 | 61.44 | 47.6 |
| 島根牛① | 600 | 270 | 65 | 390.0 | 72.01 | 270.0 | 60.3 | 57.16 | 47.8 |
| 朝鮮牛平均 | 433.3 | 195 | 58.3 | 252.9 | 53.15 | 199.32 | 54.2 | 41.23 | 42.0 |
| 和種平均 | 502.5 | 226.2 | 92.5 | 465.1 | 62.78 | 235.41 | 57.1 | 48.87 | 44.4 |
| 改良和種平均 | 623.3 | 280.5 | 65.0 | 405.2 | 75.37 | 282.65 | 59.9 | 59.70 | 47.4 |

出典：表 4-7 に同じ。

で測られているため分かりにくいが、見積枝肉量を一とすると、実際の枝肉量は一・〇〇～一・〇六であり、牛肉商の目の確かさに驚かされる。見積単価は、和種で朝鮮種のおよそ一・六倍、改良和種の一・四倍と群を抜いている。その結果、生体量と枝肉歩留は、改良和種、和種、朝鮮種の順だが、一頭当見積価額では、和種、改良和種、大きく下がって朝鮮種、となっている。改良和種の生体量・歩留の大きさは洋種血統を導入した成果といえよう。しかし、それが肉質評価（＝見積価格）とは結び付かなかったところは注目すべきである。改良和種の具体的な屠体評価は以下の通りである。

> 枝肉の大さに就ては鳥取牛と島根牛との間に大差なく孰れも市場の需要に適応せるものなり（中略）後躯は前躯に比し割合軽少なり肉付は孰れも佳良なれども脂肪の付着大ならず（中略）肉は孰れも鮮紅色にして脂肪は白色なり肉と脂肪との配列状態に就ては孰れも筋組織間に於ける脂肪の網状分布周密ならず従て肉片品質に於て共に優秀なるものと認め難し(57)

枝肉の大きさは評価されているものの、在来牛の課題であった後躯の発達度は未だ不十分とされている。また、脂肪の付き方が不十分、殊に脂肪交雑の不全が問題とされている。

　では、もっとも肉質評価の高い和種は、どのような点が優れていたのだろうか。

　枝肉の大さに就ては但馬牛神石牛共に大差なく孰れも市場の要求に対し好適せる状態にあり（中略）肉付は孰れも良好にして脂肪の付着状態は体内各部に亘り白色の層をなして集積し特に神石牛は但馬牛に比し脂肪の集団大なり（中略）但馬牛は神石牛に比し肉の割合多く骨の割合少なし（中略）筋肉間脂肪の配列状態は但馬牛優り（後略）[58]

枝肉の大きさは十分、かつ脂肪も多く付いているようである。ただ同じ和種であっても、神石牛は脂肪が集中して付いており、筋肉内への脂肪交雑では但馬牛に劣ると評価されている。この肥育試験は、前節第四項「肉牛の理想」でみた、脂肪こぶが脂肪交雑の印から肥育の欠点へと変化した過渡期に当たるが、やはり脂肪がいかに筋肉内に交雑できているかが重要なポイントとなっている。

　朝鮮牛はどうか。

　枝肉の重量は前回の試験に於ける和牛に比し小にして（中略）後躯は前躯に比し比較的軽小なり又枝肉量に対する肉量の百分率は平均七七・五七％同しく骨量の百分率は平均一四・九九％にして和牛に比し枝肉量に対する肉の割合概して少なく骨の割合多きを見る又肉に対する脂肪の割合少なく且筋組織間に於ける脂肪の網状分布の状態は前回試験の肥育牛の如く周密ならす肉は鮮紅色、脂肪は白色を帯ひ美観を呈すれども風味の点に於ては前回の肥育牛に比し稍々劣るものの如し[59]

枝肉の小ささ、歩留と脂肪交雑度合において、和種よりも評価が低い。

以上の検討から、朝鮮牛はその歩留と脂肪交雑、経済性の観点いずれからしても、和種および改良和種に遅れを取る。内地で内地牛と同様の飼養管理を施すことで、一定の肉質改善がみられるとされたが、それは限定的であり、歩留や枝肉の小ささ、肥育における収支も合わせ考えると、肉牛としての朝鮮牛評価は低いと結論できる。

一九二五年時点の内地道府県における朝鮮牛調査(60)では、群馬・埼玉・千葉など六府県において、移入後半年から二年飼養することで肉牛としての内地牛との差がなくなると評価されている。この六府県はいずれも肥育地帯ではなく、滋賀県や三重県、鳥取県などの西日本を中心とする一六府県では、肉牛として内地牛に劣ると評価されている。肥育を含めた役肉兼用としての牛飼養が前提としてあるか(＝従来の肥育地帯)、それとも肥育はあくまでもおまけであって役牛としての牛飼養が前提であるか(＝肥育の未発達地帯)、によって、朝鮮牛導入の意味合いや評価は変わってこよう。

第三節第三項で取り上げた滋賀県の畜牛団体肥育指導牛のほとんどが和種又は改良和種であるが、一頭だけ、一九二六年の犬上郡では朝鮮産牛が推薦されている。この牛の肥育結果を知ることができる史料は現在のところ見つけられていない。しかし、この一頭の朝鮮産牛は、民需を背景とした内地における脂肪質な高級肉を求める牛肥育も、外地における植民地主義的な食肉資源開発とまったく切れて存在するものではなかったことをよく示している。

# おわりに

以上、第二節では朝鮮牛の役牛としての高い評価、韓国を保護国化することで二重検疫制を整備し輸移入が促

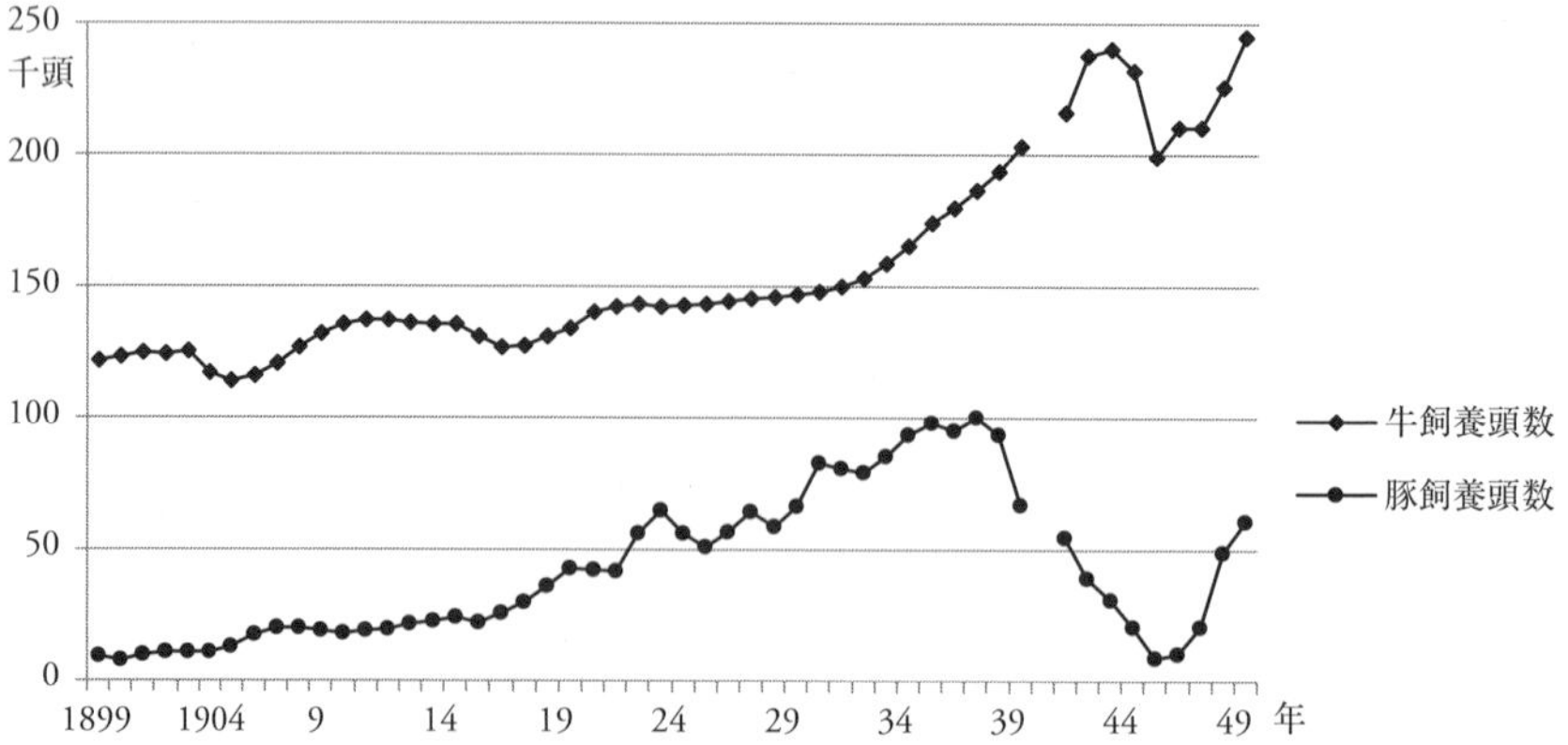


図 4-3　牛豚飼養頭数（1899～1950）

出典：農政調査委員会編『改訂農業基礎統計』1977 年、256-257 頁より作成。

進され大量の生牛が内地に持ち込まれたこと、第三節では朝鮮牛移入が本格化する同時期に内地の先進的肥育地では脂肪交雑を目指す高度な肥育が展開されていたこと、そして第四節では朝鮮牛と内地牛との肥育試験結果の比較から朝鮮牛の肉牛としての評価が内地牛より低かったこと、をみてきた。

ただ、朝鮮牛は内地牛より肉質が劣るという評価については留保が必要であろう。脂肪交雑が求められるのは、明治、文明開化期の牛鍋ブーム以来主流であった鍋という調理法が前提となっているからである。鍋料理では、脂肪交雑による旨味と軟らかさがすなわちうまさとなる。だが、第一節でも触れたように、この時期大量に必要とされた兵食用の牛缶では逆に、脂肪は調理過程で融出して目減りしてしまうため、和種よりも朝鮮牛の方が適当となる。

朝鮮牛輸移入が拡大していった時期は、牛鍋屋が高級化していく一方で、高価な西洋料理とはちがった気軽な洋食や中華料理など、牛肉の食べ方が多様化していく時期でもある。朝鮮牛は、枝肉の小ささと歩留の低さという欠点はあったものの、赤身がちの安価な肉を供給するという点で、牛肉の民需の広がりにおいても非常に積極的な意味を持ったと考えられる。大衆消費社会の形成期[61]と重なるこの時期には、食においては本章で扱った食肉の他、砂糖や出汁が徐々に日常に入り込んできた。第八章の森論文は南洋群島における資源開発を対象としているが、製糖や鰹漁といった初期の重要産業はこうした内地における大衆消費社会化と連動している。食というごくありふれた生活のなかの一場面、美味を求める人びとの日常的な欲求、にも深く植民地・帝国主義が入り込んでいたことを知ることができる。

再び冒頭の図4-1を見てほしい。一九四〇年から牛豚とも枝肉量が急減し、戦前水準に復活するのはともに一九五〇年のことである。落ち込みは牛肉の方が鈍いものの、動きは非常に似通っている。しかし飼養頭数でみると（図4-3）、牛と豚とは、異なる動きをみせる。一九三九〜四六年に壊滅的に落ち込む豚に対して、牛は一九四四年に二四〇万頭という一つのピークを形成している。一九四五〜四六年には落ち込むものの、一九五〇年には二四五万頭にまで回復する。収支の面からも飼養管理の面からも多頭飼養が成立しにくく、牛が飼養形態を大きく変えることなく、あくまでも役牛としての役割を保持しながら食肉資源としての役割を付加されたこと、つまり役牛から役肉兼用牛へという転換を果たしたことによって、食肉資源としての役割が低下した戦時にも、労働力資源として活用され、その頭数を極端に減らすことなく戦後の回復につながったのである。

一九五五年頃には耕耘機の普及により、耕種と結びついた形での牛肥育は大きな転換を迎えることになる。しかし、戦前期に一度おいしさを求めての肥育を展開したことは、現在でも世界的に高評価を得る和牛肥育の史的前提であるといえよう。兵食として戦争と強く結び付きながらも完全に軍需主導（量的確保）とならずに、一方では民需に基づく質的向上が図られたところに、同じ畜産資源であっても馬との大きな違いがあった。

## 注

（1）佐藤清州（内務技師）「神戸市営業屠場の開場式を祝す」『日本畜牛雑誌』第一八六号、一九二〇年三月、三〇頁。
（2）石川寛子、江原絢子編著『近現代の食文化』弘学出版、二〇〇二年、六四〜六五頁。

(3) 大江志乃夫『日露戦争の軍事史的研究』岩波書店、一九七六年、四九〇頁。
(4) 真嶋亜有「肉食という近代―明治期日本における食肉軍事需要と肉食観の特徴」『国際基督教大学学報Ⅲ-A、アジア文化研究別冊』一一号、二〇〇二年、二二六頁。
(5) 宮坂梧朗『畜産経済地理』叢文閣、一九三六年、吉田忠「近江牛物語（上・下）」『畜産の研究』第四五巻二・三号、一九九一年二・三月。
(6) 無署名「牛肉の直《ママ》を下る伝」大日本畜牛改良同盟『日本畜牛雑誌』第六号、一九〇五年五月、三三頁。
(7) 全国肉用牛協会『日本肉用牛変遷史』全国肉用牛協会、一九七八年、四六頁。
(8) 古川元直（京都府技師、獣医学士）「畜牛家の覚悟」『日本畜牛雑誌』第三号、一九〇五年一月、一九頁。
(9) 同前。
(10) 山脇圭吉『日本家畜防疫史』一九三九年、四四～四五頁。
(11) 山脇前掲書、中里亜夫「明治・大正期における朝鮮牛輸入（移入）・取引の展開」『歴史地理学紀要』三二号、一九九〇年。
(12) 中里前掲論文、一五六頁。
(13) 肥塚正太『朝鮮之産牛』有隣堂書店、一九一一年、二六頁。
(14) 上村忠孝（中蒲《ママ》農会技手）談「朝鮮牛に就て」（新潟新聞よりの転載）『日本畜牛雑誌』大日本畜牛改良同盟会二〇八号、一九二二年一月、二八～三二頁。
(15)『畜産彙纂第九号　本邦内地に於ける朝鮮牛』農林省畜産局、一九二七年、九～一二頁。
(16) 一九二五年時。同前六三～六六頁。
(17) 朝鮮牛導入以前の一九一二年末時点で、馬頭数五万五二一〇、牛頭数一四八六頭（肉種二九八頭）（『第三〇次農商務統計表』）。
(18) 前掲『畜産彙纂第九号　本邦内地に於ける朝鮮牛』一〇頁。
(19)「朝鮮牛購入及使役の実況」『日本畜牛雑誌』第一九七号、一九二一年一月、三三頁。
(20) 池田九市（産業技師）「栃木県の畜牛」『栃木農報』栃木県農会第五号、一九二五年一月、八頁。
農林水産文献ライブラリ http://rms1.agsearch.agropedia.affrc.go.jp/contents/micro/tochigi/tochigi.html
(21)「本邦内地ニ於ケル朝鮮牛」『畜産彙纂第九号』農林省畜産局、一九二七年。

(22) 無署名「東京市内に於ける牛肉の需要と供給」『日本畜牛雑誌』第七〇号、一九一〇年八月、四七頁。
(23) 滋賀県内務部『滋賀県之畜牛』一九一一年、六頁。
(24) 吉田忠『牛肉と日本人―和牛礼讃』農山漁村文化協会、一九九二年、一〇六頁。
(25) 羽部義孝『和牛の改良と登録』養賢堂、一九四〇年、四四～四五頁。
(26) 全国肉用牛協会、前掲書、二五六頁。
(27) 記事タイトルは「神戸牛と肥育法」であるが、「我邦にて由来神戸牛と称し、肉牛中最良の位置を占め居る者は、其実滋賀県より算出する即ち江州牛の謂にして」と、滋賀県における肥育法が紹介されている。
(28) 宮崎敬延（滋賀県技師）「役肉牛の経営は如何に為すへきか」『滋賀県農会報』六四号、一九一六年、四頁。
(29) 同前、五頁。
(30) 同前、六頁。
(31) 「凡そ肉用牛として肥育すべき牛の年齢は五歳以上を適当とす、之れ壮齢の時代に筋肉の発育を計り以て脂肉の良質なることを求むるを得べきものとす、（中略）五歳以上の牛にして壮齢時代に於ける労役の不足又は管理の不注意により蹄形の繊弱に陥りたるもの及び体格の過大にして営養の十分ならざるものを認めたるは遺憾とする処なりとす（後略）」「各種品評会審査概況　神崎郡」『滋賀県農会報』七八号、一九一八年、二四～二五頁。
(32) 前掲宮崎敬延「役肉牛の経営は如何に為すへきか」二頁。
(33) 以下、この肥育試験に関しては、磯部（蒲生郡農会技手）「蒲生郡畜牛肥育試験成績」『滋賀県農会報』第八七号、一九一九年、一四～一八頁。
(34) 肥育指導牛制度については、「副業奨励計画ノ概要」『滋賀県農会報』第九五号、一九二〇年、一五～一六頁。
(35) 望月瀧三『日本之産牛』大日本畜牛改良同盟会、一九一一年、石塚鉄平・後藤寛助『増訂家畜の飼料とかひかた』西ヶ原叢書刊行会、一九二五年など。
(36) 「畜牛団体肥育指導に関する件照会」滋賀県民情報室蔵、分類番号『昭た四八三―二〇―二』。
(37) 「無題」滋賀県民情報室『昭た四八三―二〇―一』。
(38) 前掲滋賀県内務部『滋賀県之畜牛』一四頁。

(39) 同前。
(40) 前掲宮崎敬延「役肉牛の経営は如何に為すへきか」六頁。
(41)「多賀村字敏満寺団体肥育指導牛審査成績」滋賀県県民情報室『昭た四八七―二七』。
(42) 同前。一〇頭の肉質内訳は、上の中一、中の上二、中の中四、中の下三、となっている。
(43) 大豆粕は、満州の重要な輸出産品であった。主に肥料として利用されていたが、大正末期から硫安に置換わると、満鉄は新たな用途として大豆粕飼料化を推し進めた。羽部は一九三一年に設立された満鉄千葉資料研究所の主任として、大豆粕飼料化のための肥育・発育試験を行っている（農林省畜産局編『畜産発達史　本編』中央公論事業出版、一九六六年、四八一・一五二五～一五二六頁）。
(44) 羽部義孝『和牛の改良と登録』養賢堂、一九四〇年、六二・六八～七〇頁。
(45) 前掲『日本肉用牛変遷史』一六八頁。
(46) 文明開化期の牛鍋は味噌味で葱と煮たものであった。牛鍋屋では後のすき焼につながる焼鍋も食べられた（仮名垣魯文『安愚楽鍋』）。牛鍋、すき焼とも薄切の肉を短時間火にかけるだけであるため、肉の軟らかさや脂肪の入り方が重要である。臭み消の味噌を使う牛鍋から、砂糖と醬油で調味するすき焼への変化が、肉質の向上を反映していると考えることもできる。
(47) 無署名「韓国の牧畜業」『日本畜牛雑誌』一〇号、一九〇五年八月、三四頁。
(48) 無署名「韓国畜牛業に関する時重博士の断片」『日本畜牛雑誌』一一号、一九〇五年九月、七頁。
(49) 無署名「朝鮮牛解説」『日本畜牛雑誌』一九三号、一九二〇年九月、三一頁。
(50) 吉田雄次郎『朝鮮の移出牛』一九二七年、四七頁。
(51)「牛の肥育に関する試験　第一回報告　但馬牛及神石牛」『畜産試験場報告』第一巻第三号、一九二三年。
(52)「牛の肥育に関する試験　第二回報告　鳥取牛及島根牛」前掲『畜産試験場報告』第一巻第三号。鳥取県の改良和種は大型で早熟、鳥取県の改良和種は早熟早肥が特徴で、在来牛と比して肉用の色合が強いといえる。
(53)「牛の肥育に関する試験（朝鮮牛）」『畜産試験場彙報』第二号、一九二七年。
(54) 前掲「牛の肥育に関する試験　第一回報告　但馬牛及神石牛」三頁。
(55) 肥塚正太（前掲『朝鮮之産牛』）によると北部・西部の牛は比較的体格が大きく、南部の牛は概して小さい。さらに農業の土地・

労働集約度を反映して、北部・西部牛は遅鈍だが南部の牛は怜悧で使役によく慣れている。内地では南部の牛が好まれるが、北部・西部牛も仕込み方次第で大きな体格を生かした良い役牛となりうるとは肥塚の見込みである。

(56) (断食後体量マイナス肥育前体量)／肥育前体量×一〇〇(%)。屠牛前に二四時間程度の断食を行うことで放血が容易になるとされる。すなわち断食後体量とは、屠牛直前の体量である。本試験において、朝鮮種および改良和種は二四時間、和種は一六時間の断食を行った。

(57) 前掲「牛の肥育に関する試験第二回報告　鳥取牛及島根牛」一二四頁。

(58) 前掲「牛の肥育に関する試験第一回報告　但馬牛及神石牛」七〇頁。

(59) 前掲「牛の肥育に関する試験(朝鮮牛)」三七頁。

(60) 前掲「本邦内地ニ於ケル朝鮮牛」。

(61) 竹村民郎『大正文化帝国のユートピア―世界史の転換期と大衆消費社会の形成―』三元社、二〇〇四年。

## 参考文献


板垣貴志「中国山地における蔓牛造成の社会経済的要因―《役牛の育成システム》の分析」『日本史研究』五六九号、二〇一〇年一月。

大江志乃夫『日露戦争の軍事史的研究』岩波書店、一九七六年。

大豆生田稔『お米と食の近代史』吉川弘文館、二〇〇七年。

岡田哲『とんかつの誕生―明治洋食事始め―』講談社、二〇〇〇年。

加藤秀俊『明治・大正・昭和食生活世相史』柴田書店、一九七七年。

鹿野政直『健康観にみる近代』朝日新聞社、二〇〇一年。

河端正規「近代日本の植民地畜牛資源開発―一九〇九年韓国興業株式会社釜山支店畜産部の開業について―」『立命館大学人文科学研究所紀要』七七号、二〇〇一年九月。

同　　「青島守備軍支配下の食牛開発」『立命館大学人文科学研究所紀要』第八二号、二〇〇三年一二月。

姜仁姫『韓国食生活史―原始から現代まで―』藤原書店、二〇〇〇年。

西東秋男『日本食生活史年表』楽游書房、一九八三年。

正田陽一編『品種改良の世界史　家畜編』悠書館、二〇一〇年。

昭和女子大学食物学研究室『近代日本食物史』近代文化研究所、一九七一年。

新但馬牛物語編集委員会編『新但馬牛物語』〝但馬牛&神戸ビーフ〟フェスタinひょうご実行委員会、二〇〇〇年。

全国部落史研究交流会編『部落史における東西―食肉と皮革―』解放出版社、一九九六年
瀧川昌宏『近江牛物語』サンライズ出版、二〇〇四年。

畜産振興事業団『牛肉の歴史』一九七八年、大成出版社。

中里亜夫「明治・大正期における朝鮮牛輸入（移入）・取引の展開」『歴史地理学紀要』三二号、一九九〇年。

新納豊「植民地朝鮮における「畜牛改良増殖政策」の数量的検討」『東洋研究』一三五号、二〇〇一年。

『日本食肉文化史』発刊委員会『日本食肉文化史』財団法人伊藤記念財団、一九九一年。

野間万里子「近代日本における肉食受容過程の分析―辻売、牛鍋と西洋料理―」『農業史研究』四〇号、二〇〇六年。

同　「滋賀県における牛肥育の形成過程―戦前期、役肉兼用時代の肥育論理」『農林業問題研究』一七八号、二〇一〇年六月。

同　「日露戦争を契機とする牛価高騰と食肉供給の多様化」『農林業問題研究』一八二号、二〇一一年六月。

バーバラ・佐藤編『日常生活の誕生―戦間期日本の文化変容―』柏書房、二〇〇七年。

原田敬一『シリーズ日本近現代史③　日清・日露戦争』岩波新書、二〇〇七年。

原田信男『歴史のなかの米と肉―食物と天皇・差別―』平凡社、一九九三年。

樋口雄一『日本の植民地支配と朝鮮農民』同成社、二〇一〇年。

藤原辰史『稲の大東亜共栄圏―帝国日本の「緑の革命」―』吉川弘文館、二〇一二年。

福原康雄『日本食肉史』食肉文化社、一九五六年。

真嶋亜有「肉食という近代：明治期日本における食肉軍事需要と肉食観の特徴」『国際基督教大学学報・III-A，アジア文化研究別冊』一一号、二〇〇二年。

同　「朝鮮牛―朝鮮植民地化と日本人の肉食経験の契機―」『風俗史学』二〇号、二〇〇二年。

宮坂梧朗『畜産経済地理』一九三六年（『昭和前期農政経済名著集一三　畜産経済地理』農山漁村文化協会、一九八〇年所収）。

山内一也『史上最大の伝染病牛疫―根絶までの四〇〇〇年―』岩波書店、二〇〇九年。
尹瑞石『韓国の食文化史』ドメス出版、一九九五年。
吉田忠『牛肉と日本人―和牛礼讃―』農山漁村文化協会、一九九二年。
和田春樹他編『東アジア近現代通史二　日露戦争と韓国併合』岩波書店、二〇一一年。

# 第Ⅱ部　帝国圏農林資源開発の実態

# 第五章　戦時期華北占領地区における綿花生産と流通

白木沢旭児

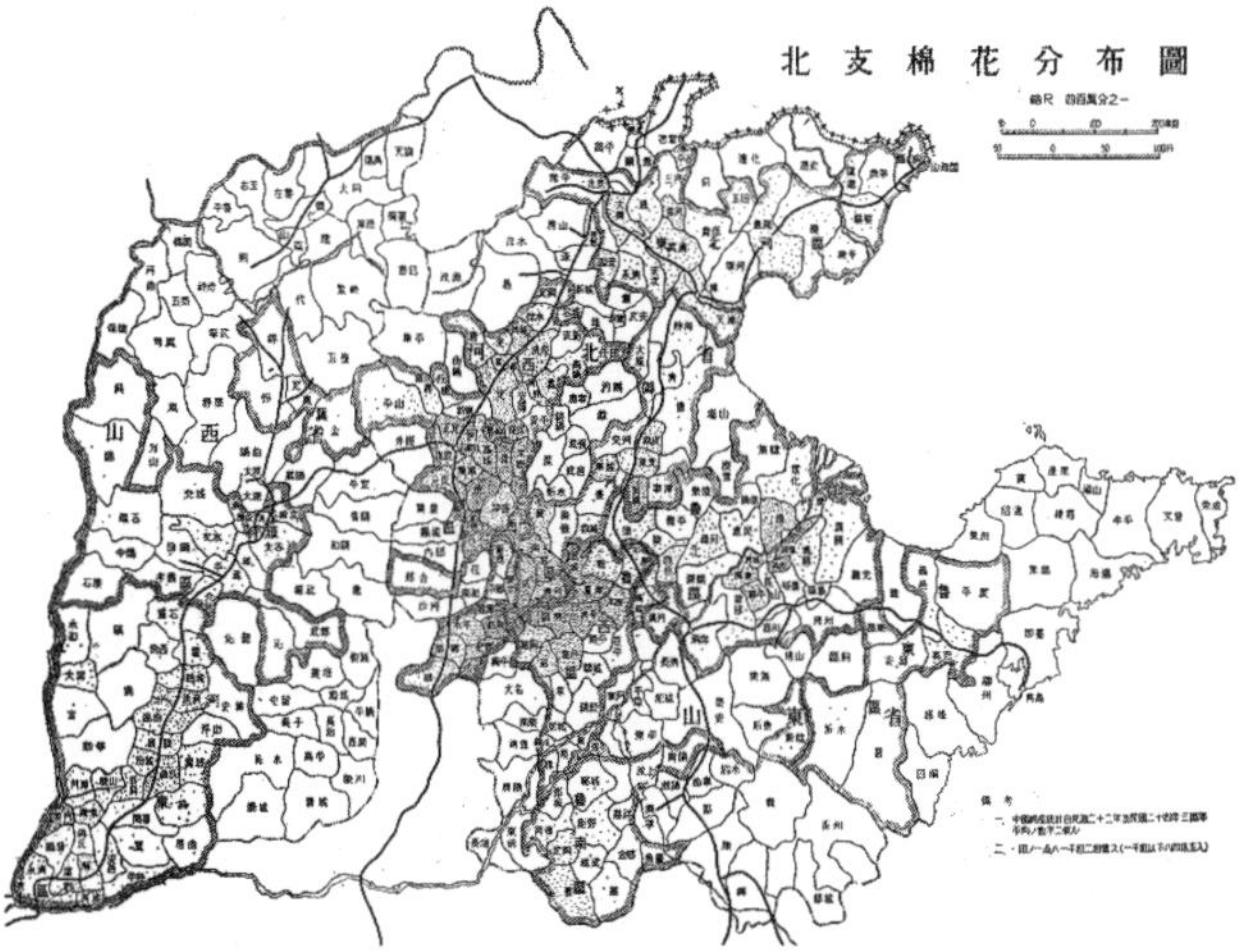


華北の綿花地帯分布図（南満州鉄道株式会社調査部編『北支棉花綜覧』日本評論社、1940 年より）

日中戦争期には日本側各機関、団体が繰り返し華北の綿花に関する調査を行い、膨大な調査報告書を作成している。日中戦争における日本占領地は「点と線の支配にとどまった」と評価されている。綿作農村・農民を掌握し、綿花を増産することは「面の支配」を必要とした。この種の調査報告書が農村・農民の実態にどれほど迫ったかは、はなはだ疑問だが、統計や地図など注目に値する部分もある。少なくとも占領者の意図・期待は十二分に明らかにされるだろう。

# はじめに

日中戦争期・太平洋戦争期に中国占領地に求められた資源には、石炭、鉄鉱石、礬土頁岩《ばんどけつがん》などの鉱産資源とともに綿花、羊毛などの農畜産資源も含まれていた。とりわけ一九三七〜一九四〇年の外貨獲得を重要課題としていた段階においては、中国占領地からの綿花供給は外貨節約の意義を有しており、第三国輸入が期待できなくなり外貨獲得がほぼ意味を失った一九四〇年代においては第三国輸入に替わるものとして、中国産綿花はますますその重要性を増したのである(1)。

ところで、華北占領地支配に関するさまざまな政策文書、計画のなかに綿花の増産は重要項目として必ず登場しているが、そのことの意義は戦時経済研究のなかで十分に位置づけられてこなかった(2)。山崎志郎は、日中戦争開始後の輸入為替許可の段階から一九三八年度〜四一年度の各期の物資動員計画の形成過程、計画内容、実績を詳細に明らかにしている。このなかで「紡績用綿花」「紡績綿」は重要物資として必ず登場し、日米戦争開戦にいたるまでは第三国輸入が見込まれていたこと、北支綿花に関しても重要視されていたことが示されている(3)。

本章では農産資源のなかでも最も重要な位置にあった中国産綿花の問題をテーマとして、戦時期における農林資源開発の具体的事例の一つとして検証することにしたい。その際、中国産綿花の日本における重要性は、対日供給(日本内地への輸出)にとどまらないこと、すなわち、中国占領地支配にとって重要な役割を与えられたことに注目したい。

# 第一節　中国綿花への期待

## 一・統計的分析

日本の綿花輸入について、図5-1綿花輸入数量を作成した。綿花輸入は、日中戦争期（一九三七〜一九四一）には低水準で推移しているが、その輸入先はアメリカ、英領インド、エジプト等のいわゆる第三国（外貨決済を必要とする外国）に依存している状況は変わらなかった。外貨による支払を要しない、円ブロック地域である中国からの輸入は、一九三八年に急増したものの、以後、きわめて低い水準となる。これは、三八年前半が対円ブロック貿易が急増したことを背景として中国からの綿花輸入も増大したものと思われる。その後はこれに対する是正措置としての輸出入リンク制が強化され、第三国貿易が復調し対中国貿易は抑制されるに至る(4)。

それでは、太平洋戦争期（一九四一〜一九四五）には、どうなるのか、表5-1綿花輸入高を作成した。この表から数量ベースで中国の占める比率を算出すると、三八年一五・三％、三九年一〇・七％、四〇年一〇・〇％、四一年一五・七％、四二年九二・八％、四三年九九・四％と、推移しており、太平洋戦争期には日本にとって中国がほぼ唯一の綿花供給国となっていることがわかる。アメリカは四一年に、英領インドは四二年に輸入量を激減させ、それ以後輸入杜絶状態となっている。結果として、中国のみが綿花供給国となったわけだが、ここで注目したいことは、四〇年代に中国からの輸入量が増大する傾向にあったことである。すなわち、三八年という円ブロック貿易がもっとも盛んだった年の実績（数量）一億四三二四万斤に対して、四二年にはこれを凌駕する一億八八三一万斤、四三年には少し減ったものの一億五三四五万斤を記録しているのである。本章は、この問題を重視し、日中戦争開始後、中国綿花の生産と日本への供給がいかにして可能になったのか、という問題を考察することにし

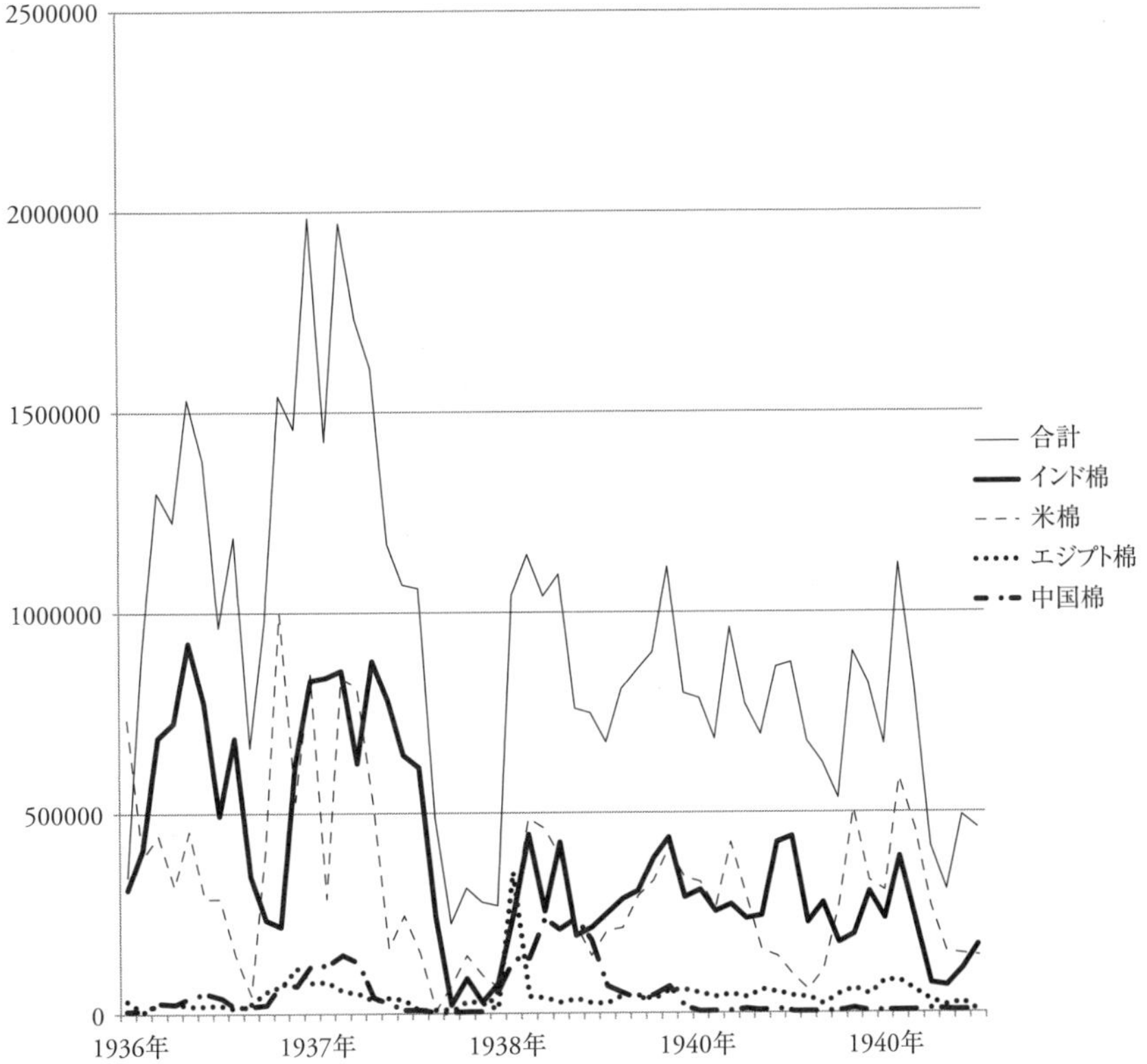


図 5-1　綿花輸入数量

出典：日本棉花同業会、輸出綿糸布同業会、日本綿糸布輸出組合連合会『棉花綿糸綿布月報』第 455 号～第 486 号、1938 年 1 月～ 1940 年 8 月。

たい。

## 二．日中戦争期の期待

第三国貿易を重視していた日中戦争期においては中国綿花は、第三国貿易を補完する役割ながらも、増大することが期待されていた。例えば、三九年一二月に開催された東亜経済懇談会[5]の場において、日本綿業はこれまでアメリカ綿花、インド綿花に依存してきたが、中国から綿花を輸入することになれば中国農民の生活向上にも資することになるので、輸入綿花のうち約半分を中国から輸入することを日本・満洲国・中国の国策と

## 表 5-1　綿花輸入高

| ＜数量＞　単位：百斤 | 1938 年 | 1939 年 | 1940 年 | 1941 年 | 1942 年 | 1943 年 |
|---|---|---|---|---|---|---|
| 中華民国 | 1,432,414 | 1,080,594 | 771,349 | 929,831 | 1,883,100 | 1,534,519 |
| タイ | 258 | – | 1,137 | 1,951 | 2,329 | 170 |
| 緬甸 | 78,421 | 112,532 | 134,478 | 78,046 | 59,346 | 3,297 |
| 英領インド | 3,096,085 | 3,399,459 | 2,361,428 | 2,184,366 | 22,004 | 19 |
| イラン | – | 104,864 | 10,545 | – | – | – |
| イラク | 60,838 | 39,027 | 40,791 | 88,715 | 4,373 | – |
| シリア | 19,309 | 22,078 | – | – | – | – |
| アメリカ | 3,248,976 | 2,872,822 | 2,766,453 | 470,669 | 3 | 82 |
| ペルー | 13,059 | 108,271 | 183,232 | 809,729 | 46,603 | 11 |
| ブラジル | 833,254 | 1,341,871 | 918,979 | 1,081,770 | 10,525 | 14 |
| エジプト | 404,720 | 577,779 | 407,467 | 167,187 | – | 284 |
| アングロ、エジプシアン、スーダン | 3,259 | 38,125 | 888 | 0 | – | – |
| ケニヤ・ウガンダ・タンガニーカ | 95,955 | 356,309 | 123,893 | 69,846 | – | – |
| 白領コンゴ | – | 13,140 | – | 162 | – | – |
| その他 | 56,141 | 11,456 | 8,707 | 59,074 | 590 | 6,085 |
| 合計 | 9,342,689 | 10,078,327 | 7,729,347 | 5,941,346 | 2,028,873 | 1,544,481 |
| ＜価額＞　単位：円 | | | | | | |
| 中華民国 | 71,789,624 | 46,802,291 | 91,327,507 | 111,594,085 | 213,832,520 | 265,443,229 |
| タイ | 12,944 | – | 59,017 | 110,886 | 157,410 | 9,934 |
| 緬甸 | 2,631,019 | 3,879,810 | 6,713,229 | 3,163,884 | 3,197,398 | 214,305 |
| 英領インド | 113,330,529 | 121,344,795 | 115,374,177 | 94,064,404 | 1,574,148 | 837 |
| イラン | – | 5,983,920 | 599,698 | – | – | – |
| イラク | 3,324,933 | 2,089,978 | 2,300,650 | 4,248,184 | 209,741 | – |
| シリア | 1,087,703 | 1,193,462 | – | – | – | – |
| アメリカ | 166,413,676 | 146,639,782 | 177,448,975 | 33,343,117 | 217 | 7,548 |
| ペルー | 1,120,467 | 6,095,280 | 11,848,481 | 56,442,777 | 4,278,738 | 759 |
| ブラジル | 41,365,613 | 68,250,665 | 54,125,386 | 59,253,967 | 961,829 | 1,227 |
| エジプト | 27,529,202 | 37,092,955 | 34,814,797 | 16,961,562 | – | 34,795 |
| アングロ、エジプシアン、スーダン | 201,053 | 2,211,562 | 112,448 | 14 | – | – |
| ケニヤ・ウガンダ・タンガニーカ | 5,217,996 | 19,144,340 | 8,365,124 | 5,694,383 | – | – |
| 白領コンゴ | – | 697,322 | – | 11,351 | – | – |
| その他 | 2,298,580 | 548,008 | 505,516 | 6,894,279 | 70,525 | 584,677 |
| 合計 | 436,323,339 | 461,974,170 | 503,595,005 | 391,782,893 | 224,282,526 | 266,297,311 |

出典：大蔵省『日本外国貿易年表』1939～1943 年。

すべし、との見解が表明されていた[6]。

東亜経済懇談会の前身に当たる日満支経済懇談会（三八年一一月二二日開催）において農業技術者の立場から安藤広太郎（農林省農事試験場）は、日本は綿花を一三～一四億斤輸入しているが中華民国からは五千万斤にすぎない、華北では綿花を一〇万町歩栽培しており、今後これを二〇～三〇万町歩に拡大することにしている、と政策を説明した上で、「斯うして今日日本が使用して居る棉を或る程度中華民国から供給して戴くことが出来、其の結果中華民国の農村が市場になり、日本の工業に依つて資金を得ると云ふことになる[7]」と期待を表明した。岸信介（満州帝国産業部次長）は、日中戦争前の「非常に無理迄して満州で棉花の増殖を図る」政策を批判し、満州では「食糧其の他の中支、北支方面で要求せらるゝ農作物」を作り、「北支、中支方面から棉花等其の方面に適して居る物を作つて戴いて満州が貰ふ」という満洲、中国との分業を提唱した[8]。

これに呼応して、日本が華北に樹立した傀儡政権たる中華民国臨時政府の謝子夷実業部科長は「日本の方では大蔵省の統計に依りますれば、年に七億一千余万元の棉花を外国から輸入して居ります。将来我々が良く提携する以上、専ら支那から棉花を取るやうにして戴きたいのであります[9]」と中国綿花の売り込みを図っている。日中戦争によって、中国綿花輸入が従来以上に増大することが期待され、予想されていたのである。

## 三．一九四〇年「外交転換」後の期待

ドイツのヨーロッパ制覇を契機として日本は、それまでの貿易と外交関係を英米依存であったと「反省」し、英米依存からの脱却、すなわち第三国貿易重視から東亜共栄圏重視への転換が主張されるようになった。八月の松岡洋右外相による「大東亜共栄圏」発言にはじまり、九月の日独伊三国同盟調印、一〇月の日満支経済建設要綱の閣議決定などの一連の事態を、ときの政府は「外交転換」と称しており、重要な画期と位置づけていた[10]。

これを綿花輸入という観点から見るならば、中国綿花への期待がこれまで以上に高まることになったのである。外交転換以後の綿花輸入の見通しについて、大日本紡績連合会理事長の白石幸三郎が四一年一二月五日開催の東亜経済懇談会席上で体系的に説明している。白石によれば、東亜共栄圏諸国は、従来、綿花の約八割を共栄圏外から輸入していたが、四一年度下半期から国際情勢が激変し第三国からの綿花輸入が途絶えてしまった、それゆえ「繊維資源の第三国依存から脱却せざるを得ない」という。[11]

白石は、東亜共栄圏の綿花需要を地域内住民の衣料需要から算出している。それによると、「日本の内地・朝鮮・台湾・樺太・南洋群島に於ける住民の一年の一人当りの綿布消費量は二二・四平方ヤード、満州国が九・四平方ヤード、中国が三・八平方ヤード」「仏印は六・三平方ヤード、泰国が一一・六平方ヤード、蘭印が一一・九平方ヤード」と見積もられ、それに要する綿花は「日・満・支三国だけを見ますと……一千六百五十万ピクル……更に仏印・泰・蘭印を加へますと……一千八百万ピクル」とされていた。[12] これに対して四〇綿花年度（四〇年九月～四一年八月）における華北・華中・満洲・朝鮮の綿花生産高は「大体七百二十万ピクル」[13]にすぎず、東亜共栄圏の衣料需要を満たすにはほど遠い状況であった。

## 四．中国綿花の用途

戦時経済史研究において綿業については、外貨獲得手段としての輸出入リンク制または紡績企業の多角経営化[14]が注目されてきたが、綿糸・綿製品の需要という観点からは注目されてこなかった。なぜならば内地では綿製品の消費規制が強化され、紡績工場・綿織物工場の縮小・転廃業が行われていたことから、綿糸・綿製品需要は限りなく縮小したものと考えられていたからである。[15] しかし、満洲国および中国の日本占領地をも視野に入れると、その事情は異なったものになる。

表 5-2　物動計画（綿花）　　単位：担

| | | | 1941 綿花年度（実績） | 1942 綿花年度（計画） |
|---|---|---|---|---|
| 供給 | 北支 | | 2,245,000 | 2,735,000 |
| | 中支（上海） | | 1,630,000 | 1,610,000 |
| | 中支（漢口） | | 665,000 | 780,000 |
| | 供給高計 | | 4,540,000 | 5,125,000 |
| 需要 | 紡績用 | 対日軍需 | 1,000,000 | 1,234,000 |
| | | 対日民需 | 800,000 | 1,373,000 |
| | | 小計 | 1,800,000 | 2,607,000 |
| | | 現地軍需 | 230,000 | 200,000 |
| | | 現地民需 | 1,948,000 | 1,804,000 |
| | | 対満民需 | 200,000 | 150,000 |
| | | 小計 | 2,378,000 | 2,154,000 |
| | | 合計 | 4,178,000 | 4,761,000 |
| | 製綿用 | 対日軍需 | 130,000 | 112,000 |
| | | 対日民需 | 207,500 | 199,000 |
| | | 小計 | 337,500 | 311,000 |
| | | 現地軍需 | 20,000 | 25,000 |
| | | 現地民需 | 45,000 | 13,000 |
| | | 対満民需 | 20,000 | 15,000 |
| | | 小計 | 75,000 | 53,000 |
| | | 合計 | 412,500 | 364,000 |
| | 需要高計 | | 4,540,000 | 5,125,000 |

出典：総務局経済部「昭和十八棉花年度ニ於ケル棉花需給状況」（外務省記録『各国ニ於ケル農産物関係雑件　綿及綿花ノ部　中国ノ部』）（アジア歴史資料センター B06050466100）。
注：一部に合計が合わないところがあるが、計は修正せずに原資料のままとした。

まず、物資動員計画上の位置づけを表5-2物動計画（綿花）により検討しよう。四一綿花年度（四一年九月〜四二年八月）の実績は、中国合計で四五四万担を供給し、これを対日二一四万担、現地二二四万担、満洲二二万担に振り向けていた。軍・民に分けると軍需一三八万担、民需三二二万担となる。すなわち、この時点では現地が日本内地より多く、民需が軍需より多かったわけで、「現地民需」が最大の需要となっていた。翌四二綿花年度（計画）では対日二九二万担、現地二〇四万担、満洲一七万担となり、軍・民比率は軍需一五七万担、民需三五五万担であり、現地が日本内地を下回るが、民需は軍需よりも多くなっている。綿花の需要として、大陸（現地）および民需の存在をも視野に入れる必要を示しているといえよう。

軍需として重要であったことは、これまでの戦時経済史研究でもふれられてきたが、例えば商工官僚・美濃部洋次による以下の説明は参考になる。

買付機構及ビ買上価格ヲ合理化シテ出来ルダケ百二十万「ピクル」出スヤウニ努メヨウ、是ハ非常ニ結構ナコトト思ヒマスガ、実ハ吾々ノ方ハ其ノ棉デ作リマスモノハ大体軍需品デアリマシテ、棉ノ価格ガ高クナッテ来レバ、随テ軍需品ノ価格ヲ高ク買上ゲテ戴カナケレバ、事実問題トシテ軍需品ノ生産ハ出来ナイト思フ。[16]

中国綿花が軍需であるために、買付価格を引き上げるわけにはいかない、ということが説明されている。表5-2に示したように、「大体軍需品」というのは実態とは異なるが、後にふれるように中国綿花の買付価格（収買価格）は上方硬直的であったことの要因として、軍需品であるという事情があったようである。

他方、民需とはどのようなものなのか。満洲国の農業政策を説明した次の資料が華北の実情をも物語っている。

綿糸布「バーター」モ十七年度ノ蒐荷対策ノ一ツトシテ新ニ取上ゲラレタ方策デアリマス。コノ綿糸布「バーター」或ハ生必物資「バーター」ハ北支ニオキマシテハ既ニ実施サレテヲリ、……（満洲では）十七年度ニハ新ニ出荷一噸ニ対シテ綿布十五平方「ヤール」、タオル一枚、綿糸一架、靴下一足ヲ公定価格ヲ以テ配給スルコトトシタノデアリマス。コノ為政府デハ興農部ト経済部トノ間ニ慎重ナ協議ガ行ハレ、十七年十一月カラ十八年三月迄ノ間全満各都市ニ於テ綿布ノ配給ヲ停止シテコノ蓄積綿布ヲ以テ計画的に農村ニ配給スルコトトシタノデアリマス。[17]

満洲国と華北において、農産物を蒐荷するために、その交換物資として綿布や綿製品が配給されているのである。

このことは「北支ニオキマシテハ既ニ実施サレテ」いたが、満洲国では、農産物蒐荷をより強化するために各都市への綿布配給を停止してまで、農民への配給が行われようとしていたのである。華北においては、おそらく連銀券などよりも綿布、綿製品の方が農産物蒐荷に効果を発揮したものと推測できる。内地では、綿布、綿製品の新規製造、消費は規制されていたが、満洲国、華北占領地においては重要な交換物資だったのである。

現地紡績の実情を表5-3華北紡績工場の原棉消費高により検討しよう。現地紡績工場は、天津、青島に集積しており、主に「地場棉」を用いて紡績を行っていた。(18) 山東省の場合、日中戦争前の三六年には地場棉一四六万九四五担、外棉一一万九二五〇担であり、九二・五%が地場棉であった。(19) ところが表5-3によると三九年には地場棉二七万八一五七担、外棉三四万九五二一担と逆転している。これは後述するように、中国産綿花の作付減・出廻り減のための一時的な現象であろう。同年の四省合計欄の地場棉は九三万三六八七担と前年の地場棉・外棉計の五三万四七六〇担を上回っているので、地場棉が前年を上回って供給されていたことがわかる。日中戦争期においても中国現地紡績工場は、中国産綿花を主たる原料として操業していたのである。

戦時期には日本国内における綿製品使用制限政策にもかかわらず、東亜共栄圏全体としての綿製品需要は膨大であり、中国産綿花の位置づけも現地紡績業にとってきわめて重要なものとなっていたのである。

## 第二節　中国綿花の生産・流通の実績

### 一・日中戦争・太平洋戦争下の生産・流通量の減少

華北四省（河北省、山東省、河南省、山西省）の綿花作付面積と繰綿生産高を表5-4にまとめた。四省合計の欄

表 5-3　華北紡績工場の原棉消費高　単位：担

| 省 | 工場名 | 所在地 | 1938 年 地場棉 | 1938 年 外棉 | 1938 年 計 | 1939 年 地場棉 | 1939 年 外棉 | 1939 年 計 |
|---|---|---|---|---|---|---|---|---|
| 河北省 | 公大第六廠 | 天津 | – | – | 168,500 | 127,680 | 36,725 | 164,405 |
| | 公大第七廠 | 天津 | – | – | 83,370 | 42,892 | 22,616 | 65,514 |
| | 裕豊廠 | 天津 | – | – | 120,850 | 99,587 | 33,462 | 133,049 |
| | 天津紡 | 天津 | – | – | 57,800 | 45,713 | 3,383 | 49,096 |
| | 裕大紡 | 天津 | – | – | 102,000 | 58,656 | 2,456 | 61,112 |
| | 双喜紡 | 天津 | – | – | – | 8,792 | 1,161 | 9,953 |
| | 岸和田紡 | 天津 | – | – | – | – | – | – |
| | 上海紡 | 天津 | – | – | – | 5,545 | 3,246 | 8,791 |
| | 北洋紗廠 | 天津 | – | – | 92,380 | 49,972 | 15,257 | 65,229 |
| | 恒源紗廠 | 天津 | – | – | 93,960 | 48,411 | 11,375 | 59,786 |
| | 達生製綿廠 | 天津 | – | – | 18,440 | 8,896 | – | 8,896 |
| | 唐山肇新廠 | 唐山 | – | – | 75,600 | 56,078 | 6,968 | 63,046 |
| | 大興紗廠 | 石門 | – | – | 3,229 | 18,214 | – | 10,214 |
| | 計 | | – | – | 316,129 | 562,442 | 136,649 | 699,091 |
| 山東省 | 大日本紡 | 青島 | 1,124 | – | 1,124 | 27,656 | 46,431 | 74,087 |
| | 内外綿 | 青島 | 268 | – | 268 | 30,317 | 46,497 | 76,814 |
| | 日清紡 | 青島 | 4,873 | – | 4,873 | 33,820 | 34,023 | 68,643 |
| | 豊田紡 | 青島 | – | – | – | 23,599 | 25,463 | 49,062 |
| | 上海紡 | 青島 | 3,776 | 538 | 4,314 | 31,785 | 54,465 | 86,250 |
| | 公大第五廠 | 青島 | – | – | – | 11,934 | 48,253 | 60,187 |
| | 富士紡 | 青島 | – | – | – | 9,386 | 21,177 | 31,063 |
| | 同興紡 | 青島 | 965 | 681 | 1,646 | 29,636 | 43,294 | 72,980 |
| | 国光紡第二 | 青島 | 30,344 | 4,040 | 34,384 | 25,119 | 29,118 | 54,237 |
| | 国光紡第一 | 青島 | – | – | – | – | – | – |
| | 魯豊紗廠 | 済南 | 41,440 | – | 41,440 | 19,259 | – | 19,259 |
| | 成通紗廠 | 済南 | 51,162 | – | 51,162 | 19,060 | – | 19,060 |
| | 仁豊紗廠 | 済南 | 15,813 | – | 15,813 | 13,411 | – | 13,411 |
| | 厚徳貧民工廠 | 済南 | 2,625 | – | 2,625 | 2,625 | – | 2,625 |
| | 計 | | 152,390 | 5,259 | 157,649 | 278,157 | 349,521 | 627,678 |
| 山西省 | 太原紡織廠 | 太原 | 1,500 | – | 1,500 | 6,578 | – | 6,578 |
| | 楡次紡織廠 | 楡次 | 28,125 | – | 28,125 | 57,453 | – | 57,453 |
| | 新絳紡織第一廠 | 新絳 | 2,153 | – | 2,153 | 13,962 | – | 13,962 |
| | 新絳紡織第二廠 | 新絳 | – | – | – | – | – | – |
| | 計 | | 31,778 | – | 31,778 | 83,993 | – | 83,993 |
| 河南省 | 慶益紗廠 | 彰徳 | 16,605 | – | 16,605 | 31,437 | – | 31,437 |
| | 萃新紡廠 | 汲県 | 12,599 | – | 12,599 | 26,280 | – | 26,280 |
| | 鉅興紡廠 | 武陟 | – | – | – | 1,278 | – | 1,278 |
| | 計 | | 29,204 | – | 29,204 | 58,995 | – | 58,995 |
| 総計 | | | | | 534,760 | 933,687 | 486,170 | 1,469,757 |

出典：満鉄北支経済調査所『昭和十五年度北支主要物資需給調査参考資料　第一編棉花』1941 年。

表 5-4　華北 4 省綿花作付と繰綿生産高

| | 4 省合計 | | 河北省 | | 山東省 | | 河南省 | | 山西省 | |
|---|---|---|---|---|---|---|---|---|---|---|
| | 作付面積 | 繰綿生産高 | 作付面積 | 繰綿生産高 | 作付面積 | 繰綿生産高 | 作付面積 | 繰綿生産高 | 作付面積 | 繰綿生産高 |
| 1933 年 | 15,204,283 | 4,854,089 | 5,642,008 | 1,725,225 | 4,937,320 | 1,753,904 | 3,416,958 | 975,080 | 1,207,997 | 399,880 |
| 1934 年 | 17,684,275 | 6,915,467 | 7,195,275 | 3,385,292 | 5,062,638 | 1,592,369 | 3,770,943 | 1,220,318 | 1,655,419 | 717,488 |
| 1935 年 | 9,290,802 | 3,560,220 | 5,820,757 | 2,385,941 | 1,659,912 | 586,063 | 825,963 | 286,713 | 984,170 | 301,503 |
| 1936 年 | 20,187,249 | 6,768,706 | 9,613,083 | 3,031,258 | 5,631,897 | 2,136,873 | 3,030,273 | 960,205 | 1,911,996 | 640,370 |
| 1937 年 | 20,571,307 | 5,712,129 | 9,551,379 | 2,811,773 | 5,574,687 | 1,630,357 | 3,158,100 | 640,950 | 2,287,141 | 629,049 |
| 1938 年 | 12,011,609 | 3,462,738 | 6,181,792 | 1,691,390 | 2,787,345 | 973,024 | 2,585,044 | 648,153 | 457,428 | 150,171 |
| 1939 年 | 5,184,907 | 1,549,648 | 2,570,093 | 781,306 | 1,761,933 | 553,344 | 490,781 | 131,740 | 362,100 | 83,258 |
| 1940 年 | 6,828,577 | 1,796,822 | 3,858,554 | 1,070,897 | 1,425,639 | 336,408 | 1,193,713 | 320,255 | 350,671 | 69,262 |
| 1941 年 | 10,712,814 | 3,035,722 | 5,225,893 | 1,344,045 | 3,540,747 | 1,094,675 | 1,371,063 | 443,363 | 575,111 | 153,639 |
| 1942 年 | 13,799,176 | 3,905,707 | 6,158,269 | 1,840,846 | 4,880,263 | 1,343,083 | 1,989,312 | 540,340 | 771,332 | 181,438 |

出典：華北棉産改進会調査科『華北四省棉田面積及繰綿生産量累年統計』1943 年。
注：単位：作付面積は市畝、繰綿生産高は市担。

を見ると、日中戦争期は作付面積の減少が著しく、特に一九三八年、三九年の減少は顕著であった。しかし、その後は下げ止まり、三九年から四二年にかけて作付面積は急増しているのである。四省合計の四二年の作付面積は、ピーク時（三七年）に対し六七・一％にあたり、表示した最初の年である三三年に対しては九〇・八％まで回復していた。とりわけ河北省においては三六、三七年水準は回復できていないものの、三三年水準は凌駕していることに注目したい。繰綿生産高も作付面積とほぼ同様の推移を示していた。

三八〜四〇年における綿花生産の減少および停滞の原因は何だったのだろうか。例えば三九綿花年度（三九年九月〜四〇年八月）の新綿花収穫予想を当時の日本の新聞は「北支四省新棉収穫予想は春期における旱魃に引き続く水害により二重の天災を蒙り最近の第二回予想は百三十二万ピクルと第一回予想に比し三割三分強の減少を示してゐる[20]」として、三九年春季の旱害に加えて水害が襲ってきたために収穫が激減した、と報じていた。

三九綿花年度後半の状況を見ると、大きな天災は免れたのだが、今度は流通面に隘路が生じていた。現地の綿花商の談話を報じた日本の新聞記事によると「現在奥地に退蔵されてゐる原棉は昨年の総収穫高たる百三十五万ピクルの一割五分」と予想され、これらの大部分は「農民の手を放れて鉄道沿線の華人棉花商或は日本人洋行筋の掌中にある」のだが、綿花買付公定価格が一般商品物価に比し甚だ低いために売り渋りされている、と説明していた。[21]

これらを総括した満鉄北支経済調査所の調査報告は次のように問題点を指摘している。

イ、旱、水害

ロ、市場関係ノ悪化

(1)価格（貨幣モ含ム）乃至収買政策ノ不適正

(2)輸送、交通関係ノ悪化

ハ、治安ノ悪化

ニ、穀物自給（補給ヲ含ム）力低下ト穀物ノ相対的価格昂騰ニヨル綿作ノ不利

ホ、耕種、肥培、管理ノ粗放化[22]

そして、当局のさまざまな方策も効果が薄い、としてその打開策として「棉花生産ノ事変前復帰ハ勿論増産ヘノ方向ハ、穀物自給力ノ回復維持ヲ俟ツテ始メテ可能ナルモノ」と結論づけていた。[23] 資料中には「価格（貨幣モ含ム）乃至収買政策ノ不適正」とはっきり書かれているように、買付価格が低すぎることが問題とされていたのである。

日本（および傀儡政権）側の行政機関、新聞、業者からは買付価格（収買価格）を引き上げなければ買付量が増えないとの指摘が続出していた。例えば張水淇（北京市社会局長）は東亜経済懇談会席上で「……棉花・羊毛及び皮革が皆価格が制限されて居りますから、其の結果輸出が止まつてしまつて生産が皆減少して、闇取引が非常に激烈になる結果になつて居りますから、一般の物資の生産の増加をする為に価格の制限を手加減することを希望致します。[24]」と述べている。また、四一年の状況について笹岡茂七（棉花共同購入組合）は「棉を高く買つてやれば幾らでも出て来る、この間値を上げたら奥地に持つて居つたのを皆吐出して、去年どの位あつたといふ数字を超越したものが出て来た。……中には古々棉でいつのか判らんのがある。[25]」と証言している。このように価格の低さ

表 5-5　綿花の畝当収支（1943 年）

| 品目 | 調査村数 | 畝当収支の平均と分布 |
|---|---|---|
| 綿花 | 24 村平均 | − 12.28（＋）8 村、（−）16 村 |
| 小麦 | 17 村平均 | ＋ 24.93（＋）13 村、（−）5 村 |
| 粟 | 23 村平均 | ＋ 70.16（＋）21 村、（−）2 村 |
| 高粱 | 21 村平均 | ＋ 12.52（＋）12 村、（−）9 村 |
| 玉蜀黍 | 19 村平均 | ＋ 79.19（＋）16 村、（−）3 村 |
| 豆類 | 22 村平均 | ＋ 24.54（＋）13 村、（−）9 村 |
| 甘藷 | 4 村平均 | ＋ 134.47（＋）4 村、（−）なし |

出典：華北棉産改進会『華北棉作農村臨時綜合調査中間報告』1943 年 6 月。

表 5-6　作物別生産費

| | 綿花 | 小麦 | 粟 | 高粱 | 玉蜀黍 | 豆類 | 甘藷 |
|---|---|---|---|---|---|---|---|
| 畝当人力（人） | 9.2 | 3.8 | 5.1 | 5.4 | 4.6 | 4.9 | 13.40 |
| 畝当畜力（頭） | 1.9 | 1.7 | 1.7 | 1.7 | 1.5 | 1.9 | 2.8 |
| 畝当生産費（円） | 86.40 | 75.80 | 72.10 | 60.69 | 67.98 | 57.80 | 157.91 |
| 自家消費率（%） | 20.60 | 80.30 | 89.40 | 88.00 | 85.40 | 90.30 | 83.3 |
| 畝当収益（円） | − 12.28 | 24.93 | 70.16 | 12.52 | 79.19 | 24.54 | 134.47 |

出典：華北棉産改進会『華北棉作農村臨時綜合調査中間報告』1943 年 6 月。

を問題視する見解にもかかわらず、軍需品としての用途もあったことから、その後も解消されなかったようである。

## 二・食糧問題の深刻化―一九四〇年代―

綿花収買価格の低位性は、綿作農家の経営を直接圧迫するに至った。綿花はじめ主要農作物の畝《ムー》当収支を比較した表5-5を作成した。なお、畝とは面積の単位で、〇・六七反（六・七アール）に当たる。表5-5の右の欄の畝当収支を見ると、綿花だけがマイナスとなっており、他作物に比べて、綿花生産が経済的に最も不利だったことが示されている。また、表5-6作物別生産費によると、綿花は畝当人力、畜力、生産費が高いため、表示した作物では唯一収益がマイナスとなっているのである。しかも綿花のみが自家消費率が低く（＝商品化率が高い）農家にとっての経済的メリットは失われていたのである。

四〇年代には、日増しに進行するインフレにより農家には、価格の引き合わない綿花よりも自給的な食糧

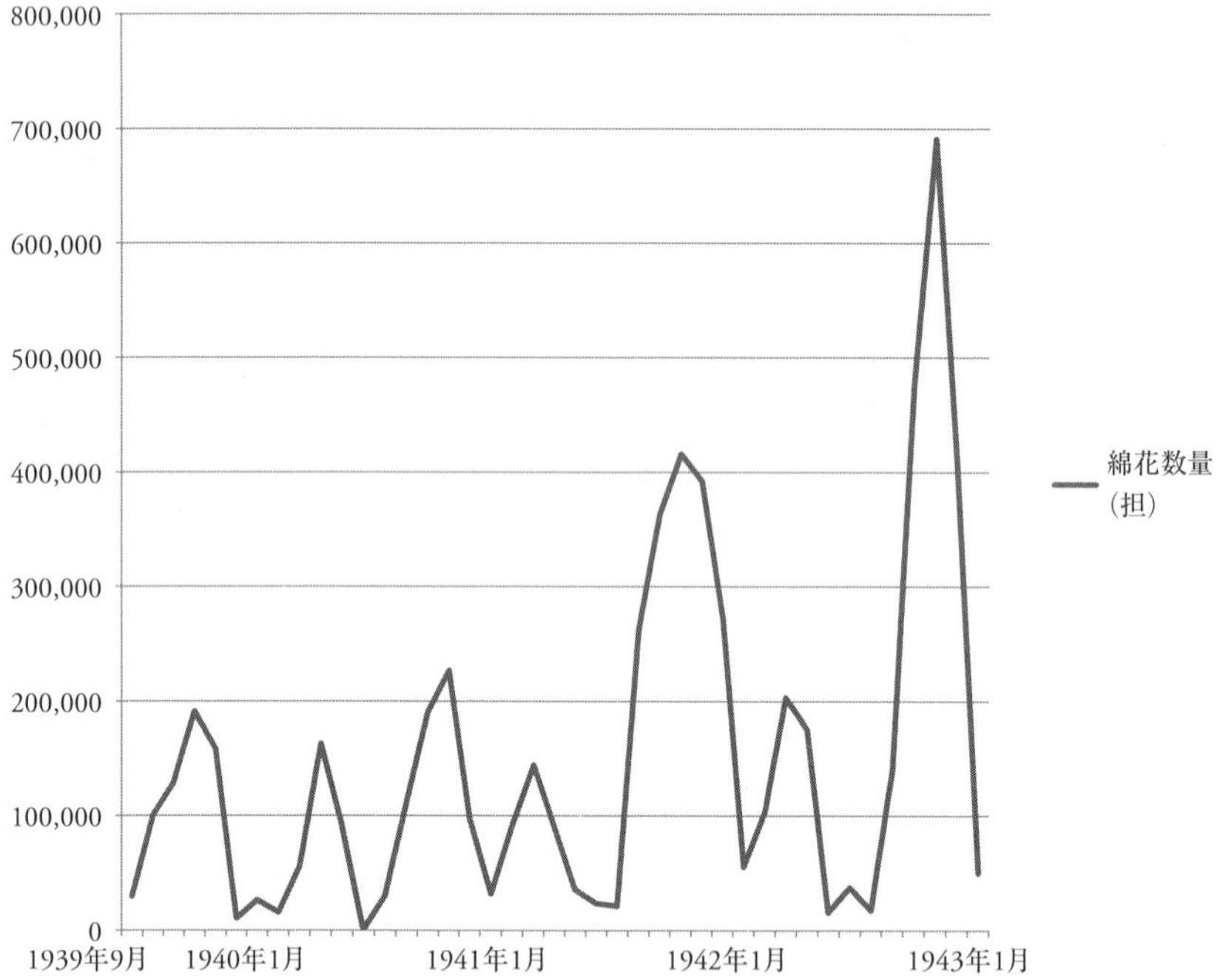


図 5–2　華北綿花買付実績（紡連北支出張所調査）

出典：「棉花生産重点県ヲ中心トシタルブロック開発実施要領」（外務省記録『各国ニ於ケル農産物関係雑件　綿及綿花ノ部　中国ノ部』アジア歴史資料センター　B06050466100）。

作物を志向する傾向が強く見られるようになった。四二年の状況を華北棉産改進会は次のように説明している。すなわち従来から綿作農村では食糧の大部分を購入していたが、インフレにより食糧のほとんどが入手できなくなり、棉実、草根、木皮までも食用に供するありさまで、今後、農家は自給経済を志向し綿花の減産は必至である、というのである[26]。

綿作農民が綿花から食糧作物へと作付を転換していったことにより、綿花作付面積は減少することになる。四三年六月一日現在の調査によると華北四省の綿花作付面積は前年に比べて三〇・二％減少し、収穫面積は二五・五％減少したという[27]。

ところが、こうした綿花生産をめぐる経済環境の悪化にもかかわらず、日本側の綿花買付実績は、まったく異なる様相を呈していた。図5–2華北綿花買付実績（紡連北支出張所調査）を見ていただきたい。これにより三九綿花年度（三九年九月～四〇年八月）から四二綿花年度（四二年九月～四三年八月）途中までの三年五ヶ月間の月別買付数量が判明するが、一見して買付数量が年々増加していったことがわかる。これを綿花年度ごとにまとめてみると、三九綿花年度＝一〇〇万一二〇五担、四〇綿花年度＝一一〇万一六八七担、四一綿花年度＝二三一万五一五八担、四二綿花年度（五ヶ月）＝一七六万五六三七担という結果であった。とりわけ四二綿花年度五ヶ月の実績は、三九、四〇綿花年度一年間の実績を上回っていることは注目すべきであろう。

日中戦争期から太平洋戦争期にかけて、綿花生産をめぐる経済的条件は悪化の度を増していたにもかかわらず、日本側の買付実績は好転していた。経済合理的な説明は困難であり、何らかの権力作用を視野に入れなければならないと思われる。その前提として、次節では綿花買付をめぐる日本側の体制について検討することにしたい。

# 第三節　綿花収買機構の再編

## 一．日系商社の進出

日中戦争期に起きた華北綿花流通機構の最大の変化は、日系商社が農村部に進出したことであった。これを表5-7にまとめた。北支棉花協会石門支部に所属する日本商社が支店、出張所を石門を含むどの地域に展開していたかを示すものである。不明が七一件あるが、これらは日中戦争期のいずれかの時点であると推測される。日中戦争開始前（表の明治、大正、一九三六年以前）には天津に三軒、青島に二軒、済南に一軒、計六軒があったにすぎなかった。日本商社は開港場あるいは商埠地を中心に設置されており、近代日中関係史においてこれが一般的

表 5-7　北支棉花協会石門支部加入日本商社の支店、出張所

| | 明治 | 大正 | 1936年以前 | 1937年 | 1938年 | 1939年 | 1940年 | 1941年 | 1942年 | 1943年 | 不明 | 計 |
|---|---|---|---|---|---|---|---|---|---|---|---|---|
| 石門 | | | | 1 | 9 | 2 | 1 | 1 | 1 | | 1 | 16 |
| 天津 | 1 | 1 | 1 | 2 | 1 | | | | | | 7 | 13 |
| 済南 | | 1 | | | | | | | | | 7 | 8 |
| 青島 | 1 | 1 | | | | | | | | | 6 | 8 |
| 新郷 | | | | | | | | 2 | 1 | 1 | 4 | 8 |
| 保定 | | | | | 3 | 1 | 1 | | | | 3 | 8 |
| 北京 | | | | 1 | 1 | | | | | | 5 | 7 |
| 彰徳 | | | | 1 | 2 | | | | | 1 | 3 | 7 |
| 徐州 | | | | | | 1 | | | | 1 | 5 | 7 |
| 唐山 | | | | | | 1 | | 1 | | | 3 | 5 |
| 芝罘 | | | | | | 1 | | | | 1 | 3 | 5 |
| 邯鄲 | | | | | | | 1 | 1 | 1 | | 1 | 4 |
| 太原 | | | | | | | | 1 | | 1 | 2 | 4 |
| 開封 | | | | | | 1 | | | 1 | | 2 | 4 |
| 徳県 | | | | | | 1 | | | | | 3 | 4 |
| 海州 | | | | | | 1 | | | | | 3 | 4 |
| 順徳 | | | | | | | 1 | 1 | 1 | | 1 | 4 |
| 濰県 | | | | | | | | | | 1 | 2 | 3 |
| その他 | | | | 1 | 2 | 2 | | 2 | | 3 | 10 | 20 |
| 計 | 2 | 3 | 1 | 6 | 18 | 11 | 4 | 9 | 5 | 9 | 71 | 139 |

出典：国立北京大学附設農村経済研究所（鞍田純執筆）『日支事変勃発後の華北農産物流通過程の動向』1943 年。

な姿であったと思われる。ところが、日中戦争開始後、保定、彰徳などの地方都市にも進出するようになり、三九年には一気に九ヶ所が新設されている。毎年の新規設置数も三八、三九年には多く、結果として四三年時点において一三九の支店、出張所が置かれるにいたったのである。

　これにともない末端の村落における綿花流通機構も変貌を遂げている。従来、農民に近い位置にある流通組織であった花行、花店、軋花店、花販などは、その機能上の相違がなくなり、商社の下請化していった。国立北京大学附設農村経

済研究所[28]による河北省邯鄲県河辺張荘の調査（大橋英育担当）によると、三三年ころより綿作の発達とともに河辺張荘にも三戸の「小販子」ができた。彼らは軋花機（綿花を圧縮する機械）二、三台を備える「軋花販」と称すべきもので、農家から実棉を収買し、これを繰綿として散貨のまま他村の「花店」に売却していた。[29]三六年には更なる綿作の発達によりこれら軋花販のうち二戸が合併して軋花機および打包機を備えた「花店」の形態をとるにいたった。しかし三七年、三八年には日中戦争勃発と水害のため、綿花生産、綿花作付が激減したことが報告されている。

日中戦争開始後の状況は次の通りである。三八年にはまず彰徳に日系各商社が進出し、綿花収買機構の再建が始まった。これに対応して河辺張荘の綿作も三〇〇畝にまで回復し、四二年には六〇〇畝まで回復した。河辺張荘の花店も三九年に一戸、四一年にもう一戸新設され、日中戦争前から続いていた二戸と合わせて四戸となった。これら村内の花店は、県城（県の中心都市。この場合は邯鄲）にある「花行」を通じて「日系商社の収買網に入った」のである。日系商社も四一年秋には県城・邯鄲に出張所を設け、ここに県城を中心とする日本側の綿花収買機構が確立した。[30]

三八年に彰徳に日系商社が進出した時点では「京漢線地区棉花協会」（日本側の綿花商社の組織）が結成され、邯鄲県へは出張買付が盛んに行われていた。そして四一年秋には県城である邯鄲に日系商社が進出し、このことは表5-7にも示されている。この結果、日中戦争期の邯鄲県河辺張荘の綿花流通機構は、「農民は生産棉花を実棉のまゝ村内の花店に売る、集市は経ない。……この形は事変前後に変化ない。変化したのは邯鄲県城にまで洋行の収買店舗が進出し、この中央市場からの省接の大収買網と農村の棉作農家との交易段階が短縮し明確になったことである。[31]」と総括されているのである。

## 二・棉産改進会系合作社

日系商社の農村進出を梃子とする綿花流通機構の改編と並ぶもう一つの変化は合作社の普及である。戦後日本の社会科学では、合作社は、社会主義中国の人民公社の前身として認識されている。[32] しかし、合作社は、元来、国民政府期に盛んに設立され、華北の日本占領地では日本側・傀儡政権側の指導下でさらに増加しているのである。華北占領政策の中心課題は合作社の設立・普及であった。日本国内では、日中戦争開始後に合作社という語が知られるようになった。その経緯と意味を中国通ジャーナリスト、太田宇之助は次のように解説している。

支那に於ける合作という言葉は今では頗るポピュラーになつてゐるが、近年に出来た新語であつて、英語のCooperation ラテン語の Co operare に相当し、以前には「協会」、「協済会」、「協作社」或は「組合」などと訳されてゐたこともあつたが、近年「合作」に自然統一されるに至つたものである。[33]

近年、中国近代史研究において国民政府期の合作社が研究対象となってきているが、日中戦争開始までで分析を終える傾向がある。[34] 本稿では、日本側による華北占領地区の合作社について、いくつかの事実を明らかにしたい。

日本側が作らせた合作社には後述するように、いくつかの系譜（系列）があったが、そのうちの一つである華北棉産改進会[35]の指導による合作社の普及状況について、表5-8にまとめている。合計の欄を見ると、合作社数は九五四から二五九七へ、社員数は三万四四五六人から九万三四四七人へと増えていることがわかる。綿花農民を組織している合作社なので、棉田面積が掲げられているが、これも三八万五千畝から八四万四千畝へと順調に伸びていた。

表 5-8　華北棉産改進会指導棉花生産運銷合作社の状況

| | | 1939 年 | 1940 年 | 1941 年 |
|---|---|---|---|---|
| 河北省 | 社数 | 569 | 885 | 991 |
| | 社員数 | 18,727 | 30,577 | 34,518 |
| | 出資金（円） | 59,999 | 94,405 | 104,393 |
| | 払込済出資金（円） | 40,993 | 70,400 | 77,598 |
| | 棉田面積（市畝） | 252,096 | 393,670 | 418,436 |
| 山東省 | 社数 | 385 | 922 | 1,135 |
| | 社員数 | 15,729 | 38,264 | 44,766 |
| | 出資金（円） | 32,594 | 78,574 | 91,216 |
| | 払込済出資金（円） | 31,462 | 76,253 | 88,158 |
| | 棉田面積（市畝） | 133,300 | 239,970 | 277,367 |
| 山西省 | 社数 | – | 22 | 146 |
| | 社員数 | – | 496 | 1,679 |
| | 出資金（円） | – | 1,094 | 3,418 |
| | 払込済出資金（円） | – | 608 | 1,200 |
| | 棉田面積（市畝） | – | 2,854 | 6,689 |
| 河南省 | 社数 | – | 128 | 325 |
| | 社員数 | – | 6,824 | 12,484 |
| | 出資金（円） | – | 17,846 | 33,857 |
| | 払込済出資金（円） | – | 18,611 | 27,896 |
| | 棉田面積（市畝） | – | 74,172 | 141,325 |
| 合計 | 社数 | 954 | 1,957 | 2,597 |
| | 社員数 | 34,456 | 76,160 | 93,447 |
| | 出資金（円） | 92,593 | 191,919 | 232,884 |
| | 払込済出資金（円） | 72,455 | 165,872 | 194,852 |
| | 棉田面積（市畝） | 385,396 | 710,666 | 843,817 |

出典：華北棉産改進会調査科『民国三十年度華北棉産改進会事業概要』（日文）、1942 年。

省ごとに観察すると、まず合作社数および社員数では河北省が三九年には四省の過半を占めていたが、四〇年以降山東省に追い越されること、山西省、河南省は少ないこと、が指摘できる。他方、出資金および棉田面積では河北省が一位を維持し、山東省はこれに次ぐ地位にあった。河北省において合作社が多かった理由は、国民政府期に河北省棉産改進会が活発に事業を展開した実績があり、この地盤を引き継ぐ形で日本側合作社が設立されていたからである[36]。

このような棉産改進会系合作社の数は、いったいどの程度の普及率と見なせばよいのだろうか。棉産改進会系合作

表 5-9　華北棉産改進会指導合作社の組織率（河北省）

| | | 1939 年 | 1941 年 |
|---|---|---|---|
| 合作社業務区域 | 戸数 | 73,301 | 141,400 |
| | 耕田面積計（畝） | 1,727,571 | 3,038,072 |
| | 耕田面積 1 戸平均（畝） | 23.6 | 21.5 |
| | 棉田面積計（畝） | 471,575 | 749,209 |
| | 棉田面積 1 戸平均（畝） | 6.4 | 5.3 |
| | 米棉比率（%） | 94.4 | 91.7 |
| 合作社社員 | 社員数 | 18,576 | 34,518 |
| | 耕田面積計（畝） | 698,134 | 1,275,852 |
| | 耕田面積 1 戸平均（畝） | 37.6 | 37.0 |
| | 棉田面積計（畝） | 250,605 | 418,436 |
| | 棉田面積 1 戸平均（畝） | 13.5 | 12.1 |
| | 米棉比率（%） | 97.0 | 96.7 |
| 組織率 | 戸数比（%） | 25.3 | 24.4 |
| | 耕田面積比（%） | 40.4 | 42.0 |
| | 棉田面積比（%） | 53.1 | 55.9 |

出典：華北棉産改進会調査科『華北棉産改進会業務概要業務概要』（日訳）、1939 年。
華北棉産改進会調査科『民国三十年度華北棉産改進会事業概要』（日文）、1942 年。

社の組織率を表5-9に掲げている。戸数は、棉産改進会系合作社が業務区域とした村落の全戸数である。米棉とはアメリカ綿花のことで、国民政府期以来、棉産改進会はアメリカ綿花の種子を普及することを中心的な事業としており、日本側の手に移ってからも米棉普及事業は継続して行われていた。三九年と四一年を比べてみると、合作社業務区域の戸数がほぼ倍化していることに注目したい。棉産改進会系合作社が設立されるべき区域（日本側が掌握している区域）が拡大しており、合作社の組織率を見るときには、分母にあたる総農家戸数が変動（増加）していること（日本側の掌握している村落数が増加していること）に注意が必要である。合作社業務区域が約一・九三倍になっているのに対し、合作社社員数は一・八六倍にとどまり、戸数で見た組織率は三九年の二五・三％から四一年の二四・四％へとやや低下していた。もっともこの間の業務区域における棉田面積がさほど増えなかったため（新たに日本側が掌握した区域に相対的に棉田が少なかったため）に、棉田面積における合作社社員の耕作する棉田比率は五三・一％から五五・九％へと拡大していた。すなわち業務区域の棉田の過半は棉産改進会系合作社の掌握するところとなったのである。

さて、表5-8による棉産改進会系合作社数の増加と表5-9による棉産改進会系合作社組織率の停滞（戸数比約二五％、棉田比約五〇％）はどのように整合的に理解すればよいのだろうか。まず、綿作農家は村落総農家のうち一部であるということ、棉産改進会系合作社はあくまでも綿作農家を組織しているということ、組織率の分母に当たる棉産改進会の業務区域は拡大を続けているということ、この三つを踏まえると、地域を拡大することにより、一定の組織率で合作社数（社員数）が増大した、という現象となるのである。日本の産業組合は、一九三〇年代に内包的拡大（村落の全戸加入、全層加入）を果たしていたのと対照的に、棉産改進会系合作社は外延的拡大を果たしていた。これは、明治・大正期の日本の産業組合の拡大傾向と類似の現象であるといえよう。

合作社の普及によって、農産物流通の経路がいかに変化したのか、山西省解県の事例を紹介することにしよう。日中戦争前、解県には集市（中心的な市場）はなく、河南省などから客商（行商人）を迎えて中継的取引が行われ、商業それ自体は盛んであった。日中戦争がはじまると、「外界から遮断」され、特に四一年九月から県単位経済封鎖が実施され、公定価格が強化されると市場での農産物取引はまったくなくなってしまった。綿花を扱う花店も日中戦争前は二〇数戸（すべて穀物を取り扱う糧坊を兼業していた）を数えたが、戦争により一戸も存在しない状況となった[37]。

しかし、県合作社が設立されると、次のように状況が変わったのである。すなわち旧来の糧坊や花店の機能および地位を県合作社が継承することになった。農家あるいは農家から綿花を買い集めた花販子は、繰綿と棉実とを別々に各自随意の容器に入れて、馬車に乗せ、最寄りの「県連出張所」（県合作社の出張所）に搬入する。県連出張所では即時格付け検査と検斤（検量）を行い荷受けし、等級別に散貨の形で駅や出張所所在地の綿花倉庫に入れる。代金は直ちに現金にて農民に支払う。入庫した散貨の綿花はここで「半締」され一五〇斤の俵にされる。代金の現金払いが可能となった理由は、県合作社が棉花協会より綿花収買資金を無利子で前渡しされているからである。県合作社は「解県駅貨車乗渡建値」でもって荷造り費用、運搬費をも合作社が負担する形で棉花協会に売り渡すのである[38]。

県合作社（県連とも表記されるが）は県内各所に出張所を設けており、これら合作社を通じて綿花が農民から最終的に棉花協会（日本側集荷機関）に渡されていること、県合作社は棉花協会からの収買資金融資を受けて綿作農民に出荷時すぐに現金で代金を支払っていることがわかる。これはあたかも日本の産業組合の販売事業のような共同販売を実現している事例だが、これが占領下華北において一般的な事例だったのだろうか。内山雅生の『中国農村慣行調査』分析および現代中国農民からの聞き取り調査によると、日本占領下において綿花の品種改良が行われたこと、日本人または日本人配下の中国人が農薬や肥料を前貸しし、綿花の収穫後に返済したこと、などが明らかにされている[39]。これらはまさに華北棉産改進会および棉産改進会系合作社の事業を意味していると思われるのである。

## 三．華北合作事業総会の設立

このような、合作社設立・指導方針は、占領当初から日本軍がもっており、各方面から占領地区における合作社設立が進められていた。軍による合作社指導方針の一例として「合作社普及初期工作要領」（一九三九年）を見てみると、合作社設立の前段階として「合作社ノ萌芽的団体タル互助社」を組織すること、互助社には種子・肥料・農薬・食糧・油・マッチなどの消費物資を「投与」し、組織化をはかる、とされている[40]。

ところで、日本軍占領地には、新民会が組織され占領地支配の基本的組織として活用されていた。新民会は、経済事業を行うために合作社を組織していた。これを新民合作社とよんでいる。新民会と合作社との関わりは「新民会設立後、合作社ニ関スル一切ノ運営ヲ臨時政府ヨリ新民会ニ委譲ヲ受ケ[41]」たことから始まっている。

ところで、新民合作社については、その実態が不鮮明であり、批判も多かったために、新民会厚生部合作科は四〇年五月十六日から半月にわたって新民合作社の実態調査を行った。三班六名の科員が冀東津海地区、保定、冀南、予北地区、山東地区と二特別市一市二十九県を詳細に調査し、その結果を「新民合作社中央会報告」（四月十九日付印刷）として作成した。そのなかでは「中央会創立当初機構は徒らに厖大にして、事業は之に伴はざる結果、人員は漸次減少した。組織系統確立せず地方との有機的関連無き為、資金偏在その他事業の無統制を招来した。合作社の組織運営大綱確立せず、目前に継起する事象の処理に没入せる結果、現在の実質的事業としては、資金の事務的処理並に合作社の一般的宣伝を挙げ得るのみである。」ときびしく批判している。そして四〇年四月一日現在の「事変前の貸付に関するもの」（国民政府期合作社による貸付残高）一三〇万一四二六・八二元に対し「事変後の貸付に関するもの」（新民合作社による貸付残高）は一四五万六六二六・八二元と微増したにすぎないことを指摘している。(42)

新民合作社の事業不振という事態に直面して、日本側合作社を統一する機運が生じてきた。その経緯は次の通りである。日中戦争前、各省合作事業委員会、華洋義賑会、棉産改進会など各種の機関の指導下に発達していた華北の合作社は、日中戦争後、新民会と華北棉産改進会の二つの機関に属することになった。これを統一するために四一年一〇月、華北合作事業総会が設立され、華北の合作社は一元的に再編されたのである。(43)このことが、華北における綿花買付に、いかなる影響を与えたのか、については分析できていない。今後の課題としたい。(44)

日中戦争開始後、華北における綿花流通機構は大きく変化し、日系商社は農村部に進出し、合作社が増え、日本側に綿花を集めるしくみそのものは強化されていった。食糧危機、価格の不利、収支悪化（赤字）という最悪の状況に置かれた綿花生産が、それにもかかわらず収買量を増やしていったことについて、占領行政と日本側綿業関係者によるさまざまな働きかけ、および「経済外的」な要因をも考慮しなければならないことを示唆している。

# おわりに

戦時期における綿花という農林資源の有した意義について本章が明らかにしたことを述べておきたい。まず、綿花を原料とする綿布は、日本国内における民需は厳しい消費規制のもとに置かれていた。これは綿花が第三国輸入に依存していたことにより、外貨不足のために輸入が規制されたこと、ステープル・ファイバー（ス・フ）、人絹（レーヨン）などの人造繊維が綿布をはじめとする天然繊維の代替品として生産可能であったことによっている。しかし、このことは日本内地において見られたことであり、中国の日本占領地や満洲国においては綿布、綿製品は依然として住民支配のための必須の物資であった。綿花については物動計画上も重要物資の一つであり、軍需に加えて「現地民需」への供給も計上されていたのである。綿布は軍需品であると同時に民需品としても重要視されていたのであり、その原料たる綿花は第三国貿易途絶以降はほぼすべてが中国・華北および華中に求められたわけである。

日本占領下の華北が世界的な綿花生産地帯であったことから、人口の大部分を占める農民支配のために、綿花生産を復興・拡大することが占領政策の中心課題となった。また、紡績工場も従来から天津、青島など華北の主要都市に在華紡として発展していたので、これらの復興により華北において綿花生産・綿糸生産・綿布生産（在華紡の多くは兼営織布部門を有す）を期待することができたのである。ここで注目すべきことは、日本占領下、戦災からの復興過程において紡績では日本企業系が民族資本系を圧倒し、綿花収買（買付）のルートは日本系商社が県城にまで支店・出張所を出すという形で再編成されたことである。そして、日本占領下の農村では綿作農民を合作社に組織するという政策が進められたのである。

このように、農林資源たる綿花は、日中戦争下の華北において農民を掌握する目的であり、製品たる綿布は農民を掌握するための手段であった。しかし、華北の農業経営という観点からみるならば、綿花作付と食糧農産物作付との競合（後者への移行）、綿花生産の経営収支悪化が進行していた。華北農民が、食糧農産物を中心とする自給農業に回帰してしまうことを日本側はもっとも恐れていた。綿花を増産するためには食糧農産物も安定的に生産され供給されなければならなかったわけで、換言するならば、華北農業の復興と日中戦争以前にも増した綿花商品生産の発展が華北占領行政の課題であったといえよう。

こうしてみると、農林資源の確保が、日中戦争における占領行政の中心課題であったことが理解できる。そもそも満洲国も中国も人口の大半を農民が占める農業社会であった。満洲事変および日中戦争により本国の数倍にあたる広大な農業社会、膨大な農民を支配下に置いた日本帝国は、これまで経験したことのないようなスケールの新たな農業問題を突きつけられることとなったのである。

## 注

(1) 白木沢旭児「日中戦争期の貿易構想」『道歴研年報』第六号、二〇〇六年、同「日中戦争期の東亜経済懇談会」『北海道大学文学研究科紀要』第一二〇号、二〇〇六年。

(2) 戦時期の中国占領地に関する先駆的研究を行った小林英夫は、「華北における物資蒐集状況」、「華中における物資蒐集状況」の項で、一九四三年～四四年時点における綿花収買の状況を取り上げ、日本側の収買が困難だった理由を食糧農産物との競合と中国共産党解放区（辺区）への流出に求めているのは注目できる。ただし、分析している時期が限られており全貌は未だに解明されていない。小林英夫『大東亜共栄圏の形成と崩壊』御茶の水書房、一九七五年、四九七頁～五〇四頁。中村隆英は、華北占領期の各種計画文書を分析しており、これらの資料中に綿花について記されていることがしばしばあるが、中村の本文での言及はきわめて少ない。農業生産および綿花生産高が示された箇所においても叙述は食糧生産部門に力点が置かれる。中村の主たる関心が華北経済支配と日本の戦争遂行との関わりにあるので、直接的な軍需物資ではなかった綿花は分析対象とはならなかったのだろう。中村隆英『戦時日本の華北経済支配』山川出版社、一九八三年。

（3）山崎志郎『物資動員計画と共栄圏構想の形成』日本経済評論社、二〇一二年。

（4）高村直助「綿業輸出入リンク制下における紡績業と産地機業」（近代日本研究会編『年報近代日本研究九戦時経済』山川出版社、一九八七年）、寺村泰「日中戦争期の貿易政策―綿業リンク制と綿布滞貨問題―」（近代日本研究会編、前掲書）、白木沢旭児「日中戦争期の輸出入リンク制について」『北海道大学文学研究科研究紀要』第一二五号、二〇〇八年。

（5）東亜経済懇談会は一九三八年十一月〜十二月に開催された日満支経済懇談会を契機として、常設の中枢機関を設けて継続的に懇談会を開催するという趣旨のもと、三九年七月一〇日に創立総会が行われた。会長には財界実力者の郷誠之助を据え、日本本部長には日本商工会議所の会頭八田嘉明、顧問には現職商工大臣、農林大臣が並ぶほか池田成彬、賀屋興宣、結城豊太郎など前・元大蔵大臣が並んでいる。また、日本経済連盟会、各地主要商工会議所、各地主要銀行集会所、カルテル組織（業界団体）、各種組合中央会といった経済団体を網羅しており、当時の民間経済界を代表する構成であるといえるだろう。毎年十一月〜十二月に総会・大会を大規模に開催しつつ、問題ごとの懇談会をたびたび開催した。白木沢旭児「日中戦争期の東亜経済懇談会」（前掲）。

（6）『中外商業新報』一九三九年十二月七日。

（7）日満支経済懇談会事務局、社団法人日満中央協会編『日満支経済懇談会報告書』一九三九年、七一頁。

（8）同右、七三頁。

（9）同右、七六頁。

（10）白木沢旭児「日中戦争期における長期建設」『日本歴史』第七七四号、二〇一二年。

（11）農業（繊維）を主とする懇談会議事録、一九四一年十二月五日開催（東亜経済懇談会『東亜経済懇談会第三回大会報告書』一九四二年、三二二頁。

（12）同右、三二三頁。

（13）同右、三二四頁。

（14）渡辺純子「戦時期日本の産業統制の特質―繊維産業における企業整備と「一〇大紡」体制の成立―」『土地制度史学』第一五〇号、一九九六年。

（15）この点に関しては、渡辺純子『産業発展・衰退の経済史―「一〇大紡」の形成と産業調整―』有斐閣、二〇一〇年の「第二章「一

○大紡」の戦時多角化」のなかに「第三節植民地投資」の項があり、主要紡績会社それぞれについて、大陸における支店、出張所、繊維事業、非繊維事業がすべて網羅されている。これによると、一〇大紡の大陸進出は時期的には日中戦争開始以後、地域的には日本軍占領下の中国が圧倒的に多く、事業内容は繊維事業および非繊維事業（機械工業、化学工業、鉱業など）双方が見られることがわかり紡績企業の「戦時多角化」の実態を明らかにしたものとして注目できる。ただし、節の表題が「植民地投資」となっているが、むしろ「占領地投資」と称する方が実態に即しているように思われる。

(16) 企画院『日満支経済協議会議事速記録昭和十四年十一月』三五二頁。

(17) 華北綜合調査研究所緊急食糧対策調査委員会『満州ニ於ケル食糧蒐荷機構ト蒐荷対策─満、北支食糧事情ノ比較研究ノ為ニ─』一九四三年（解学誌監修『満洲国機密経済資料　第一三巻　農業生産と農産品の買い入れ（上）』本の友社（復刻）、二〇〇一年）。

(18) 華北四省の紡績工場の精紡機錘数は一九三七年八月に一二五万五八五三錘であったものが、四一年十二月には一二〇万四〇四〇錘となっており、日中戦争による被害からかなりの程度回復していたことがうかがえる。その内訳を見ると、中国民族資本系が三四万〇九六四錘から八万五〇九六錘に激減し、これに替わって軍管理が〇から二二万三三七二錘に増加している。四一年十二月の日本資本系、日華合弁、軍管理を合わせた精紡機錘数は全体の九二・九％を占めており、中国民族資本を駆逐して日本資本が大部分を制覇したことがわかる。甲集団参謀部編『北支那資源要覧』一九四二年。

(19) 表5-3の資料による。

(20)『中外商業新報』一九三九年一〇月八日。

(21)『中外商業新報』一九四〇年五月三一日。

(22) 満鉄北支経済調査所『昭和十五年度北支主要物資需給調査参考資料第一編棉花』一九四一年四月、二頁。

(23) 同右、二頁。

(24) 軽工業部会、一九四〇年十一月二八日、東亜経済懇談会『東亜経済懇談会第二回総会報告書』一九四一年、五一八頁。

(25)「支那棉花問題座談会」『大日本紡績連合会月報』第五八四号、一九四一年六月。

(26) 華北棉産改進会『華北棉作農村臨時綜合調査中間報告』一九四三年六月、一頁。

(27) 華北棉産改進会調査科『民国三十二年度（第一次）華北四省棉田面積及棉花産額估計表（日文）』一九四三年。

(28) 国立北京大学とは、北京大学を日本側が接収し教員、学生を日本から送り込んで運営したものである。農学院および農村経済研究所は東京帝大農業経済学教室在籍者、出身者が中心となって設立・運営されていた。詳細は田島俊雄「農業農村調査の系譜―北京大学農村経済研究所と「齊民要術」研究―」（末廣昭編『岩波講座「帝国」日本の学知　第六巻地域研究としてのアジア』岩波書店、二〇〇六年）参照。

(29) 国立北京大学附設農村経済研究所（鞍田純執筆）『日支事変勃発後の華北農産物流通過程の動向』一九四三年、一四六頁。

(30) 同右、一四七頁。

(31) 同右、一四七頁。

(32) 百科事典の記述を参照すると、「日本の協同組合にあたる中国の、労働者、農民あるいは住民が連合して組織した経済組織。合作社の主要形態には農業生産合作社、供銷（購買、販売）合作社、信用合作社、手工業生産合作社、運輸合作社などがある。旧中国においても、アメリカ系統、国民党、東北、華北における日本、そして解放区における共産党によって種々の合作社が存在したが、以下代表的な事例として新中国の農業生産合作社について述べる。人民共和国成立直後から農村では土地改革が実施され、地主的土地所有制をうち破り農民が土地を所有して小農経営を行った。その後、社会主義的改造の方針の下に協同化が進められ、互助組、初級農業生産合作社、高級農業生産合作社の段階を経る。（以下略）」とされ、日本占領下の合作社が存在したことはふれられているが、具体的な説明は社会主義中国に関するもののみとなっている。『世界大百科事典』平凡社、一九八八年。

(33) 太田宇之助「合作社運動」（『アジア問題講座経済産業篇（三）』創元社、一九三九年）三八九頁～三九〇頁。

(34) 飯塚靖「一九三〇年代河北省における棉作改良事業と合作社」『駿台史学』第一一二号、二〇〇一年、同『中国国民政府と農村社会―農業金融・合作社政策の展開―』汲古書院、二〇〇五年。

(35) 華北棉産改進会とは河北省棉産改進会を引き継ぎながら華北四省を対象として日本側が設けた農事指導機関で一九三九年二月六日に設立された。設立時の幹部は理事長に殷同（中華民国臨時政府建設総署督弁）、副理事長に三原新三（農学博士）、常務理事に張水淇、山田金五という顔ぶれで、理事には中国人としては華北四省の建設庁長らが、日本人としては紡績業界人が名を連ねていた。華北棉産改進会の指導下に各県、各村に合作社が組織された。役員名は財団法人日本棉花栽培協会編『財団法人日本棉花栽培協会事業概要　昭和十四年十二月』、華北棉産改進会調査科編『民国三十年度華北棉産改進会事業概要（日文）』一九四二年による。

(36) 田辺栄一（華北棉産改進会）「北支棉産状況と改進事業」（紡織雑誌社編『大陸と繊維工業　創立三十周年記念出版』紡織雑誌社、一九三九年）。
(37) 国立北京大学附設農村経済研究所、前掲書、一六八頁。
(38) 同右、一六九頁。
(39) 内山雅生『日本の中国農村調査と伝統社会』御茶の水書房、二〇〇九年。
(40) 「昭和十四年五月　合作社普及初期工作要領」作成者・作成年不明、北海道大学附属図書館所蔵「高岡・松岡旧蔵パンフレット」中国六八。
(41) 原澤仁麿『中華民国新民会大観』公論社、一九四〇年、四〇頁。
(42) 華北合作事業総会（福田政雄著）『華北合作社運動史』一九四四年、一三八頁～一三九頁。
(43) 国立北京大学附設農村経済研究所、前掲書、一五八頁。
(44) 実は綿作地帯でも軍の直接指導による綿花収買が行われており、笠原十九司『日本軍の治安戦―日中戦争の実相―』岩波書店、二〇一〇年がその一端を明らかにしている。また、笠原が依拠した文献である村上政則『黄土の残照―ある宣撫官の記録―』鉱脈社、一九八三年には山西省祁県《きけん》に宣撫官として赴任した村上が日夜綿花収買に奔走している様子が詳細に描かれている。本章はこうした軍系統による収買の実態に迫ることはできなかった。解明は今後の課題としたい。

## 参考文献

飯塚靖「一九三〇年代河北省における棉作改良事業と合作社」『駿台史学』第一一二号、二〇〇一年。

同　『中国国民政府と農村社会―農業金融・合作社政策の展開―』汲古書院、二〇〇五年。

内山雅生『日本の中国農村調査と伝統社会』御茶の水書房、二〇〇九年。

太田宇之助「合作社運動」『アジア問題講座経済産業篇（三）』創元社、一九三九年。

外務省記録『各国ニ於ケル農産物関係雑件　綿及綿花ノ部　中国ノ部』アジア歴史資料センター B06050466100。

笠原十九司『日本軍の治安戦―日中戦争の実相―』岩波書店、二〇一〇年。

華北綜合調査研究所緊急食糧対策調査委員会『満州ニ於ケル食糧蒐荷機構ト蒐荷対策―満、北支食糧事情ノ比較研究ノ為ニ―』一九四三年（解学誌監修『満洲国機密経済資料　第一三巻　農業生産と農産品の買い入れ（上）』本の友社（復刻）、二〇〇一年）。

華北棉産改進会『華北棉作農村臨時綜合調査中間報告』一九四三年。

華北棉産改進会調査科『華北四省棉田面積及繰綿生産量累年統計』一九四三年。

同『民国三十年度華北棉産改進会事業概要』（日文）、一九四二年。

同『華北棉産改進会業務概要』（日訳）、一九三九年。

同『民国三十二年度（第一次）華北四省棉田面積及棉花産額估計表（日文）』一九四三年。

華北合作事業総会（福田政雄著）『華北合作社運動史』一九四四年。

企画院『日満支経済協議会議事速記録昭和十四年十一月』一九三九年。

甲集団参謀部編『北支那資源要覧』一九四二年。

国立北京大学附設農村経済研究所（鞍田純執筆）『日支事変勃発後の華北農産物流通過程の動向』一九四三年。

小林英夫『大東亜共栄圏の形成と崩壊』御茶の水書房、一九七五年。

財団法人日本棉花栽培協会編『財団法人日本棉花栽培協会事業概要　昭和十四年十二月』一九三九年。

山東省公署建設庁、新民会山東省指導部「民国二十八年一月　農村合作社設立要綱」北海道大学附属図書館所蔵「高岡・松岡旧蔵パンフレット」中国六八、一九三九年）。

白木沢旭児「日中戦争期の貿易構想」『道歴研年報』第六号、二〇〇六年。

同「日中戦争期の東亜経済懇談会」『北海道大学文学研究科紀要』第一二〇号、二〇〇六年。

同「日中戦争期の輸出入リンク制について」『北海道大学文学研究科研究紀要』第一二五号、二〇〇八年。

同「日中戦争期における長期建設」『日本歴史』第七七四号、二〇一二年。

高村直助「綿業輸出入リンク制下における紡績業と産地機業」近代日本研究会編『年報近代日本研究九戦時経済』山川出版社、一九八七年。

田島俊雄「農業農村調査の系譜―北京大学農村経済研究所と「齊民要術」研究―」末廣昭編『岩波講座「帝国」日本の学知　第六巻地域研究としてのアジア』岩波書店、二〇〇六年。

田辺栄一（華北棉産改進会）「北支棉産状況と改進事業」紡織雑誌社編『大陸と繊維工業　創立三十周年記念出版』紡織雑誌社、一九三九年。

寺村泰「日中戦争期の貿易政策―綿業リンク制と綿布滞貨問題―」近代日本研究会編『年報近代日本研究九戦時経済』山川出版社、一九八七年。

東亜経済懇談会『東亜経済懇談会第二回総会報告書』一九四一年。

同　『東亜経済懇談会第三回大会報告書』一九四二年。

中村隆英『戦時日本の華北経済支配』山川出版社、一九八三年。

日満支経済懇談会事務局、社団法人日満中央協会編『日満支経済懇談会報告書』一九三九年。

日本棉花同業会、輸出綿糸布同業会、日本綿糸布輸出組合連合会『棉花綿糸綿布月報』。

原澤仁麿『中華民国新民会大観』公論社、一九四〇年。

南満洲鉄道株式会社北支経済調査所『昭和十五年度北支主要物資需給調査参考資料　第一編棉花』一九四一年。

村上政則『黄土の残照―ある宣撫官の記録―』鉱脈社、一九八三年。

山崎志郎『物資動員計画と共栄圏構想の形成』日本経済評論社、二〇一二年。

渡辺純子「戦時期日本の産業統制の特質―繊維産業における企業整備と「一〇大紡」体制の成立―」『土地制度史学』第一五〇号、一九九六年。

同　『産業発展・衰退の経済史―「一〇大紡」の形成と産業調整―』有斐閣、二〇一〇年。

「昭和十四年五月　合作社普及初期工作要領」作成者・作成年不明、北海道大学附属図書館所蔵「高岡・松岡旧蔵パンフレット」中国六八。

# 第六章　「満洲」における地域資源の収奪と農業技術の導入
## ―北海道農法と「満洲」農業開拓民―

今井良一

満洲在来農法における粟の除草風景
（満鉄総裁室弘報室編『満洲農業図誌』非凡閣、1941 年より）

満洲在来農法では多くの作業が人力のみで行なわれ、多人数で一斉に取り組まれた。このことが日本人開拓民が農業で多数の現地住民に依存しなければならなかった大きな理由のひとつである。こうしたことから畜力を農業に全面的に取り入れること、つまり北海道農法の導入が試みられたのである。

# はじめに

「満洲」[1]農業開拓民[2]の送出は、一九三二年の満洲国成立とともに始まり、敗戦に至るまで一四年間毎年続けられた。この間に送出された開拓団の総数は約九〇〇団にものぼり、属した開拓民の数は二七万人とも三二万人ともいわれている（四三年までに合計約七万戸が在満していたとされる）。三二～三五年には試験移民（第一～四次、合計約一八〇〇戸）が送出され、三七年からは農業開拓民事業は国策となり、二〇ヵ年一〇〇万戸移住計画（以下、大量移民政策と記す）が始まった。この時期の代表的な開拓団として、分村開拓団[3]（三六年～、本格化は三八年～）や満洲開拓青年義勇隊[4]（三八年～）などがあげられる。

こうして開拓民は満洲へと次々と送出されることになるのだが、日中戦争（一九三七年～）の泥沼化が契機となり、彼らの役割は、次のように重心を移すことになった。この時期、円ブロック内の食糧需給が逼迫し、食糧増産対策が最重要課題になっていたのである。したがって、まず解決されなければならなかったのは、「急速に日満のアウタルキーを完成させることであり、そのための満洲における農産開発（満洲の食糧基地化）であった（中略）日本人開拓農民の大量招致は、もはや日本農村の経済更生や対ソ防衛のためであるより、満洲における農産開発のための要員としてで[5]」あって、彼らの農業者としての定着は急務となっていたのである。その結果、円ブロックにおける満洲国の食糧基地化が進められることとなった。そこで四一年までに日本人開拓民農耕用地として、満洲国の総既耕地の約二〇%が満洲拓植公社や開拓総局によって収奪された[6]。にもかかわらず、本文に示すように、開拓民自身が耕作した土地はほんのわずかであって、そのわずかな耕地でさえほとんどが現地住民（中国人や「朝鮮人」）によって代わりに耕作されたのである（雇用依存経営化・地主化）。その上、満洲拓植公社や開拓総局が獲得した土地の「圧倒的大部分は満洲拓植公社（中略）の管理地あるいは荒地となった[7]」のである。

この結果、農法の問題が浮上してくることになる。一九三九年一二月に発布された「満洲開拓政策基本要綱」は、いわゆる四大営農方針(8)（＝自作農主義・共同経営主義・農牧混同主義・自給自足主義）では等閑視されてきた農法問題に踏み込もうとするものであった。

一般に開拓民が採用し、重要な農法であり続けた満洲在来農法は、土壌水分の保持と雨期の排水の役目を果たす高畝耕作を特徴とする。そのため除草や収穫は人力のみで行われ、非常に多くの労働力を必要とする農法であった。これは寒冷地である満洲においては、無霜期間が約一二〇日と農業の適期が非常に短く、それだけ迅速に作業が行われなければならなかったからでもある（開拓農家は多量の雇用労働力を導入せねばならず、多額の雇用労賃が経営および生活を圧迫していた）。また当時、「満農」とよばれた一般の満洲農民は、肥効は小さいものの土と家畜の糞を混ぜ合わせた土糞を施していたが、開拓民はそれすら施すことができず、大幅な地力の減退も問題になっていた。さらに生活面でも様々な問題が起こっていたために、開拓民は農業に携ることが困難となっていた。詳しくは第一節で述べるが、こうした諸問題から、農業労働の雇用労働者任せや農業そのものからの離脱（地主化）が相次ぎ、開拓民はその本分からはずれることとなっていたのである(9)。

そこで「満洲開拓政策基本要綱」では、以下のように定め、新農法導入の記述が盛り込まれることになった。

①「開拓民ノ農業経営ニ就テハ開拓地ノ自然的経済的条件ヲ考慮シ之ニ即応スル営農型態ニ拠ラシメ大陸新農法ノ積極的創成ヲ目途トス(10)」

②「開拓民ノ依食住《ママ》、保険及生活様式ニ関シテハ大陸的新環境ニ即応スル様適切ナル方途ヲ講ズルモノトシ適地適応主義ニ則リ其ノ綜合的改善ヲ期スルモノトス(11)」

これにより開拓民の農業経営と生活を改善して、農業者としての定着を促すため、自然条件が類似しているため適用可能性が大きいと考えられた北海道農法を導入することになったのである(12)。

北海道農法とは、満洲と気候条件が似た北海道における先進的な農業で、(a)プラウ、ハロー、カルチベーター

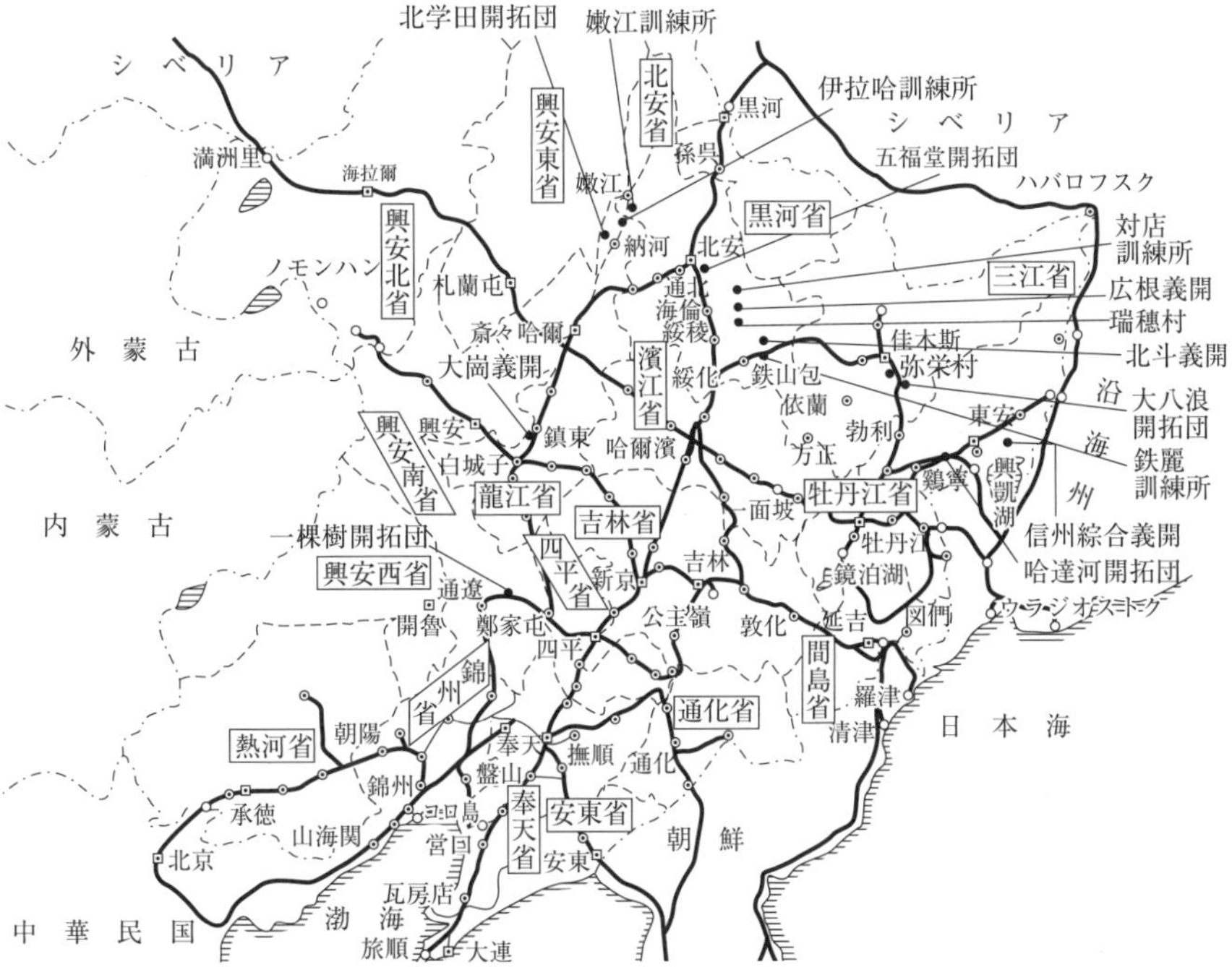


などの畜力用農具による耕作、つまり平畝耕作と「耕耘過程の畜力化」により除草労働力を節約し、かつ深耕によって土壌を改良し、(b)穀物作・長期輪作・緑作休閑・酪農をバランスよく取り混ぜることにより、労働量配分を平均化して適期作業を実現するとともに、(c)輪作・緑作効果および畜産との結合により、地力を維持増進し、(d)さらには、多作物栽培による生活の安定化と乳製品を食生活に取り入れることで栄養を改善して開拓民の体力の改善を図る、という総合的・体系的なものであった。つまりこれは、十分な資材を供給しつつ、幹部・指導員の強力なリーダーシップのもとに、農業技術を習得し、割当耕地、一戸当、水田一町歩・畑九町歩、平均計一〇町歩をもとに、家族労働力を主として、水田作・畑作・家畜を取り混ぜて多角的に経営するとともに、自給自足的で、満洲の気候風土に適した健康的な生活を営んで農作業にしっかりと従事する、というものであった。そして家族労働力で手に負えない場合は、安易に雇用労

働力に依存することなく農家間で協力することが求められたのである。

こうして日本内地では到底望むことのできなかったアジア農業のモデルたるべき近代的大経営をすぐさま創出して、戦時における食糧増産体制に寄与させようという壮大な計画がスタートした。このようにモデル農村・モデル農家・モデル農業が容易に確立すると喧伝され、多数の開拓民が渡満することとなったのである。

これまでに筆者は、近年、満洲農業開拓民事業の評価を定めるうえで重要な論争点[13]となっている満洲農業開拓民への北海道農法の普及実態とその効果について、北海道農法に関する二つの先進開拓団、すなわち第六次「五福堂」[14]開拓団（一九三七年に「北安」[15]省通北県に入植）および第七次「北学田」[16]開拓団（三八年に「龍江」[17]省訥河県北学田に入植）を事例に検討を加えた。その結果、これら先進開拓団であっても北海道農法を総合的・体系的に導入するどころか、耕耘過程すら完全には畜力化できず、試験移民と同様、雇用労働力を導入せざるをえなかったこと、また驚くべきことに、中には単なる失敗というよりは地力の大幅な減退を伴ったところもあったということ、その結果、営農から撤退し地主化せざるをえなかったこと、を明らかにした。すなわち、北海道農法は「農法問題の切り札」として期待されながら、その実態は、理念（モデル）とはほど遠いものであったのである。[18]

本章では、これまで筆者が手掛けてきた満洲農業開拓民の先駆けである試験移民における農業経営および生活のあり方（第一節第一・第二項）と北海道農法導入の経過（第二節第一・第二項）をふまえ、新たに次の諸点の考察を付加したい。第一は、同村出身者で構成されることから団結力と組織力が増すと期待された分村開拓団や三年間にわたる農業訓練を経ることにより新農法に対する高い適応性が期待された義勇隊[19]における北海道農法の普及実態を明らかにすることであり[20]（第二節第三項）、第二は、これまでの研究で手薄であった視点、特に、満洲現地の農事試験場のあり方、普及員のあり方、開拓民の技術の受け入れ能力、開拓民のニーズ、などを具体的に明らかにすることである（第三節）。以上により、北海道農法の普及・効果実態について理解を深めたい。

# 第一節　北海道農法導入以前の試験移民における地域資源の収奪

## 一・第一次開拓団「弥栄村」における森林資源の枯渇

本項では一九三二年に渡満し、翌三三年に「三江[21]」省樺川県永豊鎮に入植[22]した第一次開拓団「弥栄村[23]」を事例[24]として、農業経営が破綻した開拓農家がどのような行動をとったのかを明らかにする。

第一次開拓団弥栄村と次項で例にあげる第三次開拓団「瑞穂村」と異なる点は、弥栄村が広大な森林地帯を有していたことであった。弥栄村の開拓農家は困難な農業を営む（次項参照）よりは早々にその本分である農業から離脱し、森林の伐採・販売に活路を見出した。しかしその森林伐採のあり方は再生産視点を欠き、「入植以来無尽蔵の如く評価[25]」されてきた「未伐採面積の伐木可能年限が比較的短期的なるものと推定[26]」され、「若し従来通りの伐採量を続ける時は長くも七～八年、短ければ三～四年と推定[27]」されるに至った。彼らはわずか数年で膨大な森林資源を枯渇させ、その跡地は荒れ地と化したのであり、その行為は非常に資源収奪的であったことがわかる（開拓民の寄生性）。こうした行為が顕著にみられたことは「ムラの資源保全」を種々の共同体規制によって取り組んできた日本内地農村とはまったく異なるものであり、他人の土地だからこそできたことであろう。開拓民は非常に刹那的であり、大金の取得を目指したといえる。そして開拓民はこうして稼いだ大金を農業経営に投資することはなく、遊興費や貯金にあてたのである。したがって開拓民の生活は現地資源の山林の収奪の上に成立していたといえる。その後の弥栄村における開拓農家の農業経営および林業の状況については第二節第三項で述べることとする。

## 二．第三次開拓団「瑞穂村」における地主化

本項では、満洲の穀倉地帯といわれる地域に入植した第三次開拓団「瑞穂村」[28]（一九三四年に北安省綏稜県北大溝に入植）を事例[29]として、開拓農家の地主化の過程を説明[30]すると、次のようになる。

（ア）家族労働力が農業労働力としてほとんど貢献できなかったことである。これはまず一戸当の家族労働力が団員（夫）一人のみであったことによる。試験移民はもともと独身の成年男子で編成されていたから、団員は入植してから妻を迎えた（花嫁招致）ため、一斉に出産ラッシュが始まり、妻は家事に従事して忙しく、家の敷地内での蔬菜作以外、ほとんど農業に携らなかった。しかしそれ以前に、団員も指導員でさえも満洲での農業（満洲在来農法）をほとんど知らなかったからでもある。しかも左記（ウ）とともに、開拓民が農業への意欲を低下・喪失させていたこともその理由であった（第四節第一項①参照）。（雇用労働力への依存）。

（イ）農家間で協力できる条件を欠いており、右記のような量的にも質的にも脆弱な家族労働力を補完できなかったことである。そのためたとえ小面積を耕作することですら不可能であった。内地農村では農業が家族労働力で手に負えない場合は地縁的共通性に依拠して農家間で協力することが通常であったが、試験移民の構成員は日本全国からの選抜のため地縁的結合力が非常に弱かったのである（雇用労働力への依存）。

（ウ）生活の問題から頻繁に病気（屯墾病[31]を含む）になるなど、開拓民の労働能力が著しく低下していたことである。これは生活指導体制の不備から、開拓民が衣食住において日本内地と同様の生活、つまり満洲の気候風土に適さない生活をそのまま続けざるをえなかったことによる（雇用労働力への依存）。

（エ）多額の雇用労賃の確保、家畜購入費の確保、日本内地と同様の生活を営むための現金の確保、医療費の確保などのために、大豆、麦類、水稲といった商品作物栽培へ特化したことである（輪作体系の不成立、さらなる雇用労働力への依存という悪循環）。

（オ）雇用労賃の高騰によって、各開拓農家において雇用労働力の導入が制限され、耕作地における除草・収穫が不十分となったことである（農業の適期を逃す＝品質・収量の低下）。
（カ）ほぼ無肥料での栽培によって地力が減退したことである（品質・収量の低下）。これは労働力が不足していたこと、または、当時、満洲は非常に肥沃な土地が多くあり、肥料なしでも作物が立派に育つと宣伝されており、開拓民がそのように思い込んでいた、という理由が考えられる。
（キ）右記（ア）～（カ）の問題に対処する幹部・指導員のリーダーシップが欠如していたことである。

以上のように、試験移民ではまともに農業を営むことができず、開拓民は離農せざるをえなかった。いずれにしろ開拓民は経営および生活の永続性に非常に無関心であったといえよう。

こうしたことから増産体制下、北海道農法のような先進的な農法の導入によって開拓民の農業者としての定着が強く求められることになった。このようななか一九三七年以降には、家族労働力の増加（核家族入植や直系家族入植）および地縁的結合力（県単位や郡単位、行政村単位）に配慮した開拓団、加えて農業訓練を重視した義勇隊の送出が盛り込まれた大量移民政策[32]が計画（国策化）されることとなったのである。

## 第二節　他の開拓団および義勇隊における北海道農法の普及実態

### 一・満洲への北海道農法導入の経緯

開拓民への北海道農法の導入にあたり、実験農場の設置や北海道農家の満洲への送出が実施された。一九三八年末に満洲拓植公社が第一次開拓団弥栄村および第三次開拓団瑞穂村に、それぞれ一戸の北海道農家を入植させたのがその最初である。四〇年には七一戸の北海道農家が開拓農業実験場一〇ヵ所に入植し、彼らは除草に雇用労働力を導入せずに一戸当平均六・六町歩を耕作した。特に水曲柳の実験場では、一八戸の農家が一戸当平均九・六町歩を耕作するという成績をおさめたのである。しかしこれらはあくまで熟練した北海道農家の成果であり、府県から送出された一般の開拓民に可能かどうかは大いに疑問視された。

ところが同年に第七次北学田開拓団で初めて一般日本人開拓民によって北海道農法が取り組まれ、除草に関して雇用労働力に依存せずに全体で五七〇町歩が耕作されたのである。これは、(a)満洲拓植公社からの資金調達で、日本馬八八頭と北海道農具一九組を北海道から購入できたこと、(b)プラウ操作の困難を予想した同公社が秋耕のためにトラクターを派遣したこと、(c)農具の組立、装具、使用要領、役馬の使役の指導などを「団では予め指導実験農家及幹部で各部落を巡回座談会、実地指導を行ひ、満拓よりも馬耕専門技術者を派し、実際播種作業期間各部落に実地指導をして万全を期した[33]」こと、(d)団長の北海道視察、(e)「馬の使役に団員凡てが深い経験を持って居た事[34]」、(f)北海道農法の導入に指導員・団員も非常に熱心であったこと、などがその理由である。ただ収穫期には雇用労働力を必要とし、さらには酪農にまで実現には至らなかったものの、この時点で、この成果は、その後の政策展開に大きな影響を与えたことは事実である。こうして一九四一年一月に開拓総局は「開拓民営農指導要領」を示し、開拓民に対して本格的に北海道農法の導入を開始することになったのである。

## 二・北海道農法先進開拓団の農業経営と生活—第七次北学田開拓団を事例に—

第七次北学田開拓団（家族労働力の増加を目的とした核家族入植。福島県出身者で構成＝地縁的な結びつきをできるだけ強化するため県単位での入植）では、家族労働力が夫婦二人に増えたことと、前述のように団員が馬の扱いに慣れていたことで耕耘過程の畜力化により家族労働力による可耕面積は六町歩と、満洲在来農法による耕作よりは増加したものの、左記のような開拓民の体力の低下、そして農家間での協力が不可能であったために、家畜の世話は雇用労働者任せとなった。これはたかだか県単位選抜による地縁的結合力ではあまりに弱かったからである。そのため試験移民同様、雇用労賃の獲得はもちろんのこと、家畜購入費、さらには生活費を稼ぐためにやはり開拓農家は多額の現金を必要とした。例えば生活費では、食費、医療費がかかった。特にこの地域では水田作が不可能であったにもかかわらず、生活指導体制の不備から、食事は米、蔬菜がほとんどで、開拓民はそれらを外部から購入してまでも、日本内地と同様の生活様式をそのまま続けようとした。そのため開拓民は満洲の気候風土に適応できず、体力が低下し、農業労働力として力を発揮できなくなっていた。開拓民が多額の現金を獲得しようとしたことは農作業に雇用労働力を導入していなくとも、開拓農家の作付品目が理念とはかけ離れ、商品作物である麦類・豆類に特化していたこと、特に麦類（主に燕麦）の作付割合が六〜七割にも達していたことからうかがえる。これによって労働力需要のピークが押し上げられ、適期作業が困難になったことは容易に考えられることである（品質・収量の低下）。

また、家族労働力による可耕面積が六町歩であったとはいえ、ほぼ無肥料での栽培であったために、プラウによる深耕だけでは、一時的な収量の増加は見込めるが、「深耕の一面には地力の減耗も著しいから従来のような消極的地力維持法（満洲在来農法における肥料＝土糞を指す）では、不可」[35]で、決して長続きしなかった（品質・収量の低下）。このように地力維持増進ができず、永続的視点を欠いた経営へと向かわざるをえなかったのである（＝試験移民以上の地力の減退）。こうした事態は、農業技術は相互に有機的連関をもつひとつひとつのシステムであり、その一部だけを可能にしたとしても効果がないどころか、逆に破壊を強めることになったから起こったことであるといえよう。

したがって北海道農法の先進開拓団の開拓農家の農業経営および生活ですら、理念との間にこれだけのギャップが存在したのである。その後に一層の地主化が進むことは明らかであった。

## 三．他の開拓団および義勇隊における北海道農法の普及実態

では他の開拓団や義勇隊での北海道農法の普及実態とはどのようなものであったのであろうか。

前述のように、まず北海道の実験農家が入植した第一次開拓団弥栄村および第三次開拓団瑞穂村における開拓農家の例をあげるとともに、その他の開拓団、特に分村開拓団における開拓農家や義勇隊における実態をみてみよう。

第一に、弥栄・瑞穂などの、いわゆる試験移民についてみてみよう。以下、諸資料より関連部分を抜き書きして提示したい。

第一次開拓団弥栄村については、次のような証言がある。

一九四〇～四一年頃になると、森林伐採・木材運搬作業は、「活発ではない。午前二時に起きて五里以上もある遠方での仕事は相当こたえたと云ふ（森林の大規模な伐採によって伐採地は急速に奥地へと移動することとなった）。半額の補助を受けて二百円位で購入した北海道産の馬は激しい作業のため殆ど斃れ、現に残つてゐるのは一頭きり」[36]であった。それに「普通の開拓民はほとんど単身入植して後、家内を持つた者である。二、三年もしたら頭数はふへるであらうがそれは却つて労働力をマイナスする増加である。内地などではよく畑の畔に子供を置いて働いてゐるさまを見受けるが、満洲開拓地では最も人手がゐる除草期には蟆子（ブト）が多くて到底子供を外へ置いて働くと云ふ様な事は出来ない。今弥栄村では平均三名程の子供がゐるから、一家の労働能力は一、二名か或ひは一人と云つていい[37]。」

「馬農法[38]に就いても寒心に耐えない。改良農法[39]で手不足を補ひつ、どしどし曠野を拓いて行く開拓地を想像してゐたのは私達のあまさだったらうか──。農具は殆んど在来満農[40]が使用してゐた儘のものである（満洲在来農法）。以前改良

農具[41]を一度取りいれた処もあるらしいが、すぐ壊れてしまつたと団の人がこぼしてゐた。改良農具一切を揃へて三年前は三千四百円位であつたものが現在では五千六百円もするそうである。満拓からの助成金もなくなつた今日、一寸大金である。それよりも開拓民が一番敬遠してゐるのは粗製乱造の品ではと云ふ事だ。そんな関係で現在は自家所有の八割以上を満農[42]に小作させてゐる。これも手不足を補ふ便法としては止むを得ないのかも知れぬが、今の弥栄では手に負へず投げ出した形だ。[43]」

このことから弥栄村では結局、資材が不足して、北海道農法の導入は失敗し、膨大な貸付地が存在していたことがわかる。

第三次開拓団瑞穂村についても、次のような指摘がある。

「苦力についても供給して貰えると云ふ約束だつたのです。本年度瑞穂村では延二千名の臨時苦力が必要であると要求し其の予定で農耕したのですが何処からも苦力が来なかつたため瑞穂村では作つた穀物の適期収穫が出来[44]」なかった。

このことから瑞穂村でも、北海道農法の総合的・体系的な導入が不可能であったことがうかがえよう。

その他の試験移民についても、以下のような指摘があることを付け加えておこう。

「プラウを投げ出してまた（満洲）在来農法に復帰したといふ経路を取つて居ります。[45]」（第四次「哈達河[46]」開拓団―一九三五年に「東安[47]」省鶴寧県に入植。試験移民団）。

「色々北海道農法について研究的にやつてみたのですが何うもうまくいきません。[48]」（「一棵樹[49]」開拓団―一九三二年に「興安南[50]」省通遼県に入植。自由移民団[51]）

第二に、分村開拓団の実態を、第八次「大八浪」[52]分村開拓団（一九三九年に三江省樺川県閻家村に入植。「大日向型」分村開拓団）における記録を通じてみることにしたい。開拓農民たちは次のような証言を残している。

「（北海道農法を）全然知りません。[53]」

「ほとんど新しい機械とか、そういうものはほとんどありませんでした。もちろん北海道で使っとったプラウも、あいうものもないし、満洲の木で作ったリージャン（があった）。畝をたてて、種をまいて、全部手作業で。おそらく大八浪の開拓団の関係は、私も当時見てはいるんですけど、そういう新しい機械（北海道農具）を使っとったっちゅう記憶はありません。ほとんど在来式の農具でやってました。[54]」

このように大八浪分村開拓団では北海道農具自体が提供されなかったのである。しかも不足していたのは農具だけではなかった。分村開拓団は試験移民の重要な対処策のひとつであったが、北海道農法を総合的・体系的に導入できないような幾多の問題を有していたのである。[55]

その問題は、以下のようなものであった。

（ア）開拓民自身が農業労働力としてほとんど貢献できなかったことである。[56]分村開拓団は直系家族の入植を理念としていた。しかし実際には多くの開拓農家は核家族で構成されており、一戸当の家族労働力は試験移民の開拓農家より多く、ほぼ二人確保されていたものの、試験移民期から懸案となっていた開拓民への農業訓練がこの時期においてもほとんど行われなかったために、彼らは満洲での農業はもちろんのこと、北海道農法をほとんど知らなかった。その上、左記（ウ）に加えて、農業に対する意欲の低下・喪失が深刻となっていた。そのため若干数存在した親の世代も農業にほとんど貢献できなかったのである。

（イ）農家間で協力関係を構築することができなかったことである。これは強固な地縁的結合力があったのは基本的には母村の部落であったが、大八浪開拓団の構成員は行政村もしくはそれ以上の範囲から選抜されたために、期待された強固な共同関係を獲得できず、脆弱な家族労働力の量的・質的不足を克服できなかったからである。(57) これに加えて、大量移民政策期になると、(半)強制的な送出が常態化し、最初から農家間で満洲開拓に対する意欲の差が非常に大きく、いよいよ農家間での協力が困難となっていたこともその原因であった。

(ウ)生活指導体制の不備、そして分村開拓団の開拓農家特有の扶養家族の多さから生活程度が急激に低下して体力が低下し、開拓民が農業に携わることが困難になっていたことである。開拓民は衣食住において日本内地と同様の生活をそのまま続ける一方で、労働力として期待された親の世代が農業に携ることなく、また育ち盛りの子が数人いたため、試験移民より扶養家族が増しており、様々な物資の消費が大きかったのである。

(エ)経営、生活両面において多額の現金を必要としたことである。開拓農家は右記(ア)と関連して家畜購入費を確保しなければならなかったし、右記(ウ)と関連して生活資金および医療費を確保しなければならなかった。そのため大豆、麦類、水稲といった商品作物栽培へと特化したのである。

(オ)前述のように、開拓民は地力の維持に関して労力的に困難であったか、もしくは無関心であったことである。このためほとんど無肥料で栽培された。

(カ)右記の諸問題に対処する幹部・指導員のリーダーシップが欠如していたことである。

こうして多量の雇用労働力が必要となった。その結果、当初有力な家族労働力として期待されていた妻が、雇用労働者への賄い作業を含む家事に全面的に携わることになり、農業から完全に離脱してしまう(妻も扶養家族化)。このため試験移民ではかろうじて妻が担当していた家の敷地内での蔬菜栽培すら、大八浪開拓団では団員(夫)が担当することとなり、家族労働力は農作業に占める割合を大幅に低下させ、雇用労働への依存がより強まることとなった。このように単に失敗したというよりは、大八浪開拓団の開拓農家の農業経営や生活は試験移民より悪化し、より深刻に雇用依存経営化し、より深刻に地主化するという驚くべき事態に陥ることとなっていたのである。

第三に、未成年男子（アジア・太平洋戦争末期になるほど一四～一六歳の者が中心となっていく）によって編成された義勇隊についてみてみよう。考察するのは、農業訓練終了前後 ―― すなわち義勇隊開拓団移行前後 ―― における北海道農法の普及実態である。[58] 義勇隊は渡満後すぐに入植する成年開拓民とは異なり、三年間の農業訓練を受けた上で義勇隊開拓団に移行することから、スムーズに農業経営が確立できると考えられ、満洲農業開拓民事業のなかで最も期待されたものである。

最初にとりあげるのは、第一次佐伯中隊である。[59] 本隊は複数府県出身者で編成された混成中隊であり、一九三八年に渡満し、鉄麗訓練所・北斗訓練所を経て四一年に「北斗」[60] 義勇隊開拓団へ移行した。ここでは、「プラウ農法（北海道農法）をやつて行くために（中略）日本馬の使ひ方を十分に修得して行く積り」[61] という状況が記録されており、三年間の訓練を経た後にもなお北海道農法の技術的中核をなす「日本馬の使い方」に馴染んでいないことが判明する。

同じく混成中隊である第一次佐藤中隊（一九三八年渡満後、嫩江訓練所・大崗訓練所を経て四一年に「大崗」[62] 義勇隊開拓団へ移行）においては、「大農器具（北海道農具）があろうはずがなかった」[63] という有様であった。

さらに、やはり同じ混成中隊である第二次辻中隊（一九三九年渡満後、哈爾濱訓練所・対店訓練所・葉家訓練所を経て四二年に「広根」[64] 義勇隊開拓団へ移行）でも、その実態は「酪農経営の何たるかを知る筈はありません」[65] というようなものであった。

以上に示されるように、三年間の訓練を経たはずの義勇隊混成中隊でも、北海道農法の受容に結び付くような農業訓練がほとんど行なわれず、また北海道農法を構成する農具自体が不足していた。これらに加えて、入植主体（開拓民）にかかわる以下の事情が北海道農法の導入を阻んでいた。

（ア）まず指摘すべきは、隊員および隊員家族自体が農業労働力として不全であったことである。隊員は義勇隊開拓団への移行後、花嫁を迎えて家族をもつこととされたため、出産ラッシュが始まるとともに、家族労働力は隊員（夫）一人のみになった。しかも当時、隊員労働力が〇・六人で換算されていたこと[66]に端的に示されるように、成人開拓民に比べ農業労働力としては非常に脆弱であったからである。

右記のように隊員への農業訓練がほとんど行なわれていなかったことに加え、さらに次のような事情から農業への意欲が低下・喪失していたこと（第四節第一項①を参照）もその理由であった。

（イ）生活指導体制の不備から、訓練所での生活様式は日本内地とほぼ同様であり、「先に倒れた者は治つて働いたが、作業能率は今迄の半分しか上がらなかつた。一度治つた者も又倒れ[67]」た、というように病気（屯墾病を含む）が蔓延して一層体力が低下し、農業に携ることが困難となっていたことである。

（ウ）「幹部が人を得ないといふ評判は何処でも相当[68]」であった、というように幹部・指導員のリーダーシップが欠如していたことである。

では、混成中隊において脆弱な家族労働力を質、量ともに補完するため農家間で協力できるような関係が構築できたのであろうか。それは不可能であった。混成中隊では、「県民性と云ふものが一番恐ろしい（中略）大部分（中略）うまく行つてゐな[69]」い、といわれたように、もとより農業自体が成立する条件を欠いていたからであり、北海道農法の導入どころではなかったのが実状であった。

続いて、第五次[70]原中隊[71]（長野県上伊那・下伊那両郡出身者で編成。郷土中隊＝同一府県出身者で編成…地縁的結合力が非常に強固とされ送出された。したがって郷土中隊は混成中隊の対処策であった）、一九四二年渡満→伊拉哈訓練所→四五年に「信州綜合[72]」義勇隊開拓団へ移行）を取りあげる。

「訓練所当時はやっぱり野菜だと思うんですよ。[73]」「野菜なんかこの辺（長野）の野菜つくりと同じ。[74]」だから「（あまり北海道農法とか満洲在来農法とかも）必要とされない。[75]」

「訓練所で開拓団へ行ったら、すぐこういう機械（満洲在来農具、北海道農具）を使ったりしてね、やるという訓練は何もやってなかったね。それはわかりますよ。せいぜい馬を使ってね。馬に馬車を引かして、荷物運ぶくらいのことはできるけど、その程度です。[76]」

「こんなことをしてて私は、（義勇隊）開拓団へ行って果たして何町歩をもらったってやってけるかどうかなってことは、疑問に思ってましたよ。[77]」だから「（義勇隊開拓団へ移行しても）とまどうと思うね。[78]」

「（農法の習得は）そりゃできとらんわね、納得いくとこまではいっとらんわね。酪農ちゅうとこまでいっとらんでね。[79]」

「徹底的に酪農を勉強しようという考えから、訓練所の勉強には限界があることに気が付いた。[80]」

以上のように、郷土中隊においても、北海道農法の訓練がほとんど行われていなかった。加えて、以下のように受け入れ側（開拓民側）の問題も深刻であった。

（ア）混成中隊と同様、農業労働力としての未熟が大きな問題であったが、さらに「なんといっても不衛生ですわね。衛生管理感覚なんてのはお粗末なもの[81]」といわれたように、ここでは病気が蔓延したことが加わっていた。そしてより根本的な問題は、混成中隊よりも隊員の低年齢化が進行しており体力の低下は一層深刻であったため農業労働力としての不適性はさらに深刻になったことである。[82]

（イ）隊員同士の協同性を強化することをめざして組織された郷土中隊であったが、その効果は乏しく、家族労働力の量的・質的不足を補うために農家間で協力するという関係を築くことが不可能であったことである。なぜなら、「村が違うだけでもね、或程度の壁があったの、ちょっと離れるとね、もう衝撃があったんだ[83]」といわれるように、近隣とはいえいくつもの村の寄せ集めであった「郷土」には、農業労働を協力するほど地縁的結合力は強固ではなかったからである。

（ウ）「もっと指導力がほしい[84]」といわれたように、ここでも幹部・指導員のリーダーシップが欠如していたことは同じであった。

結局、郷土中隊においても試験移民以来指摘されてきた諸問題を克服できなかったばかりか、かえって悪化する問題も有していたのである。

したがって、義勇隊開拓団への移行後、「三年間の現地訓練を受けた青少年が（中略）成人開拓団のそれにも生産が及ばない……或はそれと同等以上に出でない（中略）食糧の自給も出来[85]」ないといわれたことは無理もなかったのである。

以上より、期待された分村開拓団や義勇隊でも北海道農法が総合的・体系的どころかまともに導入できず、そして試験移民団の開拓農家と同様、もしくは悪化した状態で地主化の道をたどらざるをえなかったのである。

# 第三節　満洲現地農事試験場および普及員・農具の問題点

## 一・満洲現地農事試験場における問題点

満洲現地には農事試験場（一〇ヵ所）と開拓研究所（五ヵ所）が設立された。農事試験場は公主嶺に本場を置き、興城・錦州・熊岳城・遼陽・安東・哈爾濱・佳木斯・克山・王爺廟に支場が置かれた。一方、開拓研究所は、開拓総局内に本部を置き、哈爾濱・黒河・佳木斯・東安に分所が置かれた。

農事試験場は、「農事試験場報告」、「農事試験場研究時報」、「農事指導資料」を刊行し、開拓研究所は、「開拓

研究所資料」、「開拓研究所指導資料」、「開拓研究所報告」、「大陸開拓」を刊行している[86]。

しかしながら、北海道農法を開拓民に導入するのに下記のような問題を抱えていた。

「同じ機械を北満にも東満にも持つて行つたのでは使へない。北満に向くものは東満には向かない。東満で使へるからと云つて北満へ持つて行つても使へない。同じ玉蜀黍や麦を作るにしても畝からして違つて来る。それを満洲の試験場では確立してゐないのだ[87]」

「克山の国立試験場なんかでやって居られることについて（中略）開拓団と一体になってやればよいのだが国立試験場は国立試験場であると云つた具合で開拓団とは何もやつてゐない。何の結び付きがなくていけない（中略）如何なるプラオがどんな土地によいかと云ふ農具の研究をし、雑草に対してどう云ふ風な営農、農具、草等色々なものを研究しその結果を以て開拓団農業の指導をやる方針を樹てると云ふことが私は急務であると思つた[88]」

「開拓農業の合理化は深耕にありとか、或は秋耕にありとか、或は早期播種にありとか、或はプラウの採用にありとか、或は乳牛の導入にありとかいふやうなことが農業技術者の立場から唱導されてゐるが、これは当該経営に於ける技術的欠陥の最大なる部分を断片的に具体的に指摘されたものに過ぎない。農業経営の合理化問題はこれ等の断片的な技術的改善にのみによつて解決されるほど、さようになまやさしい問題ではないことを銘記せねばならぬ。それ等各種の技術的諸問題は（中略）綜合的に取扱はるべき性質のものである[89]」

このように、開拓民への北海道農法の導入の態勢が整っていなかったことがわかる。

さらに付け加えれば、当時、満洲拓植公社で開拓民の営農計画策定に加わり、その記録を残した須田政美は、当時の満洲の農事試験場について次のように述べている。

「公主嶺のごときは、永く満鉄経営の歴史の中にあって、満洲農業改良発展のために、数少なからぬ業績を提示してきた。しかしその性格は、（府県農試もその範疇を出ないであろうが）作物の品種改良に殆どの重心があり、施肥その他栽培技術が若干相伴われる—労働対象たる作物試験其物に限局されている感があり、労働手段や労働の方式については、改良研究の課題としてとり上げられる部面は稀であったと言える。ただ克山農試では機械耕法に関する試験が始められており、その意図と実績は高く評価されるにしても、さしあたり畜力を基本にした主畜若しくは混同の小農経営の方向づけに、直接アプライできる性質のものではなかった。畜力改良農具—その土台たるプラウの問題にしても全く白紙であった(90)」

## 二．普及員の問題点

新農法を導入するには強力な指導体制が必要であり、したがって北海道農法の普及員が各地の開拓団や義勇隊訓練所へと派遣されていった。では普及員の数、普及員としての能力はどのようなものであったのであろうか。

### ①普及員の数

「指導《ママ》員の確保は、開拓団の数が増加するにつれて、また戦争が苛烈になり人員不足を来すにつれて、深刻な問題となって(91)」いた。「農事指導《ママ》員については北海道より優秀なる実地経験者を採用し指導《ママ》員あるいはその補助者として不足を補ったが、必要の人員を得ることは困難であった(92)」し、北海道農法において重要な一部である家畜飼養（酪農）を指導する畜産指導をする普及員が「もっとも欠員が多(93)」かったのである。

一九三八年以降、開拓実験農家や指導農家が北海道から送出されたが、四二年前後には累計約二〇〇戸となり、「将来無制限に本道より送出を余儀なくせらる丶ことが見透さる(94)」と、次第に北海道側が危機感を募らせ、「今後本道よりの移入に対しては厳乎たる規制の断行を要請するに至つ(95)」ている。一方で、当然、満洲側では普及員が不足した。北海道帝国大学の常松栄は「第二次満洲開拓五ヵ年計画が確立して実行されて居るのに、北海道からは僅かに数十戸しか此の重要な役割を演ずる農家が行かぬのである。之れでは（中略）大海に油一滴であつて効果が速急に現れ難い[96]」とし、四三年頃に中村孝二郎が、普及員の強化は「人的関係に仲々言ふべくして行はれ難い[97]」と述べるなど、深刻な普及員不足がうかがえる。

### ②普及員としての能力

農事指導の普及員については、右記をみる限り、その多くが北海道農法には未経験か経験が浅かったことが読み取れる。また最も不足していた畜産指導の普及員については、まずその「補充対策としては一般ならびに団員中より適格者を選抜、一カ年の実務訓練を施し[98]」ただけであり、その効果は非常に曖昧であったといわなければなるまい。

## 三．農具の問題点

### ①北海道農具の不足状況（量的問題）

北海道農具の配給状況をみると、「一九四二年当時で、プラウ一万七二七〇台、ハロー一万一三二〇台、除草ハロー一万一〇九〇台、カルチベーター一万六四四〇台であった。同年までの満洲農業開拓民の入植実績が五万六九九八戸と見積もられているので、単純計算でそれぞれ三〇・三％、一九・九％、一九・五％・二八・八％の配給率となる。しかしこれらすべてが利用されたわけではない[99]」という状況であった。

### ②農具の質的問題

農具には多数不良品が含まれ、例えば「プラウが当所に来た。（中略）所員一同張り切つて犂耕し初めた処が、五間と進まぬ中に曳綱の結着鈌が断切して終つた。之れで終了。（中略）此の様な弱い鈌でどうして仕事が出来るのか。（中略）昭和十三年、四年頃の製品とは似てもつかぬが如き製品が現はれ出して来た。（中略）之れは満洲向農機具のみでは無く（中略）北海道に於ても農家が唖然とする程の粗末な製品が平気で売出された」[100]という。また北海道では代表的な製造元から、満洲拓植公社に納入された農具でさえ、「炭素焼と銘記してあるが実際の硬度は並焼で（中略）インチキ農具の代表的なもの」[101]で、「一通り検討する必要がある」[102]とさえいわれた。しかしこれは「道内の業者の手持材料の欠乏、資材の配給不円滑に依る入手難、註文数量の過大と納期の迅速を要する事が主たる原因」[103]で、農具製作者の責任とはいえない。そのため常松栄が一九四二年に農具を規格化するが、「現在満洲で製作されて居る農機具には似て非なるものがある。例へばモアー、リーパー（中略）の如きは其の代表的なものである。かゝるものは大体の形状のみを真似て微細なる機構各部の材質、其の強度、耐久性を無視して作つた粗製乱造のもので全く使用出来ぬ」[104]といわれたのである。

## 第四節　農業開拓民側の問題点

### 一．開拓民の新農法の受け入れ能力

開拓民による新農法の受け入れに重要となるものに、①開拓民の農業に対する意欲、②開拓農家の経済力、③開拓民がどれほど現地の農業に慣れていたかがあるが、それらについて詳しくみておこう。

①開拓民の農業に対する意欲の低下・喪失

開拓民の多くは、渡満後、農業への意欲を喪失していた。[105]その理由として次のことが考えられる。

(ⅰ) 開拓団および義勇隊の訓練農場では農業生産がなかなかあがらず、開拓民は将来について不安を抱えていたこと。[106]

(ⅱ) 後期になればなるほど開拓民の(半)強制的な送出が常態化しており、当初から農業への意欲がない者が多く存在したこと。[107]

(ⅲ)「治安」[108]が悪く、農作業に専念できなかったこと。[109]

(ⅳ) 数多くの厳しい農外作業(警備、運搬・建築作業)があったこと。[110]

(ⅴ) 満洲の気候風土に適した生活を営めず、移民の体力が低下したこと、または病気で労働不可能となったこと。[111]

(ⅵ) 病人(屯墾病を含む)・死者・退団者の続出が、多くの開拓民を動揺させたこと。[112]

(ⅶ) 娯楽がほとんどなかったこと。[113]

(ⅷ) 幹部・指導員が右記の諸問題(ⅰ〜ⅶ)に対処できるリーダーシップを持たなかったこと。[114]

このように、開拓民が渡満前後に抱いていた理想的な農業を営み、理想的な農村をつくるということと、満洲での現実とのギャップがあまりに大きく、彼らの農業への意欲は低下・喪失していたのである。

②開拓民の経済力の欠如

前述の第一次開拓団弥栄村の事例でも述べたように、開拓農家の経済力は非常に脆弱であった。そのため高価な北海道農具を購入することはなかなか困難であった。またたとえ購入できたとしても農具が壊れた際、工場が整備されていなかった。北海道であれば、「代品を持つて来るとか、或は直に野鍛冶に修理を依頼するとかが出来るのであるが、満洲では絶対にそれが出来ぬと云つても過言では無[115]く、「修理するにしても日月を要し、適期の使用に間に合わぬのは判然[116]」としていたのである。

### ③満洲農業に不慣れな開拓民

すでに述べたように、開拓民は満洲現地での農業に非常に不慣れであった。なぜなら農業適期が非常に制限されたなかで、大規模面積を耕作しなければならない満洲では、日本内地での農業とは耕作方法も家畜操作方法、家畜飼養方法もまったく異なっていたからであり、加えて農事・家畜の普及員が開拓民に対してリーダーシップをもって、これら技術をほとんど指導できなかったからである。

また前述のように、三年間の農業訓練を受けていた義勇隊でさえ、訓練所において必要とされた農業技術は蔬菜栽培技術であり、満洲在来農法はもちろん北海道農法の訓練はほとんど行われず、隊員たちはこれら肝腎な農法を身につけることはできなかったのである[117]。

では、北海道農具は全般的傾向としてどのような使用状況であったのか。

農具使用では「プラウその他農具の調節操作、使用時期、プラウの引綱の加減が適切ならざること[118]」や「唯農具を購入しさへすれば、それで作業は出来るものと盲信して居る[119]」、「プラウを畑に曳き廻せば良い位にしか思つて居らぬ人が極めて多[120]」かったといわれる。管理もひどく、「取扱、手入が粗雑であり多くが農具舎を有しないせいもあらうが、雨晒し日晒しの状態[121]」というのもあった。

「開拓農家は地温や排水問題、いわゆる高畝か平畝か[122]で混乱して北海道農具を使いこなせなかった。北満州では播種期に地温が低く発芽を妨げることがあり、また土壌が一般的に重粘であり、平坦地が多くて七、八月の降雨期には排水が悪く、満州在来農法では高畝で行われた。そのような重大な問題を無視したまま畜力用農具の利用によって始終平畝で耕作し、散々な被害を受け、結局、満州在来農法へ逆戻りしたり、それ以前に興味すら示さない農家もあった。また北海道実験農家が必ずしもうまくいっていた訳でなく、例えば第四次哈達河開拓団に入植した北海道実験農家は、地温や排水問題を全く考えずに農業を行ない、失敗[123]」していたのである。

次に、全般的傾向として開拓民がいかに家畜操作・家畜飼養に不慣れであったかを明らかにしておこう（満洲への移植日本馬については本書第三章大瀧論文に詳しいので参照されたい）。

役畜もやはり操作、飼養管理が拙劣で、「日本馬を使役すると云ふも（中略）、満馬以上の能率を（中略）発揮せしめてゐな[124]」かったといわれる。そして「一般に馬の手入れはされていない。（中略）冬期間のみならず使役するときは、無茶苦茶に使つて、あとはほつたらかしておくので、大体が運動不足と飼養管理の片寄つてゐる為に健康不全で（中略）実にあつけなく馬が斃れ[125]」た。特に移植日本馬は「満洲在来馬に比し鼻疽に対する抵抗力全く皆無なる為め、開拓地に於ては日本移植馬の飼養管理に格段なる注意を払はざるときは、往々にして折角の優秀馬匹資源を失[126]」ったのである。

したがって、開拓農家のほとんどが雇用労働力を多量に導入せざるをえず、雇用依存経営へと進み、そのまま地主化せざるをえなかったのである。[127]義勇隊においても義勇隊開拓団に移行した後、地主化せざるをえなかったことが十分にうかがえよう。[128]

## 二 開拓民のニーズ

家畜飼養に不慣れであった開拓民にとって、政策が要請したように、食生活を改善し、体力の低下を防ぐこと、すなわち健康的な生活を営むことは不可能であった。彼らは日本内地と同様の生活様式にあくまでも固執したために、特に食事は米・蔬菜を中心とするものであった。そしてこれらが不足すれば購入しようとしたため、彼らはできるだけ現金を得ようとし、理念に反して商品作物である大豆・麦類などに特化することになったのである。したがって仮に耕耘過程の畜力化が進んでいたとしても、北海道農法が総合的・体系的に導入されることはなかったといえよう。

義勇隊でも、訓練期における日常食は同じく主に米（または粟）・蔬菜であった。多くの隊では主食である米（または粟）を配給に依存し、日頃からの農業訓練での栽培作物は主に蔬菜であり、必要とされたのは、前述のように蔬菜栽培技術であって、義勇隊開拓団への移行後において、北海道農法の総合的・体系的な導入を意識したものではなかった。したがって開拓民への北海道農法の導入は、この面からも破綻していたといえよう。

# おわりに

本章では、北海道農法の先進開拓団である第七次北学田開拓団だけではなく、特に同村出身者で構成されることから団結力と組織力が増すと期待された分村開拓団や三年間にわたる農業訓練を経ることにより新農法に対する高い適応性が期待された義勇隊にまで視野を広げ、「農法問題の切り札」であった開拓農家への北海道農法の導入が完全に失敗し、結局は多くの開拓農家が試験移民と同様、もしくはそれ以上に悪化した状態で地主化の道をたどらざるをえなかった理由について様々な角度から明らかにした。

このように理念と実態の間には非常に大きな乖離があったことを示し、一層理解を深めることができた。すなわち満洲におけるアジア農業のモデルたるべき近代的大経営の創出は不可能であったのである。分村開拓団や義勇隊のいずれにおいても北海道農具が不足していたことが北海道農法が普及しなかった大きな理由であるといえる。そして北海道農法が導入可能であると有力視され、非常に期待されていた分村開拓団も義勇隊も農法を受け入れる側（開拓民側）において北海道農法が総合的・体系的に導入されえない問題を有していた。以下、本章の内容をまとめておこう。

第一に、分村開拓団における北海道農法普及の困難点として以下の六点をあげておこう。

(ⅰ)分村開拓団は直系家族の入植を理念としていたが、実際には多くの開拓農家は核家族で構成されていた。この形態においては一戸当の家族労働力が試験移民の開拓農家よりも多く、最低でも二人は確保されていたものの、開拓民への農業訓練がこの時期においてもほとんど行われず、彼らは満洲での農業はもちろんのこと、北海道農法をほとんど知らなかった。そのため開拓民自身が農業労働力としてほとんど貢献できなかったのである。

(ⅱ)分村開拓団でも農業を共同で行うことができるほどの協力関係を農家間で構築することができなかった。そうした強固な地縁的結合力があったのは基本的には母村の部落であったが、分村開拓団の構成員は行政村もしくはそれ以上の範囲から選抜されたために期待された強固な共同関係は獲得できず、家族労働力の量的・質的不足を補完できなかった。加えて、大量移民政策期には一般開拓民の(半)強制的な送出が常態化し、最初から農家間で満洲開拓に対する意欲の差が非常に大きく、農家間での協力はますます困難となっていた。

(ⅲ)生活指導体制の不備による開拓民の日本的生活様式への固執、そして分村開拓団特有の扶養家族の多さから生活程度が急激に低下して体力の低下を促し、開拓民が農業に携ることを困難にしていた。

(ⅳ)経営、生活両面において多額の現金を必要としたことである。開拓農家は家畜購入費の確保、右記(ⅲ)と関連して生活資金の確保、医療費の確保などのために大豆・麦類・水稲といった商品作物栽培へと特化しなければならなかった。

(ⅴ)開拓民は地力の維持に関して労力的に困難であったか、もしくは無関心であったことである。

(ⅵ)右記(ⅰ)～(ⅴ)の諸問題に対処する幹部・指導員のリーダーシップが欠如していたことである。

こうして結局、多量の雇用労働力が必要となった。その結果、当初有力な家族労働力として期待されていた妻が雇用労働者への賄い作業を含む家事に全面的に携ることになり、農業から完全に離脱してしまう。このため試験移民では妻が担当していた家の敷地内での蔬菜栽培すら、大八浪開拓団では団員（夫）が担当することとなり、家族労働力は農作業に占める割合を大幅に低下させたのである。そのため開拓農家の農業経営や生活は試験移民より悪化し、より深刻に地主化するという驚くべき事態に陥っていたのである。

第二に、義勇隊における北海道農法普及の困難点としては以下の四点があげられよう。

混成中隊では「県民性と云ふものが一番恐ろしい（中略）大部分（中略）うまく行つてゐな」いといわれたように、農業どころではなく、北海道農法の導入など不可能であった。

混成中隊の対処策として期待された郷土中隊において北海道農法の導入を阻んだ受け入れ側の問題点は以下のようになる。

（ⅰ）隊員は義勇隊開拓団への移行後、花嫁を迎えて家族をもつこととされたため、試験移民と同様に一斉に出産ラッシュが始まることから、家族労働力は隊員（夫）一人のみでもともと非常に脆弱であった。しかも隊員への農業訓練がほとんど行われていなかったことや左記（ⅱ）、そして農業への意欲が低下・喪失していたことも加わり、彼らは満洲での農業はもちろんのこと、北海道農法を知ることがほとんどできなかったのである。したがって隊員自身が農業労働力としてほとんど貢献できなかったといえる。

（ⅱ）隊員の低年齢化の進行によりもともと体力がなかったことに加え、生活指導体制の不備から隊員の体力の低下が一層深刻となったのである。

（ⅲ）家族労働力の量的・質的不足を補うために農家間で協力するという関係を築くことが不可能であったことである。なぜなら農業労働を共同で行うほど地縁的結合力が強固ではなかったからである。

（ⅳ）幹部・指導員のリーダーシップが欠如していたことである。

したがって義勇隊でも試験移民より悪化した状態で義勇隊開拓団へと移行せざるをえず、北海道農法の導入など不可能であったことがうかがえよう。

第三に、普及側、開拓民側の問題点の全般的傾向として、以下の諸点を指摘しておこう。

(a)北海道農法の導入を絶望的なものとした普及する側の問題点。

(i)満洲現地農事試験場、研究所が、開拓団との結びつきを欠き、北海道農法が満洲現地のどのような耕地に適合するかどうかの研究が進んでいなかったこと。

(ii)普及員が質・量ともに確保されていなかったこと。

(iii)農具が不足していたこと、また粗製乱造の農具が多く、修理にも時間を要したこと。

(b)受け入れ側(開拓民)の問題点。

(i)開拓民が現地において農業に対する意欲を失っていたこと。

(ii)開拓農家の経済力が脆弱で北海道農具を購入するのに困難を極めたこと。

(iii)もともと家族労働力が少なかった上に、開拓民が満洲での農業(農具使用・家畜操作)に不慣れであったこと(農業訓練不十分)。

(iv)家畜飼養も不慣れであったために、開拓民の食生活は米・蔬菜を中心とする日本内地そのままで健康的な生活を営めなかったこと。

このように普及員および資材の不足、そして満洲という自然への不適合という問題から北海道農法は普及しなかったということがわかる。北海道農法はこれらがよほど恵まれたところでなければ成立しえず、効果をあげられなかったと考えられるのである。

したがって満洲における北海道農法の導入による農畜産資源開発は完全に失敗に帰し、開拓農家は農業経営および満洲に適合した生活を確立することができずに地主化(農業そのものからの離脱)せざるをえず、食糧増産に寄与できなかったことがわかる。

満洲農業開拓民政策においては、時期が進むにつれ様々な補強が試みられたが、開拓民の現場からみれば、敗戦を待つまでもなく至るところで破綻していた。したがってもともと無理なものをいかにも実現するかのように宣伝して実施されたものが農業開拓民政策であったといえよう。

今後の課題として、満洲現地の農事試験場における活動の実態について一層理解を深めなければならないであろう。

## 注

(1) 現中国東北地区。ここで「満洲」とは「満洲」国領域を意味するが、「満洲」国は独立国ではあったものの傀儡性を帯びるものであるため括弧を付した。但し以下括弧を略す。また本章では「満洲」で統一するが、引用文では原文のまま「満州」の語を用いている箇所がある。

(2) 一九三九年の「満洲開拓政策基本要綱」の発布により、「移民」・「移民団」から「開拓民」・「開拓団」へと名称が変更された。これは当時、「移民」・「移民団」では侵略性を帯びる語であると考えられたからであるが、「移民」・「移民団」＝「開拓民」・「開拓団」である。本章では、時代背景にあわせて「開拓民」・「開拓団」の語を用いている。但し、「試験移民」と「大量移民政策」などはそのまま「移民」の語句を使用している。

(3) 分村開拓団は送出形態により「大日向型」・「南郷型」・「庄内型」の三種に分類される。大日向型とは二〇〇〜三〇〇戸の独立分村を作り、南郷型は逐年に若干戸数を送出しながらある開拓団の一部落を構成させ、庄内型は分郷開拓団の一種で、一郡または数郡内の数ヵ町村が合同して毎年送出し、二〇〇〜三〇〇戸の開拓団を作るものであった。特に大日向型は部落を除けば最も共通性が高いと考えられる行政村内から選抜された農家で構成することが計画されたため、分村開拓団のなかでも定着性と即効性に優れていると期待された。

(4) 満洲開拓青年義勇隊は、基本的には一六〜一九歳の未成年男子によって編成され、満洲現地での三年間の訓練の後に義勇隊開拓団へと移行した。なお渡満前には満蒙開拓青少年義勇軍、渡満後に満洲開拓青年義勇隊と名称を変更した。本章では満洲での彼らの活動について分析するため、後者の語を用い、以下、義勇隊と略す。

(5) 玉真之介「戦時農政の転換と日満農政研究会」『村落社会研究』第四巻二号、一九九八年、一九頁。但し括弧内は筆者記す。

(6) 田中耕司・今井良一「植民地経営と農業技術—台湾・南方・満洲—」田中耕司編『岩波講座「帝国」日本の学知　第七巻　実学としての科学技術』岩波書店、二〇〇六年、一二八頁、表四。

(7) 浅田喬二「満州農業移民と農業・土地問題」小林英夫編、岩波講座　『近代日本と植民地』第三巻「植民地化と産業化」岩波書店、一九九三年、九一頁。

(8) 正式には「北満に於ける集団農業移民の経営標準案」という。

(9) 拙稿「「満州」試験移民の地主化とその論理—第3次試験移民団「瑞穂村」を事例として—」『村落社会研究』第九巻二号、二〇〇三年、を参照。現在、様々な満洲移民論が存在するが、満洲農業移民論はほとんど存在しないといっていい。したがって開拓民の現場に降り立って、彼らがなぜその本分である農業移民として定着できなかったのかを明らかにすることが求められている。

(10) 満州開拓史復刊委員会『満州開拓史』全国拓友協議会、一九八〇年、八四五頁。

(11) 同右八四七頁。

(12) 当時、「公式には北海道農法とは呼ばれず、「改良農法」「完全耕起農法」「プラウ農法」などと様々な呼び方がなされた。これは、雨期に高畦（畝）にするなど北海道農法を改良したものであったことにもよるが、加藤完治などが執拗に北海道農法を攻撃していたこともその理由の一端と考えられる」ということだが（前掲玉「戦時農政の転換と日満農政研究会」一六四頁。但し括弧内は筆者記す）、本章では北海道農法の名称で統一する。満洲への北海道農法導入の政策的過程については、玉真之介「満州開拓と北海道農法」『北海道大学農経論叢』第四一号、一九八五年や同「日満食糧自給体制と満洲農業移民」野田公夫編『戦後日本の食料・農業・農村　第一巻　戦時体制期』農林統計協会、二〇〇三年、に詳しい。

(13) 満洲農業開拓民への北海道農法導入に関する研究は一九七〇年代にまでさかのぼる。小林英夫は、北海道農具の供給不足および開拓農業実験場の不足などから開拓民への北海道農法の普及・拡大は不可能であったと指摘し、開拓民の地主化による農業からの離脱・営農の破綻を強調した（小林英夫「満州農業移民の営農実態」満州移民史研究会編『日本帝国主義下の満州移民』龍渓書舍、一九七六年）・浅田喬二（浅田喬二「満州農業移民の富農化・地主化状況」『駒澤大学経済学論集』第八巻三号、一九七六年、同「満州移民の農業経営状況」同第九巻一号、一九七七年）。しかしその後、一九九〇年代になると、実証研究では戦時体制論的研究の動向を受け、満洲農業開拓民研究においても新しい研究が登場してくる。そのうちのひとりが玉真之介であろう（前掲玉「満州開拓と北海道農法」、同「戦時農政の転換と日満農政研究会」、同「満洲産業開発政策の転換と満洲農業移民」『農業経済研究』第七二巻四号、二〇〇一年、同「日満食糧自給体制と満洲農業移民」などを参照。玉は一九九〇年以前から満洲への北海道農法の導入を高く評価している）。玉はそれまでの研究とは異なり、まず、開拓民の性格が大きく変質したことを強調した。すなわち、日本農村の過剰人口対策（貧農対策）としての性格が強かった初期のものから、戦時体制下における円ブロック内の食糧増産対策への位置づけへの変更である。玉の見解で特徴的であるのは、満洲農業開拓民への北海道農法の導入を成功・普及として説明したことである。特に雇用労働力が収穫期にしか導入されなかった一九四〇年における北学田開拓団の営農を高く評価し、雇用労働力の排除が大きく前進したとして、北海道農法が開拓民定着の条件を拡大したとした。すなわち玉は「移民定着の条件を拡大するものだったことは事実の問題として確認される」（前掲玉「満州開拓と北海道農法」二〇頁）として、その意義を高く評価し、小林・浅田とは正反対の評価を下した。しかし玉の分析は、政策史的視点から戦時体制下における開拓民の政策的役割を位置づけ直したことは評価できるが、開拓民の農業経営の実態が分析されていないために、北海道農法が開拓民の農業者としての定着を促進するものたりえたかについては論証できていないという大きな限界をもつことになった（藤原辰史は、『ナチス・ドイツの有機農業――「自然との共生」が生んだ「民族の絶滅」』柏書房、二〇〇五年のなかで、満洲で北海道農法が「支配的な農法」（同、二四八頁）になったとしているが、やはり実態が明らかとなっていないし、これは間違いである）。すなわち北学田開拓団のわずか一ヵ年の例をもってすべてを語っており、玉説は部分的にみたものを全体的なものとして理解したと考えられる。一方で、小林・浅田にしても指摘だけで終わっており、詳細に分析したものではないのである。

(14) 日本人が命名したものであるため括弧を付した。以下括弧略。

(15) 同右。

(16) 同右。

(17) 日本人が命名したものであるため括弧を付した。

(18) 前掲田中・今井「植民地経営と農業技術――台湾・南方・満洲――」、今井良一『「満洲」農業移民の経営と生活に関する実証的研究』（京都大学博士学位論文、二〇〇七年）の第四章「北海道農法による経営改善・生活改善の失敗――第六次五福堂開拓団・第七次北学田開拓団を事例に―」を参照されたい。

(19) 「義勇軍《ママ》は相当教育の仕方によつて良くもなり、又悪くもなる（中略）（成年）開拓民は捨て石と考へれば、義勇軍《ママ》は（中略）理想的によいものを作つてゆくのではないか」（満洲移住協会「座談会　決戦下の満洲開拓」『開拓』第七巻四号、一九四三年、七二頁、但し括弧内は筆者記す）というほど期待された。

(20) 満洲開拓とは、アジア農業のモデルたるべき近代的大経営の創出策＝日本のリーダーシップの場として位置づけられていた。そのようななか、満洲農業開拓民事業において、まず送り出されたのが試験移民（一九三二〜三五年）といわれる集団であった。しかしながら、彼らは日本では到底望むことができなかった大規模経営（モデル農業・モデル農村・モデル農家）を確立することに失敗してしまったのである。そのため、その対処策として大量移民政策期において、分村開拓民や満洲開拓青年義勇隊の送出と開拓民の農業経営および生活に北海道農法が導入されたのである。

(21) 日本人が命名したものであるため括弧を付した。以下括弧略。

(22) 第一次開拓団弥栄村は、渡満当時、極度に治安が悪かったために、渡満後すぐに入植できず、翌年に入植せざるをえなかった。

(23) 日本人が命名したものであるため括弧を付した。以下括弧略。

(24) 拙稿「「満州」農業移民の経営と生活―第一次移民団「弥栄村」を事例として―」『土地制度史学』第一七三号、二〇〇一年、を参照のこと。

(25) 京都帝国大学農学部第一調査班「弥栄村綜合調査」小西俊夫編『開拓研究所資料』第二〇号、一九四二年、九三頁。

(26) 同右。

(27) 同右。

(28) 日本人が命名したものであるため括弧を付した。以下括弧略。

(29) 京都帝国大学農学部第二調査班「瑞穂村綜合調査」小西俊夫編『開拓研究所資料』第一〇号、一九四一年、を主に分析したものである。

(30) 前掲拙稿「「満州」試験移民の地主化とその論理―第3次試験移民団「瑞穂村」を事例として―」同「満洲農業移民における地主化とその論理―第三次試験移民団「瑞穂村」と第八次「大八浪」分村開拓団との比較から―」蘭信三編著『日本帝国をめぐる人口移動の国際社会学をめざして』不二出版、二〇〇八年、を参照。

(31) ホームシックをさす。ひどくなるとノイローゼ状態を呈した。
(32) 一九四一年には「大陸帰農開拓民処理要領」が記され、転業開拓民が送出された。彼らは「ずぶの素人であるため」内地とは異なる農法を「素直に指導通りに修練」すること、「時局の要請による転廃業帰農であるとの覚悟から」「決意が十分出来上つてゐる」こと、「元来が知的科学的生活の経験者が多いため理解力が早いことから「一般開拓団に比して好評」であると考えられ、試験移民の対処策とされた。しかし実際には農業経験者でない者の集団であったため、満洲現地での農業経営や生活は凄惨を極めた。柴野恕「転業開拓団の「満洲」体験―「柏崎村」開拓団関係者の語りから―」『農業史研究』第四四号、二〇一〇年、を参照。
(33) 荒正人「北学田の営農実績」『満洲開拓月報』満洲拓植公社、一九四一年、一四頁。
(34) 河内新吾編『第七次北学田開拓団』河内新吾、一九九二年、六頁。
(35) 菊地清『北海道の農業経営とその北満に対する示唆』南満洲鉄道株式会社、一九四二年、九頁。
(36) 東郷克巳「開拓地雑感」『弥栄村史　満洲第一次開拓団の記録』弥栄村史刊行委員会、一九八六年、九九頁。但し括弧内は筆者記す。
(37) 同右。
(38) 北海道農法のことを指す。
(39) 同右。
(40) 本来ならば括弧を付すべきであるが、引用文中であるため括弧を省略した。
(41) 北海道農具のことを指す。
(42) 本来であれば括弧を付すべきであるが、引用文中のため省略した。
(43) 前掲東郷「開拓地雑感」九九頁。但し括弧内は筆者記す。
(44) 小西俊夫編『篤農家座談会速記録』開拓研究所、一九四四年、七二〜七三頁。
(45) 前掲小西編『篤農家座談会速記録』一八頁。但し括弧内は筆者記す。
(46) 日本人が命名したものであるため括弧を付した。以下括弧略。
(47) 日本人が命名したものであるため括弧を付した。

(48) 前掲小西編『篤農家座談会速記録』五一頁。
(49) 日本人が命名したものであるため括弧を付した。
(50) 同右。
(51) 「構成人員概ね三〇戸ないし一〇〇戸の集団であり小戸数ながら一部落、一経済単位を構成するように計画されたもので、昭和七年満洲建国当時から、いわゆる自由移民として入植したもの」のことをいう。前掲満州開拓史復刊委員会『満州開拓史』四〇一頁。
(52) 日本人が命名したものであるため括弧を付した。以下括弧略。
(53) 〈満洲泰阜分村―七〇年の歴史と記憶〉編集委員会編『満洲泰阜分村―七〇年の歴史と記憶』不二出版、二〇〇七年、三八七頁。但し括弧内は筆者記す。
(54) 同右、三八八頁。但し括弧内は筆者記す。
(55) 主に、大東亜省編『第八次大八浪開拓団綜合調査報告書』大東亜省、一九四三年、を分析したものである。
(56) 団員は「播種の際は点種的として働くので家畜を扱ふ労働は満人によつて」行われたという(前掲大東亜省編『第八次大八浪開拓団綜合調査報告書』二三三～二三四頁)。満洲在来農法では播種作業は「作条、播種、覆土、鎮圧の四作業に一連鎖をなして」行われ(安田泰次郎『満洲開拓民 農業経営と農家生活』大同印書館、一九四二年、一九三頁)、普通、役畜の操縦や犂丈の操作、下種、覆土などを担当する者がそれぞれいた。点種的とは下種を行う者のことをいう。したがって開拓民は基幹労働とはならなかったことがわかる。
(57) 「未だ自分の畑が分割されず、又共同経営のため、団員は自ら先頭にたつて働くといふ熱意を欠き、畑に出るものが少なかつた」といわれ(前掲大東亜省編『第八次大八浪開拓団綜合調査報告書』六頁)、なかには仮病をつかう者もいたといわれる。さらには「母村より送り出され渡満し来りし人は凡そ団体的訓練に乏しく且つ種々の農業以外の職業のもの多く母村と言ふも精神的靭帯必ずしも強いとは云ひ得」なかったとされる(同、二三四頁)。
(58) 第一～三次義勇隊混成中隊における北海道農法の利用状況については、拙稿「「満洲」開拓青年義勇隊派遣の論理とその混成中隊における農業訓練の破綻」『村落社会研究ジャーナル』第一六巻二号、二〇一〇年、を参照されたい。なお義勇隊については、上笙一郎『満蒙開拓青少年義勇軍』中央公論社、一九七三年、森本繁『ああ満蒙開拓青少年義勇軍』家の光協会、一九七三年、櫻本富雄『満蒙開拓青少年義勇軍』青木書店、一九八七年、長野県歴史教育者教育会編『満蒙開拓青少年義勇軍と信濃教育会』大月書店、二〇〇〇年、ヤング・L『総動員帝国』加藤陽子・川島真・高光佳絵・千葉功・古市大輔訳、岩波書店、二〇〇一年、田中寛「「満蒙開拓青少年義勇軍」の生成と終焉─戦時下の青雲の志の涯てに─」『大東文化大学紀要』四二号、二〇〇四年、小林英夫・張志強編『検閲された手紙が語る満洲国の実態』小学館、二〇〇六年、西田勝・孫継武・鄭敏編『中国農民が証す「満洲開拓」の実相』、小学館、二〇〇七年、長野県歴史教育者協議会事務局編『中国の人々から見た「満蒙開拓」・「青少年義勇軍」─中国黒龍江省社会科学院『日本の中国東北移民についての調査と研究』(翻訳と解説)』長野県歴史教育者協議会事務局、二〇〇七年、白取道博「「満蒙開拓青少年義勇軍」の創設過程」『教育学部紀要』第四五号、一九八四年、同『満蒙開拓青少年義勇軍史研究』北海道大学出版会、二〇〇八年、など多くの研究があるが、北海道農法について詳しく記述したものはほとんどないといってよいであろう。

(59) 義勇隊の中隊には中隊長の名前がつけられた。

(60) 日本人が命名したものであるため括弧を付した。

(61) 拓務省編「座談会　御親閲参列部隊を囲む　青少年義勇軍現地報告」『開拓』第五巻七号、一九四一年、二二頁。但し括弧内は筆者記す。

(62) 日本人が命名したものであるため括弧を付した。

(63) 出口恒夫編『第一次第嵩義勇隊開拓団史　曠野に立つ野火』大崗同志会、一九九三年、四五七頁。但し括弧内は筆者記す。

(64) 日本人が命名したものであるため括弧を付した。

(65) 葉家訓練所辻中隊「我が村の建設」『開拓』第六巻八号、一九四二年、二一頁。

(66) 野村馬編『康徳九年度版　満洲開拓青年義勇隊統計年報』満洲開拓青年義勇隊訓練本部、一九四三年。

(67) 菅野正男『土と戦ふ』満洲移住協会、一九三九年、三八頁。

(68) 図司安正編『青少年義勇軍教本』在団法人雪国協会、一九四一年、六〇頁。

(69) 前掲拓務省編「座談会　御親閲参列部隊を囲む　青少年義勇軍現地報告」三一頁。

(70) 義勇隊は一九三八〜四〇年にかけて送出された混成中隊(第一〜三次。構成員は複数府県出身者)と四〇〜四五年にかけて送出された郷土中隊(第三〜八次。構成員は同一府県出身者)とからなる。

(71) 義勇隊混成中隊の農業訓練の状況については、前掲拙稿「「満洲」開拓青年義勇隊派遣の論理とその混成中隊における農業訓練の破綻」を参照。義勇隊郷土中隊の農業訓練の状況については、拙稿「「満洲」開拓青年義勇隊郷土中隊における農業訓練―第五次義勇隊原中隊を事例に―」『神戸親和女子大学児童教育学研究』第三一号・『神戸親和女子大学教育専攻科紀要』第一六号合併号、二〇一二年、を参照。
(72) 日本人が命名したものであるため括弧を付した。
(73) 聞き取りによる。
(74) 聞き取りによる。但し括弧内は筆者記す。
(75) 同右。
(76) 同右。
(77) 同右。
(78) 同右。
(79) 同右。
(80) 第五次伊拉哈会「遙かなり望郷の軌跡」刊行委員会編『遙かなり望郷の軌跡』第五次伊拉哈会、一九八四年、一四一頁。
(81) 聞き取りによる。
(82) 郷土中隊において、「今後生徒の年齢の若くなることによつて、特別の扱ひを要する虚弱者も増加することが考へられる」(田澤錬二「義勇隊の保健状況(下)」『開拓』第八巻五号、一九四四年、四三頁)と述べられるなど、隊員の低年齢化が農業訓練に大きく影響していた。
(83) 聞き取りによる。
(84) 同右。
(85) 後藤嘉一「義勇隊開拓団の性格」『開拓』第六巻一一号、一九四二年、四一頁。
(86) これら試験場、研究所において刊行された著作物に関して、詳しくは、拙著「付録　文献解題・研究資料紹介　Ⅱ研究資料紹介A満洲農業関連資料」田中耕司編、岩波講座『「帝国」日本の学知』第七巻、岩波書店、二〇〇六年、三一～三八頁を参照のこと。
(87) 満洲移住協会編「戦時下の開拓政策を語る座談会」『開拓』第五巻八号、一九四一年、一九頁。

(88) 須永好「雑草と闘ふ満洲農業」『開拓』第五巻九号、一九四一年、一七頁。
(89) 一九四四年当時、開拓研究所分所長・研究官であった永友繁雄の言葉。
(90) 須田政美『辺境農業の記録』部分復刻版、須田洵、二〇〇八年、八〇頁。
(91) 満史会編『満洲開発四十年史(補巻)』満洲開発四十年史刊行会、一九六五年、一九四頁。
(92) 同右。
(93) 同右。
(94) 北海道農会編「無制限の恐れ　満洲移入農家に規制を要請　伝習生招致で協力折衝」『北海道農会報』第四九五号、一九四二年、一六一頁。
(95) 同右。
(96) 常松栄「付録　満洲開拓と北海道農具」『北方農業機具解説』北方文化出版社、一九四三年、五六～五七頁。
(97) 前掲小西編『篤農家座談会速記録』二頁。括弧内は筆者記す。
(98) 前掲満史会編『満洲開発四十年史(補巻)』一九四頁。
(99) 前掲田中・今井「植民地経営と農業技術─台湾・南方・満洲─」一二七頁。
(100) 前掲常松「付録　満洲開拓と北海道農具」五九頁。
(101) 同右一五頁。ここでは岩城農具店の金牌プラウを例にあげている。第四次哈達河開拓団(試験移民)の開拓農家が、このプラウで農耕に失敗した例が、前掲小西編『篤農家座談会速記録』にはある。
(102) 前掲常松「付録　満洲開拓と北海道農具」六頁。
(103) 同右五九頁。
(104) 森周六「満洲に於ける農機具に関する所見」『大陸開拓』第五輯、開拓研究所、一九四三年、二四頁。
(105) 「大陸に上陸するまでは(中略)希望に燃えて来るが、大陸の土を踏み(中略)働く場所に入るとそれが消え」る者が続出したのである(満洲移住協会編「開拓地の文化性　〃村つくり〃の理念を語る座談会」『開拓』第五巻第一〇号、一九四一年、二七頁)。
(106) 満洲に「来て見てガッカリした」者も多くいた(大東亜省編『第八次大八浪開拓団綜合調査報告書』三六七頁)。また「収穫野菜では(中略)眼に見えて不足」していたし(上野正喜「訓練生手記　開拓一年の記　その一」『開拓』第五巻八号、一九四一年、八五頁）、さらには「粗飼料が漸く一ヵ年分得られたといふのみ」であって将来に不安を抱えていたことがうかがえる（葉家訓練所辻中隊「我が村の建設」『開拓』第六巻八号、一九四二年、一七頁）。

(107) 「分村とか満州の声を聞いただけで、又か——とでも云ったやうに、皆人が冷たい表情を見せ」たといわれる（小林弘二『満州《ママ》移民の村―信州泰阜村の昭和史―』筑摩書房、一九七七年、九四頁）。そのようななか開拓民の（半）強制的な送出が行われた。そのため無理な送出の強行は弱者へのしわ寄せを一層際立たせることとなった。

(108) 日本人からみたものであるため括弧を付した。

(109) 「相手方の意向を無視して、自分たちに都合のよい部落の一画を、三分の二近くも占拠。（中略）これには、団用地の土地・家屋を手配した満州拓植公社と現地農民とのあいだの事前協議で対象外とされていた家屋まで含まれ（中略）現地農民のたいへんな恨みをかい、のちのちまでそれを口にする中国人がいた」という（前掲小林『満州移民の村―信州泰阜村の昭和史―』）。こうしたことは治安を不安定化せずにはいられなかった。また「始終近地区に匪賊（反満抗日部隊のこと）の情報を受け（中略）銃の不足から（中略）鍬の柄丈けを手にして警戒し」たり（前掲上野「訓練生手記　開拓一年の記　その二」八六頁）、「匪賊の奴が、どこかで見てゐるかも知れ」ず（打木村治『満洲国義勇隊ものがたり　拓けゆく国土』増進堂、一九四四年、三二頁）、「一台のトラックにも警備員が五、六名も附」いた（拓務省拓務局編『満蒙開拓青少年義勇軍現地通信集』第二輯、一九三九年、一一頁）。さらには「苦力（中略）に細密な注意をはら」わなければならなかったという（同、三九頁）。

(110) 特に雨季には「泥濘悪路に化して車軸を没し（中略）河水の増水は完全に舟行を杜絶」して（江坂弥太郎「義勇隊使命の再認識」『開拓』第七巻一一号、一九四三年、一一頁）、徒歩での「運搬は、言語に絶する苦しみ」であり（櫻田史郎「聖鍬の先駆―伊拉哈義勇隊開拓団を訪れて―」岡本正編『若き建設』満洲開拓青年義勇隊訓練本部、一九四二年、一六頁）、建築作業でも「土ピーズ、一夜にして、数十万を失ひたるは、一再に止まらず（中略）惨状の連続」であったのである（前掲江坂「義勇隊使命の再認識」一一頁）。

(111) 例えば「二百名近い患者が枕を並べて病床に伏し（中略）死亡者だけでも八名を数」えた（前掲葉家訓練所辻中隊「我が村の建設」六～七頁）。また開拓民が夏季に必ず罹ったのが生水の飲用を原因とする赤痢で、「重症になると（中略）一ヵ月も二ヵ月も起てな」かった（佐倉浩二『義勇軍』北光書房、一九四四年、一〇三頁）。

(112) 「団員の健康状態極めて不良。（中略）幼児の死亡日々続き団員の精神的な打撃と衝動寔に大き」（前掲大東亜省編『第八次大八

(113) 浪開拓団綜合調査報告書』二三四頁）く退団者が続出した。
例えば「娯楽施設が整つて居」らず、「剣道、柔道のやうなものを習ひたくも指導者が居」らず、「蓄音機も、ラヂオの設備も全然ありません」という具合であった（前掲拓務省編「座談会　御親閲参列部隊を囲む　青少年義勇軍現地報告」二一六頁）。さらには図書館には「本が実に乏しく」（安東収一『拓士の生活』大日本出版株式会社、一九四二年、二〇六頁）、本があったとしても「固苦しい本ばかりでは疲れた身体には読む気になれ」なかったという（前掲拓務省「座談会　御親閲参列部隊を囲む　青少年義勇軍現地報告」二三三～二三四頁）。

(114) 例えば「本当に努めてゐる幹部先生がゐない。（中略）外によい会社の勤口でもあればその方へ行かう、さう云ふ方面が多」く、また「真剣になつてやつてくれない」というものであったのである（前掲拓務省編「座談会　御親閲参列部隊を囲む　青少年義勇軍現地報告」二一六頁）。

(115) 前掲常松「付録　満洲開拓と北海道農具」五九頁。

(116) 同右。

(117) 前掲拙稿「「満洲」開拓青年義勇隊派遣の論理とその混成中隊における農業訓練の破綻」を参照。

(118) 前掲菊地『北海道の農業経営とその北満に対する示唆』五三頁。

(119) 前掲常松「付録　満洲開拓と北海道農具」五頁。

(120) 常松栄『北方農業機具解説』北方文化出版社、一九四三年、三七頁。

(121) 前掲森「満洲に於ける農機具に関する所見」一二三頁。

(122) 松野伝は「北海道に於けるプラウ農法の如きは多分に東洋的色彩を持ち、而も日本人農家によつて消化され工夫が加へられてゐるものであつて、今更高畦（畝）の平畦（畝）のと云ふだけ認識が不足であり、研究の足りない事を物語る。（中略）夫れは実際を知らない者の杞憂であり（中略）何時でも高畦（畝）たり得、且つ大部分の作物には現になしつゝある北海道農法には、的はづれの難癖である」としているが（松野伝『プラウ史考』奉天農業大学、一九四一年、一〇七頁。但し括弧内は筆者記す）、現場では徹底されていないのが実状であったといえる。

(123) 前掲拙稿「第四章、北海道農法による経営改善・生活改善の失敗」八九頁。

(124) 前掲京都帝国大学農学部第二調査班「瑞穂村綜合調査」二九九頁。

(125) 渡部小勝「開拓地の衣食住　満洲の副業」『開拓』八月号、一九四四年、四五頁。
(126) 中村孝二郎「満洲の畜産」『開拓』第八巻七号、一九四四年、二四頁。
(127) 前掲拙稿「「満州」試験移民の地主化とその論理―第三次試験移民団「瑞穂村」を事例として―」、同「満洲農業移民における地主化とその論理―第三次試験移民団「瑞穂村」と第八次「大八浪」分村開拓団との比較から―」を参照。
(128) 例えば、前掲出口編『第一次大崗義勇隊開拓団史　曠野に立つ野火』を参照。

## 参考文献

浅田喬二「満州農業移民の富農化・地主化状況」『駒澤大学経済学論集』第八巻三号、一九七六年。

浅田喬二「満州移民の農業経営状況」『駒澤大学経済学論集』第九巻一号、一九七七年。

同「満州農業移民と農業・土地問題」小林英夫編、岩波講座『近代日本と植民地』第三巻「植民地化と産業化」岩波書店、一九九三年。

荒正人「北学田の営農実績」『満洲開拓月報』満洲拓植公社、一九四一年。

安東収一『拓士の生活』大日本出版株式会社、一九四二年。

石山脩平「満州開拓青年義勇隊の教育」佐藤広美編『復刻版興亜教育1』緑蔭書房、二〇〇〇年。

井上勝夫編「昭和十五年度学生衛生隊報告」白取道博編・解題『満蒙開拓青少年義勇軍関係資料　第七巻―第Ⅳ編、諸調査文書(三)』不二出版、一九九三年。

今井良一「「満州」農業移民の経営と生活―第一次移民団「弥栄村」を事例として―」『土地制度史学』第一七三号、二〇〇一年。

同「「満州」試験移民の地主化とその論理―第3次試験移民団「瑞穂村」を事例として―」『村落社会研究』第九巻二号、二〇〇三年。

同「戦時下における「満州」分村開拓団の経営および生活実態―長野県泰阜分村第8次大八浪開拓団を事例として―」『村落社会研究』第一二巻一号、二〇〇五年。

同「満洲農業移民における地主化とその論理―第三次試験移民団「瑞穂村」と第八次「大八浪」分村開拓団との比較から―」蘭信三編著『日本帝国をめぐる人口移動の国際社会学をめざして』不二出版、二〇〇八年。

同　「「満洲」開拓青年義勇隊派遣の論理とその混成中隊における農業訓練の破綻」『村落社会研究ジャーナル』第一六巻二号、二〇一〇年。

同　「「満洲」開拓青年義勇隊郷土中隊における農業訓練―第五次義勇隊原中隊を事例に―」『神戸親和女子大学児童教育学研究』第三一号・『神戸親和女子大学教育専攻科紀要』第一六号合併号、二〇一二年。

弥栄村史刊行委員会編『弥栄村史　満洲第一次開拓団の記録』弥栄村史刊行委員会、一九八六年。

開拓研究所編「三河露農調査」『開拓研究所資料』第一二号、一九四一年。

同　「五福堂開拓団農家経済調査（康徳八年度）」『開拓研究所資料』第一八号、一九四二年。

開拓総局編『開拓農業実験場に就いて』営農資料第二号、一九四〇年。

上笙一郎『満蒙開拓青少年義勇軍』中央公論社、一九七三年。

菊地清『北海道の農業経営とその北満に対する示唆』南満洲鉄道株式会社、一九四二年。

喜多一雄『満洲開拓論』、明文堂、一九四四年。

京都帝国大学農学部第二調査班「瑞穂村綜合調査」小西俊夫編『開拓研究所資料』第一〇号、一九四一年。

京都帝国大学農学部第一調査班「弥栄村綜合調査」小西俊夫編『開拓研究所資料』第二〇号、一九四二年。

小西俊夫編『篤農家座談会速記録』開拓研究所、一九四四年。

小林弘二『満洲移民の村―信州泰阜村の昭和史―』筑摩書房、一九七七年。

小林英夫「満洲農業移民の営農実態」満洲移民史研究会編『日本帝国主義下の満洲移民』龍渓書舎、一九七六年。

小林英夫・張志強編『検閲された手紙が語る満洲国の実態』小学館、二〇〇六年。

柴野憩「転業開拓団の「満洲」体験―「柏崎村」開拓団関係者の語りから―」『農業史研究』第四四号、二〇一〇年。

白取道博『満蒙開拓青少年義勇軍史研究』北海道大学出版会、二〇〇八年。

拓務省編「座談会　御親閲参列部隊を囲む　青少年義勇軍現地報告」『開拓』第五巻七号、一九四一年。

田中耕司・今井良一「植民地経営と農業技術―台湾・南方・満洲―」田中耕司編『岩波講座「帝国」日本の学知　第七巻　実学としての科学技術』岩波書店、二〇〇六年。

大東亜省編『第八次大八浪開拓団綜合調査報告書』大東亜省、一九四三年。

玉真之介「満洲開拓と北海道農法」『北海道大学農経論叢』第四一号、一九八五年。

同「戦時農政の転換と日満農政研究会」『村落社会研究』第四巻二号、一九九八年。

同「総力戦下の「ブロック内食糧自給構想」と満洲農業移民」『歴史学研究』第七二九号、一九九九年。

同「満洲産業開発政策の転換と満洲農業移民」『農業経済研究』第七二巻四号、二〇〇一年。

同「日満食糧自給体制と満洲農業移民」野田公夫編『戦後日本の食料・農業・農村第一巻戦時体制期』農林統計協会、二〇〇三年。

永友繁雄『満洲の農業経営と開拓農業』満洲移住協会、一九四四年。

常松栄『北方農業機具解説』北方文化出版社、一九四三年。

同「付録　満洲開拓と北海道農具」『北方農業機具解説』北方文化出版社、一九四三年。

中村迪「義勇隊は農民たるべし」『開拓』第六巻一〇号、一九四二年。

長野県歴史教育者教育会編『満蒙開拓青少年義勇軍と信濃教育会』大月書店、二〇〇〇年。

西田勝・孫継武・鄭敏編『中国農民が証す「満洲開拓」の実相』小学館、二〇〇七年。

日満農政研究会新京事務局編『開拓民の農業　新農法確立ニ関スル研究資料＝新農法ノ確立並ニ普及方策ニ関スル研究＝』一九四三年。

日満農政研究会編「日本人開拓民ニ対スル新農法ノ問題」日満農政研究会、一九四二年。

日満農政研究会新京事務局編「北海道視察座談会速記録」『日満農政研究報告』第一八輯、一九四一年。

同「満洲在来農法ニ関スル研究（其の一～五）」『日満農政研究報告』第三七～四一輯、一九四三年。

日満農政研究会満洲側技術委員会編「新農法確立ニ関スル研究（一）在来農法ニ関スル研究」日満農政研究会、一九四三年。

野村佐太男「満州国開拓地犯罪概要」山田昭次編『近代民衆の記録六—満州移民』新人物往来社、一九七八年。

北海道農会編「無制限の恐れ　満洲移入農家に規制を要請　伝習生招致で協力折衝」『北海道農会報』第四九五号、一九四二年。

松野伝『満洲開拓と北海道農業』生活社、一九四一年。

同『満洲農業の黎明』満洲事情案内所、一九四三年。

同「開拓民の農業—日本人開拓民に対する改良農法の採用とその進展：新農法の着想と実践中間報告」『日満農政研究報告』第

三〇輯、一九四三年。

満史会編『満洲開発四十年史（補巻）』満洲開発四十年史刊行会、一九六五年。

満洲移住協会編「座談会義勇隊開拓団と満洲農業」『開拓』第六巻一号、一九四二年。

〈満洲泰阜分村―七〇年の歴史と記憶〉編集委員会編『満洲泰阜分村―七〇年の歴史と記憶』不二出版、二〇〇七年。

『満洲移民関係資料集成』（復刻版、全四十巻）不二出版、一九九〇年～一九九二年。

満洲国史編纂刊行会編『満洲国史』総論、満蒙同胞援護会、一九七〇年。

同　『満洲国史』各論、満蒙同胞援護会、一九七一年。

満洲事情案内所編『改訂満洲農業概要』報告第一一六号、一九四三年（初版は一九三〇年発行）。

森周六「満洲に於ける農機具に関する所見」『大陸開拓』第五輯、開拓研究所、一九四三年。

安田泰次郎『満洲開拓民　農業経営と農家生活』大同印書館、一九四二年。

山時隆信「北満開拓地農機具視察報告―北満開拓地視察報告書の三」『開拓研究所資料』第四号、一九四〇年。

吉川節三『「完全耕起農法」による農業経営指導事業実績（中間報告其ノ一）』満洲拓植公社総務部文書課、一九四〇年。

ヤング・L『総動員帝国』加藤陽子・川島真・高光佳絵・千葉功・古市大輔―訳、岩波書店、二〇〇一年。

# 第七章　植民地樺太の農林資源開発と樺太の農学

## ――樺太庁中央試験所の技術と思想――

中山大将

(上)樺太庁中央試験所本部（樺太庁編『樺太庁施政三十年史』1936年）
(下) 現在の樺太庁中央試験所本部跡地（2008年5月3日、筆者撮影）

本部は主都・豊原（現・ユジノサハリンスク）郊外の小沼（現・ノーヴォアレクサンドロフスク）に建設された。戦後はソ連科学アカデミー海洋研究所として利用され、ソ連では数少ない津波を研究する機関であった。現在（2008年当時）は、ロシア科学アカデミー極東支部海洋地質学・地球物理学研究所として利用されている。日本時代は大陸（極東、シベリア、中国東北部）へ関心が向けられたのに対して、ソ連・ロシア時代には海洋（太平洋）へと関心が向けられた。

# はじめに

## （課題）

日本帝国の植民地・樺太において、農学はいかなる役割を担わされ、農学者はいかなる活動を展開したのであろうか。本章では、樺太における「拓殖」から「総力戦」へという時代の流れの中での樺太庁中央試験所（以下、中試）の誕生と展開を分析することで、この問題を論じたい。その際に気をつけたいのは、単純な技術史としてだけではなく、農学者たちを時代のイデオロギー史の中に位置づける作業も行うということである。拓殖体制から総力戦体制への転換の中で、農学者は何を論じ、どう行動したのかを検証する。中試の技師であった菅原道太郎は、北海道帝国大学農学部出身の左傾的知識人であり、訪欧経験を持ち、東亜北方開発展覧会の企画者であり、大政翼賛会樺太支部事務局長にまでなった、樺太におけるイデオローグであった。本章では、この菅原に樺太で展開した拓殖イデオロギーおよび総力戦体制イデオロギーの典型を見いだす。樺太における技術と思想の関係については、すでに拙稿[1]でも論じているが、本章ではこれを核にして、樺太の農林水産資源開発と総力戦体制に関する記述を加え、「拓殖」から「総力戦」への流れの中での樺太の農学の姿を技術と思想の両面から描くことを課題とする。

## （帝国の農学）

近年の植民地研究機関の研究としては、農学者の系譜からアプローチした田中耕司・今井良一[2]や、盛永俊太郎の日本育種学史研究に依拠しながらも、中立と考えられていた育種学の現場におけるイデオロギー問題を抽出した藤原辰史[3]などの研究が挙げられる。日本帝国の植民地の代表的存在である朝鮮・台湾の農事試験場などの大きな関心事のひとつは、稲作の改良であった。すなわち、「日本」の主食物である米の生産力を向上するために、在来および内地に共通の農業体系の合理化や近代化が、植民地研究機関の主要課題とされたのである。

一方、北方の植民地・樺太は米の産出できない地域であった。だとすれば、朝鮮・台湾および内地とは農業研究機関の帯びる方向性が異なり得ることは容易に想像できる。『日本農業発達史』第九巻の中で、東畑精一は農事試験所も含めた戦前の日本農学 ── 特に「未開発地域」である朝鮮、台湾、北海道を除く内地の ── に対して、「実践と研究との二重の相互関係」を充分に持たなかったとして厳しい評価をくだしている。[4]しかし、この東畑に限らず、農業研究機関史研究において樺太の研究機関をめぐる言及は見られず、こうした評価ないし実態が、植民地・樺太の場合においても、あてはまるのかは充分に検証されなければならない課題として残されている。[5]また樺太同様の北方帝国圏としては、北海道がある。永井秀夫は、近代北海道の特質として、北海道が西欧技術文化移植のモデル地域となり、移植された技術文化は日本全体の近代化の中で先進的な役割を果たすことが期待されていたことを挙げている。[6]しかし、樺太の場合、こうした役割を担わされていたとは言いがたい。そうだとすれば、樺太の技術開発者たちは、ただ単に樺太に適応する技術を開発普及するという目標に満足していたのか。また、永井は辺境論の北海道への適用性について論じる中で、「辺境性のみをもって北海道の特質を理解しようとすれば、その自然的特質からする特殊性をドロップすることになる。植民地的性格と、北方的性格（あまり使いたくない言葉であるが）とは一応別個のものである」[7]と述べている。これは樺太についてもあてはまることである。北海道と異なり、樺太は法制上も植民地という性格を持っていたし、現地のエリート層もその自覚の中で生きていた。この「植民地的性格」と、「北方的性格（＝内地との自然環境的差異）」が、技術の領域でどのように反映されたのか。これらの点は、樺太植民地社会の特質を明らかにするために検討されるべき課題であると同時に、「帝国の科学」、「帝国の農学」のありようを知るために解明されるべき点である。

**（方法と資料）**

本章では、主に中試の刊行物と、現地メディアを中心的な分析資料とする。本章で用いる中試刊行物は章末の付表7-1～付表7-6の通りである。

中試の刊行物のうち最も重要なものとして、年度ごとに発行される『業務概要』が挙げられる。この資料により、その年度ごとの試験、調査、活動内容が把握できる。次に、不定期刊行物である『樺太庁中央試験所報告』（以下、『中試報告』）、『樺太庁中央試験所彙報』（以下、『中試彙報』）、『樺太庁中央試験所時報』（以下、『中試時報』）は、研究内容を外部へ公表したものである。順に専門性が低くなり、『中試時報』は農家に届くことまで考慮された内容となっている。『中試報告』『中試彙報』は五〇〇部、『中試時報』が二〇〇〇部配布された点から見ても、『中試時報』の普及面での役割が理解できる。本章では、中試がいかなる技術を開発したのかという点も確かに重視するものの、同様にそのうえで普及に力を注いだ技術はどれかという点も重視して分析を行う。なぜならば、表からわかるように、概ねどの部門でも普及性の高い『中試彙報』『中試時報』の刊行に力を入れているからである。[8]

また、非定期刊行物として重要なのは、設立当初の状況が詳しくわかる『樺太庁中央試験所一覧』（以下、『中試一覧』）（一九三一年）と、十周年記念に刊行された『樺太庁中央試験所創立十年記念集』（以下、『十年記念』）（一九四一年）である。現地メディアとしては、日刊紙『樺太日日新聞』、月刊総合雑誌『樺太』、月刊公報誌『樺太庁報』『樺太時報』を用いる。人事面については、樺太庁刊行、内閣印刷局発行の各『職員録』のほか、中試スタッフの著作物を参照した。

なお、樺太の内地編入後の動向についての研究は、いまだ充分に進んでおらず、この時期については当時の樺太庁関係者が編んだ『樺太終戦史』（一九七三年）を重要な参照文献とする。

（画期と構成）

本章では、一九〇五年の領有から盧溝橋事件直前までを拓殖体制、一九三七年の盧溝橋事件からソ連軍豊原進駐までを総力戦体制として時期区分する。第二節では、樺太の農林水産資源開発について制度面から概説し、樺太拓殖体制について概観する。第三節では、拓殖体制における中試の研究開発活動を概説する。第四節では、樺太総力戦体制の構築過程を確認するとともに、その中での北方資源開発に焦点をあてることで、中試の思想を明らかにする。第五節では、中試の技術と思想から樺太の農学の姿を検証する。なお、本章末の付表に中試刊行物一覧および中試技師一覧を掲載しておく。

## 第一節　農林水産資源開発と拓殖体制（一九〇五年八月〜一九三七年六月）

北海道の北に位置しほぼ同じ面積のサハリン島をめぐって日露帝国間で領土権が確定されたのは、一八七五年の樺太・千島交換条約であった。サハリン島全島の領土権を得たロシア帝国は、これを流刑植民地として経営を開始する。一九〇四年に始まった日露戦争の末期に、日本軍はサハリン島全島を占領する。翌年のポーツマス条約により、サハリン島南半が日本帝国へ編入され、一九〇七年には植民地政庁である樺太庁が設置され、ここに「樺太」が誕生する。以下、樺太における農林水産資源開発史を概説することで、樺太の拓殖体制を描きたい。

### 一・水産資源

帝政ロシア領時代においても、日本人漁業者は樺太へ進出していたし、露人による漁業も、日本の市場が販売先であった[9]。このように、水産資源開発は活発であり、領有後にまず他産業に先んじて興隆したのも、水産業であった。

一九〇五年に陸軍省告示第一五号により、樺太漁業仮規則が定められた。これが、漁業制度に関する最初の法令であった。軍政終了後一九〇七年、勅令九六号にて樺太漁業令が発布され、漁業法の一部も樺太で施行されることとなった。ニシン、マス、サケの漁業権は樺太庁の免許制となり、漁業料の競争入札が行われることになった。それ以外の魚種については、新たに定められた漁業鑑札規則に依ることになった。同年庁令第八五号で「樺太漁業取締規則」が定められた。これは、水産動植物の繁殖、保護などを目的としていた。この頃、ニシン、マス、サケを主な対象とする漁業者と、それ以外の魚種を主な対象とする「雑漁業者」との間にコンフリクトが生じた。雑漁業者は免許がないために、ニシン、サケ、マスを漁獲できず経済的に逼迫し、密漁にいたることがみられるようになったのである。この解決のため翌一九〇八年には、一定区域の漁業組合には漁場を指定し、競争入札によらず、指定の漁業料納付により漁業免許を与えるように樺太漁業令の改正を行った。一九一一年には、漁業法が樺太にも完全施行され、樺太の漁業制度もほぼ内地同様となった。ただし、ニシン、マス、サケ漁については、大きな変化はなかった。

漁業料収入は、樺太庁財政にとって重要な比重を占めており、樺太庁も漁業者のコンフリクトや横行する密漁の解決に腐心し続けた[10]。

## 二．森林資源

林業については、帝政ロシア領時代は現地の用材、薪炭材の供給程度でしかなく、林業と言えるほどのものは発達していなかった[11]。

占領当初から当局は森林資源管理保護のための制度を設ける。[12] 一九〇五年軍令四号および五号により、山林伐採、林内狩猟、林産物移輸出を許可制とし、「樺太島漁業仮規則」では漁業者による森林伐採を禁止した。ただし、漁業者による薪炭材利用は間もなく許可制となる。農村共同使用材伐採規則も設けられ、官有建物の貸付を受けた者に限って、無償伐採を許可制とした。また海岸、河川沿いの林野は禁伐林に指定された。一九〇七年の樺太庁設置後の森林行政は、本庁では第二部林務課、支庁では拓殖係が主管、林務主任が担当となった。入林鑑札制度が施行され、無鑑札者の入林が禁止された。取締にあたっては、一般の警察官があたったものの、不法伐採が多発し、その状況さえ把握できなかった。また「漁業仮規則」を廃止し、代わって「樺太漁業令」を施行、漁業者の無償伐採は引き続き許可制となった。

水源地造林も庁施政初年から試みられ、一九〇九年には国有林六〇〇haの豊原試験林（後の大澤試験林）を設定した。なお、この試験林は山火により全焼したため、替わって保呂試験林が一九二四年に設置される。樺太では森林法の保安林項目が適用されず、当初法的根拠のある保安林は存在しなかったものの、上述の禁伐林が事実上の保安林扱いとなった。その後の一九一三年「樺太国有林野処分取扱手続」、一九一六年「樺太国有林経営調査規定」により、保安林が設定される。

樺太庁施政開始前の一九〇六年から一九〇八年にかけて「森林概況調査」が行われ、その結果の一部は『邦領樺太の森林』にまとめられた。施政開始後の一九〇八年には「樺太森林利用調査」が行われ、樺太のトドマツ、エゾマツのパルプ材の最適性が認められ、以後樺太でのパルプ産業の振興が図られることになる。一九一〇年「林産物大口売払内規」により、三井物産が樺太森林資源開発に進出する。翌一九一一年には、林学士・中牟田五郎を庁嘱託に任じ、「樺太森林原野産物特別処分令」を施行し、林産物は随意契約による売払い、譲与による処分が行われることになった。一九一二年からパルプ製紙業者などとの間で年期払下げ契約が始まる。これ以降、内地大資本の樺太へのパルプ・製紙工場の建設・操業が始まるのである。第一次世界大戦の影響で、紙価が高騰したため樺太の製紙・パルプ業に追い風が吹くことになる。

一九一九年以降のカラフトマツカレハ（マツケムシ）による虫害被害が拡大したのに伴い、官行斫伐事業と島外移出が開始された。さらに一九二三年の関東大震災後には復興木材需要も起こり、樺太材は製紙・パルプ材としてだけではなく、建材としても資源化されたのである。かくして、樺太林業は樺太の基幹産業化を果たす。

一方、急激な森林資源開発は、河川流送による鱒魚族や堤防、橋梁への大きな影響を呼び起こした。このため一九一三年には「樺太木材流送取締規則」が制定されるに至る。一九二二年にはこれが改正され、流送禁止河川が指定されたほか、流送可能な河川でも全面許可制となった。翌二三年には一部の河川で、流送組合を設立し、その翌二四年には流送業者の鮭鱒人工孵化事業が義務付けられる。

上述の通り、当初の森林保護取り締まりは、森林職員が僅少であるため、現地の駐在巡査が担当することとなった。住民は、林産物処分に関しては、巡査に通知することになった。また、山火の消火活動は、警察官の指揮の下、公設消防組が出動鎮火することになっていた。ただし、この出動は人家に被害が及ぶ可能性がある時にのみ限られていた。一九一〇年五月に豊原南方の山火が拡大し、大きな被害を残した。このため、「開墾火入規則」が改正され、五・六月の開墾火入が禁止された。樺太庁は、森林資源保護のため、農業入植活動への規制を設けざるを得なかったのである。一九一六年七月にはさらに大規模な山火が発生し、五〇日間の延焼後、降雨により鎮火された。同年十二月には「森林主事」を設置し、森林保護取り締まりの本格化を図る。当初の森林主事には樺太での経験が浅く、内地などでの経験や知識をそのまま援用し、樺太の森林の特殊性を理解しない者も少なくなかったため、一九一九年以降は、採用時に森林主事試験を行うことになった。このように、樺太では森林資源管理のための人的資源を育成する必要があった。一九三〇年勅令一〇号「樺太庁林務署官制」施行により、樺太国有林の経営管理保護が体系化するに至る。一九三二年には樺太林政改革に伴い「樺太山林会」が設立され、会報『山林会報』などを通じて愛林思想等が喧伝されていく。また一九三三年の閑院宮春仁王行啓を契機に、財団法人樺太山火防止協会も設立された[13]。

上述の通り、領有当初は樺太全域が国有地であった。その後、農業移民の入植など移住者の活動により徐々に国有地の私有化が進むのである。樺太の土地は殖民区画地・処分地（入植地）とそれ以外の未開地に大きく分けられる。後者が「国有未開地」、つまり「国有林原野」とされ森林資源開発の対象となり国有地として維持され、管理経営は樺太庁が担当した。「国有未開地」中の農耕適地は農地資源開発の対象とされ、入植地として徐々に私有化を進め、その管理経営は個人の手へと委ねられたと考えてよい。

## 三．農地資源

正式に樺太庁政の始まる前から、農牧業経営のための区画計画がたてられ、測量等が開始されていた。一九〇六年には軍令四四号により、「官有土地建物貸付仮規則」が定められる等、全域が国有地である樺太の土地資源の利用制度が設けられ始める。その後、樺太庁施政開始とともに、「樺太国有未開発地特別処分令」「樺太国有未開発地特別処分令施行規則」「樺太官有財産管理規則並に集団殖民地貸付規則」等が定められた。入植者は一五年間の有償貸付か、一〇年間の無償貸付を選択して入植し、一定年限以内に一定程度の経営業績をあげれば、その土地が無償譲与されることとなった。樺太庁は自作農業者の移住を奨励し、資本家による大農経営は排除する方針を有していた。一九一二年以降、「貸付予定存置」制度が設けられる。これは、移住者が事前に入植地を選定した後、入植までの準備期間（一一〜一二ヶ月）中はその土地を樺太庁が他の移住者に貸付けないことを約束するものである。また入植予定地の立木についても、入植者に処分権を与えることにより、開墾資金や当座の木材を提供した。しかし、この制度は適正利用よりも悪用の方が目立った。すなわち、立木目的で木材業者が林業労働者を入植させ、立木を伐採し尽くしてしまえば、そのまま退去してしまう事態が多発したのである。樺太庁は、これを反省し、一九二五年には入植予定地の立木はあらかじめ木材業者に払下げ、その収入を入植者用の施設費などに回すことにした。翌一九二六年には指定移民制度が施行され、立木処理後に入植地の受け渡しを行うようになった。牧地については、資本保有者への大面積貸付が行われたものの、農地同様に立木目的の申請者が多かった。一九二八年には入植地の立木有償払下も実施されたが、やはり立木目的の入植者が増加したので、翌年には基本的には立木地は貸付しないこととし、貸付ける場合には立木処理後とした。一九三〇〜三一年に行われた検査では大部分が、未開発のままで契約解除の対象となるはずであったが、農牧地開発を促進したい樺太庁は一部については事業遂行の督促に留めた。主要部落への共同放牧用地貸付も試みられた。譲与なしの貸付のみであったが、敷地内の立木は実質上、無償譲与になるため、これも立木目的の申請が続出した。一九二二年の町村制施行により、共同放牧地は町村管理に移行したが、結局町村が共同放牧地の立木を資産化してしまった。樺太庁も町村財政の現況に鑑み、共同放牧地の貸付解除は行わなかった。

このように、樺太庁は農牧用地の民間への貸付譲与を行い、樺太の農業開発を目指したが、立木目的の入植者により多くの土地が農地としては開発されぬまま再び樺太庁の元へ戻って来るか、あるいは放置される自体が起きていた。また、農地利用者がすべて制度に応じていたわけではない。つまり、当局に届け出をしないで無断で農地開発を行う個人も多かった。これらは「無願開墾」と呼ばれており、一九二八年に樺太篤農家として顕彰される人物の中にも、入植当初は無願開墾だったため、何度か役人によって土地を追い払われそうになった経験を持つ者もいるほどである(14)。

樺太の農耕適地は豊富であると言われていたが、実際にはその半分は湿地であり、九割は酸性土壌であると診断されていた。一九〇九年には樺太庁による低湿地での大排水溝設置事業が行われたり、一九一五年には民間の小排水溝敷設への補助金支給などを行ったが、体系的なものではなかった。一九二一年に至り、土地改良事業を土木課から拓殖課へと移管し、土地改良基本調査を行った。一九二八年には貸付地の一部を庁有トラクターにより抜根開墾するようになるものの、全入植地への実施は困難なため、集落ごとに共同耕作地を設置し集中的な抜根開墾を試みた。一九三三年には「特殊土地改良奨励規定」を定め酸性土壌への石灰散布を始めた。

以上、樺太庁は農地開発・管理の主な主体を入植者に担わせようとしていた。しかし、豊富と言われた樺太の農耕適地も、道路などのインフラ整備のほか、排水溝敷設、酸性土壌への石灰分散布、トラクター抜根開墾などの土地改良を施さねば、入植者の定着と農業開発は進まなかった。また、このインフラ整備や土地改良は、その効率化のために入植者の部落単位で統合を必要とした。

その一方で、樺太庁の思惑通りにいかない局面も多数存在した。第一に、農地開発の第一歩である貸付申請者の中に、立木目的の者が多く存在した。第二に、入植者はより条件のよい土地を求めるため、入植区画が散在しインフラ整備に経費がかさんだ。第三に、無願開墾など制度外の方法で農地へアプローチする人々が多く存在した。第四に、入植者の移動性の高さは、共同性の安定化を妨げるものであった。

特別会計制度のもと独立採算制をとる樺太庁財政は、農林水産業に大きく依存していた。当初の樺太庁財政における重要な歳入は、漁業料収入であった。しかし、漁獲高の逓減と漁業料の引下げにより、一九一八年以降は、財政上の意義を失う[15]。それと入れ替わるように、森林収入が一九一六年以降、歳入における割合を増大し、漁業料収入に代わる財源となる[16]。しかし、一九二五年には森林資源の想定以上の激減が露呈し、森林資源・収入の依存への危機感が持たれるようになる[17]。

樺太は、一九二七年の人口食糧問題調査会以降、帝国の人口・食料問題解決地としての期待と自認を新たにしていく。したがって、漁業料収入や森林収入の代替財源としての農業の振興が注目されるようになる[18]。また、これを受けて一九二〇年代末に、樺太農政は転換期を迎えることになる。すなわち、移民制度の調整から経営モデルの調整へという転換が起き、移民の招来から定着が目指されるようになる[19]。中試の設立は、まさにこの転換期の一九二九年であった。一九三四年の拓殖一五ヶ年計画では、樺太庁による大排水溝敷設事業や小排水溝敷設のための農家への補助金支給などが盛り込まれた。またこの拓殖一五ヶ年計画では、「興農会」への補助も計画された[20]。

## 四．中央試験所の設置

中試はそれまで樺太に存在していた各種の試験場などを統合したものであった[21]。農業関連では、一九〇六年に貝塚種畜場、農事仮試作場が樺太民政署により設置された。一九二〇年に前・農事仮試験場と、畜産部門を統合して、農事試験場が豊北村小沼に設置された。また、同年には西海岸の宇遠泊に分場が設置された。林業関連では、一九〇九年に臨時工業調査所が大泊に設置され、林産物の製造に関する試験を行った。一九一二年に大澤試験林、一九二三年には保呂試験林が設置された。水産関連としては、一九〇八年に樺太庁水産試験場が西海岸の楽磨に設置され、水産資源や加工技術の調査・研究が行われていた。

そして、一九二九年勅令第三〇〇号「樺太庁中央試験所官制」により、上記機関を統合して中試が設置されることになる。本部が小沼に置かれた点からも、その中核が農業・畜産部門であったことがうかがえる。設立の目的は、「極北版図たる本島の自然環境制約下に於ける諸条件に照応し農業、畜産業、林業及水産業に関する各般の調査試験並研究を行ひ」、「本島拓殖の進歩発展に資せんとする」[22]ことであると述べられている。このように科学一般の向上ではなく、樺太に適応した技術の開発が標榜された。

設立時には、農業部、畜産部、林業部、水産部、宇遠泊農事試験支所が設置された。その後、一九三七年に恵須取農事試験支所、一九三八年に化学工業部、一九四一年に敷香支所、保健部が新設される。当初は技師の人数は、一一名（うち一名は所長を兼務）と定められていた。本庁農林部などの兼任者も含めると、一九三〇年度以降の技師の数は、一二～一七名前後で推移する。一九三一年三月時点の全職員は七一名、技師一二名、書記三名、技手二一名、嘱託六名、雇員二九名という構成になっている。また、一九三〇年代の後半には、各部長の代替わりや、部門・支所の新設により増員が起きている。第一代・第三代所長（一九二九年十月〜一九三二年一月、一九三二年三月〜一九三八年九月）[23]の三宅康次は、北海道帝国大学農学部教授を兼任しており、第四代所長（一九三九年十月〜一九四〇年一二月）の奈良部都義は旧・農事試験場所長であり、中試設置後は畜産部長を務めていた。第五代所長（一九四一年一月）の川瀬逝二は、設立から一九四〇年まで農業部長を務めるとともに、一九三五年からは拓殖学校長を兼務していた。第六代所長（一九四一年一月末日〜四五年八月）の山田桂輔となると、工学博士であり、化学工業部・保健部の部長を務めるなど、所長の性格に多少の変化が現れる。しかし、少なくとも、一九三〇年代については中試の基幹は農業・畜産部門にあったと考えることができる。

中試の総決算額は、『樺太庁統計書』によれば、三〇万円代から五〇万円代の間で推移し、樺太庁特別会計決算額全体の一%程度を占めていた。これは、警務費の二〜三分の一、本庁費や教育費の三〜四分の一、林務費の四〜五分の一と額自体は比較的に少ないものの、これらの重要な会計項目と同格の項目として扱われていた。

また、高等官等級表によると、樺太庁において勅任官は長官と中試技師に限られ、等級も長官が一級から三級、中試技師は一級から四級までに限られていた。さらに、同等級であれば長官と同じ俸給が定められ、同じ等級にあっても各部長、医院医長、鉄道・通信技師、中学校長よりも一・三倍の額となっており、長官に次ぐ位置づけを与えられている[24]。また、中試の所長および各部長は多くは札幌農学校や北海道帝国大学を始めとする帝大出身者で占められていた[25]。

# 第二節　樺太庁中央試験所の技術と樺太拓殖体制

## 一・農業部門

農業部門は、次の四科から構成されていた[26]。

第一科：種芸及農業物理（適作物査定、主要農作物品種改良、各種農作物耕種法試験、農業気象、農業用器具機械改良、農業経営試験、種子種苗鑑定配布、実習生養成）

第二科：農作物の病虫害・雑草（病害虫及野草調査試験、害益虫調査試験）

第三科：農業の化学的研究（土壌調査試験、肥料試験、農産物分析加工調査試験）

第四科：醸造（醸造・発酵調査試験、酒類・酒精の材料品分析鑑定、酒類・醤油醸造実地指導）

先述のように、朝鮮・台湾においては、在来農法の改良が農学上の課題とされた。樺太において在来農法というものがどのように評価されていたのかをまず明らかにしておく。中試の技手を務めたことがある田澤博は、日露戦争後も樺太に残った残留露人の農業について、「其の農業方式は極めて幼稚なもの」で、「極く粗放的な経営に終始したのみ」で、「邦領樺太の農業は邦人の手によつて初めて其の緒に就いたと云つても敢へて過言ではない」という評価をくだしているように[27]、中試は関心を払わなかったし、そもそも残留露人も極めて少数であった。

次に、日本農学の花形であった稲作試験について見てみたい。樺太でも、民間による試験的成功は報じられていた[28]。しかし、中試は「水稲ト授精稔熟ニ関スル試験」を一九三二年度で打ち切り、その後は水稲試験を行わなくなる。中試が民間から寄せられた技術的問い合わせを集積して編纂した『質疑応答録〝農業編〟』の中でも水稲に関する項目があるものの、「経済的に之を栽培することは殆ど見込みなきもの[29]」と述べている。また、同年には前出の田澤が全国誌『農業及園芸』の特集「各地稲作の研究」において、樺太において「稲作が経済的立場を確保するに至るべきは到底近き将来に非ざる」[30]という見解を示している。

それでは、いかなる作物についての調査試験が重要視されたのかを、樺太における農業移民の食料問題をふまえて確認する。前述のように樺太の植民地としての意義は帝国の人口・食料問題解決地に求められ、稲作不可能地域である樺太は、食料問題に対しては、主食（米）供給地としての積極的貢献は不可能であることになる。したがって、農業移民の食料自給により、内地の主食物を消費しないという消極的貢献の道しか、樺太農政には残されないことになる。しかし、現実の農業移民の食料事情はと言えば、水産・森林資源開発に伴う現金・商品経済により、大量の移入米が消費される状況にあった。一九二五年の『樺太の農業』では、この状況が「遠ク樺太ニ来リテ白米ヲ食シ得ルニアラザレバ内地ニ帰ルニ如カズト豪語スルモノスラアリテ一般ニ組食ヲ慾セザル有様ナリ」[31]と苦々しく述べられている。また樺太の農村・農業問題を専門とするジャーナリストによれば、「樺太の農家で米を食わぬ者は殆ど無い」状態で、移民前は米を食べなかった者も「樺太に来た途端に米を食ふ習慣がつくやうになつた」という[32]。

このような状況に対して、中試はまず燕麦食を推奨する。一九三一年に刊行した「燕麦食の奨め」（『中試時報』第一類第二号）では、「元来農業を営む上に於て、自家用の食糧や飼糧は之を自分で作るのが安全にして、且合理的方法」であるとして、樺太農業移民における燕麦食の合理性を強調、栽培法から食用法、それに必要な器具の販売店まで紹介している。品種としては、「里子（—一九三三年）」「樺里子一号（一九三四—四〇年）」「百日早生（一九四一—）」を推奨・配布している。

燕麦食の推進をはかる傍ら、パン用小麦品種の開発も中試は行っていた。カナダ中央試験所から取り寄せた「ガーニット・オットウ・六五二」を、樺太に適したパン用硬質小麦品種「暁」として選定し[33]、それまでの小麦品種「札幌春蒔（—一九三二年）」「樺在来一号（一九三三—三六年）」に代わって、一九三七年以降配布するようになる。

その結果、島産小麦によるパン食の推進をいっそうはかるようになる。

また食料自給率の向上を目指して、野生植物の栽培化・食用化も中試は視野にいれて研究を行っていた。樺太では、雪融けが遅いこともあり、特に春先に、蔬菜が不足しがちだったからである。[34]この野草食用化も、農家経営と結びつけて論じられていた。「南樺太有用野生植物」（『中試報告』第一類第一号、一九三二年）では冒頭で、「野生の状態に於て利用するに止まらず、更に進んで之が作物化、或は作物改良上の基礎食物たらし」めて、「農業経営をして有利に導」くことが提案されている。このように、農家の食料自給化に中試が腐心していたことが明らかになるのである。

また、『業務概要』に記載された麦類以外の農産物原種の配布状況に目を移すと、一九三四年まで大量に配布されていた馬鈴薯「北星」に代わって、一九三六年以降は甜菜「クラインワンツレーベンZ改良種」が中心的に配布され始める。これは一九三五年に「馬鈴薯ブーム」[35]が終焉するとともに、その後、甜菜糖業への期待が高まったことの反映であると考えることができる。[36]

## 二　畜産部門

第一科：牛馬（繁殖、改良、飼養、管理、衛生、生産物処理、種牛馬貸付・種付、飼料作物耕作経営、実習生養成）

第二科：豚、緬羊、家兎、養狐、そのほか毛皮動物・家禽（繁殖、改良、飼養、管理、衛生、生産物処理、種豚・種緬羊・種兎・種狐・種禽・種卵配布・貸付・種付）

第三科：加工・利用（飼養・畜産物の化学的研究、畜産物の加工・利用、畜産製品改良）

畜産は農業と組み合わせて経営すべきものとして、領有当初から認識されていた。一九三〇年代中盤においても、初代拓殖課長・栃内壬五郎の影響力が語られていたし、[37]また、その前の一九三二年末には、無畜機械化大規模経営を目指す企業家・太田新五郎と、有畜小規模経営の立場をとる殖民課課長・正見透とが雑誌『樺太』で樺太に適切な農業経営方法をめぐって「樺太農業論争」を展開した。[38]一九三四年には、樺太拓殖計画に伴い「樺太農法経営大体標準」が策定され示される。これは、樺太農政を貫く農家経営モデルの具体化であり、畜産物は商品化（＝現金収入）の対象であると同時に、まず自家用食料であるとした、食料・飼料・肥料自給の有畜小農経営モデルであった。

ここで、中試の具体的な畜産部門の研究内容にふれる前に、農家の副業問題にふれておきたい。有畜農業は、家畜の世話のためにいわば農家を農村近傍にしばりつけるものである。家畜を導入する以前には農閑期に農村を離れ林業労働などで得ていた分の収入を、家畜導入後に補うためには、農村において得られる副業収入の確立が必要となるのである。樺太庁の行った『樺太農家ノ経済調査』（一九三八年）のデータからも、馬資本中心の兼業農家が牛資本中心の専業農家に移行する際には、その移行段階における「兼業収入」（本章で言う「副業」のうちの一部を含む）が減少しており、副業確立の成否が、牛資本導入、経営面積拡大および専業化（定着化）に深く関わっていたことが指摘できる。[39]

前出の『質疑応答録〝農業編〟』では、農家副業問題についての項目も掲載されており、有望な副業として八つ挙げられている。その第三に、「乳牛を飼養してその産乳を自家用又は乳製品の製造原料に販売すると共に厩肥を製造し地力の維持増進を図ること」、第四に、「農産残渣を利用して養鶏養豚並に緬羊の如き小家畜の飼養を試み、卵肉及毛の自家用及販売品を生産すること」、第五に、「養狐、養兎の如き毛皮動物の飼養を策して販売用又は保温衣服の自給自足を図ること」が挙げられており、副業として大家畜、小家畜の飼養、加工、消費、販売が推奨されている。[40]実際に、『業務概要』からは、商品化、自家消費化のための乳酪製品の加工製造利用方法についての七件の調査試験項目が確認されるだけでなく、一般向けの『中試彙報』、『中試時報』でも、これらを紹介するものが六件刊行されている。

### 三．林業部門

まず力が入れられていたのは、樺太庁財政と直結する森林資源の持続的利用のための更新や造林の調査研究であった。

第一科：造林・更新・保護（人工造林試験、天然更新試験、森林保護試験）
第二科：森林主副産物利用の試験研究（木材の理化学的性質、木材処理・保存・利用、林産物製造、分析鑑定）
第三科：施業・管理経営（森林施業法の試験研究、成長・材積算定法の試験研究、試験林の管理経営）

産業としての樺太林業は、パルプ・製紙材を供給することで発展した。しかし、『業務概要』などから見るに、中試がパルプ・製紙技術の開発に積極的に携わった形跡はない。「とどまつ及えぞまつ病虫害被害材利用ぱるぷ製造試験」（一九三七～三八年度）、「簡易曹達ぱるぷ製造ニ関スル調査」（一九三九年度）なども行われ、一九四一年に庁営簡易曹達パルプ工場が操業するものの収益性は低く民営化は不可能視されるなど、有益な成績も残していない。パルプ・製紙技術の主流である大プラント型のパルプ・製紙技術は、民間企業が先進的であり、中試は廃物利用のための試験的な技術開発にとどまっていた。[41]

また、現場レベルや労務管理の技術についても、「風倒木処分ヲ中心トセル集材、運材ノ集約的機械化試験」（一九三七～四〇年度）、「森林作業法ニ関スル試験調査」（一九三二～三六年度）などがあるものの、試験林内部の問題に対処するための技術にとどまっていた。こうした現場レベル・労務管理の技術に関心を持っていたのは、やはり森林資源開発の末端に関わっていた民間であり、たとえば、王子製紙樺太分社山林部は、社内研究会誌『樺太山林事業ノ研究』（第一号［一九三二年］～第五号［一九四二年］紙の博物館所蔵）を発行していた。樺太庁にとって、森林資源は確かに財源ではあったが、立木売払の形態をとっていたため、森林の保護、更新のための基礎的研究試験にのみ関心が注がれていたと考えられる。

ただし、この林業部門においても、農家副業問題に関わる研究がなされていた。それは、人工樟脳や、セルロイド、香料などの原料として需要の高まっていた針葉油（テレピン油）の製造技術の開発である。針葉油については、一九〇九年に樺太庁が工業試験を開始するが、採算性が見込めないために、一九一六年には試験所を廃止した。また農家副業として普及するために、器具の貸付、生産物の買い上げを試験的に始めたが、農家の移動性が高いために、これも一九一二・一三年度で挫折している[42]。しかし、民間の久米豊平が、一九二六～一九三一年にかけて従来の乾溜法ではなく、蒸溜法による針葉油抽出法を開発し、製造業者が増加した[43]。この同時期に、中試は「針葉油抽出試験」（一九三一～三二年度）、「針葉油蒸溜工業ノ経済的調査」（一九三三年度）を行い、一九三五年には「樺太に於けるトドマツ針葉油の製造に就て」（『中試彙報』第二類第六号）を刊行する。注目すべきは、その中で「専ら伐木造材に伴つて副産物として生ずる枝葉を利用し副業的に行ふべきもの」と述べられている点である。つまり、中試は針葉油製造を農家副業であるべきものと捉え、実際に移動・使用・維持の容易な蒸留装置の開発を行っていたのである。また、林内に放置された枝葉は山火の原因にもなっており、枝葉の資源化は森林資源保護の効果も見込めたのである。

## 四．水産部門

第一科：生態・海洋・漁場（ニシンの種族・習性・生活史調査、タラバ蟹の習性・生活史調査、マスの種類・習性・生活史調査、サケの種類・習性・生活史調査、タラの種族・習性・生活史調査、スケトウタラの種族・習性・生活史調査、海藻の種類・分布調査、イタニソウの習性・生活史調査、海洋の水温・比重の分布と海流調査、浅海漁場調査、湖沼調査）

第二科：漁具・漁法・漁船・実習生（タラ漁業経済試験、スケトウタラ漁業経済試験、コウナゴ漁業経済試験、本島樹皮・

ツンドラ泥炭の漁網染料試験、水産科実習性養成)
第三科:加工・利用(魚介藻類の簡易製造利用試験、ニシン食用化試験、タラ・スケトウタラ凍乾品製造試験、製塩試験)
第四科:増殖・保護(タラバ蟹抱卵人工飼育試験、カレイ人工孵化試験、ニシン人工孵化試験、サケ人工孵化試験、パルプ廃液の魚介藻類への影響調査、木材流送のサケ稚魚への影響調査)

水産部門において、特徴的なのは水産物の加工品製造のための技術の開発普及が目指されていたことである。特に、樺太漁業興隆の中心であったニシンの食用化や、加工が重視された。ニシンはそもそも肥料の原料であり、従来は食用とはされていなかった。ほか魚介類も、島内に加工施設・技術および流通販路が不十分であり、移出と再移入に偏重していた。こうした状況を背景に、島産品消費(および移出)運動が、官民によって展開されていた。この運動は群発的であったが、長官夫人や女学校が参加・協力したり、一九三〇年代中盤には島産品愛用のポスターが作成配布されたりと、決して小さな動きではなかった。[44] 中試は、これらの運動を背景としながら、減少した漁獲高を補うための付加価値化(加工)のための技術の開発と普及に取り組んでいた。

これらの運動は、一般家庭へもアピールするものであり、農業側の食料問題を念頭に置いていたわけでは必ずしもない。ただし、沿海部の農家も春先の群来の季節には、漁業労働に関わることが多く、ニシンの食用化などは、決して農家自給率の向上を無視したものではないと考えられるのである。さらに、「家庭工業ニ拠ル養狐飼料ニ適スル魚粕製造調査試験」(一九三四〜四〇年度)など、水産物を家畜飼料化する技術開発も取り組まれていた。こうした動きは、畜産部門の側にも見られ、「乳牛ノ経済調査試験」「(各飼料の)乳牛飼料価格比試験」(一九三〇〜四二年度)などでは、飼料として植物性のもののほか、「鰊粕」などを含む水産物も含まれていた。

## 第三節　総力戦体制の構築（一九三七年七月〜一九四五年八月）

### 一．国防体制

盧溝橋事件に先立つ一九三七年五月に樺太庁は広報誌『樺太庁報』を創刊する。それまでも樺太庁は『樺太公報』を自前のメディアとして刊行していたが、庁令などを布告するにとどまる簡潔なものであった。これに対して『樺太庁報』（以下、『庁報』）は、記事が掲載され庁令や政策、時事問題などについて解説されており、樺太庁は直接島民に対して呼びかけるメディアを有するようになったのである。

一九三七年七月『庁報』第三号には、同月二七・二八日に全島で実施されることとなった防空演習についての樺太庁内務部学務課長・白井八州雄「非常時に備へ防空演習と島民の覚悟」が掲載され、これが『庁報』初の「防空」という語の入った記事名となった。翌八月には愛国婦人会樺太支部主事・関壽「時局と婦人の覚悟」が掲載され、『庁報』初の「時局」という語の入った記事名が現われた。一九三七年十一月には樺太に「防空法施行令」、一九三八年八月には庁令「樺太防空訓練規則」「樺太灯火管制規則」、一九三九年「警防団令」が公布され、「樺太防空訓練規則」「樺太灯火管制規則」により防空訓練と戦時動員の割り当てなどが実施されていく[45]。

盧溝橋事件を契機として、樺太でも防空体制が整備されていくと同時に、それまでは無人地帯であり観光地にさえなっていた国境地帯の警備も厳重化されていった。その第一の契機は、一九三八年一月三日の岡田嘉子越境事件である。その後、一九三九年四月に日本政府は「国境取締法」を発布する。翌五月には大陸でノモンハン事件が起き、これを契機に樺太混成旅団新設が発令され、それまでソ連との協定により非武装地帯であった樺太にも軍隊が常駐することとなった。さらに、同年九月に「国境取締法」施行令により、古屯以北への一般人の入域が禁止されるに至る。

樺太庁メディアによる防衛意識の喚起と、国境警備厳重化により、樺太社会は改めて自分たちがソ連という大国との国境地帯であることを意識させられるようになったのである。

## 二．中試新部門の設置

### ①化学工業部

化学工業部は一九三八年に設立された。ただし、構想自体が当初からあったことはすでに現地メディアを通じて知られていることでもあった[46]。

刊行物は、『業務概要』が一九三八〜四二年度分の刊行が確認されている。これら『業務概要』によると、その研究内容の概要は次の通りである。一九三八年度は、海藻や魚類内臓などの化学的利用（成分抽出）や醸造等の全四件、一九三九・四〇年度もほぼ同じテーマで全六件、一九四一年度はレンガや石炭ガス、ツンドラ練炭の製造に関するテーマが追加され全一三件、一九四二年度は有機物、無機物双方の研究項目が一気に増加し全三二件となっている。

研究開発の特徴は、代用化学の重視にある。後述する東亜北方開発展覧会では、研究の趣旨について「遺棄資源」の利用のための「化学工業は実に科学に基いて資源を創造する手段であり」「代用品工業の如きも畢竟するところ化学工業に外ならず」、「化学工業は国防産業の第一線にあるものである[47]」、と説明している。

このように、樺太拓殖に関連した農家食料・副業問題、島内産業振興よりも、戦時に対応するための工業部門中心の代用化学確立が中心であった。

②保健部

一九四一年に、「亜寒帯樺太ニ適応セル衣・食・住ノ試験研究機関トシテ創設」された。ただし、施設建設、技術者招聘に困難をきたし、特に食品部門の整備は遅れた。部長は所長の山田が兼務した。刊行物は『業務概要』(一九四一〜四二年度)、『中試彙報』第一号(一九四三年)「ホームスパン製織」、同第二号(一九四三年)「耐寒試験住宅」が確認できている。

研究内容は、後述する樺太文化振興会の方向性(樺太文化論)と同調し、樺太的衣食住生活の創出を目指したものとなっている。「衣」については、島内織物原料ト其ノ交織ノ調査研究(一九四一〜四二年度)、本島ニ適応セル織物組織ノ研究(一九四一〜四二年度)、各種繊維染色ニつんどらノ応用試験研究(一九四一〜四二年度)、島内野生繊維植物ノ調査研究(一九四二年度)が、「住」については、耐寒住宅ニ関スル試験研究(一九四二年度)が進められた。

③敷香支所

保健部と同じく一九四一年に設立され、「東海岸北部地帯特殊資源並ニ其ノ利用ニ関スル調査試験研究並ニ同地帯當業者ノ啓発指導ヲ目的」[48]とされ、支所長は、樺太文化論の重要な論者のひとりであった菅原道太郎が任じられた。

刊行物は、『業務概要』(一九四一年度)がある。馴鹿について「北方特殊動物資源利用ニ関スル調査試験事業」、「馴鹿ノ改良蕃殖利用ニ関スル基礎調査」(ヤクート人の飼育法の調査)、「馴鹿体躯改良ニ関スル試験」、「馴鹿生産物利用法改良ニ関スル試験」、「馴鹿病患ニ関スル調査試験」、「北方野生動物資源利用基本調査事業」(及び黒貂)、樺太犬について「樺太犬ノ改良利用ニ関スル調査試験事業」、「慣行樺太犬利用法ニ関スル調査」、ツンドラ等について「北方特殊植物資源利用ニ関スル調査試験事業」、「極北農法創案ニ関スル調査試験事業」、「北方特殊資源利用ニ関スル調査試験事業」、森林について「北方系森林ノ育林及利用法創案改良ニ関スル調査試験事業」、農業について「地下農業ノ創案ニ関スル調査試験」、「極北農業経営適正規模ノ創案ニ関スル調査試験」などの研究調査が行われた。

樺太（実際にはその北部地方）に特殊な資源・環境を利用するための技術開発を標榜しており、半ばシンボル化した特殊性を前面に出し、樺太を世界のツンドラ地帯研究への門として位置づけており、これは後述する「北進主義」そのものである。

## 三．内地編入と孤島化

一九三八年四月の「国家総動員法」公布以後、樺太でも拓殖体制の再編が進められていく。価格取締や経済警察の設置など経済面だけでなく、一九四〇年一〇月には庁訓令「部落会、町内会整備要領」が示され、隣組の設置など翼賛体制の準備が進められていく。そして、一九四一年三月には、植民地であるため大政翼賛会を組織できないため「樺太国民奉公会」が設立され、五月には第一回樺太国民奉公会協力委員会（「島民家族会議」）が開かれた。(49)

一九四一年三月七日には「樺太開発株式会社法」が公布される。樺太開発会社(50)は、総力戦体制に合わせて樺太の産業を再編するための国策会社であった。その事業は、①砿業、林業、農業及び畜産業、②農林畜産物の加工業、③経済開発のため必要な資金の供給、④以上の事業に付帯する事業、⑤以上のこと以外の経済開発のために必要な事業であった。

農牧業経営については、樺太の食料・飼料自給率向上のための「飼畜機械化農場」の建設経営を計画した。これは、農業移民の定着を第一義とし、「樺太農業論争」で機械化路線を否定していたはずの、従来の農業拓殖路線とは大きく異なるものであった。

この時期の樺太庁は、森林資源、水産資源、鉱物資源（石炭）供給地としての意義を確保し、国策会社・樺太開発会社による総合開発でこれを推進するという形で、総力戦体制を構築しようとしていたと言える。[51]

技師レベルの中試スタッフと本庁人事との関係に目を向けておきたい。菅原道太郎（中試技師）は本庁農林部技師（一九三七年）、殖産部技師（一九三八～四一年）を兼務、田畑司門治（中試技師）同じく本庁農林部技師（一九三七年）、殖産部技師（一九三八年）を兼務したほか、殖産部技師林業課長（一九三九～四二年）を務めている。ほかにも、堀松次（中試技師）は本庁技手（一九三七・三八年）、坂本順次郎（中試技師）は本庁内務部技師（一九三七～四〇年）、深尾太郎（中試技師）は本庁殖産部技師（一九四〇～四二年）、中島忠（中試技師）は本庁警察部技師（一九三七～四一年）、警察部衛生課長（一九四二年）を兼務しており、本庁においても中試スタッフの一部が影響力を持っていたことが分かる。また、木下仁松（恵須取農事試験所支所長）、岩本忠（宇遠泊農事試験所支所長）らは、先述の樺太開発会社へ出向している。

総力戦体制強化の一環として、一九四二年一一月一日には拓務省が廃止、大東亜省が新設され、樺太の内地編入が図られることとなり、一九四三年二月には「樺太内地行政編入に伴う行財政措置要綱」が閣議決定され、一九四三年四月一日に樺太内地編入を実施、樺太は内務省所管となり一地方庁という位置付けへと変わり、「樺太ニ施行スヘキ法令ニ関スル法律」は、法律第八五号「樺太ニ施行スヘキ法令ニ関スル件廃止ノ件」で失効することとなる。[52]

これに伴い行政機構の様々な再編も行われたほか、一九四三年七月には埼玉県知事から大津敏男が長官として転任する。一九四三年一一月には植民地であったため代替的に組織されていた樺太国民報国会が正式に大政翼賛会樺太支部へと改組される。

また、北海道とのブロック化も図られ、一九四三年四月二六日には第一回樺太北海道連絡協議会、一九四三年七月には北海地方行政協議会、一九四三年八月二日に第一回北海地方行政協議会会議、一九四三年八月一一日に第二回樺太北海道連絡協議会（豊原）、一九四三年十月四日に道樺官民懇談会（札幌）、一九四三年十月五日に第二回行政協議会という形で次々と打合せが重ねられた。そして樺太と資源動員のために勅令「樺太開発調査会官制」が発布され、一九四三年十月二一日に東京にて第一回樺太開発調査会会議が開かれるに至ったものの、一九四四年二月「決戦非常措置要綱」により、特別委員長報告が会長に提出されたが正式答申はないまま、自然休会となった。一九四五年五月二九日に、地方総監府が発足し、北海地方総監府は札幌に置かれ、北海道・樺太を管轄、総監は北海道庁長官を兼任することとなった。

以上の如く、総力戦体制に向けて内地編入と、それに伴う行政機構の再編、北海道とのブロック化が進められたものの、実際には経過措置もとられたため、植民地政庁時代から劇的に体制が変わったわけではなかった。また、次に述べるように内地編入直前から深刻化した「孤島化」によって、樺太は帝国内の一地域として実質的に切り離されかねない状況へと向かっていた。

帝国全体の北守南進方針は樺太への配船を減少させ、帝国内他地域との物資の輸送には船舶に依存せざるを得ない樺太では、一九四二年後半頃から孤島化が進展し始めた。

樺太から他地域へ移出するべき資材・資源の滞貨が生じたのである。まず石炭の状況について当時の資料から確認してみたい。樺太庁警察部長は一九四三年十月に「石炭ノ滞貨状況ニ関スル件」（経保秘第一九五九号一九四三年十月八日）[53]を内務省や先述の北海地方行政協議会へと送っている。これによれば、この時点で累積滞貨はすでに一九八万五四八六トンに上っている。さらに冬季には海が荒れ海運には支障が出ることが予想されるので、早急な配船と滞貨処理が急務だと述べている。

一九三〇年代後半以降、石炭業が興隆したとはいえ、樺太はいまだなお帝国内の重要な製紙・パルプ供給地であった。しかし、このパルプについても同様に「パルプノ生産抑制ト滞貨状況ニ関スル件」（経保秘第二一九五号一九四三年十一月十日）が送られている。この段階ですでに累積滞貨は一三万九八三五トンで、うち野積みは三万四一二九トンに上っている。「戦力ノ増強上生産抑制ハ回避スベキ」であり、「軍部ノ意向モアリ全般的ニ生産ノ抑制ハ現在ガ最低限度デアル」ため、パルプ輸送を製紙輸送に切り換えて少しでも実質的な輸送量を増やそうとしている。

このような事態に対して、樺太庁も石炭の増産増送計画を練り、「本島産石炭ノ増産計画ト之ガ対策ニ関スル件」（経保秘第二三〇三号一九四三年十一月二三日）を発し、「昭和十九年度物動計画大綱」を示し、計画移出数量は二八三万トン増の五一六万トン／年としたが、一九四四年には朝鮮への移出が停止され、内地向け移出も一九四一年の二〇％にとどまり、自然発火さえ起る貯炭の山が樺太の港湾に見られるようになった。一九四四年二月十一日に「決戦非常措置要綱」に基づき、樺太庁令「樺太炭礦整理委員会規則」が公布され、結果、島内消費用の炭鉱以外は閉山されるに至った。『樺太終戦史』が「樺太が戦力に寄与する最大のものであった石炭産業はこの時点で戦力から脱落したということになろう[54]」と書く事態に至った。

もちろん、この過程で海上輸送力回復の試みもなされた。一九四三年の夏には筏による島内輸送が試みられ、一九四四年の夏には北海道方面へ筏輸送やハシケ輸送も実施され、一九四五年には丸太二〇〇〇石、石炭三〇〇トンの筏輸送が実施されたものの[55]、上記の物動計画に示された量と比較すれば、ほとんど成果をあげることができなかったと言えよう。

孤島化は単に樺太島内の資源・資材を他の帝国内他地域へと移送できなくなるというだけでなく、同時に帝国内他地域から樺太への資源・資材が移送されなくなるという事態を意味した。とりわけ、大きな問題は食料であった。この「樺太が日本のなかの孤児になる[56]」事態に対して、樺太庁は対策を打ち出さなければならなかった。

## 四．北方資源開発と中試の思想

中試スタッフは拓殖体制下から、『中試報告』、『中試彙報』、『中試時報』といった自前のメディアだけではなく、現地のメディアも用いて、中試は自分たちの技術を樺太植民地社会に普及させようと試みていた。主食転換のための燕麦食の推奨、「暁」や有用野生植物、針葉油製造法、水産物の加工法の紹介記事も多くみられた。たとえば、菅原道太郎「島産燕麦の栄養価値」（『樺太』第二巻第七号、一九三〇年）では、他の作物と比較しての燕麦の自給食料としての優位性が、多面的に解説されている。また、中央試験所発表という形で、『樺太日日新聞』には、短期連載の記事も掲載されていた[57]。

そして、純粋な技術問題に限らず、より広汎に農業問題や、拓殖問題を論じるものも多くみられた。特に目立つのは技師・菅原道太郎の言論活動である。樺太農業論争で重要な役割を担った殖民課課長の正見透が農政畑のスポークスマンであったとすれば、菅原は技術畑のスポークスマンであり、中試の象徴ともいえる人物であった。菅原は、技術者でありながらイデオローグでもあるというマルチな知識人として、樺太植民地社会に認知されていた。菅原は、上記の通り農家食料問題へ言及するほか、副業問題へも「樺太農業に於ける副業の要否」（『樺太』第九巻第五～八号、一九三七年）で言及し、さらに「寒帯に於ける日本人生活の創造」（『樺太』第四巻第七号、一九三二年）、「樺太の導標は何であるか」（『樺太』第五巻第一号、一九三三年）、「寒帯農業の創造」（『樺太』第五巻第五号～第七巻第六号、一九三四～一九三五年）、「樺太農業青年に送るの書」（『樺太』第七巻第一・三号、一九三五年）、「日本の躍進と樺太拓殖の将来」（『樺太』第十巻第一号、一九三八年）といった一連の記事で、樺太のあるべき拓殖と島民の、特に農家青年の在り方について論じたほか、『樺太農業の将来と農村青年』（一九三五年）という著作を刊行するなど、一種のイデオローグとなっていた。菅原の思想の枢要は、樺太拓殖においては、樺太的生活様式の確立が必要であり、そのためには「温熱帯日本的偏執性を清算し」、「寒帯日本人にまで私等の魂を揚棄」するべきであるというものであった。[58] この菅原のイデオロギーが中試のイデオロギーとして結実したのが、後述する「東亜北方開発展覧会」である。

拓殖体制の再編過程の一九三九年において、樺太植民地社会史上重要な三つの出来事が起きた。[59] ひとつは、六月に官制文化団である樺太文化振興会（以下、「樺文振」）が設立されたことである。「文化長官」とも呼ばれた棟居俊一長官により、樺太独自のアイデンティティを希求する植民地エリートたちの意向が汲まれたのである。樺文振は、樺太文化論の二大テーゼ「北進根拠地樺太」「亜寒帯文化建設」を打ち立てた。前者は、樺太の植民地としての意義を帝国のさらなる北方拡大に求めるものであり、「北進主義」とも言えるものであった。後者は、そのために亜寒帯に適応した生活文化の創造を樺太の使命とする「亜寒帯主義」とも言えるものであった。菅原は中試農業部長の川瀬逝二とともに、この樺文振の評議員を務めていた。

同年八月には、中試が「東亜北方開発展覧会」を開催し、前記の樺太文化論の二大テーゼに準拠した技術とその思想を開陳した。この東亜北方開発展覧会は、中試技師の菅原道太郎を企画部長としていた。東亜北方開発展に顕れたのは、樺太にとどまらず、東亜北方への帝国の拡大のために自分たちの技術は意味を持たねばならのだという、技術者たちのビジョンである。所長・奈良部都義は「開催趣意書」において、「樺太をして邦人安住の楽土たらしむるを以て足れりとせず」、「開拓の成果を移して東亜北方の地帯に滲潤せしめし寒帯諸民族を誘導扶掖すべきと述べている。[60] また試作食料試食会における奈良部の「所長挨拶」の中には、「民族北進基地の樺太」、「綜合的科学研究機関たる当所」、「北方文化の確立は先づ食卓から」[61]といった言辞が現れている。

奇しくも同年の秋には西日本と朝鮮での米不作が起き、樺太でも食料対策に関心が注がれた。植民地エリートらは、自給主義と亜寒帯主義とに立脚し、主食の転換を叫ぶようになる。しかし、翌一九四〇年四月に棟居長官は更迭され、小河正儀が新長官として着任するも、今次の食料問題を一時的なものとし樺太の特殊性に関心を払わなかったため、植民地エリートらとの間に対立が生まれるに至った。[62]

一九四〇年に樺太文化振興会は、『樺太博物館叢書』シリーズの刊行を始める。この第一巻は、中試技師であり後に畜産部長となる廣瀬國康『となかひ』であった。廣瀬は樺太の中でも敷香地方にしか生息しない馴鹿を、先住民族を通して積極的に利用することを提唱しており、単なる生物としての馴鹿の博物学的な紹介とはなっていない[63]。第三巻『にしん』は、当時水産部長であった石井四郎による著作で、「時局柄大いに食用に供するやうに利用に努めねばならない」とし、「「にしん油」も、食用や化学工業要用として利用の途の広いものであって、資源の少ない我国に於ては貴重なものである」と言い、島内資源の活用を呼びかけているほか、「樺太に於ける拓殖の一歩の後退は我が国北方政策全体の一歩退却なので、樺太を大和民族の安住地たらしむることこそは我が北方政策の「北の生命線」なのである」と、「北進主義」が明確に見てとれる[64]。一九四二年に刊行された第五巻以降は発行者が樺太庁に変わるものの、巻頭には樺文振の名で叢書の趣意が書かれている。一九四二年の第七巻では、技師の中島忠（医学博士）が序を寄せ「樺太の食糧問題は内地のそれと一律に取扱う訳には行かず、独自の立場から研究せねばならない」とし、「米の出来ない樺太では、先づ米に代るべき雑穀の増産を図らねばならぬと同時に又ヴィタミン性食品の摂取にも特別の顧慮を払わねばならぬ」と述べ、野草の食用化を勧めている[65]。このように、これら叢書の中にも樺太文化論が反映しているほか、それと食料問題とが結合した中試の技術を再提起しているのである。

拓殖体制下で農家副業として着目され開発普及が試みられた針葉油は、一九四四年に航空燃料のために「林産油」として再度着目され、同年十一月には林産課技師が千葉県へ派遣されテレピン油製造調査を行い、一九四五年二月には燃料廠に技師を派遣し、生産資材の調達や、設置場所について打合せを行った。翌三月一日には林産課、林産油検査所を発足するに至り、翌四月一五日には「聖旨奉戴林産物生産物増強協議会」を結成、「林産油増産本部」を設置、翌五月十日には協力団体「樺太林産油協会」を結成するなど力を注いだ。中試にかつて所属していた村上政則（技師）や吉野深造（技手）も林産油課へ配属された。このように生産に力を入れたものの、結局は海上輸送力の不足で石炭やパルプ・製紙同様に滞貨を生じさせてしまった[66]。

北方資源開発の最も象徴的な例はツンドラ開発である。一九四〇年七月には、樺太ツンドラ工業株式会社によるツンドラ食用化研究に関する報道[67]がなされたほか、一九四一年九月には菅原が中試技師として、ツンドラ地帯植物の食用化研究に関して記者発表を行った[68]。一九四三年四月に菅原は『北方日本』誌上で、一九四〇年に芥川賞を受賞し南方従軍記者経験のある寒川光太郎との対談「大東亜の北方南方を語る」を行っている。この対談の中で、菅原はツンドラなどの「北方資源」のポテンシャルを喧伝した。ここでも、ツンドラ研究について、これが土壌改良ではなく、自生する植物の利用であることを強調している。また、ツンドラと並ぶ敷香支所の研究の目玉であった馴鹿についても言及し、世界のツンドラ一五億haを使えば馴鹿一億頭を飼養でき、毎年八〇〇〇万頭を食用にあてる試算を行い、「日本の将来に横たわる北方圏で馴鹿を飼育することになると、ゆうに共栄圏に住む民族の食糧の自給自足は可能になります」と喝破するのであった[69]。一九四四年には、樺太庁が敷香地方のツンドラを原料とする棒炭製造のために「木炭代燃用林産加工奨励補助金」を計上する[70]など、食用化だけではなく燃料化も図られた。

一九四三年十一月に樺太でも大政翼賛会支部が設立され、菅原はその事務局長に抜擢され、イデオローグとしての活動を活発にする。一九四四年一月に『北方日本』に菅原は「敗戦思想断じて許さじ忠誠心を五大目標へ」を寄稿し、「（引用者注：樺太の大政翼賛運動は）ただ単に内地の亜流を汲む程度のものであってはならない。われわれ北方の第一線に戦つてゐるところの四十五萬島民は、いまこそ（中略）内地を指導するところの一大翼賛運動を展開しなければならない」として、樺太に先行して開始されていた内地の大政翼賛運動の成果僅少を批判し、拓殖イデオロギー同様の亜寒帯主義に基づいて、帝国への貢献を島民へ呼びかけ、食料増産、石炭増産、地下資源活用、海上輸送確保、水産資源開発を五大目標として掲げ、「四十五萬島民の食糧は四十五萬島民自らの額に汗し、自分の力で、腕でツンドラ地帯に打ち込んで、絶対自給体制を確立しなければならない」と自給体制の確立を強調した。[71]

このため菅原は「州民皆農運動」を主導し、一九四四年度は専業農家を除くと、一三八〇haの耕地拡大の実績をあげた。[72] なお、一九四一年の「国民奉公会運動実践強化要目」での実績は合計九〇六haにすぎなかった。[73]

一九四五年一月には同じく『北方日本』に「目標は三つ、州民よ奮起せよ―昭和二十年の翼賛運動展開について」を寄稿し、「皆農強化」、「畜産報国運動」、「水産増強」を呼びかけた。[74] 一九四五年五月一日には、島民皆農運動により「決戦勤労体勢」に入り、島民は午後になると食糧増産へと動員された。[75] 一九四五年六月一三日、大政翼賛会支部は解散し、樺太国民義勇隊が編成され、菅原は幕僚長へと就任する。[76]

# 第四節　樺太の資源動員と農学―むすびにかえて―

## 一．樺太の資源開発

先住民も少なく、全域国有地として経営が開始された植民地・樺太において、農林水産資源開発のための制度の整備が進められ、資源開発は官から民へと移行する形態をとった。財政的に水産資源開発、森林資源開発に依存していた樺太庁は、粗放的で収奪的な資源開発を許容することになったが、やがて各資源開発間でのコンフリクトも生じた。

農地開発のための開墾火入れは、山火を誘発し森林資源を焼失させ、森林資源開発に伴う木材流送は、河川を遡上するサケ・マスなどの水産資源に甚大なダメージを与えるなどの問題が起きた。これらに対して、制度的な対策が講じられたのは、上述の通りである。一方、直接的な資源への損傷ではなく、労働力移動による開発の遅滞という影響も各資源開発間で引き起こされていた。これは主に農地開発に投入されるべき労働力が、森林資源開発および水産資源開発に投入されてしまい、農地開発が遅滞するという局面で起きた。具体的に言えば、開墾時期の春先は、ニシンの群来の時期と重なっており、現金収入を求める農家が漁業労働に労働力を投入してしまい、開墾が進まないという事態が多く見られたほか、農家経営自体が林業労働からの賃金収入に依存しており、馬資本から牛資本への移行が進まなかったり、森林資源開発の現場が移れば農家自体もそれに伴って移動するなどの問題が生じていたのである。農業植民を振興しようとしていた樺太庁にとって、農業開発の遅滞は大問題であった。こうした問題も資源開発間のコンフリクトの一種と考えられよう。

また、資源の枯渇も徐々に明らかになり、従来の粗放的で収奪的な資源開発を反省し、集約的で持続的な資源管理を行う必要に迫られた。これは単に資源そのものの管理だけでなく、その資源開発の末端にいる労働力の安定供給も意味した。これら資源開発間のコンフリクトや資源管理、拓殖推進に関して技術的な解決を担わされたのが中試であった。

樺太農政は、樺太の先住者である残留露人による在来農法に評価を与えなかった。その結果、樺太農政は新たに樺太に適合した農法を考案しなければならなかったのである。初代殖民課長・栃内壬五郎によって有畜小農方針がうちたてられると、その後それが踏襲されていくことになった。初期の樺太農政は、農家経営の内実よりも、まずは移民の招来を優先し、移民制度の調整に傾注していた。しかし、この方向性に変化が現れたのが、一九二〇年代末である。ちょうど、財源であった水産資源、森林資源の枯渇が広く認識され、また人口食糧問題調査会により、植民地としての意義が帝国の人口・食料問題解決地であることを強く自認し始めた時期でもある。農業移民の招来よりも、農業移民の定着が課題とされ、農家の食料問題、副業問題が取り組むべき問題となった。

## 二．中試の技術

中試がそれまでの各種農畜林水産業研究機関を統合して設置されたのは、まさにこの時期の一九二九年である。中試の農業部も、稲作試験は試みるものの成功は絶望視され、当初から農家食料問題としての主食転換のための技術開発に力を入れる。燕麦の食用化を進め、のちにはパン用小麦を選定し、パン食の普及を目指すことになる。副業問題と最も深く関わっていたのは、畜産部門である。樺太農政は、林業、水産業などの賃労働に関わりながら生計をたてている兼業の農家に、適切な副業を与えて専業化させることに腐心していた。なぜならば、林業、水産業は地域的盛衰が激しく、農家がこれらの産業への兼業労働で生計を立てている限り、生計は不安定化し、移動性も生じるため、定着が進まないと樺太農政は考えていたからである。中試もこれに同調して、大家畜の酪農製品の製造・加工・消費のための技術開発を行う。これは市場への販売も考慮に入れているが、まずは農家での自家消費が念頭に置かれていた。

中試の林業部門は、樺太庁の財源としての森林資源の管理、保護、更新のための研究に力を入れていた。しかし、一方で農家副業問題にも関わっていた。それが、簡易な針葉油製造技術の開発である。林業としては廃棄物である枝葉を、農家の副業の中間投入物として有効利用するための技術開発も行っていたのである。水産部門も、島内消費運動を背景とした島産水産物の食用化・製造加工技術の開発を主軸にすえていたものの、鰊粕などの廃棄物を家畜飼料として有効利用するための研究も行っていた。

以上より、次のことがいえる。中試の試験研究は、大農経営や、大プラント生産などの大資本に奉仕するものではなかった。また、増産・増収をはかる一般的な試験研究も実施されていた。しかし、その一方で試験研究内容を注意深く検証すると、中試の試験研究の特徴として、内地を中心とした帝国内他地域からの移入・消費を極力おさえることによる、帝国の食料・資源問題への消極的貢献を志向していた点がうかがえる。この背景には、島民の大半を米食共同体に属する日本人や朝鮮人が占めていたにもかかわらず、樺太の自然環境が、稲作生産を技術的に断念せざる得なくするものであったという条件があった。有畜小農経営の農家経営モデルを考慮に入れながら、各部門が必ずしも増産のみに視野を狭めず、農畜林水産業が連携する技術の開発を志向していた点は、中試の特徴として特記しておくべき点と思われる。

## 三. 中試の思想

中試が、決して一般島民から不可視化された機密研究機関ではなかった点も、改めて述べておくべき点であると思われる。むしろ、中心参観デーや、現地メディアへの寄稿など、中試は積極的に自分たちの開発した技術の普及に努めていたと言ってよいと思われる。しかし、そうした積極性の背景には、自分たちの技術は開発さえすれば単純に普及するものではないという自覚が潜んでいた。主食転換に代表されるように、中試の技術で生活の領域に関わるものは少なくなく、またそのために、それは文化にも関わるものであった。技術の導入実現には、文化の改変が要請されるということを中試は自覚していたのである。そして、文化の改変を是認するためのイデオロギーが必要となったのである。

樺太文化論の結実である樺文振の設立と同年の一九三九年に、中試が開催した東亜北方開発展覧会は、まさにそのイデオロギーの表明であり、島民への喧伝であった。樺太文化論の第一テーゼ「北進前進根拠地樺」と同調し、自分たちの技術の最終目標は、樺太の社会や産業の発展にとどまるものではなく、将来の帝国圏たる東亜北方地域の発展のための技術体系を構築することであると明言され、樺太文化論の第二テーゼ「亜寒帯文化建設」の中心を担うのが自分たちであるとも宣言されたのである。特筆すべきは、中試スタッフが樺太文化論の影響を受けたというよりも、樺太文化論の形成過程に一部の中試スタッフはすでに関わっており、樺太文化論の中核を成していたという点である。樺太文化論は、たぶんに技術を意識していたし、中試の技術思想も、たぶんに「文化」を意識していた。

中試スタッフ全体に一般化できるかは別にして、中試の主要技師の間に、科学一般の向上よりも、地域に適応した技術の開発を志向し、それが島民の生活領域にまで関与し、かつ帝国的ビジョンを背景とした総合性を有する技術思想が形成され共有されていたことが指摘できる。だとすれば、農事試験所をはじめとした戦前期内地農学に対する、「実践と研究との二重の相互関係――たびたびいったようなフェスカの精神――は破棄され、問題の決定は農業の現実的必要に地盤をおかず、研究成果の普及は考慮されなくな」り、「農業の実態と離れた技術的優劣性の判定、――すべてこれらが試験場の空気を支配した」[77]という評価は、中試にはあてはまらないかもしれない。

しかし、地域性と総合性を有していたからと言って、それを単純に「農学」の視点から評価することは、拙速に過ぎると思われる。「遠ク樺太ニ来リテ白米ヲ食シ得ルニアラザレバ内地ニ帰ルニ如カズ」という、ある農業移民の言はやはり重いと言わざるを得ないのである。確かに中試の技術体系は、地域性を充分考慮し、総合性を有し、農家の経営・家計の向上を目指した合理的なものと評価することは可能である。しかし、そこでは当の農家の「米を食べたい」という願望は、捨象されるか、あるいは抽象化されてしまっていたのである。農家経営確立のための自己資本捻出に対する樺太農政の「姿勢は農産物市場・労働市場との関係を遮断して、自給自足的農業を実現して資本を捻出する方法」[78]であり、つまり自給自足とは、生産費を低減させその分を資本蓄積に回すための方法であった。中試が開発普及しようとした「技術」とは、世界史的命題を掲げつつも、結局のところは農家食料を農業生産のための一種の中間投入財として抽象化したうえで構想された技術であったとも言える。米と麦の文化的差異を認めつつも最終的には「食料」として抽象化できた中試と、同じ食料でも「米」は「米」であり、「麦」は「麦」であるという具象の中に生の価値基準を見出していた一般島民、特に農業移民との間の乖離がここにも認められるのである。このことは主食転換に限らない問題と思われるし、そもそも中試の構想した技術体系の前提は、樺太では稲作が不可能であるという自然環境的差異に基づく技術的限界であったことから考えれば、植民地社会にとっての「技術」の意味を考える上で看過できぬことである。

一九三七年以降の中国戦線の拡大は、帝国の北進に自身の存在意義を求める樺太にとっては、いささか意に沿わないものであったかもしれない。一九三九年の東亜北方開発展覧会や樺文振にも見られるように、依然として樺太のエリート層は、帝国北進に自身の存在意義と関心を持ち続けており、中国戦線の拡大には、比較的に積極的意義を見いだささせずいた。しかし、その中でも化学工業部が設立され、代用科学とも呼べる総力戦体制への寄与が目指された。けれども、一九四一年に新設された敷香支所は、樺太の代表的イデオローグである菅原道太郎を支所長とし、帝国北進のためのさらなる技術開発を目指すものであった。その後、菅原は大政翼賛会樺太支部の事務局長を任じられ、州民皆農運動を先導するなど、時局に応じた島内自給率の向上へ島民を動員した。食料をはじめとした物資の島内自給力向上とそのための資源開発は、拓殖イデオロギーにも共通する課題であり、拓殖イデオロギーから総力戦体制イデオロギーへの転換は容易であったと言える。

## 四．拓殖体制と総力戦体制

農林水産資源開発や技術から見た場合、樺太における拓殖体制と総力戦体制の大きな違いは何であるかをここで考えてみたい。結論から言えば、この二つの間に大きな相違はないと言えよう。樺太における拓殖体制の前提は、食料を含めて帝国他地域の資源・資材の消費を抑制し、島内自給力を高めることにあった。一方、総力戦体制についても、この前提は変わらず、さらに孤島化による移入途絶の危機感は、さらなる高度な自給体制を要求した。相違点は、食料生産や針葉油生産にあてられた農業余剰労働力が、交換価値の創出ではなく、使用価値の追求へと向けられたことである。また、針葉油開発にみるように、拓殖推進のための農家副業として開発された技術も、総力戦体制においては交換価値ではなく軍事物資としての使用価値が追求された。敗戦まで食料不足にならなかったことは、様々な方策の成果ではあるが、最後まで移入に依存していたという点において、決して樺太の資源動員が植民地エリートの思想通りに運ばなかったことを意味している。

## 注

(1) 中山大将「樺太庁中央試験所の技術と思想—一九三〇年代樺太拓殖における帝国の科学—」『農業史研究』第四五号、二〇一一年。
(2) 田中耕司・今井良一「植民地経営と農業技術」田中耕司編『岩波講座「帝国」日本の学知　第七巻　実学としての科学技術』岩波書店、二〇〇六年。
(3) 藤原辰史「稲も亦大和民族なり」池田浩士編『大東亜共栄圏の文化建設』人文書院、二〇〇七年。
(4) 東畑精一「日本農業発展の担い手」農業発達史調査会編『日本農業史発達史　第九巻』中央公論社、一九五六年、六〇〇〜六〇四頁。
(5) なお中試の前身のひとつである農事試験場については近年次の研究が提出された。舟山廣治「樺太庁農事試験場開設初期の試験調査」『北方博物館交流』第二三・二四号、二〇一二年。
(6) 永井秀夫「日本近代化における北海道の位置」永井秀夫編『近代日本と北海道』河出書房新社、一九九八年、七頁。
(7) 永井秀夫「北海道と辺境」『北大史学』第一一号、一九六六年、七一頁。
(8) 発行部数については、『業務概要』各年度版を参照。
(9) ヴィソーコフ・M・Sほか編著（板橋政樹訳）『サハリンの歴史』北海道撮影社、二〇〇〇年、一一〇頁。
(10) 以上、樺太の漁業制度、漁政、それに関する問題などについては、樺太庁編『樺太庁施政三十年史』樺太庁、一九三六年を参照。
(11) ヴィソーコフ、前掲書、一一〇頁。
(12) 以下、林業の産業化に関しては、樺太林業史編纂会『樺太林業史』農林出版、一九六〇年、三五、五三〜五五、八九、一〇七、一三七頁による。

(13) 以上、樺太の森林制度、林政、それに関する問題などに就いては、樺太庁、前掲書、一九三六年、および樺太林業史編纂会、前掲書を参照。

(14) 樺太庁農林部『篤農家講演集』樺太庁農林部、一九二九年、三頁。

(15) 平井廣一「樺太植民地財政の成立」『経済学研究』第四三巻第四号、一九九四年、一一五頁。

(16) 平井廣一「戦間期の樺太財政と森林払下」『経済学研究』第四五巻第三号、一九九五年、一〇四頁。

(17) 同上、八五頁。

(18) 竹野学「人口問題と植民地」『経済学研究』第五〇巻第三号、二〇〇〇年、一一三、一一九頁。

(19) 中山大将「樺太植民地農政の中の近代天皇制」『村落社会研究ジャーナル』第一六巻第一号、二〇〇九年、七頁。

(20) 以上、農地制度とそれに関する問題については、樺太庁、前掲書を参照。

(21) 以下、特に断らない場合、中試の沿革については、樺太庁中央試験所『樺太庁中央試験所一覧』一九三一年、一〜一四頁による。また、新設部門、支所についてはそれぞれの『業務概要』および樺太庁中央試験所『樺太庁中央試験所創立十年記念集』樺太庁中央試験所、一九四一年による。

(22) 樺太庁中央試験所、前掲書、一九三一年、一頁。

(23) 一九三二年の二月のみ神保雄三が所長に補されている。

(24) 樺太庁長官官房秘書課編『職員録』樺太庁、一九三八年、一〜三頁。

(25) 札幌農学校：三宅康次（所長・農業部）、北海道帝国大学農学部：田中勝吉（林業部長）、三島懋（林業部長）、東北帝国大学：村山佐太郎（水産部長）など。

(26) 以下、各部門の構成については、樺太庁中央試験所、一九三一年、前掲書による。

(27) 田澤博『北方気象と寒地農業』北方出版、一九四五年、一頁。

(28) 田澤博「樺太の稲作」『農業及園芸』第一一巻一号、一九三六年、四七九頁。

(29) 樺太庁中央試験所『特別彙報第二号　質疑応答録〝農業編〟』樺太庁中央試験所、一九三六年、四九頁。

(30) 田澤、前掲論文、一九三六年、四八一頁。

(31) 樺太庁内務部殖産課編『樺太の農業』樺太庁内務部殖産課、一九二五年、九〇頁。
(32) 松尾毅「酪農と大谷地集団移民地」『樺太』第一二巻一〇号、一九四〇年、九五〜九七頁。
(33) 川瀬逝二「樺太産小麦の特質と新品種『暁』の育成」『樺太庁報』第一二号、一九三八年、七〇頁。
(34) 川瀬逝二「早春に芽生える食用野生植物とその食べ方」『樺太庁報』第一号、一九三七年。
(35) 竹野学「植民地樺太農業の実体」『社会経済史学』第六六巻五号、二〇〇一年、九二頁。
(36) 竹野学「一九四〇年代における樺太農業移民政策の転換」『農業史研究』第四三号、二〇〇九年。
(37) 「樺太産業革新の原理（農業篇）」『樺太』第八巻七号、一九三六年、一一頁。
(38) 「樺太農業論争」の詳細については、竹野が前掲論文（二〇〇〇年、九〇〜九一頁、および『樺太農業と植民学』札幌大学経済学部附属地域経済研究所、二〇〇五年、三三〜三四頁）で論じている。ただし、これは官民の意見の対立が表面化したというだけであり、実際にはこの論争以前から、後述するように中試も含めて「官」の側の樺太農業に対する発言は行われていたことは指摘しておく。
(39) 中山大将「植民地樺太の農業拓殖および移民社会における特殊周縁的ナショナル・アイデンティティの研究」京都大学博士学位論文、二〇一〇年。
(40) 樺太庁中央試験所、前掲書、一九三六年、一二二頁。
(41) 樺太林業史編纂会、前掲書、二六三頁。
(42) 同上、五九頁。
(43) 樺太庁、前掲書、一九三六年、四七一頁。
(44) 島産品消費運動の詳細は、中山、前掲書、二〇一〇年、一二六〜一二七頁を参照。
(45) 防空体制と国境警備については、樺太終戦史刊行会、前掲書、一六、三一、五九〜六二頁参照。
(46) 「樺太中央試験所の位置　愈よ小沼と決定　三宅博士住民に感謝　水産試験場も充実する」『樺太日日新聞』一九二九年八月二九日号。
(47) 樺太庁中央試験所、前掲書、一一八、一四九頁。
(48) 樺太庁中央試験所『敷香支所事業概要一九四一年度』樺太庁中央試験所、一九四三年、一頁。

(49) 樺太終戦史刊行会、前掲書、一六～二八、四五～四六、五二～五四頁。

(50) 樺太開発会社については、樺太終戦史刊行会、前掲書、四八～四九頁、および竹野、前掲論文、二〇〇九年を参照。

(51) なお、樺太の国有林をめぐっては、樺太林政の内地林政への移管の動きがすでに一九三〇年代から始まっていた。樺太の林野の大部分は「国有林」であるが、農林省林政からは独立しており、実質上は「庁有林」とでも言うべき実情を呈していた。樺太国有林の農林省移管は、まず内地林業界から要求された。すなわち、樺太材は内地林産物統制の外にあるので、これを脅威ととらえていたのである。一九三六年には移管問題は議会の議題にも上るが、両院で否決される。しかし、翌一九三七年には農林省山林局が北海道・樺太の林野行政の農林省移管方針を内定し、一九四一年には移管を極秘決定する。一九四三年には農林省の思惑とは別に樺太庁の内地行政への編入がなされたものの、実質的には樺太庁の総合行政体制は継続したため、移管は実現しなかった。

(52) 以下、内地編入および関連事項は、樺太終戦史刊行会、前掲書、六二～七三頁を参照。

(53) 以下、滞貨状況に関する資料は、サハリン州公文書館所蔵 ГАСО. Ф. 1и. Оп. 1. Д. 159 内の資料。

(54) 樺太終戦史刊行会、前掲書、九三～九四頁。

(55) 同上、一二四～一二五頁。

(56) 同上、一六六頁。

(57) 「島産愛用の見地から燕麦食の奨励　中央試験所発表」(一九三四年六月一四・一九日号)、「季節を語る　島内に自生する食用野草　樺太庁中央試験所」(一九三五年六月一一・一二日号)、「林利増進の方途『針葉油』の製造法　経費低廉、操作容易なる好副業　中試、農山村に奨励」(一九三五年一一月一二・一九日号)、「「すけとう鱈」の漁業と其加工利用法に就て　将来有望にして着業者激増の傾向　中央試験所水産部発表」(一九三五年一月二二・二九日、二月五・一三日号)、「本島重要水産業の鱈製品の造り方　塩蔵、素乾、凍乾、塩乾、肝油等々　中試水産部発表」(一九三五年三月一二日号)など。

(58) 菅原道太郎「寒帯に於ける日本人生活の創造」『樺太』第四巻第七号、一九三二年、一八～二〇頁。

(59) 樺太文化振興会および食料問題については、中山大将「周縁におけるナショナル・アイデンティティの再生産と自然環境的差異―樺太米食撤廃論の展開と政治・文化エリート」『ソシオロジ』第一六三号、二〇〇八年、東亜北方開発展覧会については、中山大将「樺太庁中央試験所の技術と思想――一九三〇年代樺太拓殖における帝国の科学」『農業史研究』第四五号、二〇一一年を参照。
(60) 樺太庁中央試験所、前掲書、一四九頁。
(61) 同上、一五一～一五二頁。
(62) 中山、前掲論文、二〇〇八年。
(63) 廣瀬國康『樺太庁博物館叢書一　となかい』樺太文化振興会、一九四〇年、一五～一六頁。
(64) 石井四郎『樺太庁博物館叢書三　にしん』樺太文化振興会、一九四〇年、二八～二九、三七頁。
(65) 福山惟吉・根津仙之助『樺太庁博物館叢書七　樺太の食用野草』樺太庁、一九四二年、一頁。
(66) 樺太終戦史刊行会、前掲書、九五～一〇一、一五八～一五九頁。
(67) 「国策線上に颯爽と登場栄養価値は麦粉以上食糧になるツンドラ」『樺太日日新聞』一九四〇年七月三一日（夕刊）。
(68) 「ツンドラに芽生える寄生植物の食用化科学の夢・実現へ　菅原技師画期的研究」『樺太日日新聞』一九四一年九月二七日号。
(69) 菅原道太郎・寒川光太郎「大東亜の北方南方を語る」『北方日本』第一五巻第四号、一九四三年、四〇～四九頁。
(70) 樺太終戦史刊行会、前掲書、一五六～一五七頁。
(71) 菅原道太郎「敗戦思想断じて許さじ」『北方日本』第一六巻第一号、一九四四年、六六～六九頁。
(72) 菅原道太郎「目標は三つ、州民よ奮起せよ —— 昭和二十年の翼賛運動展開について」『北方日本』第一七巻第一号、一九四五年、一一七頁。
(73) 樺太終戦史刊行会、前掲書、二二一～二二三頁。
(74) 菅原、前掲記事、一九四五年、一七～一九頁。
(75) 樺太終戦史刊行会、前掲書、一六九～一七〇頁。
(76) 同上、一九三頁。
(77) 東畑、前掲論文、六〇四頁。
(78) 竹野、前掲論文、二〇〇一年、九九頁。

## 参考文献


井澗裕「ウラジミロフカから豊原へ—ユジノ・サハリンスク（旧豊原）における初期市街地の形成過程とその性格—」『二一世紀COEプログラム「スラブ・ユーラシア学の構築」研究報告集第五号　ロシアの中のアジア／アジアの中のロシア（II）』北海道大学スラブ研究センター、二〇〇四年。

同　『サハリンのなかの日本—都市と建築—』東洋書店、二〇〇七年。

ヴィソーコフ・M・S（板橋政樹訳）『サハリンの歴史—サハリンとクリル諸島の先史から現代まで』北海道撮影社、二〇〇〇年（原著：Высоков, М.С. (авторский коллектив), *История Сахалинской области: с древнейших времен до наших дней*, Южно-Сахалинск: Сахалинский центр документации новейшей истории, 1995.）

堅田精司『旧樺太内国貿易史』北海道地方史研究、一九七一年。

樺太終戦史刊行会編『樺太終戦史』全国樺太連盟、一九七三年。

樺太庁編『樺太庁施政三十年史』樺太庁、一九三六年。

樺太林業史編纂会編『樺太林業史』農林出版、一九六〇年。

塩出浩之「日本領樺太の形成—属領統治と移民社会」原暉之編『日露戦争とサハリン』北海道大学出版会、二〇一一年。

四宮俊之『近代日本製紙業における競争と調和』日本経済評論社、一九九七年。

白木沢旭児「北海道・樺太地域経済の展開—外地性の経済的意義—」原暉之編『日露戦争とサハリン』北海道大学出版会、二〇一一年。

ステファン・ジョン・J（安川一夫訳）『サハリン—日・中・ソ抗争の歴史—』原書房、一九七三年（原著：Stephan, John J., *Sakhalin: a history*, Oxford: Clarendon Press, 1971.）

高岡熊雄『樺太農業植民問題』西ケ原刊行会、一九三五年。

高倉新一郎『北海道拓殖史』柏葉書院、一九四七年。

竹野学「人口問題と植民地—一九二〇・三〇年代の樺太を中心に—」『経済学研究』第五〇巻第三号、二〇〇〇年。

同　「植民地樺太農業の実体—一九二八～一九四〇年の集団移民期を中心として—」『社会経済史学』第六六巻第五号、二〇〇一年。

同「植民地開拓と「北海道の経験」―植民学における「北大学派」―」『北大百二十五年史　論文・資料編』、二〇〇三年。

同「戦時期樺太における製糖業の展開―日本製糖業の「地域的発展」と農業移民の関連について―」『歴史と経済』第一八九号、二〇〇五年。

同『樺太農業と植民学』札幌大学経済学部附属地域経済研究所、二〇〇五年。

同「戦前期樺太における商工業者の活動―樺太農業開拓との関係を中心に―」蘭信三編『日本帝国をめぐる人口移動（移民）の諸相研究序説』京都大学国際交流センター蘭研究室、二〇〇六年。

同「「樺太」日本植民地研究会編『日本植民地研究の現状と課題』アテネ社、二〇〇八年。

同「一九四〇年代における樺太農業移民政策の転換」『農業史研究』第四三号、二〇〇九年。

田村将人「日露戦争前後における樺太アイヌと漁業の可能性」『北方の資源をめぐる先住者と移住者の近現代史―二〇〇五～〇七年度調査報告』、二〇〇八年。

中島九郎「樺太の拓殖及農業に就て」『法経会論叢』第二輯、一九三四年。

中山大将「周縁におけるナショナル・アイデンティティの再生産と自然環境的差異―樺太米食撤廃論の展開と政治・文化エリート」『ソシオロジ』第一六三号、二〇〇八年。

同「樺太植民地農政の中の近代天皇制―樺太篤農家事業と昭和の大礼の関係を中心にして」『村落社会研究ジャーナル』第一六巻一号、二〇〇九年。

同『植民地樺太の農業拓殖および移民社会における特殊周縁的ナショナル・アイデンティティの研究』京都大学大学院農学研究科博士学位論文、二〇一〇年。

同「樺太庁中央試験所の技術と思想―一九三〇年代樺太拓殖における帝国の科学―」『農業史研究』第四五号、二〇一一年。

野添憲治編『樺太の出稼ぎ〈林業編〉』秋田書房、一九七七年。

野添憲治・田村憲一編『樺太の出稼ぎ〈漁業編〉』秋田書房、一九七八年。

ハウエル・ディビッド（河西英通、河西富美子訳）『ニシンの近代史―北海道漁業と日本資本主義―』岩田書院、二〇〇七年（原著：Howell, David L., *Capitalism from within: economy, society, and the state in a Japanese fishery*, Berkeley; London: University of California Press, 1995.）

萩野敏雄「日華事変以前における北海道および樺太の森林開発」『林業経済』第八五号、一九五五年。
同　『北洋材経済史論』林野共済会、一九五七年。
平井廣一「日本植民地の財政の展開と構造」『社会経済史学』第四七巻六号、一九八二年。
同　「樺太植民地財政の成立―日露戦争～第一次大戦―」『経済学研究』第四三巻四号、一九九四年。
同　「戦間期の樺太財政と森林払下」『経済学研究』第四五巻三号、一九九五年
同　「日中・太平洋戦争期における樺太行財政の展開」『人文学報』第七九号、一九九七年
同　『日本植民地財政研究史』ミネルヴァ書房、一九九七年
三木理史「移住型植民地樺太と豊原の市街地形成」『人文地理』第五一巻三号、一九九九年
同　「農業移民に見る樺太と北海道―外地の実質性と形式性をめぐって―」『歴史地理学』第二一二号、二〇〇三年
同　『国境の植民地・樺太』塙書房、二〇〇六年
同　「明治末期岩手県からの樺太出稼―建築技能集団の短期回帰型渡航の分析を中心に―」蘭信三編『日本帝国をめぐる人口移動の国際社会学』不二出版、二〇〇八年
同　『移住型植民地樺太の形成』塙書房、二〇一二年
溝口敏行・梅村又次編『旧日本植民地経済統計』東洋経済新報社、一九八八年

付表 7-1　樺太庁中央試験所刊行物一覧

| 部門・支所 | 定期刊行物 | 不定期刊行物 | | |
|---|---|---|---|---|
| | 『業務概要』 | 『中試報告』 | 『中試彙報』 | 『中試時報』 |
| 農業部（第 1 類） | 1930 ～ 42 年度 | 1 号（1931）～ 8 号（1937） | 1 号（1932）～ 14 号（1942） | 1 号（1930）～ 25 号（1937） |
| 宇遠泊支所 | 1930 ～ 41 年度 | – | – | – |
| 恵須取支所 | 1937 ～ 41 年度 | – | – | – |
| 林業部（第 2 類） | 1930 ～ 42 年度 | 1 号（1932） ～ 14 号（1943） | 1 号（1932） ～ 16 号（1943） | 1 号（1939） ～ 9 号（1943） |
| 水産部（第 3 類） | 1930 ～ 42 年度 | 1 号（1933） | 1 号（1932） | 1 号（1930） ～ 13 号（1935） |
| 畜産部（第 4 類） | 1930 ～ 42 年度 | 1 号（1939） | 1 号（1932） ～ 15 号（1942） | 1 号（1932） ～ 9 号（1941） |
| 化学工業部 | 1938 ～ 42 年度 | – | – | – |
| 保健部 | 1941 ～ 42 年度 | – | 1 号（1943） ～ 2 号（1943） | – |
| 敷香支所 | 1941 年度 | – | – | – |

| 非定期刊行物 | |
|---|---|
| 1931 年 | 『樺太庁中央試験所一覧』 |
| 1933 年 | 『特別彙報第 1 号　病害蟲防除要綱』 |
| 1936 年 | 『特別彙報第 2 号　質疑応答録“農業編”』 |
| 1941 年 | 『樺太庁中央試験所創立十年記念集』 |

出典：各刊行物より筆者作成。

付表 7-2　農業部門（第 1 類）刊行物

| 類別号数 | 通号 | 発行年月 | 記事名 |
|---|---|---|---|
| | | | 〈中試報告〉 |
| 1 号 | 1 号 | 1932 年 3 月 | 南樺太有用野生植物　I. 後生花被亜綱　技手　石山哲爾 |
| 2 号 | 2 号 | 1932 年 3 月 | クロウリハムシモドキに関する研究　堀松次 |
| 3 号 | 10 号 | 1935 年 3 月 | ヨタウガに関する調査　堀松次 |
| 4 号 | 11 号 | 1935 年 9 月 | 誘蛾燈による趨光性昆蟲に関する調査成績　第一編　大蛾類　嘱託　玉貫光一　元雇員　夜久春夫 |
| 5 号 | 13 号 | 1935 年 12 月 | 樺太に於ける小麦の生育現象に就て　技師　岩本忠<br>小麦稚苗の圧搾液汁の屈折率に関する研究　技手　蛯子浩一　元技手　渡邊保治 |
| 6 号 | 16 号 | 1937 年 1 月 | 南樺太有用野生植物（第二報）II. 古生花被亜綱　A. ミヅキ科─イシモチサワ科　元技手　石山哲爾 |
| 7 号 | 18 号 | 1937 年 3 月 | I　樺太産春播型小麦子実の理化学的性質に関する研究　技手　笹川友之助<br>II　小麦に於ける一畸形穂の出現に就て　技手　蛯子浩一　雇員　藤井市三郎 |
| 8 号 | 19 号 | 1937 年 3 月 | 樺太昆蟲誌　第一報　鱗翅目（蝶類） |
| | | | 〈中試彙報〉 |
| 第一類（農業・畜産） | | | |
| 1 号 | 1 号 | 1932 年 3 月 | 主要農産物優良品種の解説 |
| 2 号 | 2 号 | 1932 年 3 月 | 養狐の飼養 |
| 3 号 | 3 号 | 1932 年 3 月 | 乳牛の飼養法 |
| 第一類（農業） | | | |
| 1 号 | 1 号 | 1932 年 3 月 | 主要農産物優良品種の解説 |
| 2 号 | 8 号 | 1934 年 3 月 | 樺太農作物害虫目録　技師　堀松次 |
| 3 号 | 9 号 | 1934 年 4 月 | 甘藍 |
| 4 号 | 14 号 | 1935 年 5 月 | 馬鈴薯 |

| | | | |
|---|---|---|---|
| 5号 | 15号 | 1935年5月 | 製麹法に就て　技師　坂本順次郎 |
| 6号 | 16号 | 1935年7月 | 人口厩肥の製造と其の施用に就て　技師　菅原道太郎　雇員　伊藤國次 |
| 7号 | 17号 | 1935年8月 | ハンノキ跡地土壌の不毛性原因と其の改良利用法 |
| 8号 | 22号 | 1937年7月 | 樺太産食用野生植物 |
| 9号 | 25号 | 1937年4月 | 蔬菜優良品種の解説　技手　奥山春雄　雇員　浦上秀夫 |
| 10号 | 26号 | 1937年6月 | 清酒醸造経過に関する調査成績　技師　坂本順次郎　雇員　西山博 |
| 11号 | 27号 | 1937年5月 | 甜菜　技手　荒正人　技手　伊藤國次 |
| 12号 | 32号 | 1939年3月 | 主要農作物優良品種の解説 |
| 13号 | 39号 | 1942年2月 | 樺太主要農作物の豊凶に関する一考察　元技師　川瀬逝二　技手　安部正毅 |
| 14号 | 40号 | 1942年3月 | 寒地栽培上より観たる不耕起播種法に就いて　元技師　川瀬逝二　技手　木村忠一 |
| | | | 〈中試時報〉 |
| 1号 | 3号 | 1930年4月 | 馬鈴薯萎縮病に関する注意 |
| 2号 | 7号 | 1931年3月 | 燕麦食の奨め |
| 3号 | 8号 | 1931年4月 | 麦類病害の予防法　風呂湯浸法に就て |
| 4号 | 9号 | 1931年5月 | だいこんばへと其の防除法 |
| 5号 | 12号 | 1931年10月 | 瑞典蕪菁採種の奨め |
| 6号 | 13号 | 1931年11月 | 黍の優良品種と其の栽培法 |
| 7号 | 17号 | 1932年6月 | くろうりはむしもどきと其の防除法 |
| 8号 | 18号 | 1932年7月 | 樺太に於ける牛乳取扱上の注意 |
| 8号 | 23号 | 1933年1月 | 麦類赤黴病（一名黒点病）就ての注意 |
| 9号 | 19号 | 1932年7月 | 脱脂乳の利用法 |
| 9号 | 24号 | 1933年2月 | 本島へ移入の危険性ある豌豆の大害蟲　エンドウマメザウに関する警告 |

（次頁へ）

| | | | |
|---|---|---|---|
| 10号 | 20号 | 1932年8月 | 鶏の自然孵化に関する注意 |
| 11号 | 26号 | 1933年5月 | 須具利ウドンコ病の防除法に関する注意 |
| 12号 | 27号 | 1933年6月 | 蕎麦の播種期に就て |
| 13号 | 22号 | 1932年12月 | 凍乾蘿蔔の製造法 |
| 13号 | 28号 | 1933年8月 | 再びダイコンバへの防除法に就て |
| 14号 | 25号 | 1933年2月 | 犢の除角と其の方法に就て |
| 14号 | 30号 | 1933年12月 | 凍結馬鈴薯の製造法 |
| 15号 | 31号 | 1934年4月 | 馬鈴薯黒痣病防除の奨め |
| 16号 | 33号 | 1934年5月 | 馬鈴薯播種上の二、三注意事項に就て |
| 17号 | 35号 | 1935年10月 | 蔬菜の早熟栽培に対する葭簀園の効果に就て |
| 18号 | 37号 | 1935年7月 | 西海岸地方に於ける蔔蘿栽培上の二、三注意事項に就て |
| 19号 | 38号 | 1936年4月 | 野生土当帰栽培の奨め |
| 20号 | 39号 | | |
| 21号 | 40号 | 1936年4月 | 胡瓜黒星病防除の奨め |
| 22号 | 41号 | 1936年4月 | 稞麦（スミレ糯）の特性と之を原料とする餅の作り方に就て |
| 23号 | 42号 | 1936年4月 | 燕麦の新優良品種（百日早生）の特性と其の栽培上の注意 |
| 24号 | 43号 | 1936年7月 | 馬鈴薯疫病と夏疫病防除の奨め |
| 25号 | 45号 | 1937年5月 | 裸燕麦の新優良品種「早生裸」の特性と其の栽培上の注意 |

出典：各刊行物より筆者作成。
注：1932・33年には「農業・畜産」として刊行された『時報』があり、類としての号数、時報としての号数が重複しているものがある。

付表 7-3　林業部門（第２類）刊行物

| 類別号数 | 通号 | 発行年月 | 記事名 |
|---|---|---|---|
| 〈中試報告〉 | | | |
| 1号 | 3号 | 1932年12月 | 樺太に於けるトドマツ・エゾマツ天然林の林型に関する調査　技手　吉川宥恭 |
| 2号 | 4号 | 1932年12月 | 樺太産有用針葉樹材の機械的性質に関する研究　I 保呂産トドマツ　技師　田中勝吉 |
| 3号 | 5号 | 1933年3月 | エゾマツ寄生キクヒムシ科昆虫の生態学的研究　第1編エゾマツ寄生キクヒムシ科昆虫の種類並樹体内に於ける分布調査 |
| 4号 | 7号 | 1933年12月 | 樺太産有用針葉樹材の機械的性質に関する研究　II. 保呂産エゾマツ　技師　田中勝吉　雇員　足立三郎 |
| 5号 | 8号 | 1933年12月 | 樺太産トドマツ及エゾマツ立木の季節別含水率に関する調査　技師　田中勝吉　雇員　足立三郎 |
| 6号 | 9号 | 1935年3月 | 樺太産有用針葉樹材の機械的性質に関する研究　III. 敷香郡内川産グイマツ　技手　矢澤亀吉 |
| 7号 | 11号 | 1935年9月 | 誘蛾燈による趨光性昆虫に関する調査成績　第1編蛾類 |
| 8号 | 12号 | 1935年9月 | 南樺太に於けるグイマツ天然林の林木構成並に生育状況に就て　技師　三島懋 |
| 9号 | 14号 | 1936年3月 | 樺太原生林に於けるヤツバキクヒムシに因る被害調査並に之が対策 |
| 10号 | 15号 | 1936年6月 | 樺太産有用針葉樹材の機械的性質に関する研究　IV. 保呂産トドマツ、エゾマツ（補遺）　技手　矢澤亀吉 |
| 11号 | 17号 | 1936年12月 | 樺太産有用針葉樹材の物理的性質に関する研究　I. 保呂産トドマツ（其の一）　技手　矢澤亀吉 |
| 12号 | 19号 | 1937年3月 | 樺太昆虫誌 |
| 13号 | 20号 | 1938年12月 | 樺太産有用樹材の化学的組成分に関する研究 |
| 14号 | 22号 | 1943年3月 | トドマツ、エゾマツ枯損木の腐朽及該材の機械的性質に関する研究 |
| 〈中試彙報〉 | | | |
| 1号 | 4号 | 1932年10月 | 樺太産針葉樹丸太材積に関する調査　1 保呂産トドマツ、エゾマツ丸太材積に関する調査 |
| 2号 | 5号 | 1932年10月 | 針葉樹廃材木炭に就いて |
| 3号 | 7号 | 1933年1月 | 樺太産針葉樹形数調査　1. 保呂産トドマツ、エゾマツ樹幹胸高形数表 |
| 4号 | 12号 | 1934年12月 | トドマツ・エゾマツの樹冠、枝條量並針葉量に就て　技手　三島懋　雇員　吉野深造 |

（次頁へ）

| | | | |
|---|---|---|---|
| 5号 | 13号 | 1935年2月 | 欧州タウヒの樺太に於ける適否並に其の造林法に就て　技師　田畑司門治 |
| 6号 | 19号 | 1935年10月 | 樺太に於けるトドマツ針葉油の製造に就て　助手　島口三郎 |
| 7号 | 20号 | 1935年10月 | エゾマツ、トドマツ丸太の樹皮の厚さ及樹皮率に就いて　技手　矢澤亀吉 |
| 8号 | 21号 | 1935年11月 | 薪材の層積に就いて　技師　三島懋　技手　吉野深造 |
| 9号 | 28号 | 1937年7月 | 樺太保呂試験林植物目録　元技師　吉川宥恭　技手　高橋守義 |
| 10号 | 29号 | 1938年3月 | 樺太主要林木種子採取法　元技手　高橋守義　雇員　西郷喜久治 |
| 11号 | 33号 | 1939年3月 | 南樺太に於けるカラフトマツカレハの寄生蜂類に就て |
| 12号 | 34号 | 1939年11月 | 樺太南部地方に於けるシラカンバの形数表並材積表　技手　有田学　元雇員　屋敷純雄 |
| 13号 | | 1942年1月 | 巣箱を利用せるキタヒガラの生態調査　玉貫光一 |
| 14号 | 41号 | 1942年3月 | ヤツバキクヒムシに因るエゾマツ枯損木の年数経過に伴ふ材質の変化に就きて　技師　矢澤亀吉 |
| 15号 | 43号 | 1942年3月 | 自然的低温多湿処理に依る林木種子の発芽促進効果に就て　技手　高樋勇 |
| 16号 | 46号 | 1943年3月 | カラマツキバラハバチに就て |
| | | | 〈中試時報〉 |
| 1号 | 50号 | 1939年10月 | ヤツバキクヒムシの被害と其の防除法 |
| 2号 | | | |
| 3号 | | | |
| 4号 | | | |
| 5号 | 62号 | 1942年5月 | 伏苗法に依るヤナギ類苗木の養成法に就て |
| 6号 | 63号 | 1942年6月 | 本年の主要林木種子の結実を予報す |
| 7号 | 64号 | 1942年6月 | 造林地の下刈法 |
| 8号 | 65号 | 1942年7月 | 今年度の調査法に基く害虫木の見分方に就て |
| 9号 | 66号 | 1942年10月 | 積雪下に発生する苗圃の病害防除法 |

出典：各刊行物より筆者作成。

付表 7-4　水産部門（第 3 類）刊行物

| 類別号数 | 通号 | 発行年月 | 記事名 |
|---|---|---|---|
| | | | 〈中試報告〉 |
| 1 号 | 6 号 | 1933 年 9 月 | 南樺太近海タラバガニ（Paralithodes camtschaticus TILESIUS）の地方型に就て |
| | | | 〈中試彙報〉 |
| 1 号 | 6 号 | 1932 年 10 月 | 魚類燻製法 |
| | | | 〈中試時報〉 |
| 1 号 | 1 号 | 1930 年 3 月 | 西海岸に於ける本年度春鰊来游高予察 |
| 2 号 | 2 号 | 1930 年 4 月 | 鰊の食用化に就て |
| 3 号 | 4 号 | 1930 年 4 月 | 昨今の水温分布と鰊群の去来に就て |
| 4 号 | 5 号 | 1930 年 5 月 | 西海岸に於ける昨今の水温分布状況と本年度鱒来游高予察 |
| 5 号 | 6 号 | 1930 年 6 月 | 楽磨近海海況と鱒群に就て |
| 6 号 | 10 号 | 1931 年 5 月 | 乾かずのこ及塩かずのこの製造法に就て |
| 7 号 | 11 号 | 1931 年 5 月 | にしんの燻製法に就て |
| 8 号 | 14 号 | 1931 年 11 月 | すけとうたらの漁業の之が加工利用法に就て |
| 9 号 | 15 号 | 1932 年 2 月 | 春にしんの処理法と其の食用法に就て |
| 10 号 | 16 号 | 1932 年 4 月 | 塩蔵にしんの製造上の注意 |
| 11 号 | 21 号 | 1932 年 11 月 | 凍乾明太魚製造上の注意 |
| 12 号 | 29 号 | 1933 年 10 月 | イクラの製造法に就て |
| 13 号 | 30 号 | 1935 年 2 月 | タラ製品の造り方に就ての注意 |

出典：各刊行物より筆者作成。

付表 7-5　畜産部門（第 4 類）刊行物

| 類別号数 | 通号 | 発行年月 | 記事名 |
|---|---|---|---|
| | | | 〈中試報告〉 |
| 1 号 | 21 号 | 1939 年 3 月 | 樺太産飼料の成分並に消化率（第一報）技手　伊藤安 |
| | | | 〈中試彙報〉 |
| 1 (2) 号 | 2 号 | 1932 年 3 月 | 養狐の飼養 |
| 2 (3) 号 | 3 号 | 1932 年 3 月 | 乳牛の飼養法 |
| 3 号 | 10 号 | 1934 年 5 月 | 兎毛皮の簡易製鞣法 |
| 4 号 | 11 号 | 1934 年 8 月 | 放牧地の経済的利用法と其の合理的経営法に就て　技師　高山保二 |
| 5 号 | 18 号 | 1935 年 10 月 | バター製造要項（其の一）技手　伊藤安 |
| 6 号 | 23 号 | 1937 年 2 月 | 簡易豚肉加工法 |
| 7 号 | 24 号 | 1937 年 4 月 | アイスクリーム製造法　技手　伊藤安 |
| 8 号 | 30 号 | 1938 年 10 月 | 飼養管理法の牡犢産肉経済に及ぼす影響 |
| 9 号 | 31 号 | 1939 年 3 月 | 樺太産飼料の成分と飼料配合法の解説 |
| 10 号 | 35 号 | 1939 年 11 月 | 牛乳醤油竝に牛乳豆腐製造法　技師　伊藤安　元技手　小笠原一郎 |
| 11 号 | 36 号 | 1940 年 3 月 | チーズ製造法　技師　伊藤安 |
| 12 号 | 37 号 | 1941 年 9 月 | 養狐飼養標準の創案 |
| 13 号 | 42 号 | 1942 年 3 月 | 甜菜副産物の乳牛飼料価値に就て |
| 14 号 | 44 号 | 1942 年 3 月 | デントコーンエンシレーヂ、瑞典蕪菁及恭菜の乳牛飼料価値の比較に就て |
| 15 号 | 45 号 | 1942 年 9 月 | 家畜伝染病六種に就て　牛の細菌性腎盂腎炎、馬の伝染性貧血症、豚コレラ、豚丹毒、雛白痢、養狐パラチフス症　嘱託　金城鐘禧 |

| | | | |
|---|---|---|---|
| 〈中試時報〉 | | | |
| 1 (8) 号 | 18 号 | 1932 年 7 月 | 樺太に於ける牛乳取扱上の注意 |
| 2 (9) 号 | 19 号 | 1932 年 7 月 | 脱脂乳の利用法 |
| 3 (10) 号 | 20 号 | 1932 年 8 月 | 鶏の自然孵化に関する注意 |
| 4 (14) 号 | 25 号 | 1933 年 2 月 | 犢の除角と其の方法に就て |
| 5 号 | 32 号 | 1934 年 5 月 | 養狐の耳疾患に対する応急手当 |
| 6 号 | 34 号 | 1934 年 8 月 | 軟質チーズの製造法 |
| 7 号 | 44 号 | 1936 年 8 月 | 養狐回虫及十二指腸駆除の奨め |
| 9 号 | 55 号 | 1941 年 7 月 | 牛の乳熱に就て |

出典：各刊行物より筆者作成。

付表 7-6　保健部門（第 6 類）刊行物

| 類別号数 | 通号 | 発行年月 | 記事名 |
|---|---|---|---|
| 〈中試彙報〉 | | | |
| 1 号 | 47 号 | 1943 年 3 月 | ホームスパンの製織法 |
| 2 号 | 49 号 | 1943 年 3 月 | 耐寒試験住宅 |

出典：各刊行物より筆者作成。

付表 7-7　中試技師一覧

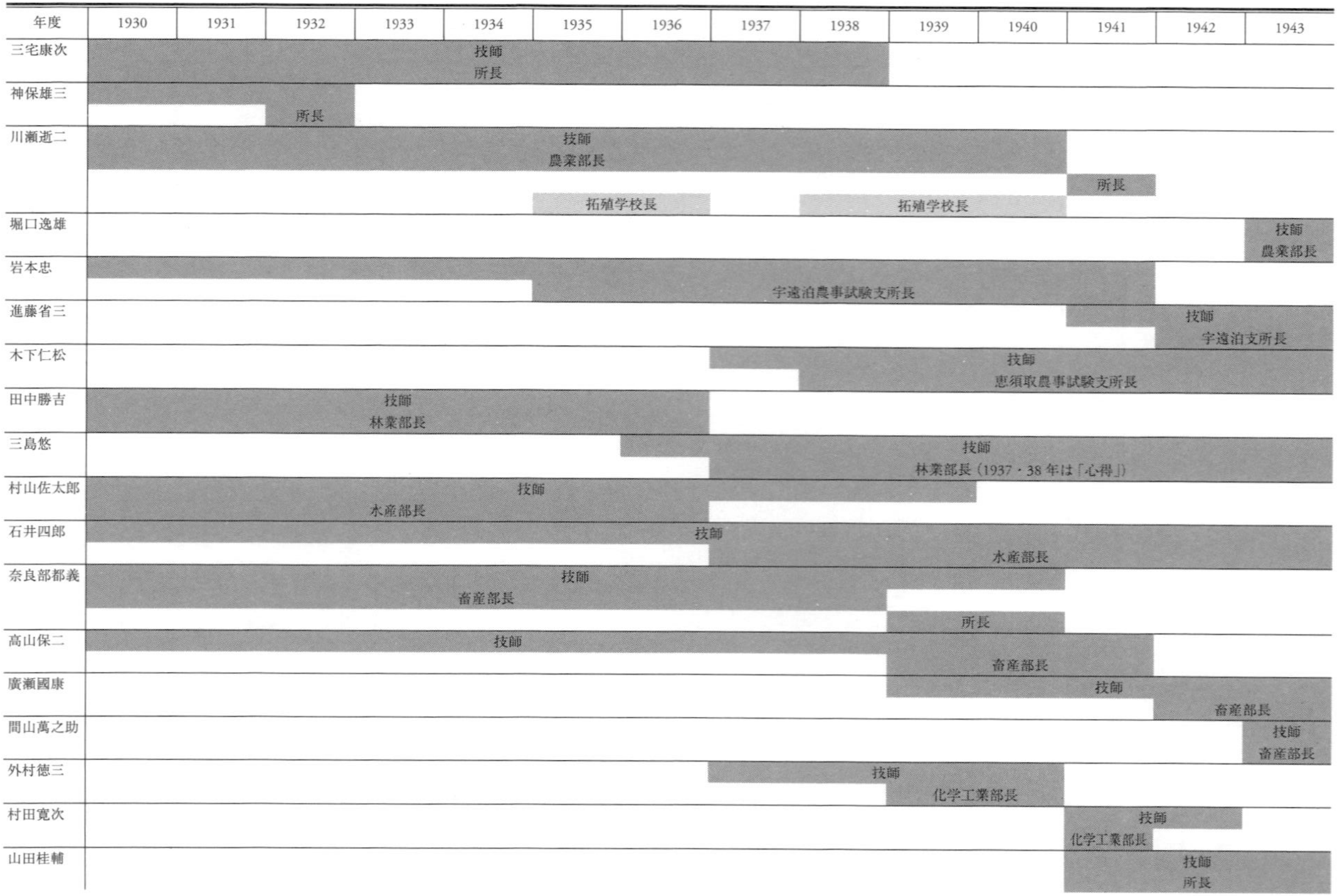
年度
1930
1931
1932
1933
1934
1935
1936
1937
1938
1939
1940
1941
1942
1943
三宅康次
技師
所長
神保雄三
所長
川瀬逝二
技師
農業部長
所長
拓殖学校長
拓殖学校長
堀口逸雄
技師
農業部長
岩本忠
宇遠泊農事試験支所長
進藤省三
技師
宇遠泊支所長
木下仁松
技師
恵須取農事試験支所長
田中勝吉
技師
林業部長
三島悠
技師
林業部長（1937・38 年は「心得」）
村山佐太郎
技師
水産部長
石井四郎
技師
水産部長
奈良部都義
技師
畜産部長
所長
高山保二
技師
畜産部長
廣瀬國康
技師
畜産部長
間山萬之助
技師
畜産部長
外村徳三
技師
化学工業部長
村田寛次
技師
化学工業部長
山田桂輔
技師
所長

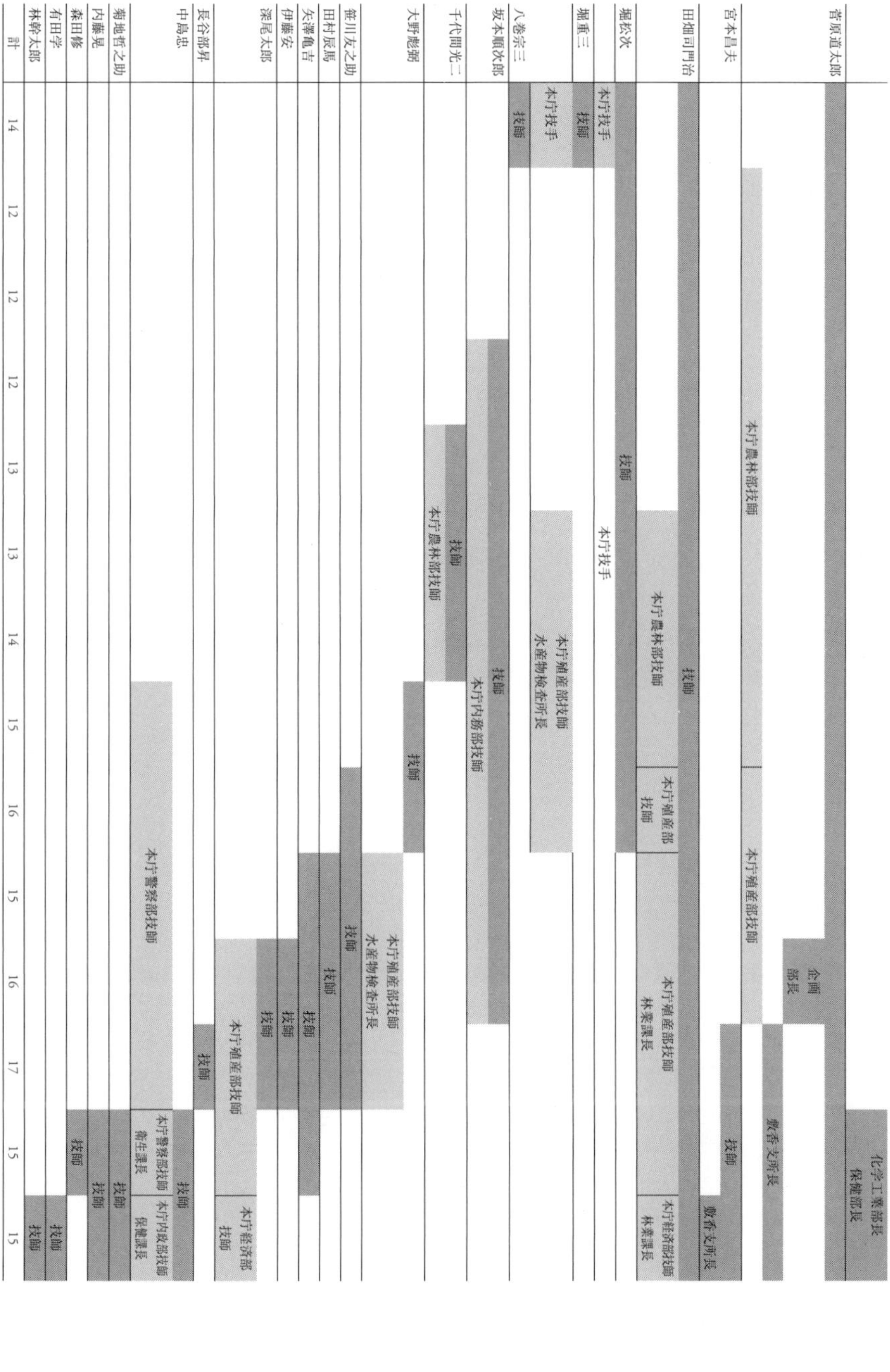


出典：内閣印刷局編『職員録』各年度版、樺太庁編『職員録』1938年度版、1943年度版。

# 第八章　委任統治領南洋群島における開発過程と沖縄移民
## ――開発主体・地域・資源の変化に着目して――

森亜紀子

南洋興発（株）のサイパン島第一農場の甘蔗栽培小作と人夫たち

南洋興発の甘蔗栽培農場では、1月から6月までの約半年間が甘蔗の「収穫期」だった。この時期には、15～20戸の小作らが集って「組」をつくり、各組ごとに小作地を回って刈り取り作業を行った。サイパン島第一農場には9つの組があり、それぞれまとめ役の「組長」の名字を最初につけて「○○組」と呼ばれた。写真は、「加藤組」の小作とその下で働く人夫たちである。子どもや女性の姿も見える。刈り取り作業は、小作と人夫の家族総出で行われた。南洋興発の甘蔗栽培農場に関しては、本章の第1節と第3節3を参照。出典は第一農場南村青年団『第一農場南村全貌』（沖縄県うるま市立石川歴史民俗資料館所蔵，撮影年は不明）。

# はじめに

本章の目的は、委任統治領南洋群島における開発過程の全体像を、全時期を通じて主要な末端労働力とされた沖縄移民の就労実態に即して明らかにすることである。

## 一・背景と研究史

「南洋群島」とは、赤道以北の太平洋上に散在するミクロネシアの島々（米領グアムを除くマリアナ群島・カロリン群島・マーシャル群島）に対する日本統治時代の総称である。日本は、第一次世界大戦開戦以後、当時ドイツの植民地であったこの地域を占領し、一九一四年以降軍政下に置いたが、一九一九年のヴェルサイユ講和条約締結によってドイツが領有権を放棄し、国際連盟から正式に統治を委任されると、民政を布いた。一九二二年四月には委任統治機関としてパラオ諸島コロール島に南洋庁本庁を、その下に六つの支庁（サイパン・ヤップ・パラオ・トラック・ポナペ・ヤルート）を設置して委任統治行政を開始した。

委任統治初期（一九三〇年代半ばごろまで）における主要開発地域は、南洋庁本庁など行政機能が集中したパラオ支庁ではなく、サイパン支庁下の島々であった。ここでは、委任統治行政の開始に伴って、一九二一年に国策会社東洋拓殖㈱の出資を受けて設立された南洋興発㈱が、南洋庁の政策的庇護を受けつつ独占的に製糖業を行い、南洋群島の主産業にまで成長させた。従来の南洋群島研究は、このような委任統治初期サイパン支庁下における南洋興発の経営実態とその製糖業の発展過程を中心対象として積み重ねられてきた。というのも、南洋興発の製糖業から得られる税収によって南洋庁財政のほとんどが賄われていたうえ、多くの日本人移民（とりわけ沖縄移民）

の就業先であったという点において、南洋興発は、群島の経済のみならず政治・移民社会に対しても絶大な影響力を持ち続けたからである(1)。

しかし、対象とする時期を、南洋群島が米軍の占領下に置かれる直前の一九四三年まで押し広げ、また群島全体を眺めてみると、その後の主要開発地域は、サイパン支庁から次第にパラオ支庁・トラック支庁・ポナペ支庁へと南下し、最終的には群島全域へと拡大していった。また、南洋興発の製糖業より規模ははるかに小さいものの、新たな事業主体が複数生まれ、事業内容も重層化していた。「南進」が国策化すると、この傾向は一層強まったうえ、日中戦争の長期化、アジア・太平洋戦争開戦に伴って、群島全体のあらゆる事業が戦争の論理に基づいて再編されるという大きな変化があった。しかし、先行研究の多くは、先述のようにサイパン支庁下で興隆した南洋興発の製糖事業を中心対象とし、他方でその他の支庁における鰹節製造事業・農業植民地事業を対象とした研究(2)も、それらはあくまで個別に分析され、南洋群島の開発過程全体の中に位置づけられてこなかった。また、戦時体制以降の変化を視野に入れた研究はきわめて少ない(3)。

## 二　課題と方法

このような研究史に鑑み、本章では第一に、これまで個別に明らかにされてきた各事業の相互連関性を意識しつつ総合し、かつ特に研究蓄積が薄い戦時体制期に分析の比重を置きながら、委任統治期を通じた開発過程の全体像を具体的・動態的に描きだすことを課題とする。

そのための方法上の特色は、次の二点である。一点目は、〈開発した主体・開発された地域・資源はどのように変化したのか〉という点に着目し、委任統治期全体を次の四つの時期に区分したことである。主に用いた資料は、南洋庁の文書・統計（特に『南洋群島要覧』『南洋庁統計年鑑』『南洋群島開発調査委員会答申』『南洋群島開発調査委員会再開ニ関スル件（案）』）や、南洋経済研究所の南洋資料、各企業の社史・営業報告書類である。
第Ⅰ期（一九二二〜三一）サイパン島・テニアン島の開発と製糖業の興隆
第Ⅱ期（一九三二〜三六）パラオ諸島・トラック諸島・ポナペ島の開発と鰹節製造業の興隆・市街地化
第Ⅲ期（一九三七〜四三）パラオ諸島の南進拠点化と群島全域における熱帯資源開発・要塞化
第Ⅳ期（一九四四〜四六）群島全域の戦場化と米軍による占領・引揚

二点目は、各時期・各地域の開発を特色づけた重要な要素として、個々の島々の自然条件を重視したことである。佐々木喬（東京帝国大学農学部）の指摘によれば、南洋群島は、すべての島が純熱帯圏内に属しているため、気温の面ではどの島もほとんど均質である（一年通じて平均気温が二五度〜三〇度を保っている）。ところが、雨期乾期の有無・地質・地形・台風の有無に着目すると、マリアナ群島（管轄支庁はサイパン支庁）・カロリン群島（ヤップ・パラオ・トラック・ポナペ）・マーシャル群島（ヤルート）という群島ごとに歴然とした差異があるため、地図8-1に示した三つの生態区ごとに栽培可能な作物・適した農業組織形態がおのずと限定されるという[4]。本章では、このように自然条件が開発を規定した側面にも目を向けたい。

第二の課題は、開発過程の展開を検討するなかで、沖縄移民がどのように関わったのか、その多様な関わり方をできるだけ広範に明らかにすることである。

沖縄の人々は、開発地域・主体・資源がめまぐるしく変化していく中で、全時期を通じて主要な末端労働力として積極的に招致され続けた。その結果、日本人移民人口の五〜六割を占め続けたうえ（「内地人」移民総数は表8-1、その内沖縄移民が占めた割合は表8-2を参照）、群島全域に渡るほど広範な地域に暮らし、様々な職業に就いた。表8-2で沖縄出身者の居住地分布を参照すると、一九二〇年代までは沖縄出身者の内九割以上がサイパン支庁下に集住していたにも関わらず、その割合は次第に六割にまで下がり、一九三〇年代後半には約四割がパ

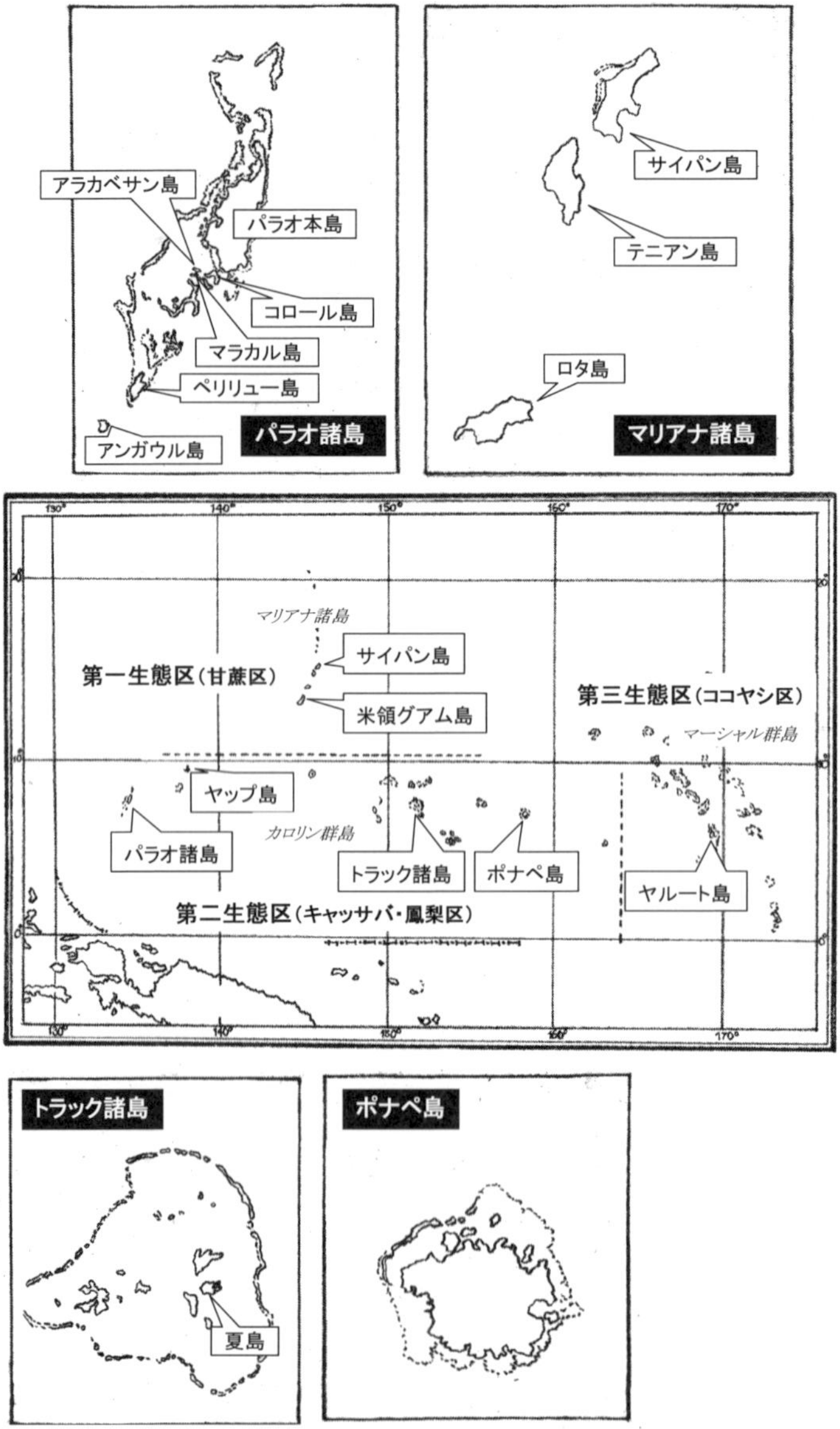


地図 8-1　南洋群島作物生態区の図

出典：佐々木喬「邦領内南洋作物生態区に就て」『日本作物学会記事』第 7 巻 4 号、355 頁。

表 8-1　現住人口の分布　（支庁別、人、%）

| 内地人 | 総数 | サイパン | ヤップ | パラオ | トラック | ポナペ | ヤルート |
|---|---|---|---|---|---|---|---|
| 1922 | 3,161 | 59.2 | 4.2 | 18.4 | 8.5 | 4.7 | 5.0 |
| 1932 | 28,006 | 76.9 | 1.1 | 11.9 | 3.7 | 4.8 | 1.7 |
| 1936 | 55,948 | 72.3 | 0.7 | 16.4 | 4.3 | 5.4 | 0.9 |
| 1937 | 61,723 | 68.4 | 0.8 | 18.3 | 5.8 | 5.9 | 0.8 |
| 1938 | 71,141 | 62.5 | 1.6 | 23.8 | 5.1 | 6.3 | 0.7 |
| 1939 | 75,286 | 57.5 | 2.1 | 26.5 | 4.8 | 5.3 | 0.8 |
| 1941 | 84,245 | 54.8 | 2.3 | 26.5 | 5.9 | 9.8 | 0.8 |
| 朝鮮人 | 総数 | サイパン | ヤップ | パラオ | トラック | ポナペ | ヤルート |
| 1922 | 146 | 98.6 | – | 1.4 | – | – | – |
| 1932 | 278 | 88.5 | 1.4 | 6.1 | 1.8 | 1.8 | 0.4 |
| 1937 | 579 | 56.0 | 15.9 | 11.6 | 9.2 | 7.3 | 0.0 |
| 1938 | 704 | 58.1 | 16.6 | 12.9 | 7.0 | 5.1 | 0.3 |
| 1939 | 1,968 | 29.9 | 6.0 | 40.1 | 2.9 | 22.4 | 0.1 |
| 1941 | 5,824 | 47.6 | 5.6 | 28.6 | 2.4 | 14.6 | 1.2 |
| チャモロ族 | 総数 | サイパン | ヤップ | パラオ | トラック | ポナペ | ヤルート |
| 1922 | 2,745 | 88.0 | 5.2 | 6.8 | – | – | – |
| 1932 | 3,532 | 88.7 | 4.2 | 5.7 | 0.1 | 1.3 | – |
| 1937 | 3,705 | 85.0 | 6.5 | 5.8 | – | 2.8 | – |
| 1938 | 3,841 | 83.7 | 7.8 | 6.1 | – | 2.3 | – |
| 1939 | 4,036 | 83.4 | 7.8 | 6.0 | 0.0 | 2.8 | – |
| カナカ族 | 総数 | サイパン | ヤップ | パラオ | トラック | ポナペ | ヤルート |
| 1922 | 44,967 | 1.8 | 16.9 | 10.1 | 32.9 | 16.9 | 21.5 |
| 1932 | 46,537 | 2.2 | 13.3 | 12.6 | 32.9 | 17.9 | 21.2 |
| 1937 | 47,144 | 2.1 | 11.9 | 13.2 | 31.7 | 19.7 | 21.4 |
| 1938 | 47,157 | 2.1 | 11.7 | 13.3 | 31.9 | 19.5 | 21.4 |
| 1939 | 47,687 | 2.4 | 11.4 | 13.2 | 32.2 | 19.6 | 21.3 |

出典：1922 ～1939 年までは、南洋庁『南洋庁統計年鑑』（2 回、7 回、9 回）。
1940 年は南洋庁『南洋群島要覧』1941 年版を、1941 年は 1942 年版を参照。

注：1922～1936 年までは、上記の他に「樺太人」「台湾人」の項目があり、1937 年以降は「樺太人」の項目がなくなる。最も人数が多い時期は、「樺太人」の場合 1930 年の 7 人、「台湾人」の場合 1934 年の 12 人である。

表 8-2　沖縄出身者の居住地分布　（支庁別、人、%）

| | 沖縄出身者数（「内地人」に占める比率：%） | 沖縄出身者の居住地分布（%） | | | | | |
|---|---|---|---|---|---|---|---|
| | | サイパン | パラオ | ポナペ | ヤップ | トラック | ヤルート |
| 1922 | 702（22） | 94.4 | 1.4 | － | 0.1 | 4.0 | － |
| 1924 | 2,508（46） | 94.6 | 2.9 | 0.2 | 0.2 | 2.1 | － |
| 1926 | 4,351（52） | 92.5 | 5.0 | 0.6 | 0.2 | 1.6 | 0.1 |
| 1928 | 6,615（54） | 93.3 | 4.6 | 0.8 | 0.2 | 1.0 | 0.1 |
| 1930 | 16,176（52） | 91.8 | 4.0 | 1.1 | 0.2 | 2.8 | 0.2 |
| 1932 | 15,942（57） | 85.3 | 7.4 | 2.9 | 0.2 | 3.1 | 1.0 |
| 1934 | 22,736（57） | 81.6 | 9.9 | 3.1 | 0.7 | 4.4 | 0.3 |
| 1936 | 31,380（56） | 78.6 | 12.6 | 3.4 | 0.4 | 4.8 | 0.3 |
| 1937 | 34,237（55） | 75.3 | 14.0 | 3.3 | 0.4 | 6.8 | 0.1 |
| 1938 | 41,201（58） | 68.8 | 19.8 | 4.2 | 1.4 | 5.7 | 0.2 |
| 1939 | 45,701（61） | 61.6 | 23.9 | 6.9 | 1.6 | 6.9 | 0.2 |

出典：南洋庁『南洋庁統計年鑑』（2回、7回、9回）。

ラオ支庁を中心とした他支庁下に居住するようになったことが分かる。サイパン支庁から群島全域へと主要開発地域の移動・拡大したのに応じ、開発の前線で働き、暮らしを築いていったのである。

本章では、研究蓄積の厚い南洋興発の製糖業[5]のみならず、鰹節製造業および戦時体制以降の熱帯資源開発においても、沖縄移民が求められた具体例を出来る限り取り上げる。そして、統治者側がどのような論理に基づいて沖縄移民を積極的に求めたのか、そのあり様はどのように変化したのかを検討したい[6]。資料は、沖縄移民を積極的に雇用した企業の社史・新聞記事等に加え、筆者による聞き取り資料も用いる。

以上二つの課題を踏まえ、第Ⅰ期（第一節）、Ⅱ期（第二節）、Ⅲ期（第三節）それぞれの時期の開発の特色を順に検証する。なお、今回は資料調査不足のため扱うことができなかった第Ⅳ期に関しては、今後別稿で検討する予定である。

# 第一節　サイパン島・テニアン島の開発と製糖業の興隆
## ―第Ⅰ期　一九二二～一九三一―

第Ⅰ期の開発の特色は、南洋興発が主導し、サイパン支庁下のサイパン島・テニアン島を舞台として甘蔗を原料とした製糖業を興隆させた点にある。砂糖の移出額は確認すると、操業四年目の一九二五年には、それまで南洋群島の主要移出品であった燐鉱（化学肥料の原料）とコプラ（食用油、石鹸の原料）の合計移出額に並び、表8-3を参照すると、一九三一年には総移出額の七割以上を占めるまで増加したことが分かる。この一〇年の間に、製糖業は群島を代表する主産業へと成長した。以降では、サイパン島・テニアン島で南洋興発が実施した開発過程の実態を、順に検討していきたい。

### 一・南洋興発によるサイパン島の開発(7)

サイパン島の中心には、海抜四七七メートルのタッポーチョー山があり、山頂から北東と南西の麓にわたり、数段の丘陵地が続いている。この島で最初に製糖業を興したのは、実は南洋興発ではない。第一次世界大戦開戦以後、日本が南洋群島を占領し、軍政を布いていた時代（一九一四～二二）から、西村拓殖・南洋殖産という二社がそれぞれ南西側・北西側丘陵地に甘蔗栽培農場を開き、一九一七年から製糖を行っていた。また同じ時期に、台湾の製糖企業各社（大日本製糖・東洋製糖・明治製糖・塩水港製糖）が、新たな甘蔗栽培用地を求めて調査員を派遣し、この内東洋製糖が群島中最も面積の大きいポナペ島で一六年から製糖を行っていた。よく知られるように

表 8-3　移出総額と主要移出品目の割合

| | 総額 | 燐鉱 | | コプラ | | 砂糖 | | 鰹節 | | 4品合計 |
|---|---|---|---|---|---|---|---|---|---|---|
| | 万円 | 万円 | % | 万円 | % | 万円 | % | 万円 | % | % |
| 1929 | 755 | 153 | 20.2 | 185 | 24.5 | 324 | 42.9 | 14 | 1.9 | 89.7 |
| 1930 | 1,062 | 118 | 11.1 | 170 | 16.0 | 678 | 63.8 | 29 | 2.8 | 93.8 |
| 1931 | 1,279 | 86 | 6.7 | 112 | 8.8 | 923 | 72.2 | 70 | 5.4 | 93.2 |
| 1932 | 1,331 | 108 | 8.1 | 117 | 8.8 | 960 | 72.1 | 90 | 6.8 | 95.8 |
| 1933 | 1,815 | 136 | 7.5 | 150 | 8.3 | 1,247 | 68.6 | 151 | 8.3 | 92.8 |
| 1934 | 1,646 | 139 | 8.4 | 107 | 6.5 | 1,051 | 63.8 | 181 | 11.0 | 89.8 |
| 1935 | 2,374 | 216 | 9.1 | 174 | 7.3 | 1,558 | 65.6 | 221 | 9.3 | 91.4 |
| 1936 | 2,495 | 285 | 11.4 | 204 | 8.1 | 1,284 | 51.4 | 272 | 10.9 | 82.0 |
| 1937 | 3,786 | 239 | 6.3 | 330 | 8.7 | 1,956 | 51.6 | 577 | 15.2 | 81.9 |
| 1938 | 4,526 | 不明 | 不明 | 302 | 6.6 | 2,485 | 54.9 | 359 | 7.9 | 69.5 |
| 1939 | 4,751 | 不明 | 不明 | 248 | 5.2 | 2,231 | 46.9 | 511 | 10.7 | 62.9 |
| 1940 | 4,052 | 不明 | 不明 | 213 | 5.2 | 2,072 | 51.1 | 876 | 21.6 | 78.0 |

出典：1939年までは南洋庁『南洋庁統計年鑑』(2回、7回、9回）を参照。1937年の燐鉱に関しては南洋庁『南洋群島要覧』1938年を、1940年は南洋庁『南洋群島要覧』1942年を参照。
注：総額は小数点以下を切り捨て、各品目と4品目合計の割合は、小数点2位以下を切り捨てた。

この時期は、世界大戦によってヨーロッパの甜菜糖生産が激減した影響で、砂糖価格が暴騰し続けていた時期である。これらの企業は、この「砂糖景気」を背景として群島に進出してきたのである。

しかし、調査員を派遣した台湾各社は、群島の島々はいずれも狭小で、かつ労働力を群島内で調達できないことを理由に、群島では開発の見込みがないと判断し、進出を断念した。また、東洋製糖はポナペ島の雨の多さ・害虫の多さに悩まされ、手を引いた。なんとか砂糖をつくる段階までこぎつけていた西村拓殖・南洋殖産の二社も、サイパン島の特殊な自然環境に苦戦し、害虫・雑草の問題から技術者不足・熱帯生活への労働者の不慣れなど様々な問題を抱えていた。そして、ヨーロッパの甜菜糖生産が回復し始めた影響で、一九二〇年に糖価が大暴落したのを契機として、二社の事業はいずれも破綻に追い込まれていた。このような事態を憂慮した南洋群島防備隊（南洋庁以前設立の統治機関）と東洋拓殖から相談を受け、前二社の事業を引き継いで設立されたのが南洋興発だった[8]。

南洋興発の創設者であり、設立当初から経営者として采配を振るった松江春次[9]は、台湾の製糖企業が指摘した土地の狭小性の問題、労働力調達の問題に対し、次のように対処していった。

まず、土地に関しては、設立以前に二度にわたって現地調査を行った。そして、サイパン島内だけでも、タッポーチョー山の背後に未開拓の丘陵地が相当みられるうえ、サイパン支庁下の三島（サイパン・テニアン・ロタ）を合わせれば、製糖事業を成り立たせるのに十分な面積を確保できることを確認し、この三島を活用して事業を興す計画を立てた(10)。他方で、台湾の企業が積極的に調査したポナペ島に関しては、面積は大きいものの、自然条件が甘蔗栽培に適さないとして手をつけなかった。

このようにサイパン・テニアン・ロタを甘蔗栽培適地として見込んだ松江の判断は、佐々木喬の作物生態区の議論によっても裏付けられる。佐々木によれば、サイパン支庁下の三島は、他支庁の島々にはない、次の二つの自然条件を有しているがゆえに、甘蔗栽培に最も適した地域であったという。

一つめは、南洋群島の中で唯一、雨期・乾期の区分が明瞭にみられる点である。糖度の高い甘蔗を栽培するには、年中高温であることはもちろんのこと、乾期の存在が欠かせない。なぜなら、成長期には母体となる茎の生育のために水分を豊富に与えねばならないが、成熟期には、逆に乾燥させて茎の成長を抑え、茎内の汁液の濃度・純度を向上させる必要があるからである。このように製糖に必須の乾期を有するのは、南洋群島中サイパン支庁下の島々のみであった。

二つめは、これも甘蔗栽培に必須の、まとまりを持った平坦地を有した点である。南洋群島の内面積の大きい島は、先述のポナペ島とパラオ本島だが、これらの島内には多数の峯があって起伏が激しく、平地は谷間・河川の流域に僅かにあるのみである。また、海抜数メートルしかなく極めて平坦なヤルート支庁の島々の場合、いずれの島も面積が数平方キロメートルと極端に狭小だった。

以上のように、サイパン支庁の島々は、群島全体からすればさほど面積は大きくはないものの、乾期を有し、平坦地の多いサイパン・テニアン・ロタ三島が比較的近い範囲に集中している点で、甘蔗栽培事業地としての

「魅力」が十分にあったのである。

次に労働力調達の問題を打開するため、松江は、沖縄を主な移民募集地と定めた。沖縄に目を付けたのは、「沖縄県の住民は内地でも最も人口過剰に苦しみ、海外に移民する者が多いうえ、甘蔗栽培に習熟している者が多く、即戦力になる」と考えたからである。現地住民に関しては、群島全体に広く居住し、自給自足的な生活を営む実態を見て、「現代の文化に順応させ、科学的に正規な産業労力の列伍に加える様にすることなどは頗る困難」との判断を下し、そもそも労働力として想定しなかった。

甘蔗栽培農場に関しては、小作農場方式を採用した。というのも、台湾の製糖企業の直営農場が「悉く失敗」しており、サイパン島で西村拓殖が失敗した一因も、直営農場方式を採用したことにあると判断したからである。この方針のもと、一九三一年までに島の全可耕地六〇〇〇町歩の内約三三〇〇町歩を自社農場に編入しつつ、農場内の土地を次々と「本小作」に貸し付けていった。本小作とは、夫婦の他に働き手一人（子どもが幼い場合は人夫を雇う）という最低三人の労力を有し、一戸当たり五〜六町歩の割り当てを受け、南洋興発に売る甘蔗のみを栽培・収穫する者のことである。

したがって、一九二〇年代にサイパン島に渡った沖縄移民たちの多くは、まず開拓に従事した後、その土地を借り受けて本小作となった。そして不足する労働力を補うために、血縁者や同郷者を呼び寄せて人夫として雇うのが通例であった。例えば、サイパン島で両親が南洋興発の本小作になった永山幸栄さん（一九二八年生）によれば、(11) 家には自分達の家族だけでなく、「男衆っていうかね、そういう人が絶えずおった」という。二〇年代前半に南洋興発の募集に応じて沖縄県南部から渡航した父（長男）は、ジャングルを開墾し、母を呼び寄せた後に本小作になると、まず祖父を、次に叔父たち（次男・三男）を呼び、さらに従兄弟（次男叔父の息子）も呼び寄せ、「人夫」として雇っていた。「人夫」は基本的に年季雇用され、会社に認められて本小作になるか、他により良い就業先を見つけると、これを辞めて移動する過渡的な存在である。永山さん家族の場合、次男叔父は、後に開発が活発になったポナペ島へ渡り、祖父・三男叔父も療養のために沖縄へ帰郷していったため、父はこの穴を補充するために従兄弟を呼び寄せたという。このように、南洋興発の募集移民に加え、本小作らが必要な労働力を補充するために呼び寄せ移民を行ったことによって、沖縄移民は加速度的に増加した。南洋群島の在住者のうち沖縄移民の占める割合は、一九二二年の二二%から一九二三年には四七%に急増、一九三一年には五四%にまで達したのである。

## 二．テニアン島の開発と製糖業の興隆(12)

サイパン島の製糖事業を軌道に乗せたことによって、さらなる開発に必要な資金と技術、経験を得た南洋興発は、一九二八年にテニアン島の開拓に着手し、一九三〇年には製糖を開始した。テニアン島の製糖工場は、その後一九三四年にはサイパン島の二倍の製糖能力を持つよう整備され、産糖高も上回るようになった。表8-3で砂糖移出額の推移を確認すると、テニアン島工場で製糖が開始された一九三〇年以降の伸びが著しい。南洋興発の製糖事業は、テニアン島で興隆することにより、この後の時期も順調に発展し、群島の主産業の位置を維持し続けたと言える。

ではなぜ南洋興発は、サイパン島よりもテニアン島で、産糖高を伸ばすことができたのだろうか。その主な理由は、次の二点においてより有利な土地条件に「恵まれた」ことにある。

一点目は、テニアン島の地形はサイパン島と比較して一層平坦で、そもそも甘蔗栽培適地が多かったことである。サイパン島の場合は、中央に山を有していたため傾斜地の割合が比較的高く、総面積一万一八二四町歩に対して可耕地はその六割三分（七五〇〇町歩）に留まった。これに対してテニアン島の場合、総面積は九八七五町歩であるにもかかわらず、そのうち八割二分（八〇〇〇町歩）が可耕地であり、かつ一様に平坦であった(13)。二点目は、テニアン島には、現地住民が二五人（一九三二年当時）しか居住しておらず、サイパン島には二五〇五町歩あった民有地（現地住民が所有権を持つ土地）がほとんどみられなかったことである。(14)

島をほぼ丸ごと借り受けることができた松江は、これを機に、新たな労務管理政策を導入した。サイパン島の農場経営上「問題」となっていた、次の二点に対処したのである。

一点目は、糖業に内在した、製糖期と非製糖期の労働力需給ギャップの問題を解決するため、「準小作」という階梯を導入したことである。南洋群島の製糖業では、一年のうち一月から七月までが製糖期であり、八月から十二月までが非製糖期だが、この二つの時期では、特に農場の労働力需要量が次のように著しく異なった。製糖期には小作・人夫達はみな、所属する農場内の甘蔗を共同作業で一斉に刈り取り、糖度が落ちないようその日の内に工場まで運搬せねばならない上、刈り取った後の圃場の手入れや蔗苗の植え付けなど翌年度の準備に追われ、「毎日戦争のような忙しさ」を繰り返した。しかし、非製糖期には甘蔗の植え付け・手入れのみを行えばよかった。したがって、非製糖期の労力の需要は製糖期の半分にまで落ち込むのである。サイパン島でこの問題に直面した松江は、これを打開するため、テニアン島の製糖が落ち着いた一九三二年から、人夫と本小作の間に「準小作」（夫婦協業により一戸当たり一町半を借り受ける）という階梯を設けた。つまり、準小作世帯には常に労力が余るほどの土地（一人当たり〇・七五町歩、本小作は一人当たり二町歩）しか貸しつけず、農場全体の労働力需要が急激に高まる製糖期に十分な労力を得られるようにした。また、人夫の中から甘蔗栽培に慣れた者を準小作とし、さらに準小作の中から優秀な者を本小作として認定し、このシステムを、優秀な本小作を育成する訓練課程としても活用したという。

二点目は、一九二七年にサイパン島で、会社の待遇に不満を抱いた沖縄移民ら四〇〇〇人がストライキを起こしたことを受け、このような事態を避けるために、沖縄移民の採用を一定程度抑制したことである。(15)テニアン島開拓にあたっては「当時小作争議の最も少なかった」鹿児島・福島・山形・岩手を新たな募集地として選んだ。

「準小作」を訓練課程として拡充した意図は、労働力を沖縄移民のみに依存しないために、甘蔗栽培に従事した経験のない地方の移民らを「訓練」することにあったのだろう。

以上によって、これ以降に渡航し、甘蔗農場で働いた沖縄移民らの多くは、本小作に認定されにくくなり、たとえ人夫から始まって次の階梯へ上がることができても、そのために数年を費やすことになった。また、昇進する度に空き圃場のある場所へ移動することを強いられた。例えば、一九三二年（一九歳）の時に沖縄県中部からテニアン島へ渡った外間三郎さん（一九一三年生）[16]は、先に渡航していた父と共に第三農場の本小作のもとで人夫をしていた。しかし、三四年に郷里の隣字の女性を呼び寄せて結婚すると、第二農場へ移って準小作となり、最終的には第一農場で本小作となった。初期にサイパン島へ渡った移民のように、開墾した土地をそのまま借り受け、すぐさま「本小作」になるという道は次第に閉ざされていったのである。

## 第二節　パラオ諸島・トラック諸島・ポナペ島の開発と鰹節製造業の興隆および市街地化—第Ⅱ期　一九三二〜一九三六—

第Ⅱ期の開発の特色は、依然として南洋興発が主導したことに変わりはなかったが、ある程度新規事業者の参入もみられるようになり、開発地域が一気にパラオ諸島・トラック諸島・ポナペ島へと広がったことにある。具体的には、第一に、南洋興発の子会社として設立された南興水産㈱と、沖縄から進出した漁業組合が、パラオ諸島・トラック諸島・サイパン島・ポナペ島を拠点として鰹漁・鰹節製造業を興隆させた。第二に、南洋庁がパラオ本島とポナペ島で行っていた植民地区画事業が軌道に乗り始め、第三に商業が発達した。表8-4を参照すると、

表 8-4　南洋群島に本社をおく会社の数　（支庁別、社）

| | 総数 | 農林業 | 商業 | 商運業輸並業 | 水産業 | 工業 | 鉱業 | 拓殖業 | その他 |
|---|---|---|---|---|---|---|---|---|---|
| 1930 | 12 | 2 | 6 | 1 | 1 | 1 | − | − | 1 |
| 1931 | 15 | 2 | 6 | 1 | 2 | 2 | − | − | 2 |
| 1932 | 26 | 2 | 12 | 1 | 3 | 5 | − | − | 3 |
| 1933 | 24 | 1 | 12 | 1 | 3 | 5 | − | − | 2 |
| 1934 | 28 | 2 | 15 | 1 | 4 | 5 | − | − | 1 |
| 1935 | 30 | 2 | 17 | 2 | 4 | 4 | − | − | 1 |
| 1936 | 34 | 2 | 17 | 1 | 6 | 5 | − | − | 2 |
| 1937 | 44 | 4 | 15 | 1 | 9 | 13 | 1 | 1 | − |
| 1938 | 47 | 8 | 12 | 2 | 10 | 12 | 1 | 1 | − |
| 1939 | 49 | 12 | 11 | 3 | 9 | 11 | 1 | 2 | − |

出典：南洋庁『南洋庁統計年鑑』(2回、7回、9回)。

一九三二年からは南洋群島に本社を置き、商業を中心に、水産業・工業（多くは農林水産物の加工）を行う企業が急増したことを見てとれる。また、以上のような新規事業の興隆を背景に、「内地人」移民がますます増加し、各島々で市街地化が進展するという社会面の変化もあった。以上三点の変化について、順にみていきたい。

## 一・南洋興発の事業の多角化と鰹節製造業の興隆

第I期にサイパン島・テニアン島の製糖事業を興隆させた南洋興発は、一九三二年からロタ島でも甘蔗畑の開拓に着手したうえ、一九三三年には資本金を七〇〇万円から二〇〇〇万円へ増資した[17]。そして、蓄積した資本を次々と新たな事業へ投入し、経営の多角化を図った。一九三三年からポナペ島でキャッサバを原料としたタピオカ澱粉の製造（製糸用の糊、タピオカパールや飴等食品の原料）を開始し、一九三五年からパラオ諸島ペリリュー島では燐鉱採掘事業を開始した[18]。先述したように、製糖用甘蔗栽培に適していたのは乾期のサイパン支庁下の島々（サイパン・テニアン・ロタ）のみであったから、他支庁下の島に進出するにあたっては、各島の適作物・鉱物の実態と「内地」の需要とを見定めつつ、製糖以外の新たな事業を展開していったのである。
また、南洋群島内だけでなく、さらに南の蘭領ニューギニアへも進出した。一九三一年には、不況の影響を受けダマル樹脂採取事業（飛行機・船底用の塗料原料）に失敗したドイツのフホニックス商事株式会社の権利を買収して[19]南洋興発合名会社を設立し、一九三三年にはナビレ地区に広がる三万千町歩の林内でダマル樹脂の採取を開始、一九三四年にはモミ地区の永租借地三五〇町歩で綿作を開始した。[20]

しかし、この時期の群島経済および移民社会の形成にとってとりわけ重要であったのは、南洋興発が鰹節製造事業へ参入したことである。一九三三年に水産部を設け、一九三四年には南洋石油㈱をパラオ諸島コロール島に設立し、[21]漁船への燃料供給体制を整えたほか、原料鰹の鮮度を維持するために製氷事業を拡充した。さらに、鰹節製造業のみで採算を取れる見通しが立った一九三五年には水産部を分離し、群島一の良港・パラオ諸島マラカル島に子会社・南興水産㈱を設立した。[22]南興水産は、サイパン・パラオ・トラック・ポナペに冷蔵施設・加工工場を備えた事業所を置き、鰹節製造業の中核を担うようになった。表8-3を参照すると、一九三三年から鰹節移出額が急激に伸び、以降、総移出額の一～二割を占めるまでになったことが分かる。一九三六年には、全国（「内地」・台湾・南洋群島）の鰹節製造高三四〇万貫の内二〇％に相当する六十五万貫を製造、[23]群島産鰹節は「内地」で「南洋節」、なかでも南興水産の鰹節は「南興節」と呼ばれ、関東圏の市場を席巻していった。その勢いはすさまじく、東京を主たる消費市場とした静岡県焼津の鰹業者らによって、「南洋節排撃運動」（一九三五～三八年）が展開されるほどであった。[24]

このように、鰹節製造業が興隆するにあたって、資金面・インフラ整備面で南洋興発が果たした役割は大きい。しかし、見過ごすことができないのは、企業が参入する以前から、南洋群島へ出漁し、鰹漁・鰹節製造業を行っていた沖縄漁民たちの存在である。彼らの存在なくして「南洋節」も「南興節」も生まれ得ず、また南興水産という企業自体も設立され得なかっただろう。なぜなら、大量の鰹を釣る際、最も重要なカギとなる活餌を、浅いサンゴ礁海域で十分な量捕獲することができたのは、「内地」出身漁民の中では沖縄漁民だけだったからである。

ここでは南興水産が沖縄漁民を重用するに至った経緯を概観し、[25]この点を確認したい。

そもそも、南興水産（およびそれ以前の南洋興発水産部）の母体は、一九二〇年代半ば以降、主要漁場・伊豆七島沖の荒廃と恐慌による魚価の低迷に悩まされていた焼津の鰹業者らが、「南洋海域の鰹漁業は有望なり」との情報を得て一九三一年一月に組織した南洋企業組合（以下、組合）であった。組合は、パラオ諸島マラカル島を拠点として五〇トンの鰹漁船で漁に挑んだが、すぐさま挫折した。十分な活餌を得られなかったからである。焼津の鰹漁船は、駿河湾沿岸で生け簀網を構える専門業者から活餌を購入して出漁していたため、餌魚の採集は「不得手」であったうえ、活餌の生息域が、浅いサンゴ礁内のマングローブ帯という全く慣れない環境であったから、尚更だった。また、五〇トンという大型の漁船はサンゴ礁海域ではすぐに座礁し、しばしば事故を起こした。焼津の漁船・漁民では活餌を得られず、沖へ出漁することすらできなかったのである。

このような状況に至った時、組合の代表・庵原市蔵は、鰹漁に関しては、焼津漁船ではなく、当時周辺に出漁していた沖縄漁船による操業に切り替え、加工のみを焼津方式で行うことを思い立った。もともとパラオ諸島には、五〜一〇トンの小型鰹漁船で操業する沖縄漁民が複数いたうえ、一九三二年には、沖縄の主要鰹漁地（離島の伊平屋・八重山・宮古と、本島の本部）の代表者らが南洋群島調査団を結成して漁場調査を行い、組合と同様パラオ諸島マラカル島を拠点として本格的に操業を始めていた。彼らは、南洋群島のサンゴ礁海域でも沖縄近海と同じように、得意とする追込網漁法（潜水を必要とする）によって活餌を採集し、かつ小型漁船（二〇トン以下）に乗り込んで日帰りで大量の鰹を持ち帰ることができていた。[26] 庵原は、これら沖縄漁船と買い付け契約を結び（後には自営船で沖縄漁民を雇用する方法も採用）、これによって最大の課題であった原料調達の問題を打開したのである。以来、組合を南洋興発水産部へ、そして南興水産へと発展させることができた。後に参入した浜市商事（パラオ諸島マラカル島）、紀美水産（パラオ諸島アラカベサン島）も沖縄漁民を雇うなど、[27] この方法は、群島業者の慣例となった。

以上の経緯から、沖縄からやってくる鰹漁船はますます増加し、「内地」出身漁民のうち沖縄漁民の占める割合は、一九四二年時にはサイパン支庁（九三・七％）、ヤップ（一〇〇％）、パラオ（九三・二％）、トラック（九八・三％）、ポナペ（九八・三％）、ヤルート（一〇〇％）[28]と、どの支庁下においてもほぼ一〇〇％に近い状態に至ったのである。

ところで、これら沖縄漁民らが群島中最も活発に鰹漁を行ったのは、パラオ諸島・トラック諸島であり、サイパン島ではなかった。[29]なぜなら、パラオ・トラック両諸島の場合、鰹の餌魚が好んで棲息する巨大な礁湖（ラグーン）があるために、いつでも大量に餌魚を捕獲できたからである。特に、パラオ本島のすぐ南に位置した南洋庁本庁所在地のコロール島・マラカル島・アラカベサン島三島が集中する一帯は絶好の餌場だった。また、赤道間近に位置するため、沖に出漁しても年中豊漁だった。これに対し、サイパン島の場合、サンゴ礁は島の西側のみにしかないため餌魚の採集が困難で、かつ群島中、最も高緯度に位置するため、鰹漁期が限られた。[30]

第Ⅱ期の開発の舞台、そして沖縄移民の居住地は、このような自然条件にも促され、サイパン・テニアン島からパラオ・トラック諸島へと広がったのである。

## 二 南洋庁植民地区画における蔬菜・鳳梨（パイナップル）栽培の萌芽

以上のように企業や個人事業主らが積極的に事業を興し、群島の二大産業にまで成長させていく中、南洋庁は開発にどのように関わったのだろうか。結論から言うと、戦時体制（第Ⅲ期）に至るまでの約一五年間、南洋庁は群島開発に対し、間接的・後追い的にしか対応しなかった。直轄事業であった植民地区画事業は、そのような南洋庁の対応ぶりが如実にあらわれた例と言える。その実態を概観してみよう。

植民地区画事業とは、人口が希薄な地域に「内地人」移民を入植させて開拓を促進するとともに、[31]「島民」に移民らの模範的農業経営を見せ、啓発することを[32]目的として実施された事業である。入植地として選ばれたのは、群島中一、二の面積を有するパラオ本島・ポナペ島である。南洋庁は、一九二四年から二五年の間に、パラオ本島内のアイライ川・ガルドック川・ガルミスカン川流域に、それぞれ瑞穂村・清水村・朝日村、また一九二七年にポナペ島パルキールに春来村という四つの植民地区画を選定した。[33] 入植者に対しては、農業経験がある男子（妻帯者）で、思想堅実・身体強健であること、南洋に永住する目的をもっていることを求め、ひと世帯当たり五町歩を割り当て、三〇年間の契約で貸し付けた。[34]

このように、事業自体は第Ⅰ期から開始されていた。しかし、入植者は一向に増えず、かつたとえ入植しても退去者が相次ぐなど、当初目的とした永住、模範的な農業経営には程遠い状況に陥っていた。理由は二つある。

第一は、資金に関する入植条件と入植後の義務が厳しすぎたことである。入植希望者は、入植前に二千円以上の資産証明を提示することを求められ、入植後は（三年ごとに）町当たり三十銭から一円五〇銭の貸付金を徴収された。[35] これに対して初期入植者の多くは北海道出身者であり、恐慌や冷害の影響を受け、「無一文」から生活を立て直そうと渡航した人々ばかりであった。[36] それゆえ、移民たちにとってみれば、まず入植条件を満たすこと自体が困難だった。

第二は、南洋庁自体が、熱帯農業に対する知識も植民地区画経営に対する展望も持っておらず、必要な施策（入植地周辺の交通基盤・施設の整備を始め、適作物の奨励や農業指導など）をほとんど行わなかったことである。[37] その結果、熱帯農業に不慣れな入植者ら独力で、作物の選定・栽培・輸送・販売までをすべて行わねばならず、あらゆる局面で困難を抱えた。例えば、パラオ本島ガルミスカン川流域・朝日村の場合、[38] 一九二六年に最初に入植した八戸（北海道出身七戸、神奈川出身一戸）は、開墾後現地住民から入手した椰子の実や芋を植え付けて農業を始めてはみたものの、農地が川岸であったために地盤が低く、スコールが激しい場合には溢れだした河川水によって作物を洗い流されたり、腐らせたりしたうえ、その後大暴風の直撃を受けて一九二九年にはみな退去した。一九三〇年に新たにやってきた入植者（福島出身、ダバオ、北海道を経てきた）は、北海道とは異なる傾斜地の多い地形、市街地から遠いという条件から、しばらく主作物の選定に悩んだが、産業試験場の奨めを受けて鳳梨を植えた。

地質に合ったため鳳梨はよく実り、順に入植した一九戸もみなこれを栽培した。また野菜も栽培し始めたが、今度は販路に苦慮した。漁業従事者に頼んで船に乗って片道二時間かけてコロール島の市街地へ売りに行ったが、鳳梨・野菜の生産量が増加すると、市街地の住民二〇〇〇人程度では消費しきれず、価格も下がる一方で採算が合わなくなった。「黄ばんだ鳳梨畑を眺めて途方に暮れる有様」になったり、「出来頃が一緒に出来ると茄子なんか真っ赤になって海に捨て(る)」状況にまで至っていたのである。

しかし、以上のような過程を経ながらも、初期入植者の呼び寄せによってポツポツと入植者が入り、適作物(鳳梨・野菜)の目処が立つと、南洋庁も施策を打ち出し始めるようになった。具体的には一九三〇年に入植候補者の渡航船賃(三等船客)五割引、引っ越し荷物運賃三割引を実施し、一九三二年には、入植後三年間は無償で土地を貸与するよう契約内容を緩和し、さらに「土地の開拓及び農業移住を成功したるもの」に対しては、一定価格で土地を払下げることとした。時期は不明だが二〇〇〇円の資産証明も求めなくなり[39]、一九三三年以降は、鳳梨栽培者に対し奨励金を下付し始めた(表8-5参照)。また、一九三三年から三五年までに朝日村・清水村両植民地住民の要請を受けて、マングローブや椰子林が生い茂り、流木や岩石が横たわるため、船の航行もままならなかった主要河川を清掃し、河川に沿うように道路を整備した[40]。

すると、徐々に入植者も増し、定着率も高まった。表8-6を参照すると、一九三六年までに、いずれの植民地でも入植者の増加がみられ、朝日村・瑞穂では入植予定戸数をほぼ満たすほどの入植者があったことが分かる。南洋庁の施策に加え、朝日村の場合、一九三五年に村内に南洋鳳梨㈱が設立されたことが重要な転機になった。会社が入植者の鳳梨を買い取り、「内地」向け鳳梨缶詰製造事業を開始するようになると、販路の問題が大幅に解決されたのである。また、パラオ島三植民地の場合は、後述するようにコロール島市街地に暮らす移民が増していくにつれ、急増する需要に応えるように野菜の販売を拡大し、農業経営を安定させることができた。朝日村国民学校の訓導として一九三五年から村で暮らすようになった浅見良次郎は、「この間の二、三年(三四年〜三六年)

表 8-5　産業奨励金の下付総額と割合　（円、%）

| | 総額 | 糖業 | 蔬菜栽培 | 珈琲栽培 | 鳳梨 | キャッサバ | 草棉 | 畜産 | 農産 | 椰子栽培 | 水産 | 商工業 |
|---|---|---|---|---|---|---|---|---|---|---|---|---|
| 1929 | 533,160 | 96.6 | 0.6 | 0.0 | － | － | － | 0.3 | － | 0.9 | 0.8 | 0.8 |
| 1930 | 542,100 | 90.9 | 0.5 | 0.5 | － | － | － | 0.4 | － | 1.0 | 0.9 | 5.9 |
| 1931 | 556,608 | 95.5 | 0.5 | 0.2 | － | － | － | 0.3 | － | 1.7 | 0.8 | 1.0 |
| 1932 | 611,328 | 94.1 | 0.4 | 0.7 | － | － | － | 0.3 | － | 1.5 | 1.3 | 1.7 |
| 1933 | 524,203 | 91.4 | 0.3 | 0.8 | 0.9 | － | － | 0.5 | － | 1.8 | 2.9 | 1.3 |
| 1934 | 545,567 | 88.3 | 2.0 | 0.8 | 1.0 | － | － | 1.6 | － | 1.8 | 2.4 | 2.1 |
| 1935 | 553,923 | 87.7 | 0.4 | 1.6 | 0.9 | － | － | 1.2 | － | 1.8 | 3.0 | 3.5 |
| 1936 | 188,639 | 31.0 | 2.8 | 3.1 | 2.8 | － | － | 0.9 | － | 5.4 | 43.3 | 10.6 |
| 1937 | 182,287 | 9.4 | 2.7 | 0.1 | 9.7 | 2.5 | 1.0 | 4.6 | 4.2 | 5.6 | 40.0 | 20.3 |

出典：南洋庁『南洋群島要覧』（2 回、7 回、9 回）。

表 8-6　植民地区画の割当戸数と実際の入植戸数　（戸）

| | パラオ本島 | | | | ポナペ島 |
|---|---|---|---|---|---|
| | 瑞穂村 | 清水村 | 朝日村 | 大和村 | 春来村 |
| 1932 | 22（14） | 128（0） | 74（2） | － | 169（24） |
| 1936 | 25（25） | 128（48） | 74（72） | － | 169（50） |
| 1937 | 64（53） | 103（82） | 101（92） | － | 160（71） |
| 1938 | 64（64） | 103（95） | 101（101） | 20（18） | 160（71） |
| 1939 | 70（67） | 100（95） | 106（103） | 93（14） | 169（64） |
| 1941 | 70（60） | 115（105） | 103（94） | 93（55） | 115（85） |
| 1942 | 70（62） | 115（104） | 103（97） | 93（70） | 115（88） |
| 1943 | 70（67） | 115（102） | 103（94） | 93（78） | 115（90） |

出典：南洋庁『南洋群島要覧』各年版。1940 年版は、入手できていないため数値は不明である。
注：カッコ内が、実際の入植戸数。

が植民地として最も希望に満ち活気を呈せる時期[41]」であったと後に述懐している。

なお、植民地区画には、沖縄出身者が極めて少なかったことを付言しておかねばならない。一九三七年時における植民地区画の全入植戸数二九八戸中、沖縄出身入植者はたった八戸に過ぎなかった。大部分を占めたのは先述のように初期入植者が多く、その後も呼び寄せが続いた北海道出身者（一二八戸）である[42]。朝日村の浅見は、この状況を見て「南洋庁に於ては暗に之を排するの策をとったもの、如くである」「一般沖縄人には先づ植民地農家経営の能力なしと見たのであろう[43]」と述べている。南洋庁が実際、沖縄移民の入植を制限したか否かは今後検討する必要がある。しかし、郷里への送金を移民動機とし、また働く喜びとした沖縄移民の側からしても、ほかにより稼げる就労機会が多くあるなか、敢えて先行きの不安な植民地区画に入植する理由もなかったのではないか。他府県出身の古参入植者らは、入植動機について「何とか新しい村を建設して見たいと云う希望の下に大体パラオへ行ったわけです」とか「何とか息子の代だけでも土地に根を下ろした生活をさしたい。それには南洋か何処かが良いのぢゃないか」[44]と語るが、このような心象は、沖縄移民のそれとはずいぶん異なっていたように思われる。

## 三．商業の発達と移民のくらし

各島々で新たな事業が展開されるようになると、移民はますます増加した。一九三二年に二万八〇〇六人であった「内地人」人口は、一九三五年には五万一三〇九人にまで膨れ上がり、ついに現地住民人口五万五七三人を凌駕した。これに伴って市街地域が形成され、移民を相手とする商業者・農家や沖縄の鰹漁業組合など小規模経営者が増え始めると、南洋庁は次のような仕組みを整えていった。

まず、「内地人」集住地域の地方行政制度を布いた。具体的には、一九三一年に南洋群島部落規定を制定し、南洋庁長官の命令で部落の名称・区域を定めるようにした。これにより、一九三二年にサイパン島の市街地域は「ガラパン町」とされ、南洋興発の第一農場は「南村」、第二農場は「東村」、第三農場は「北村」とされた。テニアン島市街地は「テニアン町」、パラオ諸島コロール島市街地は「コロール町」とされ、一九三三年にポナペ島市街地が「コロニヤ町」とされた[45]。また各部落には、総代・副総代・協議会員を置き、公共事務を処理するための協議会を開かせた。

次に一九三二年には、それまで金融機関がなかったため、資金融通・運営に苦慮していた小規模事業者たちの

表 8-7　産業別組合員数と口数

| | 商業 | | 水産業 | | 工業 | | 農業 | | 交通業 | | その他 | | 計 | |
|---|---|---|---|---|---|---|---|---|---|---|---|---|---|---|
| | 員数 | 口数 | 員数 | 口数 | 員数 | 口数 | 員数 | 口数 | 員数 | 口数 | 員数 | 口数 | 員数 | 口数 |
| 1933 | 249 | 2,237 | 12 | 92 | 85 | 581 | 39 | 210 | 19 | 113 | 92 | 549 | 496 | 3,782 |
| 1934 | 333 | 2,879 | 17 | 109 | 129 | 858 | 405 | 734 | 22 | 184 | 146 | 685 | 1,048 | 5,449 |
| 1935 | 348 | 2,999 | 20 | 93 | 124 | 882 | 370 | 984 | 21 | 243 | 175 | 861 | 1,058 | 6,059 |
| 1936 | 368 | 2,992 | 32 | 207 | 141 | 1,010 | 380 | 1,112 | 21 | 208 | 171 | 888 | 1,113 | 6,417 |
| 1937 | 357 | 2,783 | 53 | 307 | 141 | 1,008 | 396 | 1,215 | 30 | 263 | 313 | 2,151 | 1,290 | 7,727 |
| 1938 | 403 | 3,035 | 65 | 391 | 165 | 1,113 | 423 | 1,264 | 31 | 227 | 319 | 2,223 | 1,406 | 8,253 |
| 1940 | 489 | 3,989 | 98 | 987 | 128 | 1,159 | 479 | 2,060 | 59 | 678 | 580 | 4,237 | 1,833 | 13,110 |

出典：南洋庁『南洋群島要覧』1936、1937、1939、1941 年版。
注：1939 年の数値は、『南洋群島要覧』1940 年版を入手できていないため、現時点では不明である。

困難を解消するために、産業組合令を制定した。これによって最も発展したのは、商業である。それまで「内地」や東南アジアとの貿易は、ドイツ領時代から進出していた南洋貿易㈱[46]が主に担っていたが、組合令制定後に信用組合が設立されると、小規模な事業者であっても開業・進出しやすくなったのである。一九三三年にサイパン島・テニアン島・パラオ諸島・ポナペ島・トラック諸島それぞれ一組合ずつ、合計五つの信用組合が設立された。表8-7を参照すると、商業者が組合員数全体に占める割合が最も高いことが分かる。一九三一年度末には七一三戸であった商業戸数は、一九三六年度末には一五〇〇戸まで増加した[47]。

移民たちの購買力も次第に増していたのだろう。各島の町には、多数の雑貨商たちが店を構え、「内地」から仕入れた食糧（米・味噌・醤油）・菓子や酒（和洋酒・泡盛）・衣類・生活雑貨（洋傘・眼鏡・時計・化粧品）を販売し[48]、移民らの暮らしを豊かにしていった。

沖縄出身者も多数出店していたが、その経歴や経営形態には、沖縄出身者ならではのいくつかの特色がみら

表 8-8　興行日数と入場人員―演劇、活動写真、浪花節等―

（支庁別、日、人）

| | サイパン | | パラオ | | ポナペ | |
|---|---|---|---|---|---|---|
| | 日数 | 入場人員 | 日数 | 入場人員 | 日数 | 入場人員 |
| 1927 | 58 | 6,866 | 10 | 2,770 | 2 | 250 |
| 1928 | 175 | 20,510 | 74 | 14,130 | 10 | 2,055 |
| 1929 | 340 | 35,032 | 52 | 15,150 | 13 | 2,311 |
| 1930 | 480 | 49,536 | 51 | 12,407 | 14 | 5,062 |
| 1931 | 932 | 84,564 | 107 | 17,814 | 11 | 2,449 |
| 1932 | 1,374 | 168,383 | 108 | 19,167 | 23 | 7,826 |
| 1933 | 1,615 | 197,758 | 240 | 21,218 | 30 | 8,291 |
| 1934 | 1,753 | 208,704 | 384 | 44,790 | 66 | 4,715 |
| 1935 | 1,469 | 177,688 | 397 | 40,583 | 125 | 24,029 |
| 1936 | 2,261 | 236,820 | 394 | 55,272 | 112 | 24,206 |
| 1937 | 2,043 | 250,474 | 480 | 91,723 | 214 | 40,574 |
| 1938 | 2,258 | 280,399 | 525 | 143,145 | 199 | 32,078 |
| 1939 | 2,425 | 347,262 | 514 | 147,066 | 344 | 38,170 |

出典：南洋庁『南洋庁統計年鑑』（2 回、7 回、9 回）。

れた。それは、以前にサイパン島で南洋興発の小作人をしていた人、あるいはパラオ諸島で鰹漁に従事していた人が、雑貨商や料亭経営へ転業する例がよくみられたことである。[49] はじめは多くの沖縄移民と同様小作や漁師として働き、周囲の沖縄移民らの購買力が高まるにつれ、今度は彼らを顧客として商売を始めていったのである。中には、サイパン島からテニアン島、さらにはパラオ諸島へ、主要開発地域が広がるにつれて移動し、料亭と雑貨商を兼営した次のような事例もある。

野里文一（南海楼主、パラオ諸島コロール島在住、沖縄県国頭郡大宜味村出身）[50]

大正一二年大工業としてサイパン島に渡航、建築請負を為す、大正十五年（一九二六）料理店南海楼を経営、昭和五年（一九三〇）テニアン島に支店を出し、昭和一一年（一九三六）パラオに進出、料理店の他自動車部及び日用雑貨商を経営して今日に至る。

野里は行く先々で、生活に余裕を持ち始めた沖縄移民を相手に、娯楽の場を提供していたのだろう。

町では連日のように、演劇や活動写真、浪花節、沖縄芝居等が催され、多くの観客を魅了した（表8-8参照）。聞き取りによれば、サイパン島に暮らしたある男性（当時一五歳頃）は、町にやってきたサーカス団が一輪車に乗っているのを見て羨ましく思い、自転車を一輪に改造して遊んでいたという。[51] 様々な娯楽が生まれ、日々労働に明け暮れる移民たちの疲れをいやし、暮らしを活気づけたのである。

## 第三節　パラオ諸島の南進拠点化と群島全域における熱帯資源開発および要塞化
### ―第Ⅲ期　一九三七～一九四三―

第Ⅲ期は、戦況と国際情勢の影響を受け、第Ⅰ期・Ⅱ期の開発のあり方が大きく変更を迫られた時期である。具体的には、一九三五年に日本が国際連盟から正式に脱退し、三六年に「国策の基準」により「南進」が正式に国策化されたことを背景として、南洋群島を東南アジアへ進出する足場として改変する計画が打ち出されたうえ、三六年一二月三一日にワシントン軍備制限条約の破棄予告期間が満了となり、太平洋地域における軍備に対する制約から解き放たれたのを背景として、飛行場・軍港など軍事施設建設が始まった。この時期の特色は、群島全域で開発・要塞化が実施されたことにあった。だが、さらに注目したいのは、開発方針自体が、東南アジア（当時日本は「外南洋」と呼んだ）との関係が変容するにつれ、めまぐるしく変更されたことである。

以下では、この点に留意しながら、まず、一九三六年から三九年まで実施された「南洋群島開発十箇年計画」と、その後二度にわたって変更され、新たに樹立された開発計画の特色を概観する。そして、その後に、実際の開発過程の実態を新興産業・南洋庁の植民地区画事業・南洋興発の事業に着目して検討していきたい。なお、日本軍による要塞化に関しては、今回は直接扱うことができなかった。この点は今後の課題としたい。

## 一．南洋群島開発計画の変容

### ①「南洋群島開発十箇年計画」[52]の実施―一九三六年～三九年―

「南進」国策を具現化するために樹立された「南洋群島開発十箇年計画」（以後、「十箇年計画」と略す）の主眼は、「外南洋」のうち、特に石油など工業原料の豊富な蘭領東インドに企業・日本人移民を進出させるため、最も東南アジアに近く、地政学的に重要な位置にあったパラオ諸島をその拠点と化し、活用することにあった。よく知られるように、東南アジアへはすでに複数の企業が進出し、様々な事業を展開していた。しかし、それらの事業は概ね、拓殖資金供給の不円滑・交通の不便・技術的指導の不備が障害となり、不振どころか「権益ノ保持スラ困難ナルモノ尠カラザル状況」にあったという。したがって、「十箇年計画」の具体的方策の重点は、次の三点に置かれた。

一点目は、パラオ諸島コロール島に国策会社南洋拓殖㈱[53]を設立し、南洋群島および「外南洋」で事業を行う企業に対して資金を融通させること。二点目は、特にパラオ諸島を対象に港湾・航空施設等のインフラを拡充し、「内地」と群島間、群島と「外南洋」間の交通の運用改善を行うこと。三点目は、群島の漁業施設整備、奨励金の下付を通して、「外南洋」方面へ進出する漁業者を支援することである。ただ、漁業はあくまで「進出」の方策とされたため、漁獲物とその加工方法・販路に関しては、「内地」の業者との競合を避けるよう、一定の制限も加えられていたことも見過ごせない。すでに焼津鰹節業者との競合が問題化していた鰹節に関しては、加工法を多様化し、輸出用へ販路を変更するよう指導していた。

予算総額は、一九三六年度から四五年度までの一〇年間で三〇六八万円であり、南洋庁の一般歳入から充てられた。その内訳をみると、港湾整備費を含む土木費が最も多く、全体の三五・一％を占め、次に水産試験および水産業助成費に一四・四％、通信機関整備費に一三・一％が割り当てられた。

このようにパラオ諸島を中心として群島を「外南洋への進出拠点」とする方針は、例えば、水産業と農林業に対する南洋庁の奨励費を比較すると、よりよく分かる。表8-5を参照すると、一九三六年以降、水産業への奨励金額が全体の四〇%にまで伸びたのに対し、農林業への奨励金は、糖業への一極集中は是正されたものの、全体に占める割合自体が著しく低下している。また、農林業に関わる十箇年計画の予算割合は、植民費七・一%、森林経営費一・七%に留まった。「水産業に依る発展は邦人の外南洋進出上極めて効果的の方法と認められる」とされ、より重視されたのである。

しかし、日中戦争が長期化するなか、東南アジアにおける邦人企業・移民の経済活動が制限され、為替統制・輸入制限も強化されると、南洋群島への要請は一変した。東南アジアへの経済進出拠点としての役割は一端保留され、その代わり、軍需の拡大と輸入困難化により急速に不足し始めた工業原料の供給地・保有地としての期待が高まったのである。そして、十箇年で三千万円程度という小規模予算では、このような新たな期待に応えられないばかりか、実は現場では、当初の計画すら実行困難な状況があったことも判明した。この点に関し、南洋庁内務部長・堂本貞一は次のように述べている[54]。

「群島開発計画なるものは何分にも十年間の経費予定総額を約三千万円とし之が資源は、当時における財政の現状に照らし、一般行政施設の外、夫々其の緩急先を勘案し主として南洋庁の一般歳入を以て之に充つると云ふ極めて小規模のものであったので、実施後群島自体の伸展にすら併行し難く、一部は計画事項を犠牲とし、他面特に急を要する通信港湾等の整備は予定計画を繰上げ施行したが、それでも間に合はぬと云ふ実情に直面したのである。（中略）今次の支那事変を契機とする内外の大勢は、右の如き小規模の計画では到底之に対応し得なくなってしまった。」

「十箇年計画」は約四年間実施された後、大幅に修正されることになったのである。

## ②新たな開発計画の樹立[55]—一九四〇年〜四二年半ば—

一九四〇年五月に新たに樹立された計画では、重要資源の豊富な「外南洋」を日本の経済圏に「包有」することによって初めて「日満支ノ完全ナル提携」も可能となるため、「南進」は「東亜新秩序建設ノ要件」であるという点が繰り返し強調された。そして南洋群島はこの目的遂行のための「重要拠点」であることが再度確認された。具体的方策の内容は、物理的条件の整備に終始した「十箇年計画」よりも多肢にわたり、社会組織・精神面（地方行政・文教・警察分野等）へも及ぶようになった。開発政策に着目すると、交通・通信面に関しては「十箇年計画」同様、主にパラオを拠点化するためのインフラ整備策が示されたことに変わりはなかった。しかし、農林水産業・鉱業政策の内容に関しては、「外南洋」での経済活動が規制され、為替統制・輸入制限が強化されたことを反映して大きな変化があった。要点は次の三つである。

一点目は、漁業に対し、「進出方策」としての役割を期待することが不可能になったことを反映し、差し当たりの対応として、パラオ諸島を拠点とした遠洋漁業（「外南洋」への出漁）ではなく、むしろ群島内海域における輸出品・代用品の製造・養殖の奨励に力点が置かれたことである。具体的には、輸出品として鮪缶詰を、獣皮の代用品として鮫皮を増産するため、鮪漁・鮫漁を奨励した。また、それまで奨励していた鰹漁に対し、厳しい制限を設けた代わりに、鰹漁に従事していた者の生活を保障し、群島に永住させる目的で貝ボタン用の高瀬貝とべっ甲用の玳瑁《たいまい》（ウミガメ）の養殖を奨励した。

二点目は、「輸入防圧」と「国際収支の改善」を図るため、国内に不足する特殊農林産物の増産が重視されたことである。特殊農林産物は、「内地ニ生産シ得ザルモノ」と「内地需要ノ大部分ヲ輸入スルモノ」に大別され、「十箇年計画」では鳳梨・キャッサバ・コーヒーの三品目のみであった奨励作物が、一挙に一七品目にまで増加した。「内地ニ生産シ得ザルモノ」には、甘蔗（砂糖、燃料、薬用……以下、同様にカッコ内は主な用途）・キャッサバ（紡績用糊、醤油用着色料、酒精）・トバ（駆虫剤）・カカオ（菓子原料、薬用）・バルサ（航空機冷蔵庫、コルク代用品）・マングローブ（タンニンを抽出して皮革製品の鞣剤《なめし》に）・アカリツトム（塗料用油、支那桐油の代用品）・椰子（油）・ウドイド（絆創膏）・白檀油（香料、治療薬）・ゴムが挙げられた。また「内地需要ノ大部分ヲ輸入スルモノ」には、蓖麻《ひま》・落花生・草棉・黄麻（紡績原料、製網原料）・アバカ（船舶用網索、製糸用原料）・レモンが挙げられた。

三点目は、一九三八年十二月に閣議決定された生産力拡充計画に則り、ボーキサイトと無水アルコールの増産が図られ、それに準ずるものとして燐鉱・ニッケル鉱・銅鉱・鉄鉱石・金鉱・製紙用パルプが位置づけられたことである。このうち、すでにボーキサイトは、一九三八年から南洋アルミニウム鉱業㈱がパラオ本島で採掘に着手し、それを原料にアルミニウムへの精錬を行っていた。無水アルコールは、南洋興発がテニアン島で製造していたほか、ポナペ島・クサイ島でも工場の設立を計画していた。また燐鉱は、南洋拓殖・南洋興発・南洋貿易の三社が、アンガウル・ペリリュー・トコベ・フハイス・サイパン・ロタの六島で採掘していた。

以上のように、この時期には、従来開発の対象となっていなかった生物（鮫・玳瑁《たいまい》）や植物（マングローブ）、鉱石・鉱物（ボーキサイトなど）が新たに「資源」として発見され、群島のいたるところで熱帯資源開発が活発化したのである。

### ③東南アジア占領後における群島産業の位置づけ――一九四二年半ば以降――

ところが、アジア・太平洋戦争開戦以後から一九四二年半ばまでに、日本軍が東南アジア各地を支配下に置くようになると、南洋群島の資源開発上の価値は急速に低下した。広大な熱帯資源保有地・東南アジアを確保した以上、もはや「帝国内唯一の熱帯地」でもなく、狭小で生産力に乏しい島々をあえて開発する必要はなくなったのである。

一九四二年八月一八日に開かれた南洋庁定例課長会議では、「大東亜共栄圏確立に伴ふ南洋庁の新情勢に対処する群島農林業方策の大綱」として「南洋群島農林業計画大綱」[56]が附議検討され、再度今後めざすべき群島農林行政の方向性が示された。要点は次の二点である。

第一に、今後群島農林業の重点は、自給農林産物（水陸稲・甘藷・蔬菜・薪炭・家畜など）の増産と、艦船に供給する農林畜産物の生産に置くこと。第二に、これまで群島産業の中心であった様々な熱帯資源に関しては、東南アジアの豊富かつ低廉な産物に対抗できないため整理・調整し、これらの栽培に従事していた南洋群島住民の生活を保障する程度にとどめることである。

整理・調整すべき事業としては、まず糖業とコプラ製造業が挙げられた。群島の製糖業の場合は、暴風・旱魃による被害、有機質肥料の不足による地力減退、地理的条件に基づく経費と労銀の割高によって、「其の生産費は到底ジャワ糖と対抗し得ざる現状」であるが、他方で南洋庁財政の根幹をなし、主要栽培地・サイパン支庁ではこれに代わる適作物がなく、かつ甘蔗栽培農家の生活と密接不離の関係にあることに鑑み、経営の合理化をすすめつつ存続するとされた。コプラ事業に関しても、低廉で豊富な東南アジア産コプラには太刀打ちできないが、現地住民生活の根幹をなしているため、運搬や取引の合理化をすすめつつ存続し、同時に地元消費を増やすよう加工・利用方法を研究するとされた。また、特殊農林産物として四〇年以来奨励されてきた蓖麻《ひま》・パパイン・アイス（アカリットム）・タンニン（マングローブから採取）事業に関しては、「帝国の需給関係を考慮し当分の間増産を行ふ」と増産期間に限定が加えられた。

委任統治開始以後から増産することのみが奨励されてきた熱帯資源開発事業は、東南アジアの占領によってその目的を失い、すべて整理・調整（より端的には縮小・将来的には中止）の対象とされたのである。

## 二．新興産業の勃興と南洋庁の植民地区画事業―パラオ諸島を中心に―

以上のように、第Ⅲ期における群島の開発計画は、めまぐるしく変化する情勢に対応すべく、頻繁に、最終的には抜本的改変を迫られ、一貫性を持たなかった。したがって、開発を実際に実施していた現場では様々な混乱や矛盾が生じていた。

ここでは、「十箇年計画」、その後新たに樹立された計画いずれにおいても、開発の中心地となったパラオ諸島に着目し、まず新興企業によって実施された熱帯資源開発を概観し、つぎに、これに伴って急増した労働力需要に対応するため、南洋庁・南洋拓殖が沖縄移民の募集に乗り出したことを指摘する。他方で、熱帯資源開発から取り残されることになった植民地区画の実態を検討する。

### ①南洋拓殖および系列企業による熱帯資源開発事業

一九三七年一月から国策会社南洋拓殖が事業を開始し、拓殖のために必要な資金提供の他、土地の借地権取得・移民招致等を積極的に実施するようになると、これらの支援を受けて多数の企業が設立され、群島の熱帯資源開発に乗り出した。表8-4を参照すると、一九三七年以降、群島に本社を置く企業のうち、特に農林業・水産業・工業を行うものが急増したことが分かる。

このうち、南洋拓殖から資金提供を受けて設立された南拓系の企業（以後より、カッコ内に示すのは設立年、本拠地）に着目してみると、判明しているだけでも「十箇年計画」実施期間内（三六～三九年）に次の事業が興された[57]。

まず、重視された漁業分野では、太洋真珠（一九三七年）が、パラオ諸島を根拠地としてオーストラリア近海で輸出用貝ボタンの原料・白蝶貝（真珠貝の一種）を採集していた漁船の連絡・統制および支援を行うようになった。また、日本真珠（一九三八年、コロール島）は、オーストラリア近海で操業する真珠貝採取業者が増加の一途を辿り、統制を図る必要が生じたことから、漁船隻数・生産数量の調整にあたりつつ、採取漁船に対する物資提供・採取物の運搬・販売を目的として母船・真洋丸と運搬船六隻を経営した。同時に、群島内の水産業をも一元的に統制するため、第二節で紹介した南興水産を傘下に置いた。

つぎに、インフラ整備関連では、南洋汽船（一九三八年）が、産業開発を海運の面から促進するために、パラオ沿岸航路・群島の東西連絡航路を新設・延長する事業を開始した。また、南洋電気（一九三七、コロール島）はパラオ諸島コロール・マラカル・アラカベサン島一帯に電燈・電熱・電力を供給し、南拓興業（一九三八年、コロール島）が移民拓殖事業に必要な物資の生産加工販売・倉庫業・保険業・住宅や旅館の経営を行った。さらに南方産業（一九三七）は、以上のように、次々と新たな企業が進出してきたことによって、工場や倉庫だけでなく、住宅地・商業地を造成する必要が生じたことを受け、海面埋め立て・建築・土木工事を請け負った。

このように漁業・インフラ整備を目的とした企業がパラオ諸島の中でも南洋庁本庁・南洋拓殖本社など行政機能が集中するコロール島を主な拠点としたのに対し、農業分野とボーキサイト採掘に進出した企業は、生産拠点であるパラオ本島を本拠地とした。

農業分野では、まず南拓鳳梨（一九三七年、パラオ本島）が、朝日村・清水村両植民地区画でそれまで鳳梨製造を行っていた南洋鳳梨・祭原商店の事業一切を引き継ぎ、瑞穂村とポナペ島の春来村でも鳳梨缶詰製造工場の建設に着手した。つぎに、豊順洋行（大阪市）との共同出資で設立された豊南産業（一九三八年、パラオ本島）は、朝日村・清水村で増産されるキャッサバを買い取って加工・販売する事業を始めたうえ、両植民地の付近に官有地を借り受けてキャッサバ栽培用の直営農場を開き、優良種の栽培・原料供給の安定を図った。さらに、明治製菓との共同出資で設立された熱帯農産（一九三八年、パラオ本島）は、一九三八年から入植が始まった植民地区画・大和村と、その付近に開いた直営農場で生産されるカカオ豆を加工・販売する事業を開始した。南洋拓殖自らも、大和村附近に直営農場を開き、鳳梨栽培を行った他、移民訓練も実施した。このように、パラオ本島に進出した企業は、南洋庁の植民地区画で増産される鳳梨・キャッサバ・カカオを買い取り、かつ直営農場でも生産を強化しながら、それらの農産物を一元的に加工・販売する仕組みを整えていったのである。

開発計画が立て直された一九四〇年以後に進出した企業がどのような熱帯資源開発を行ったのかは、その概況を明らかにするには今後さらなる資料調査が必要である。しかし、判明している範囲で、奨励された十七品目のうち比較的盛んに実施されたと分かるのは、マングローブの樹皮を原料としたタンニンの採取である。タンニンは、薬用・漁網用の染料とされた他、軍靴・背嚢・軍用被服毛皮・兵器などの皮革部分の鞣《なめし》剤として軍用資材には欠かせぬものであった。このため、日中戦争開戦以後とくに需要が拡大していたにも関わらず、輸入が困難となったことを受けて積極的に「国産化」が図られていた。マングローブ帯を豊富に有したパラオ本島には阿波商事[58]が進出し、二、三年後には周囲の住民が「(一部の地域の)川下はほとんど伐採して今では淋しくなった[59]」というほど過剰な伐採を行った。現地の環境を短期的に利用するだけのために進出した邦人企業にとって、栽培期間・費用を必要としない林産資源ほど、目的にかなうものはなかっただろう。

## ②南洋庁・南洋拓殖による沖縄移民の募集

南洋庁は、以上のような熱帯資源開発を実行するにあたって必要な労働力を、国策会社・南洋拓殖をとおして、まず沖縄から調達しようとした。一九三八年四月に、拓務省との打ち合わせを終えた後、沖縄に立ち寄った南洋庁の高橋拓殖部長は次のように述べ、沖縄県・県民の協力を仰いだ[60]。

開発十箇年計画も既に樹立され各般の事業に亘り躍進的成績を見つつあることは南方国策の見地から慶賀に堪へぬ今日まで、さうであるが将来も労働力は沖縄県から求めなければならない。熱帯の労働に耐へ得る素質を有してゐる、(……)航路問題に就ても考へてゐるが南洋庁の船(千三百トン)を利用し近くパラオ―台湾―沖縄―サイパン―パラオといふ航路につきテストをしてみたいと考えてゐる、その成績によって航路問題も解決したい。前述のやうに直接間接関係が深いのであるから沖縄県の延長として今少し南洋に対する県民各位の認識を深めて戴き南洋の開発振興に対しては相協力これが実現に当たられんことを切望する。

それまで南洋庁は、群島の産業開発の多くを南洋興発・南興水産など企業に任せきり、それゆえに移民募集に関わることも、特に沖縄移民に関心を示すこともなかった。しかし、「十箇年計画」樹立以降、南洋群島に対する熱帯資源開発の期待が高まり、そのための労働力が大量に必要となると、南洋興発・南興水産が沖縄移民を積極的に雇用してきたのを踏襲し、「熱帯の労働に耐へ得る」として沖縄からの移民招募集に乗り出したのである。

南洋庁拓殖部長の来沖と前後して、一九三八年三月から五月にかけて沖縄の地元紙・琉球新報と沖縄日報には南洋拓殖の募集広告が頻繁に掲載されるようになった。両紙共に最も多かったのが、南洋拓殖の「パラオ行農夫募集」（図8-1）である。一八歳から四五歳までの男子のみを募集していることから、妻帯者を原則とした南洋庁の植民地区画への入植者ではなく、南洋拓殖が大和村付近に新たに開いた直営農場の農夫を募集したものだろう。支度金二〇円の前貸・運賃の建替という補助策が講じられ、申込期日もなく単に「至急申込ミナサイ」とだけあることからも、いかに急を要する募集であったのかが分かる。また、沖縄県社会課が土木労働者を募集し、送出する動きもあった。一九三八年三月二八日の沖縄日報には、「県社会課では去る十六日土木労働者二三〇名を南洋へ送ったが、更に近く数百名の土木労働者を募集の上、南洋へ送ることになる模様」と報じている。[61]

さらに四〇年末に南洋拓殖は、「南洋行農夫募集」（図8-2）として、ポナペ島で蔬菜栽培・養豚に従事者を募集する広告を出した。南洋拓殖元社員の記録[62]によれば、アジア・太平洋戦争を目前にして、進出してきた海軍に「生鮮野菜、果実を増産してほしい」と要請され、沖縄出身農夫（約二三〇人）、朝鮮出身農夫（約一〇〇人）に農場の開設から野菜果実栽培までを行わせ、ポナペ島コロニヤ町に駐屯する海軍に納入したという。また、四二年にはこれら沖縄・朝鮮農夫の多くを海軍の前進基地であるトラック諸島へ転出させた。募集広告で、家族三〇戸と同時に独身者八〇名を募集しているのは、移動させやすい独身者を、軍の都合に合わせて他島へ転出させることを考慮してのことだろう。このように沖縄移民は、朝鮮人と共により「前線」へと配置されるようになった。

パラオ行農夫募集

一、應募者資格　十八歳以上四十五歳迄ノ男子
一、業務　パイナツプル栽培及開墾
一、日給　一圓三十錢以上　請負ガアル
一、支度金　二十圓前貸シス
一、運賃　立替ス
一、申込期日　至急申込ミナサイ

南洋拓殖株式會社
出張員詰所
通堂大通リ糖商組合事務所トナリ

図 8–1　『琉球新報』1938 年 3 月 9 日

南洋行農夫募集

求人者　南洋拓殖株式會社
就業地　南洋群島ポナペ島
就業業務　蔬菜栽培並養育
採用人員　家族三十家族、獨身者男八十名
賃金　男子二圓、女子一圓二十錢
（勤務時間九時間、時間外手當一時間毎に日給額の一割支給）
旅費　往復旅費實費全額支給
支度金　家族四十圓、獨身者二十圓支給
宿舍　宿舍無料
募集締切　十二月十九日、詳細は左記へ

那覇職業紹介所
名護職業紹介所
各町村役塲

図 8–2　『琉球新報』1940 年 11 月 22 日

### ③南洋庁の植民地区画事業

南洋庁は、熱帯資源開発を推進するにあたって、新興企業に対しては積極的に土地を貸し下げていく一方で、パラオ本島・ポナペ島の植民地区画に関しては、一九四〇年以降、新たに増設しないことを決定した。[63] 先述のように「十箇年計画」の変更によって、奨励すべき作物が三品目（鳳梨・キャッサバ・コーヒー）から一気に一七品目へと増大し、かつそれらを量産せねばならない状況下では、植民地区画の入植農家に栽培させるよりも、企業に栽培・加工・販売までを一貫して任せた方が臨機応変に、かつ効率的に対応できると考えたからだろう。植民地区画に関しては、既設四村の施設および指導機関の整備充実を図るにとどめ、未入植地の残るパラオ本島大和村・ポナペ島春来村に限り入植を促すことにしたのである。

しかし、実は、このような方針が決定される以前から、既存の植民地の現状維持すらままならない状況が生まれつつあった。

例えば、パラオ本島朝日村で変化が起きたのは、一九三七年からである。それまでは、「パイナップル（鳳梨）をどんどんやって居った」ため、入植者は増える一方で、離村者もほとんどいなかった。[64] 三五年頃には、全区画地六六〇余町のうち五〇〇町歩が「見事に」開墾され、急傾斜地にまで鳳梨が栽培されていたのである。ところがこれより二、三年後には、耕作面積は二〇〇町歩まで落ち込んだうえ、[65] 次第に離村者も出始めた。[66] それには次のような四つの要因があった。

一つめは、入植者らが急激に開墾を行い、かつ適切な灌漑も行わない「略奪式農法」を行ってきたため、強いスコールによって生産物もろとも土壌が流されてしまったからである。[67] パラオ本島の場合、気温が高いために土壌の有機質の分解が早く、その上起伏が多いためにスコールがあると、そもそも表土が流れ出やすい。このような条件を十分知らずに入植した農家は、早く収益を得ようと、借り受けた五町歩の森林を一気に伐採し、代わりに地表被覆率の低い鳳梨のみを、灌漑施設も設けずに植えつけていた。このため、表土をスコールに一層弱い不安定な状態にしてしまい、「見事」に見えた鳳梨畑の大部分は、二、三年の後に「益々痩せ」「雑草に覆われ」た。

二つめは、南洋鳳梨を買収し、三七年に新たに設立された南拓系企業・南拓鳳梨が入植農家の鳳梨を買い取るようになって以後、会社と入植者の間で鳳梨買い取り価格の折り合いがつかなくなり、村内の加工工場が閉鎖状態に陥ったことである。(68) 詳細は不明だが、南洋拓殖は、他方で沖縄移民を雇用して直営農場でも鳳梨を調達できるようにしていたため、不安定な農業経営を背景に、高値で鳳梨を買い取るよう求める入植者に容易には応じなかった可能性がある。

三つめは、その後、鳳梨缶詰の「内地」需要がすでに飽和状態に達したうえ、軍需の拡大によって缶詰の需要が高まり、輸出用向けでなければ缶詰の配給を受けられなくなったからである。(69) 四〇年に樹立された新たな計画では、鳳梨は奨励作物からも除外されている。

四つめは、周辺で熱帯資源開発を行う企業が急増し、現金獲得を求める入植者にとってより魅力的な就業機会が増加したことである。(70) 例えば、三八年に南洋アルミニウム鉱業・東洋アルミニウムが事業を開始すると、「あの方が良いぢゃないか」と「ふらふらして居ったのが」働きにでるようになった。特に、新規入植者ほど離村しやすく、四三年頃には、新規入植者の約二割は開墾途中で退去するのが常態化した。さらに、日本軍が東南アジアを占領していくに従い、残っていた入植者の間でさえ、東南アジア（特にニューギニア）へ出たいという声が聞かれるようになった。朝日村に南洋鳳梨を創設し、村を良く知る者は、入植者の心情について次のように語っている。(71)

「今迄私の知って居りました頃の話では、皆出たがって居ります。我々は何の為に斯うやって居るかと言ふと、表（……表南洋、東南アジアのこと）へ出る時期を待って、それ迄身体を鍛えて待機して居ると言ふことを大半が言って居ります。こんな小さな島に居った所で何にも将来性がない。どうしても行ける時期が来た時には皆向ふへ出て行くのだと言ふのです。」

「新しい村を建設して見たい」という動機から入植し、朝日村住民を牽引してきた古参者でさえも、鳳梨栽培の先行きが見えなくなったことを受け、「我々としてはどうしてもそこに土着して永久性のある村を作りたいと思へば、何か一つの特産物、将来性のあるものを作らないといけないと思ふのです。それがない為に皆腰が宙ぶらりんになって居る」と入植者にはどうにもし難い現状を訴えた(72)。

南洋庁の植民地区画事業の入植者らは、南洋庁が掲げた「永住」という理念と、めまぐるしく変化した開発計画とのはざまで、そのかい離が生む矛盾に晒され続けた存在であったと言えよう。

## 三．南洋興発の製糖事業の変容―サイパン・テニアン・ロタ島を中心に―

南洋興発はこの時期、南洋拓殖と同様、投資機関としての役割を積極的に果たし始め、「輸入防圧」のための製品や、「内地」に不足する工業原料を採取・製造・運搬する企業を次々と設立した(73)。また、日本軍の占領地へも赴き、受命事業を開始した。

以下では、このように事業地・事業内容を一層かつ急激に多様化させていく中で、南洋興発が抱えることになった問題と矛盾の具体層を、主事業であった製糖事業の変容を通してみていきたい。

### ①製糖事業地の縮小

第一節で述べたように、南洋興発の製糖事業は、サイパン支庁下の三島（サイパン・テニアン・ロタ）で、広範な土地を甘蔗栽培のために独占的に利用し、製糖に必要な労働者（甘蔗栽培農民・製糖工員・鉄道員・土木作業員など）を多数雇用することによって成り立っていた。しかし、第Ⅲ期以降、熱帯資源開発と要塞化が国策的課題として遂行され始めると、それまで保持していた労働力・独占的に利用していた土地を手放さざるを得なくなった。特にアジア・太平洋戦争開戦を控えた一九三九年から四一年に、サイパン・テニアン島で実施された軍需施設建設が製糖業に与えた影響は大きく、一九三九年から四〇年の間には、それを象徴する次のような二つの事態が生じた。

第一に、海軍がテニアン島北部の平坦地ハゴイ地区に飛行場を建設するにあたって、[74] ハゴイ直営農場の甘蔗用地を提供したことである。提供した土地の面積は正確には分からないが、『営業報告書』によれば、一九三九年まで毎年増加していたテニアン島の甘蔗用地は、三九年の七六四一町歩から四〇年の五五八〇町歩へと、一気に二〇六一町歩も減少した。開拓当初、社長・松江はテニアン島の可耕地を七〇〇〇町歩と見積もっていたが、三九年にはそれ以上の土地を限界まで甘蔗栽培に利用していたため、もはや未利用地がほとんどなく、飛行場建設のためには甘蔗用地を潰さねばならなかったのである。海軍からすれば、島全体が平坦なテニアン島は、飛行場に最適な場所と映ったのだろう。聞き取りによれば、これによってハゴイ直営農場に所属していた労働者たちは、島内の他の農場へ移されることになったという。

第二に、サイパン・テニアン両島で開始された軍需施設の建設のために、ロタ島で行っていた製糖事業を中止し、農場や工場で働いていた労働者を労働力として提供したことである。[75] この点を明らかにした今泉の研究によれば、南洋興発は、海軍が基地建設に必要な労働力を新たに「内地」から募集することによって、サイパン・テニアン両島の賃金相場が高騰し、かつ製糖に必要な労働力が基地建設や関連事業に流出しかねないことを懸念した。このような事態を阻止するために、そもそも耕土が薄いために土地改良を施す必要があり、コストがかかる割に産糖量の少なかったロタ島の製糖を一時的に中止して海軍に労力を提供するという対応を取らざるを得なかったという。以後よりロタ島では、甘蔗の代わりに、特殊農林作物として奨励された蓖麻《ひま》・デリス（デリス根、トバ等から採取）・サイザル麻・黄麻の試作が行われるようになった。

テニアン島の甘蔗用地二〇六一町歩とロタ島の全甘蔗用地二七九七町歩を失ったことが大きく影響し、南洋興発の甘蔗栽培地の総面積は、一九四〇年には九八七九町歩にまで落ち込んだ。三九年の栽培面積が一万五七二四町歩であったから、一年でその三分の一以上（五八四五町歩）を失い、三四年並み（九四七三町歩）にまで縮小したことになる。

### ②沖縄移民の人夫化

以上のように製糖事業地を大幅に縮小したにも関わらず、労働力は不足する一方だった。燐鉱採掘事業・無水アルコール製造事業に力を入れた他、日本軍が占領した地へ赴き、受命事業を行うなど、事業地の拡大・事業内容の多角化をより一層急激に推し進めたからである。具体的には、それまではパラオ諸島ペリリュー島でしか行っていなかった燐鉱採掘事業を、三六年からロタ島・パラオ諸島トコベ島で、三八年からサイパン島でも開始した。また、三九年にはポナペ島で行っていた澱粉製造事業を中止し、「燃料国策の重大性に鑑み」甘蔗を原料とした無水アルコール製造事業に着手した。さらに三九年に日本軍が海南島を占領すると、この地に赴き稲・甘蔗・煙草・棉・黄棉の栽培を始めた他、四一年十二月に軍が占領したグアム島でも、米・農作物の試作と地下資源の調査・採掘に着手している。

南洋興発は、これによって必要になった労働力を、沖縄から求め始めた。テニアン島開拓においては、一時募集を抑えていたにも関わらず、この時期「再び」沖縄に目を向けたのである。ちょうど南洋庁・南洋拓殖が沖縄からの移民募集を開始した三八年春、南洋興発も、地元紙『琉球新報』『沖縄日報』に図8-3（「南洋興発会社農夫大募集」）のような募集広告を出している。

さらに注目すべきは、増大させた沖縄移民の多くを、「人夫」という最も不安定な位置に留め続けたことである。

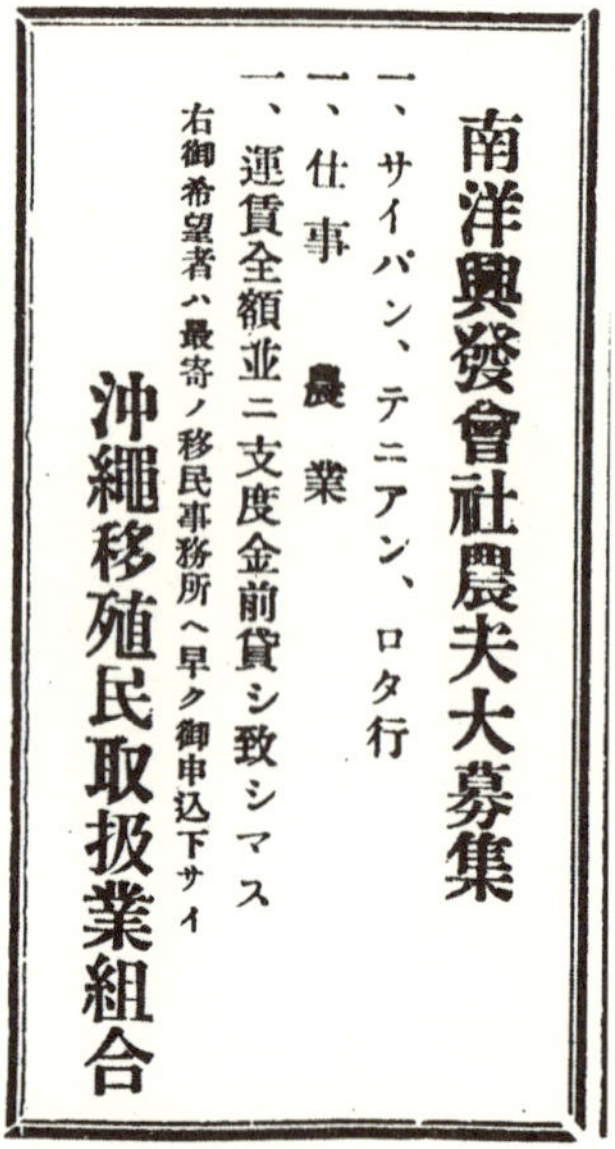
南洋興發會社農夫大募集
一、サイパン、テニアン、ロタ行
一、仕事　農業
一、運賃全額並ニ支度金前貸シ致シマス
右御希望者ハ最寄ノ移民事務所ヘ早ク御申込下サイ
沖縄移殖民取扱業組合

図 8–3 『琉球新報』1938 年 3 月 21 日

四〇年十一月九日付の『沖縄日報』は、沖縄県社会課に対し、ある小作人から次のような「南興の内情を暴露」する投書が寄せられたと報じた。

「サイパンへ人夫は絶対に送らぬやうにして戴きたい。他府県の方は皆小作人として採用し、人夫として独立してゐる者一人もなきにかゝはらず本県人、人夫は渡島以来数年小作を申請しても採されず、既に妻帯し子供数人もゐる者もあれど、なほ他府県小作人の使用人として糊口をしのいでゐる者も多い。他府県の人夫ならば甘蔗の植方すら知らないのに直ちに一町農（準小作）として県人一町農（中略）に先じて本小作に採用される。これを以て見れば会社の方針は県人はあくまでも道具の如く農奴として使用せんとするものであることは明らかであります。」

このように南洋興発が沖縄移民を人夫として押しとどめたのは、テニアン島・ロタ島における甘蔗栽培地の縮小やサイパン島やロタ島の燐鉱採掘事業の重点化、開発地域の拡大等急激な変化に即応できるよう、沖縄移民を移転可能な労働者としてプールしておく意図があったのではないかと思われる。他方で他府県出身者は、たとえ甘蔗の植え方を知らなくとも「準小作」という段階を踏ませて訓練すればよいと判断したのではないか。

そのように考えるのは、先の小作人の訴えに加え、資料から次のような諸事実を読みとることができるからである。第Ⅰ期以後から第Ⅲ期に入るまでの間に、南洋興発は、サイパン・テニアン・ロタ島と開発を進めるにつれ、農場全体における直営農場の面積比率を順に七％、三三％、六七％（一九三七年時）と高め、[76]これと共に、直営農場で直接雇用する人夫数（労働移民とも呼ばれる）を次第に増加させていた。その人数は、一九二八年の二四六〇人以来三八年の九二四七人に達するまで一貫して増大するのみであったが、第Ⅲ期以降、激しく増減を繰り返すようになる。四一年には七〇二八人にまで減少し、逆に四二年には一三四三三人に増加、翌年には再度大幅に減少して九二九七人になった。[77]また、四一年の『営業報告書』には、「例年ニ比シ労力不足ノタメ幾分ノ減少ヲ見タルモ、品種ノ改良更新、蔗作耕運機ノ機械化並ビニ朝鮮、沖縄出身労務者ノ入植等ヲ以て善処シ（……）」との記載もみられる。[78]以上から、この時期サイパン支庁下に渡航した沖縄移民の多くは、小作農場・直営農場の人夫の位置にとどめられ、朝鮮人と共に、事業地・事業内容の再編に応じて激変した労働力需給の調整弁とされたと推察されるのである。

先に紹介した小作人は、次のように訴えて投書の最後を結んだ。

「当地に来ている人夫は一生帰されさうになく妻帯さえ出来さうにありません。県内の人口過剰で苦しんでいる時ならいざ知らず、只今のやうに大陸に発展の余地がいくらでもある限り興発事業地内の南洋に来る必要は絶対にありません。単に昔のように口をへらすといふのみでしたら南洋は好適地であります。但し何年居ても真の成功はありません。一番良いことは当地県人をどこか有望な所へ移すことだと存じます。右くれぐれも御願ひ致します。」

# おわりに

本章では、委任統治期を通じた開発過程を全体的にかつ動態的に明らかにすることを第一の課題とした。そのために、開発した主体・開発された地域・資源の変化に着目し、委任統治期全体を四期に区分した上で、Ⅰ、Ⅱ、Ⅲ期それぞれの特色を考察した。また第二の課題として、委任統治期全体を通じて開発の主要労働力とされ、「内地人」移民の約六割を占めた沖縄移民の就労実態に着目し、統治者側がどのような論理から沖縄移民を求め、そのありようはどのように変化したのかを検討した。得られた知見は以下の通りである。

第Ⅰ期（一九二二～三二）の開発の特色は、南洋興発が主導し、サイパン島・テニアン島を舞台に製糖業を興隆させた点にあった。南洋興発は、従来から台湾の製糖企業が課題として指摘してきた「土地の狭小性」「労働力調達」の問題に対し、次のように対処した。まず、「土地の狭小性」に関しては、サイパン・テニアン・ロタ島の甘蔗栽培適地としての可能性を「発見」し、なかでも最も平坦で現地住民がほとんど居住しなかったテニアン島を最大限に活用することで打開した。また「労働力調達」の問題に関しては、サイパン島開発時には、甘蔗栽培に習熟した沖縄移民を即戦力として招致することで解決しようとした。しかし、沖縄からの移民が多数渡航するようになり「労働力調達」の問題が解決され、製糖期と非製糖期の労働力需給ギャップと沖縄移民によるストライキという「労務管理」の問題が浮上してくると、テニアン島開発を推進する中で、前者の問題に対しては本小作と人夫の間に準小作という階梯を導入して対処し、後者に関しては沖縄以外の地域からも甘蔗栽培移民を募集することで対応した。

したがって、サイパン島開拓が集中的に行われた二十年代後半までに渡航した沖縄移民と、テニアン島開拓が開始された二十年代後半以降に渡航した沖縄移民とでは、渡航後の就労形態が次のように異なった。前者の場合は、渡航後に自ら開墾した土地をそのまま借り受けて本小作になったが、後者の場合は人夫から準小作を経て本小作になるのに数年を費やさねばならなかったうえに、階梯を上昇できたとしても、その都度島内の空き圃場に移動することを強いられたのである。南洋興発の製糖業は、テニアン島で興隆することで「完成」したが、それは労働者らの就労・居住をよりシステマティックに管理していくことによって成り立っていたと言えよう。

つづく第Ⅱ期（一九三二〜三六）の開発の特色は、第Ⅰ期よりも開発主体・事業内容の多様化が進み、主要開発地域もパラオ諸島・トラック諸島・ポナペ島へと一気に拡大した点にあった。変化の要点は次の三点だった。一点目は、南洋興発の子会社としてこの時期設立された南興水産が中心となり、パラオ諸島・トラック諸島を舞台に鰹節製造業を興隆させ、製糖業に次ぐ群島第二の産業にまで成長させたことである。このように南興水産が大規模に鰹節製造業を展開するにあたってとりわけ重要な役割を果たしたのは、沖縄の鰹漁業地から船団を組んで渡航してきた沖縄漁民たちであった。鰹漁の成否を握る活餌をサンゴ礁海域で大量に捕獲し、出漁することができたのは、同じような自然環境のもとで鰹漁を行って来た沖縄漁民のみであった。したがって、南興水産だけでなく、より後に鰹節製造業に進出してきた企業もみな、原料調達に関してはもっぱら沖縄漁民の技術に頼るようになったのである。南洋興発の製糖業が、訓練課程を導入することによって沖縄移民に依存する割合減少させたのとは対照的だったと言える。変化の二点目は、パラオ本島・ポナペ島に設置された南洋庁植民地区に入植した農家らの鳳梨・蔬菜栽培を中心とした農業経営が安定化し始めたことである。その要因は、北海道からの呼寄せ移民らが次第に定着し始めたことを踏まえ、それまで全く必要な施策を行ってこなかった南洋庁が入植制限を緩和し、生産物の販売に必須であった交通路の整備を行ったこと、鳳梨缶詰製造企業が設立されたことによって鳳梨の販路が「内地」へ拡大したこと、市街地に暮らす移民が増加したことによって蔬菜栽培の販路も拡大したことにあった。変化の三つ目は、以上のように新たな事業が起こされ、移民らが次々と流入してくるのに伴って、各島に次第に市街地が形成され、移民を相手にした商業が発達したことだった。小規模商業者の開業・進出が相次いだことが大きな特色であったが、その背景には、一九三二年に産業組合令が制定されたことによって、小規模事業主ら自らが信用組合を設立し、資金面での障壁を打開できたこととともに、移民らの購買力が高まっており、「内地」から移入される生活用品・食料品への需要が拡大する一方であったことがあろう。製糖業や鰹漁・鰹節製造業に従事していた沖縄移民の中からも、商業へと参入し、沖縄移民相手に商店を開き、料亭を営む者が現れるようになった。以上を沖縄移民の就業に即してまとめると、先述したようにサイパン支庁下の製糖事業に従事した沖縄移民に対しては管理が強化されつつあったものの、パラオ諸島・トラック諸島を舞台とした鰹漁・鰹節製造業や商業においては、沖縄の人々の技術や主体的な行為が生かされる領域が存在していたと言える。

しかし、第Ⅲ期（一九三七〜四三）に入ると事態は大きく変化した。東南アジアへの「南進」が国策化されたことにより、あらゆる開発に国家が全面的に関与するようになったのである。注目すべきなのは、南洋群島の開発方針が、東南アジアとの関係が変容するにつれて、以下のようにめまぐるしく変化したことである。東南アジアへの経済進出を見込めた一九三七年から三九年までは、群島のうち東南アジアに近いパラオ諸島を進出拠点へと改造するために、港湾施設の整備など土木事業や遠洋漁業が振興されたが、東南アジアで邦人企業の活動が規制され、為替統制・輸入制限が強化された四〇年から四二年半ばまでの時期には、「帝国内唯一の熱帯地」として、群島が保有したあらゆる農林水産資源・鉱物の開発熱が高まった。しかし、四二年半ばまでに広大な熱帯資源保有地・東南アジアを占領下に置くようになると、南洋群島の熱帯資源開発上の価値は急速に低下したのである。「南進」国策において南洋群島は、東南アジアを支配下に治めるまでの間に、不足する熱帯資源を補充するための「急場しのぎの代役」であり、「足場」でしかなかったという位置づけだけは一貫していたと言えよう。

開発計画自体がほぼ二年ごとにめまぐるしく改変されたことを反映し、開発現場では様々な矛盾や混乱が生じていた。本稿では、まず、この時期に主要な開発地域とされたパラオ本島に着目した。そこでは、国策会社南洋拓殖のバックアップを受けた熱帯資源開発企業が、南洋庁の植民地区画周辺に多数の直営農場・鉱物採掘場・工場等を開設して事業を行うようになった影響を受け、「日本人を永住させること」を目的として設置されたはずの植民地区画からは離村者が増加した上、主作物になっていた鳳梨が奨励作物から外され、数年間におよんで収奪式農業が続けられた影響により農地の荒廃化が進み、農業経営全体が再び不安定化していた。そして、日本軍が東南アジアを占領下に治めた後は、「東南アジアへ成功の場を見出したい」という「永住」とはかけ離れた心理が蔓延するようになった。他方で、サイパン・テニアン・ロタにおける南洋興発の製糖業は、アジア・太平洋戦争前後から進出してきた日本軍に対し、飛行場用地として甘蔗栽培用地を、その労働力として甘蔗栽培移民らを提供することを余儀なくされていた。

以上のように熱帯資源開発・要塞化が群島全域で活発化する中、南洋庁・南洋拓殖・南洋興発はいずれも必要な労働力を沖縄に求めた。そして募集した沖縄移民らを、南洋庁・南洋拓殖はパラオ本島に設けた鳳梨栽培用直営農場やポナペ島・トラック諸島に設けた軍用蔬菜栽培農場へと投入し、南洋興発は甘蔗栽培農場の「人夫」としてプールしておき、新たな開発地や新事業（燐鉱採掘・基地建設の請け負いなど）へ投入していった。

前二期において沖縄移民らは、程度の差はあれ、甘蔗栽培農民・鰹漁師・製糖や鰹節製造工員としての技術や経験を求められ、重用された。だが、第Ⅲ期においては、開発地域の拡大・開発資源の激変に応じて移動させうる単なる労働力として、開発の末端を担わされるようになったのである。

## 注

（1）例えば、南洋興発の製糖事業が南洋庁財政にとっていかに重要な存在であったかに関しては、安倍惇「南洋庁の設置と国策会社東洋拓殖の南進―南洋群島の領有と植民政策（二）―」『愛媛経済論集』第五巻二号、一九八五年を参照。今泉裕美子「第三章　サイパン島における南洋興発株式会社と社会団体」波形昭一編『近代アジアの日本人経済団体』同文舘出版、一九九七年は、南洋庁・南洋興発の「糖業第一主義」政策がサイパン島の移民らにどのように受け取られ、いかなる批判を醸成したのかという視点から南洋興発と移民社会の関係を明らかにした。

(2) 南洋群島の鰹漁・鰹節製造業に関しては、高村聡史「南洋群島における鰹節製造業―南洋節排撃と内地節製造業者―」『日本歴史』第六一八号、一九九九年、藤林泰「カツオと南進の海道をめぐって」尾本惠一・濱下武志ほか編『海のアジア六　アジアの海と日本人』岩波書店、二〇〇一年、宮内泰介「かつお節と近代日本―沖縄・南進・消費社会―」小倉充夫・加納弘勝編『国際社会六　東アジアと日本社会』東京大学出版会、二〇〇二年。「南洋」全体（東南アジアと南洋群島）における日本人漁民の漁業活動の中に南洋群島の漁業を位置づけたものに、片岡千賀之『南洋の日本人漁業』同文舘出版、一九九一年。南洋庁直轄の農業植民地事業に関しては高村聡史「南洋群島における鳳梨産業の展開と『南洋庁移民』―パラオ・ガルミスカン植民地（朝日村）の事例を中心として―」『史学研究集成』第二三号、一九九八年がある。

(3) 南洋庁の植民地区画事業や南洋興発の製糖事業に即して、戦時体制期を考察した研究には、前掲高村、一九九八年および、今泉裕美子「南洋群島の戦時化と南洋興発株式会社」柳沢遊・木村健二編『戦時下アジアの日本経済団体』日本経済評論社、二〇〇四年がある。

(4) 佐々木喬（東京帝国大学農学部）「邦領内南洋作物生態区に就て」『日本作物学会記事』第七巻四号、一九三五年。

(5) 代表的な研究は、今泉裕美子「南洋興発㈱の沖縄県人政策に関する覚書―導入初期の方針を中心として―」『沖縄文化研究』第一九号、一九九二年および前掲、飯高伸五、一九九九年。

(6) 重用された〈沖縄移民の側の論理〉や〈実態の多様性〉に関しては、近年、沖縄県史・市町村史の証言や、聞き取り調査に基づいた新たな研究が多数生まれつつある。筆者も、拙稿「ある沖縄移民が生きた南洋群島―要塞化とその破綻のもとで―」蘭信三編『帝国崩壊とひとの再移動―引揚、送還、そして残留―』勉誠出版、二〇一一年において一部検討を行った。この点に関しては今後の課題としたい。なお、この分野の先行研究には、次のようなものがある。冨山一郎「ミクロネシアの『日本人』―沖縄からの南洋移民をめぐって―」『歴史評論』第五一三号、一九九三年、飯高伸五「日本統治下マリアナ諸島における糖業の展開―南洋興発株式会社の沖縄県人労働移民導入と現地社会の変容―」三田史学会『史学』第六九巻一号、一九九九年、今泉裕美子「第二章　南洋群島」具志川市史編纂委員会『具志川市史　第四巻　移民・出稼ぎ論考編』二〇〇三年、同「南洋へ渡る移民たち」大門正克・安田常雄・天野正子『近代社会を生きる（近現代日本社会の歴史）』吉川弘文館、二〇〇三年、宮内久光「南洋群島に渡った沖縄県出身男性世帯主の移動形態」蘭信三編『日本帝国をめぐる人口移動の国際社会学』不二出版、二〇〇八年、

(7) 同「南洋群島における沖縄県出身男性移住者の移動形態」『立命館言語文化研究』第二〇巻一号、二〇〇八年、又吉祥一郎「南洋移民の語りにみる『移民像』―サイパンに渡った沖縄系二世のライフヒストリーから―」琉球大学移民研究センター『移民研究』第五号、二〇〇九年、川島淳「沖縄出身南洋移民女性の渡航形態について―一九三〇年代から一九四〇年代前半期の未婚女性に焦点をあてて―」沖縄国際大学南島文化研究所『南島文化』、三一号、二〇〇九年、同「沖縄から南洋群島への既婚女性の渡航について―近代沖縄史・帝国日本史・女性史という領域のなかで―」『東アジア近代史』第一三号、二〇一〇年。

(8) 本項のうち、南洋興発の経営方針に関わる内容に関しては、特に断らない限り、以下の資料を参照した。松江春次『南洋開拓拾年誌（影印本）』南洋興発株式会社、一九三二年、沖縄県文化振興会公文書管理部史料編集室編、沖縄県教育委員会、二〇〇二年、一九～五二頁。

(9) 設立の経緯は、次のようであった。糖価暴落のちょうど前年に、日本がこの地を委任統治することが決定されたばかりであったため、臨時南洋群島防備隊・手塚民政部長（後の初代南洋庁長官）は、破綻した西村拓殖・南洋殖産に雇用されていた約千人の移民らが「事実上飢餓状態」になったことが国際的な注目を浴び、日本の統治能力が問題化されることを恐れ、このことを日本政府に相談した。同時に、一九二一年に南洋群島に個人的に視察に来ていた松江春次に、「是非南洋の糖業を遣って貰いたい」と依頼した。これがきっかけとなり、政府から相談を受けた東洋拓殖総裁と手塚民政部長、そして松江春次（経歴は次の注）の会談が行われ、南洋興発の設立が決定された。南洋興発の設立は一九二一年十一月、設立当初の資本金は三〇〇万円、株式総数は六万株で新規投資四万四〇〇〇株のうち、四万二〇〇〇株を東洋拓殖が投資した。前掲松江、六二～六九頁。

(10) 一八七六年、福島県若松市に生まれる。東京高等工業を卒業後、大日本製糖に入社し、間もなく農商務省の海外事業練習生として糖業研究のためアメリカのルイジアナ大学へ留学。同校卒業後、大日本製糖大阪工場に就任したが、辞職し、台湾へ渡って斗六製糖の創立に参加した後専務になる。しかし、同社が東洋製糖に合併されると同時に辞職し、一九一五年に台湾の新高製糖に入社し常務となった。この頃から南洋群島に着目していたため、一九二一年二月、八月にサイパン島・テニアン島の実地調査を行った後、一九二一年一一月に南洋興発を創立した。大宜味朝徳『南洋群島人名録』海外研究所、一九三九年（復刻版、『二〇世紀日本のアジア関係重要研究資料三、単行図書資料　第八十八巻』龍渓書舎、二〇〇五年）。

(11) 前掲松江、四頁および六〇頁。

聞き取りは二〇〇九年七月二二日および二〇一〇年六月二一日に行った。

(12) 前項と同じく、南洋興発の経営方針に関わる内容に関しては、特に断らない限り、前掲松江、一九三二年を参照した。
(13) 南洋庁サイパン支庁『サイパン支庁管内概要』一九三六年（推定）、四七頁。
(14) 南洋庁『南洋庁施政十年史』一九三二年、一五頁。
(15) 以上の点は、前掲今泉、一九九二年を参照した。
(16) 聞き取りは二〇〇六年一二月一日および二〇〇八年八月六日に行った。
(17) 武村次郎『南興史―南洋興発株式会社興亡の記録―』南興会、一九八四年、一〇三頁。
(18) 前掲『南洋興発営業報告書』第一六期（一九三二年五～一〇月）、第一八期（一九三三年五～一〇月）、第二一期（一九三四年一一月～一九三五年四月）。
(19) 前掲『南洋開拓拾年史』二三六頁。
(20) 大宜味朝徳『南洋群島案内』一九三九年、一八四～一八五頁。
(21) 前掲『南洋群島案内』一九三頁。
(22) 川上善九郎『南興水産の足跡』南水会、一九九四年、二二～三一頁。
(23) 前掲『南洋群島案内』九八頁。
(24) 南洋群島の鰹節の約九割は関東地方に移出されたため、東京を主な市場としていた焼津産鰹節と競合した。群島産の生産高は一九三二年に焼津産を上回り、四二年には内地需要の四割から五割を占めるほどまで成長した。この過程で、焼津の鰹節製造業者たちによる南洋節排撃運動が深刻化した。以上の内容は前掲高村論文を参照した。
(25) 以降の内容は、前掲『南興水産の足跡』二二～三一頁を参照した。
(26) 他方で、沖縄漁民の側は次のような問題を抱えていた。多くが漁民自ら共同出資して設立した組合によって、鰹漁から鰹節への加工・販売までをすべて行う方法をとっていたため、いずれの組合も小規模で、資金力に乏しかった。ゆえに、資金・漁業用品の融通から販売の委託までを東京・大阪の問屋業者に頼らねばならず、「二重の利益を搾取せらる、の状態」にあったのである。南洋水産協会『南洋群島の水産』一九三五年、一三頁。
(27) 前掲『南興水産の足跡』三〇頁。
(28) 筆者不明「南太平洋海域に於ける沖縄人漁業実態調査」（一九四八年六月五日）、沖縄県農林水産行政史編集委員会『沖縄県農林水産行政史』第一八巻(水産業資料編Ⅱ)、農林統計協会、一九八五年所収。

(29) 支庁別鰹水揚高の推移を参照すると、一九三四年まではパラオ(約三七七万kg)を筆頭に、サイパン(二五一万kg)、トラック(二一九万kg)であったが、三七年にはパラオ(一三七七万kg)、次いでトラック(一二四三万kg)と、この二支庁が急激に伸び、サイパン(三六九万kg)に留まった。前掲、『南興水産の足跡』二八二頁。原典は南洋庁『南洋群島要覧』、一九三五年および三八年。

(30) 前掲『南興水産の足跡』三三一～六八頁。

(31) 南洋庁『南洋群島要覧』一九三二年、二五九頁。

(32) 南洋庁『南洋庁施政十年史』一九三二年、二九〇頁。

(33) 一九三八年までこの四村は、瑞穂村はアイライ、清水村はガルドック、朝日村はガルミスカン、春来村はパルキールというように、現地名で呼ばれていた。しかし、ここでは便宜上一九三八年以降に用いられた邦名で表記する。ちなみに、「朝日村」という村名は、入植者に北海道旭川村付近の出身者が多かったことに由来する。浅見良次郎『パラオ朝日村建設年表』(南洋資料二四二号)南洋経済研究所、一九四三年、一一頁。

(34) 上原轍三郎『植民地として観たる南洋群島の研究』南洋群島文化協会、一九四〇年(復刻版、大空社、二〇〇四年)、七九頁。

(35) 前掲『植民地として観たる南洋群島の研究』七九～八〇頁。

(36) 一九三〇年頃パラオ本島朝日村に入植した安田氏(青森出身、渡南前は北海道で漁業に従事)は、入植当初の自身の状況について次のように語っている。「南洋庁としては二千円以上の資産証明がなかったら入植できなかつたのです。それで私一人で何んとか出来る限り努力しようと思つて其の後に於て家内とか親を呼寄せようと思つて居つたのですが、自分では『無一文』ですから、家内と父母を内地から呼んで二千円と言ふものの資産証明を作つて現在のパラオへ入ったのです。」村の八割を占める他の北海道出身者の入植経緯は、「矢張り北海道方面は其の当時不況であって、生活の困難を来して居ったものですから、南方方面に行ったら何んとか生活の安定を得られるのぢゃないかと言ふ希望を持つて皆来たやうな状況」だったという。南洋経済研究所『パラオ朝日村建設座談会記録』(南洋資料第二五九号)、一九四三年、四～六頁。また、一九三三年にパラオ本島清水村に第一回移民として入植した及川氏(北海道出身)は、次のように記している。「昭和六、七年(一九三一、二年……筆者注)と連続し、北海道地方冷害甚だしく、農民大いに苦しんだ。其の折当南洋方面の常夏の国を想起し、根室ノ国標津村、別海村の有志相寄り、森川繁治氏に旅費を与え当地方の調査を依頼した。依りて森川氏昭和七年当地を審に視察し、其の報告は北海道の比にあらざるを語った。然るに其の当時北海道に移住せるものには規定の債務を完了しない者も居たが、北海道庁の特別の同情に依り、便宜を取り計つて貰ひ昭和八年二月二十二、三日猛烈なる吹雪の中を立つて渡南の途についた。」及川淳太郎『ガルドック植民地誌概要』ガルドック自治会、一九三八年、三頁。

(37) 一九三六年から三九年まで南洋庁拓殖部長として朝日村を管轄した高橋進太郎（発言当時は大東亜省書記官）は、初期の南洋庁の対応を満洲開拓移民と比較して次のように批判しており、興味深い。「唯満洲の移民と違ふのは、初めから計画的ぢゃない。南洋群島の移民と言ふものは要するに発生的であつて、従つて其の点が南洋群島の移民の強さだと思ふ。南洋庁は一つも宣伝して居らない。南洋群島へ移民して来たら斯う言ふ良いことがあるとか言ふやうなポスターはない。縁故者の縁故移民だ。それだから割合に役所に不平の持つて行き様がない。唯来た者にはこれだけ土地を差上げますと云つただけで、それだから結局役所の方から言ふと、或る程度の数になつた時に施設だの何だのをやり出した。だから最初入つた人は其の点非常に苦労して居る。（中略）役所でも例へば、今のパイナップルでも、一体どれだけの数量迄行つてどうだと言ふやうな見透しが付かない。どの作物に依つて移民を処置すべきかと言ふ検討が付かない。」前掲『パラオ朝日村座談会記録』一九頁。

(38) 浅見良次郎『ガルミスカン植民地開発の回顧』（南洋資料第一六三号）南洋経済研究所、一九四二年、二～五頁および前掲『パラオ朝日村建設座談会記録』二〇～二一頁。

(39) その代わり、より低額の資金を求める次のような条件を課した。渡航費のほか約一か月分の生活費・耕作資金として移住者二人の場合は二百五十円以上、三人の場合は三百円以上、四人の場合は三百五十円以上、五人の場合は増加一人に付き百円以上を現金又は郵便貯金にて携帯し得る者であること。前掲『植民地として観たる南洋群島』八一頁。

(40) 朝日村では、一九三三年にガルミスカン川浚渫工事が行われ、「植民地の大動脈として大いに利用される様」になった。前掲『ガルミスカン植民地開発の回顧』、五頁および前掲『パラオ朝日村建設年表』、五頁。また清水村では、一九三五年に工費七千百七十五円を投じ、ガルドック川に沿う縦貫道路が開通され、さらに二〇〇〇円を投じて川の流木を清掃する事業が行われた。「運搬能力に一新紀元を画」したという。前掲『ガルドック植民地誌概要』六～七頁。

(41) 前掲『朝日村建設年表』七頁。

(42) 伊藤俊夫「南洋群島農業植民の一類型―自作農経営の成立と其の実態―」『農業経済の現象形態』叢文閣、一九四二年、三九五頁。

(43) 前掲『ガルミスカン川を遡りて』一〇頁。
(44) 前掲『パラオ朝日村建設座談会記録』四頁および八頁。
(45) さらに、一九三四年十月にはサイパン島にチャランカ町が、三七年八月にはトラック諸島夏島に夏島町が設置されている。南洋庁『南洋群島要覧』一九三七年、一七七頁。
(46) 南洋貿易日置合資会社（一八九四年設立）と南洋貿易村山合資会社（一九〇一年設立）が合併して一九〇八年に設立され、現地住民からコプラ・高瀬貝を買いつけるなど商業及び貿易活動を行った。群島内に三一の支店・出張所・分店を持ち、群島のコプラ移出総量の約六〜七割を取り扱った。矢内原忠雄『南洋群島の研究』岩波書店、一九三五年、九六〜九七頁。
(47) 一九三三年末の商業戸数は南洋庁『南洋群島要覧』一九三六年、一七五頁を参照し、三六年末の商業戸数は南洋庁『南洋群島要覧』一九三七年、一七七頁を参照した。
(48) 以下二冊に掲載された商店の公告を参照。大宜味朝徳『南洋群島案内』海外研究所南洋案内所、一九三九年（復刻版、アジア学叢書一一二、大空社、二〇〇四年）、同『パラオ案内』南洋事情通信社、一九三九年。
(49) 例えば、次のような二名の例を挙げることができる。南洋興発の小作から雑貨商になった者には、宇地原思亀（雑貨商、サイパン島南ガラパン町在住、沖縄県島尻郡東風平町出身）「大正十一年（一九二二）渡南、サイパン島興発会社第二農場小作人として就店、昭和六年（一九三一）独立して第二農場に雑貨店開業、同一三年（一九三八）南ガラパン町に本点を移し雑貨の卸小売を為す、同一三年（一九三八）南ガラパン町に本点を移し雑貨の卸小売を為す、蔗作共栄会志部長、県人会、在郷軍人分会に尽力す」。また鰹漁業者から転業した者は、山下宗照（雑貨商、パラオ諸島コロール町在住、沖縄県国頭郡本部村出身）「大正十二年（一九二三）沖縄県立水産学校卒業、昭和三年（一九二八）南米秘露（ペルー）に渡航、リマ市にて三カ年間商業に従事、昭和六年（一九三一）帰県、同年パラオに渡航マラカルにて鰹漁に従事、同十年（一九三五）現職を開業して今日に至る、県人会副会長、コロール町議会会員、信用組合理事歴任す」。大宜味朝徳『南洋群島人事録』海外研究所（復刻版『二一〇世紀日本のアジア関係重要研究資料三』八八巻、龍渓社）一〇四および一一八頁。
(50) 前掲『南洋群島人事録』一一〇頁。
(51) 冨名腰義勝さん（一九二一年生、沖縄県旧与那城村屋慶名）への聞き取り（二〇〇八年八月二〇日）。
(52) 原案は一九三五年一二月に拓務省内に設置された南洋群島開発調査委員会によって作成された。委員会は、一九三五年一二月末から三六年一〇月までの約一〇カ月間に、現地調査と審議を行った。この結果を『南洋群島開発調査委員会答申』として拓務大臣に提出し、一〇箇年計画の樹立に至る。以上、『南洋群島開発調査委員会廃止ノ件』一九三六年。

(53) 一九三六年七月二七日に公布された南洋拓殖株式会社令に基づき、同年十一月に設立された。政府出資・公募株からなる二千万円を資本金とし、南洋庁から引き継いだ燐鉱事業から得られる収益を事業資金とした。主な事業内容は以下の通りである。(一)群島及び外南洋における拓殖事業(燐鉱採掘・水運・海運その他)(二)事業に必要な移民の募集・配置・補導・必要な施設の整備(三)事業に必要な土地取・経営・処分及び土地改良(四)事業を営む者及び移民に対する資金の供給(五)事業及び移民の生産物買取・加工及び販売。設立に関しては『南洋拓殖株式会社設立経過報告書』一九三六年十一月二七日を、事業内容は『南洋群島開発調査委員会答申』一九三五年十月十日、四六〜四七頁。

(54) 堂本貞一「南洋群島の地位」南洋群島産業協会『産業之南洋』一九四〇年三月、七頁。

(55) 以降の内容は南洋庁『南洋群島開発調査委員会再開ニ関スル件(案)』一九四〇年五月九日を参照した。

(56) 南洋群島産業協会『産業の南洋』一九四二年九月、九〇頁。

(57) 以下の内容は主に前掲『南洋群島案内』一五一〜一六六を参照。特に農業分野に関しては、南洋庁拓殖部農林課『(カク秘)議会説明資料』一九三八年一二月、八七〜九三頁を参照。

(58) 「市況及商品情報」南洋群島産業協会『産業ノ南洋』一九四〇年四月、二一〜二二頁。

(59) 前掲『パラオ朝日村建設座談会記録』四六頁。

(60) 「南洋は沖縄の延長—県民の援助を望む—高橋南洋庁拓殖部長談—」琉球新報、一九三八年四月二九日。

(61) 「更に数百名募集　南洋出稼に朗報—県社会課が係員派遣—」沖縄日報、一九三八年三月二三日。

(62) 下出茂雄『南拓誌』南拓会、一九八二年、一二〇〜一二三頁。

(63) 前掲『南洋群島開発調査委員会再開ニ関スル件案』一〇三〜一〇五頁。

(64) 前掲『パラオ朝日村建設座談会記録』一二頁。

(65) 浅見良次郎『パラオ島朝日村に於ける農作物栽培の一端』(南洋資料二四三号)、南洋経済研究所、一九四三年、二頁。

(66) 前掲『パラオ朝日村建設座談会記録』一二〜一三頁、および前掲『パラオ朝日村建設年表』九〜一二頁。

(67) 前掲『パラオ島朝日村に於ける農作物栽培の一端』二頁、および(執筆者)『ガルミスカン川を遡りて』(南洋資料三二七号)、六頁。

(68) 前掲『パラオ朝日村建設座談会記録』九～一〇頁。
(69) 前掲『南洋群島開発調査委員会再開ニ関スル件案』一〇五頁。
(70) 以下の内容はすべて前掲『パラオ朝日村建設座談会記録』一二～一三および四三～四四頁。
(71) 前掲『パラオ朝日村建設座談会記録』四三頁。
(72) 同右、一二頁。
(73) 例えば、群島内では以下のような企業を設立した。養殖や水産物の加工・運輸・金融投資を行う海南鉱業（一九三六年）、真珠貝採取事業を行う海洋殖産（一九三七年）、コプラ移出や製油販売、朝鮮煙草の販売を行う南洋油脂興業（一九三八年）。また、南洋興発が採掘した祖燐鉱を肥料化する南興化学工業を斎藤硫曹製造所との共同出資で設立した。東南アジアでは、椰子園の経営をしていたセレベス興業を一九三七年に合併した後、新たに南太平洋貿易を設立し、フィリピンのボホール島でグアノの採掘を開始した。前掲、『南洋群島案内』一八六～一九五頁。
(74) 飛行場建設工事は、一九三九年から四一年までに実施された。防衛庁防衛研究所戦史室『戦史叢書　中部太平洋方面海軍作戦〈一〉昭和一七年五月まで』朝雲新聞社、一九七〇年、六二頁。
(75) この点に関してはすべて、前掲今泉、二〇〇四年、三一二～三一七頁を参照した。
(76) 伊藤俊夫「第五章　南洋群島農業の特質」『農業経済の現象形態』叢文閣、三六〇頁。
(77) 他方で、本小作は三七年の一四七二戸をピークに以後より減少し続け、四二年には一二五四戸まで減少した。準小作は、三六年（七二四戸）までは一貫して増加し続けたが、以後は四〇年の五八五戸まで一時減少、しかし四二年には九〇九戸にまで増加した。前掲『営業報告書』一九三六年十一月一日～一九四二年九月三〇日。
(78) 前掲『営業報告書』一九四一年四月一日～一九四一年九月三〇日。

## 参考文献


浅野豊美編『南洋群島と帝国・国際秩序』慈学出版、二〇〇七年。

安倍惇「日本の南進と軍政下の植民政―南洋群島の領有と植民政策（一）―」『愛媛経済論集』第五巻一号、一九八五年。

同　「南洋庁の設置と国策会社東洋拓殖の南進―南洋群島の領有と植民政策（二）―」『愛媛経済論集』第五巻二号、一九八五年。
飯髙伸五「日本統治下マリアナ諸島における糖業の展開―南洋興発株式会社の沖縄県人労働移民導入と現地社会の変容―」三田史学会『史学』第六九巻一号、一九九九年。
同　「ガラトゥムトゥンの踊る安里屋ユンター パラオ共和国ガラスマオ州における『アルミノシゴト』の記憶―」『民俗文化研究』第七号、二〇〇六年。
石川朋子「沖縄南洋移民に関する一考察」『地域文化論叢』三号、二〇〇〇年。
石川友紀「旧南洋群島日本人移民の生活と活動―沖縄県出身移民の事例を中心に―」琉球大学国際沖縄研究所移民研究部門『移民研究』、七号、二〇一一年。
今泉裕美子「南洋興発㈱の沖縄県人政策に関する覚書―導入初期の方針を中心として―」『沖縄文化研究』第十九号、一九九二年。
同　「南洋群島委任統治政策の形成」、大江志乃夫ほか編『岩波講座　近代日本と植民地　四巻（統合と支配の論理）』、一九九三年。
同　「国際連盟での審査にみる南洋群島現地住民政策―一九三〇年代初頭までを中心に―」『歴史学研究』六六五号、一九九四年。
同　「サイパン島における南洋興発株式会社と社会団体」波形昭一編『近代アジアの日本人経済団体』同文館出版、一九九七年。
同　「日本統治下ミクロネシアへの移民研究―近年の研究動向から」『史料編集室紀要』二七号、二〇〇二年。
同　「南洋へ渡る移民たち」大門正克・安田常雄・天野正子編『近代社会を生きる（近現代日本社会の歴史）』吉川弘文館、二〇〇三年。
同　「第二章　南洋群島」具志川市史編さん委員会『具志川市史　第四巻　移民・出稼ぎ論考編』二〇〇二年。
同　「第八章　南洋群島経済の戦時化と南洋興発株式会社」柳沢遊・木村健二編『戦時下アジアの日本経済団体』日本経済評論社、二〇〇四年。
同　「朝鮮半島からの『南洋移民』―米国議会図書館所蔵南洋群島関係史料を中心に―」『アリラン通信』三二号、二〇〇四年。

沖縄県文化振興会公文書管理部史料編集室『旧南洋群島と沖縄県人―テニアン―』沖縄県教育委員会、二〇〇二年。

同『沖縄県史資料編一七　旧南洋群島関係史料　近代五』沖縄県教育委員会、二〇〇三年。

亀田篤「南洋群島における沖縄出身者の移動傾向」、沖縄国際大学大学院地域文化研究科『地域文化論叢』五号、二〇〇三年。

川島淳「沖縄出身南洋移民女性の渡航形態について―一九三〇年代から一九四〇年代前半期の未婚女性に焦点をあてて―」沖縄国際大学南島文化研究所『南島文化』第三一号、二〇〇九年。

同「沖縄出身南洋移民未婚女性の渡航要因と移民男性の婚姻形態について―帝国日本史・近代沖縄史・女性史という複合領域のなかで―」沖縄国際大学南島文化研究所『南島文化』三二号、二〇一〇年。

同「沖縄から南洋群島への既婚女性の渡航について―近代沖縄史・帝国日本史・女性史という領域のなかで―」東アジア近代史学会『東アジア近代史』第一三号、二〇一〇年。

片岡千賀之『南洋の日本人漁業』同文舘出版、一九九一年。

佐伯康子「砂糖王　松江春次論　南洋興発の発展と崩壊」『名古屋明徳短期大学紀要』三号、一九九二年。

千住一「日本による南洋群島統治に関する研究動向」『日本植民地研究』第一八号、二〇〇六年。

高木茂樹「南洋興発の財政状況と松江春次の南進論」『アジア経済』第四九巻一一号、二〇〇八年。

高村聡史「南洋群島における鰹節製造業―南洋節排撃と内地節製造業者―」『日本歴史』六一八号、一九九九年一月。

同「南洋群島における鳳梨産業の展開と『南洋庁移民』―パラオ・ガルミスカン植民地（朝日村）の事例を中心として―」『史学研究集録』第二三号、一九九八年。

等松春夫「日本の国際連盟脱退と南洋群島委任統治問題をめぐる論争　一九三二～一九三三」『法研論集』第六六号、一九九三年。

同「南洋群島委任統治継続をめぐる国際環境　一九三一～三五―戦間期植民地支配体制の一断面―」『国際政治』第一二二号、一九九九年。

同『日本帝国と委任統治―南洋群島をめぐる国際政治　一九一四～一九四七―』名古屋大学出版会、二〇一一年。

冨山一郎「ミクロネシアの『日本人』―沖縄からの南洋移民をめぐって―」『歴史評論』第五一三号、一九九三年。

日本植民地研究会編『日本植民地研究の現状と課題』アテネ社、二〇〇八年。

野村進『日本領サイパン島の一万日』岩波書店、二〇〇五年。

藤林泰「カツオと南進の海道をめぐって」尾本惠一・濱下武士ほか編『海のアジア六　アジアの海と日本人』岩波書店、二〇〇一年。

防衛庁防衛研究所戦史室『戦史叢書　中部太平洋方面海軍作戦〈1〉昭和一七年五月まで』朝雲新聞社、一九七〇年。

又吉祥一郎「南洋移民の語りにみる『移民像』―サイパンに渡った沖縄系二世のライフヒストリーから―」琉球大学移民研究センター『移民研究』、五号、二〇〇九年。

宮内泰介「かつお節と近代日本―沖縄・南進・消費社会―」小倉充夫・加納弘勝編『国際社会六　東アジアと日本社会』東京大学出版会、二〇〇二年。

宮内久光「第一六章　南洋群島に渡った沖縄県出身男性世帯主の移動形態」蘭信三編『日本帝国をめぐる人口移動の国際社会学』、不二出版、二〇〇八年。

同　「南洋群島における沖縄県出身男性移住者の移動経歴」『立命館言語文化研究』二〇巻一号、二〇〇八年九月。

森亜紀子「ある沖縄移民が生きた南洋群島―要塞化とその破綻のもとで―」蘭信三編『帝国崩壊とひとの再移動―引揚げ、送還、そして残留―』勉誠出版、二〇一一年。

屋比久守・福薗宣子「旧南洋群島関係資料所在について」『史料編集室紀要』二八号、二〇〇三年。

山口洋兒『日本統治下ミクロネシア文献目録』風響社、二〇〇〇年。

Peattie, Mark R., Nanyo-The Rise and Fall of the Japanese in Micronesia, 1885–1945, University of Hawaii Press, 1988.

# 終章　帝国圏農林資源開発の実態と論理

野田公夫

## はじめに

本書では、帝国圏像を与えるための全体的考察を「組織化（産業組合編成）」と「人口問題」について行い、さらに個別地域を超えて広がった農林資源補完関係を畜産（馬と牛）の領域で明らかにした（第Ⅰ部）。また、日本帝国圏諸地域における農林資源開発の実際を、華北占領地（原料綿花）・満洲（農業開拓団）・樺太（亜寒帯資源）・南洋群島（熱帯資源）について明らかにした（第Ⅱ部）。

本書の課題は、帝国圏内諸地域の地域具体的な実証成果を提示することにより、その多様な実態をふまえて農林資源開発をめぐる日本帝国圏像をめぐる論点を付加・深化させることであった。本章では、まず各章が明らかにした内容を要約的に示したうえで（第一節）、本書が取り上げた諸地域における中心的な農林資源開発主体である開拓農民の性格と、彼らと政策とが孕まざるをえなかった根本矛盾を明らかにし（第二節）、かかる矛盾を埋め合わせることができた希少事例として上野満の「満洲経験」を参照し（第三節）、以上より日本帝国圏における農林資源開発の基本的性格を諸地域のバラエティをふまえて概括したい（第四節）。

## 第一節　本書が明らかにしたこと

### 一・帝国という視角から（第Ⅰ部）

まず、第Ⅰ部の諸論稿が明らかにした内容を確認し、その位置づけを考えたい。第Ⅰ部では、二つの章で「帝国」という視点、すなわち帝国を複合的かつ相互に有機的関係をもつ一個の単位としてみなす観点から、生み出された農林資源開発組織（産業組合）と人口論的展望をめぐる諸論点を取り扱った。

坂根嘉弘「第一章　日本帝国圏における農林資源開発組織―産業組合の比較研究―」は、帝国圏にあまねく設置された産業組合の組織と機能という側面から、帝国圏における農林資源開発組織（産業組合）の機能上の性格差を明らかにした。産業組合研究は日本農業史研究の大きな柱の一つであったが、それを帝国圏全体の比較史として考察したのは本稿がはじめてである。そして支配国日本の産業組合という組織が帝国圏すべてに設置されたことは、ピーティのいう日本植民地経営の特色（戦略性）を最もクリアに示したものであるともいえようか。坂根によれば、積立金・貯金・貸付金および販売高・購買高などの指標において台湾は日本より良好な数値を示しているが、樺太・南洋群島・沖縄ははるかに低く、いわば途上国との中間的な位置にあることなどが明らかになった。かかる相違を主に規定したものは、農産物生産高と村落社会の成り立ちとくに定住志向の差であったという。各地域における農林資源開発組織（産業組合）の現実的効用（発揮しうる機能）はこれらの差により半ば宿命的に規定（制約）されざるをえなかったのである。ここでは帝国圏内部が孕まざるをえなかった深刻なモザイク性が明らかにされたのだが、ピーティをまねていえば、一貫した開発組織をつくるという「戦略性」も、現実の巨大な状況差の前にその意味を十全には発揮できなかったと表現できようか。足立泰紀「第二章　総力戦体制下における

「農村人口定有」論をめぐる諸相―『人口政策確立要綱』の人口戦略に関連して―」は、総力戦体制下に生み出された新たな人口学的意図をとくに農村人口論に即して考察するとともに、かかる人口学的政策含意に対する農業経済研究側の理解と対応について検討を加えた。一九四一年に閣議決定された「人口政策確立要綱」には、館稔ら人口学者の「人口転換」認識とそれに対する「反人口革命」的戦略が盛り込まれており、その意味で注目すべき内容をもっていた。しかし、農村人口定有（農民保持）と戦時食糧増産（生産力）という「双対的な困難」を抱える農業経済学領域がかかる議論の新鮮さを理解したとはいえなかった。したがって現実には、「農村厚生事業により乳幼児死亡率を引き下げるという実践的な取り組み」のほうが（近代化が遅れた）農村では受容可能であり効果も高かった。「反人口革命」とは「近代化に逆らう人為的な人口革命」という意味であるが、かかる「反近代」の達成を「近代化」によって支えざるをえないというのはいかにも「中進国[1]」日本であったといわなければならないであろう。

以上は、帝国という視野が要請した制度と思想でありその現実的意味であった。他方、日本内地における農林資源開発自体が帝国圏レベルでの補完関係の必要を増し、実際にそのような状況を拡大・強化してくるという現実があった。それが端的にあらわれたのが畜産領域である。大瀧真俊「第三章　日満間における馬資源移動―満洲移植馬事業一九三九～四四年―」は、戦時期満洲への内地馬移植という日本内地から帝国圏へといういわば「逆方向」の流れをとりあげた。近代日本馬政は徹底的に軍馬育成を主眼にして取り組まれてきており、日中戦争以後専ら「武器」としての軍馬の供給が続いていたが、戦時体制末期には「満洲農業移民への農耕馬供給」へと主要課題が転じたことが興味深い（第六章の今井論文が考察した「北海道農法」普及奨励運動に対応している）。小型の満洲馬より大型の日本馬の牽引力が大きく上回っており、そのことが北海道農法の技術的基盤として必要とされたのである。しかし、明治国家による馬匹改良の直接的契機が日清戦争（騎兵戦での惨敗）で歴然とした日本馬体格の劣位であったことを考えれば、さらに意外さ（現実の歴史過程のダイナミズム）が増すであろう。また戦時最終盤が武器（軍馬）より農業（農耕馬）を選択したことは第一次大戦のドイツ陸軍の反省を想起させる（?）かもしれない。他方、野間万里子「第四章　帝国圏における牛肉供給体制―役肉兼用の制約下での食肉資源開発―」は牛をみた。近代日本における肉食拡大過程には、近代化（西洋食）の象徴としての牛肉が好まれたこと、日本の伝統的食文化である鍋料理として受容されたことなどの特徴があったが、加えて牛が肉用種に専門化せず専ら役肉兼用種として存在し続けていたところに大きな特徴があった。前者すなわち日本的な食形態はサシ（脂肪交雑）をベースとする肉質要求を生み、後者すなわち役肉兼用であることは肉需要の増大に生産が対応しがたい状況を生んだのである。双方の条件と困難を埋め合わせたのが〈朝鮮牛を中心とする生牛（生きたままの牛）形態での移入〉であった。生牛で導入できることが農耕への使用（役肉牛形態）を可能にしただけでなく、小型で使いやすい朝鮮牛は適性が高く、かつ使役終了後の一定の肥育を可能にしたことが歓迎されたからである。そして生牛形態での移入を可能にしたのが、朝鮮が保護国化され二重検疫体制を敷くことが可能になったことであった（猛威を振るっていた牛疫への対策）。牛もまた帝国の広がりのなかでこそ資源確保の方途を得たのである。なお、役肉兼用という複合的性格をもっていたことが、戦争と敗戦という大変動にもかかわらず牛飼養頭数を維持しえた基本条件にもなったという指摘が興味深いであろう。

## 二・帝国圏農林資源開発の実態（第Ⅱ部）

第Ⅱ部では、帝国圏の諸地域における農林資源開発の実態を具体的に明らかにした(2)。

白木沢旭児「第五章　戦時期華北占領地区における綿花生産と流通」は、「占領地」といういわば帝国圏の境界領域を扱ったという点でやや特異である。本章では、日本内地において綿製品使用制限政策がとられたことから綿花の重要性は相対的に減じたとされる通説を批判し、帝国圏レベルとりわけ満洲・中国占領地でみれば綿製品需要は膨大であるうえ、軍の宣撫工作の必要物資（供出食糧とのバーター）でもあったため強い需要が持続したことを明らかにした。第三国貿易を失った日本は、中国綿花を唯一の拠り所にして、在華紡の設備を用いて大陸民需品および軍需品生産を続けた。綿花集荷については、日系商社が県レベルにまで進出し合理化された花店や合作社を通じて強権的に行い、綿花生産の減少にもかかわらず買付実績を向上させた。ただし、かかる集荷率／量の上昇は強権の発動によってもたらされただけではなく、農村に進出した日系商社による「流通諸段階の圧縮・合理化」の寄与したところが大きかった――これが、本章が提示したい一つのポイントであった。ただし流通過程における対処に終始したことが、次に見る傀儡国家満洲および植民地における開拓農民に依拠した農林業開発との大きな相違であり制約であった。今井良一「第六章　「満洲」における地域資源の収奪と農業技術の導入―北海道農法と「満洲」農業開拓民―」は、日本帝国最大の農林資源開発の場として位置づけられた満洲における開拓団の営農実態を考察した。農作業適期に厳しい制約がある寒地における広大な開拓地農業という特性に対応できず失敗を重ねた初期入植の反省をふまえ、近似した技術内容をもつと考えられたいわゆる北海道農法の導入に全力をあげたが再び失敗を重ねた。その原因は、「満洲各地における農業環境の個性に対する無理解」という技術論的欠陥のみならず、「経営としてたちゆくかどうか」という経営レベルの見通しのなさであり、かつそれ以前に、生産手段も技術指導もないという資本と指導普及体制の致命的な弱さという問題でもあり、きわめて包括的なものであった。満洲農業移民に関しては第二節・第三節において再論することにしたい。

他方、中山大将「第七章　植民地樺太の農林資源開発と樺太庁中央試験所の技術と思想」は、農業がノミナルで、内地農民にとってはむしろ漁業出稼ぎの場であり、とくに初期においてはパルプ産業に資する林業資源開発が期待された樺太を扱った。ここでは当然、開拓民たちの流動性が高いうえ、その主たるモチベーションは「一攫千金」というはなはだリスキーなものであった。興味深いのは、中央試験所の際立った能動性である。北海道農法の移植を通じて対応が可能だと考えられた満洲とは異なる「農業不適地」であったことが、中央試験所に総合的視野を与えるとともに、独特の能動性（使命感）を付与したようにみえる。実際の効果は判然としないが、中試の試みは驚くほど多岐にわたっており、樺太に存在するあらゆるものを「資源化」しようとしているかのようである。かかる多様性と積極性は、さらなる「北方進出」を見据えた、「北方文化」の拠点としての樺太建設という樺太における帝国官僚の志向の反映でもあろう。実際、中試敷香支所長をつとめた菅原道太郎は「米食批判」「北方文化」の主唱者であった。この地においては、「樺太的な生活」を生み出しそれを受容しうる「帝国臣民」が必要とされていたのであり、宗主国日本とは異なる「帝国」固有の観点が最もピュアに表出されていたのである。森亜紀子「第八章　委任統治期南洋群島における開発過程―主体・地域・資源の変化に着目して―」によれば、この地（内南洋）における農林資源開発は、対アメリカ戦の防衛線であり東南アジア（外南洋）進出の足場であるという二つの役割に強く規定されており、時局・戦局の変化に翻弄されつくすこととなった。また、広大な海域に点在する島々からなる本地域は、資源開発環境の差が大きいため、この地域の戦略的位置づけしたがってまた開発目的が変更されるにつれ開発点も移動することになった。この地域の時系列的変化は地理的変化をともなっていたのである。このような特性をビジブルに示すために著者は、南洋群島開発史を四つの時期に区分したうえで、その各々につき開発内容と開発点の変化を明示した。これまで重ねられてきた諸研究も、その意味を確かなものにするためには、このマトリックスのなかで改めて位置づけを得る必要があろう。いま一つ、沖縄出身移民が多いという興味深い特徴があった。南洋興産による初期の蔗糖生産が沖縄農民の経験を求めただけでなく、その後の鰹漁では餌の小魚をとる沖縄漁民の潜水能力が買われ、末期の軍事基地建設期には全般的な労働力不足下でなお移民余力のある地域として沖縄が眼差されたからであったという。時期により理由は変わりながら、以上のような事情から沖縄移民が一貫して求められ続けていたのである。

## 第二節　開拓農民の存在形態―帝国圏経営と開拓民私経済：二つの論理の対抗―

本書は帝国圏農林資源開発の地域分析を掲げながら台湾・朝鮮を欠いている。これを開発主体に即して言えば、「既存の農業・農村・農民に依拠した植民地農林資源開発」という局面を考察していないということである。本書が捉えた事象は、華北占領地・満洲・樺太・南洋群島であり、そこでは占領地華北を別にすれば、開発現場の主役はすべて移民・開拓民であった。したがって、本書の主たる眼目は、帝国権力とこれら移民・開拓民との間にはらまれた依存と対立の諸関係を具体的に解明することになる。

### 一・帝国圏農業資源開発をめぐる基本矛盾

〈農業生産構造変革無き戦時動員〉でしかなかった日本では、内地では不可能であった構造変革（東亜のモデル農業づくり）を帝国圏に投入された移民たちに託すという側面があった（本シリーズ第Ⅰ巻　第一章　野田公夫論文）。モデル農業づくりの主要舞台は「五族協和」の「開拓地」と称された満洲であったが、はなはだ矮小ではあるが樺太でも「北方農業」のモデルたらんことが求められていた。しかし、たとえ「新しい農業モデルの創造」という抽象的な合意はあったにしても、自らの運命（よりよい生活）をそこにかけた移民たちと、あくまで帝国圏経営の必要物としてとらえる帝国官僚（とその影響下にある文筆家／および判断能力の追いつかない研究者たち）との間には極めて深い断絶があった。他方、同じ農業移民という形態をとっても南洋群島の場合は性格を異にしているようにみえる。以下、満洲（第六章　今井良一論文）、樺太（第七章　中山大将論文）、南洋群島（第八章　森亜紀子論文）に基づき、主に開拓農民の目線から帝国圏経営との間に孕まれたコンフリクトの所在を概括したい。

## 二・「内地延長的生活」という言葉

寒地帝国圏（満洲と樺太）では共通して、移民たちの「内地延長的な生活（これは満洲における表現であり、樺太ではより直截に〈米食批判〉〈北方文化建設〉であった）」が問題になった。両地域はいずれも、米生産が困難（満洲）であるか不能（樺太）であり、「日本民族のアイデンティティ」自体が直截な批判に晒されざるをえない場所であった。他方、主食（米）の自給が難しい（もしくは不可能である）ため米を食べること自体が大きな現金支出（不経済）であり、移民の定着（再生産）を阻害しかねない大きな問題でもあった。――ここには「米を食べたいという私的欲求に貫かれた開拓民」と「植民者の定住を確実にするために自給基盤を強くしたい帝国権力」という「二つの正当性」が孕む問題が集中的に表現されていた。さらに、満洲で「内地延長的な生活」と批判された内容の一つに、住居問題があった。日本的な居住環境を求めるあまり耐寒性への配慮が不十分だということが指摘されていたのである。

日本の帝国権力は「現地にあった生活」を重ねて説いた。もしかすると、これ自体が際立った個性（同化主義の裏面――無自覚の帝国主義）なのかもしれない。もっとも、その最大の理由は、開拓民を維持定着（＝生産力化）させるには現金支出を抑えるとともに労働力として保全する必要があったからである。さらに、日本内地から物品を取り寄せるという行為は、日本内地自体が深刻な不足を呈している状況下では回避すべきロスであった。移民たちに期待されているのは〈新たな自然を富に変えてくれる／資源開発により国力を増大させる〉ことであって、儲けた金で内地物品を買いあさることではなかったからである。さらに、現金収入を求める開拓民たちの行動は、フロー・レベルの問題のみならず自然（ストックとしての資源）自体の破壊を引き起こしつつあった。これでは帝国圏の再生産を危うくするのみならず、帝国圏経営（支配）の正当性すら内外に主張できないことになろう。したがって、これらの浪費を取り締まる帝国権力の姿勢は、その立場上はまことに妥当なものであったと言わなければならない。

他方、同じ問題が開拓民の目線ではどのように捉えられていたのであろうか、以下この点を考えてみたい。

## 三．樺太の農業開拓民―須田政美の証言[3]―

ここでは樺太で移民指導員を務めた須田政美の目を通じてこの問題を考えたい。「（昭和八年には ―― 野田）澱粉熱が、この植民地をすっかり巻き込んで、新開墾がこの一か年だけで二百町歩に達した……一攫千金の樺太移民の本質を単的《ママ》に発揮して、昨八年では家畜・人間の食う作物まで犠牲にして、馬鈴薯増反を思いきり実行した」（一九頁）。「……いまの世の中で百姓だって現金なしに暮らせるしかけのものじゃない。鼻水もしばれるこんな寒い島に来たのも、やっぱり内地で食えない米を腹一杯食い、酒も飲みたい慾があるからで……それでこそ開墾をする気になる」[4]（二〇頁）。〝一攫千金〟という言葉も、〝熱に浮かされたように開墾に走る〟行動も印象的であろう。そして、「こんな寒い島に来た」移民たちの意欲のあり方が樺太庁（帝国官僚）の思惑とは全く異なるものであることもまた明瞭であろう。「内地にいたのでは食えない米を腹一杯食うためにこそ」開拓農民になったのであったのであり、ここには、樺太庁（帝国）とその周辺インテリが唱える「北方文化」の主張とはあまりにもかけはなれた現実があったのである。

他方で次のような指摘もある。「（移民農家に割り当てられた区画地の土地条件は様々であるため ―― 野田）あたえられた区画の土地条件の良否と密接にからみ合って、因果は不可分である。勤労、節慾、自制、体面……それらは良い土地が、その努力に対して生活の向上を保証してくれるからで、反対に、出稼ぎ、飲酒、とばく、盗伐……その原因の多くは、痩地に負うている」（二四頁）。要するに、〈移民たちの不真面目さ〉に対する批判はいろいろありうるが、そのような問題を生みだす最大の原因は〈実情に疎い者による机上の空論（形式的合理性）〉が押し付ける理不尽な差別や困難だというのである。そして彼らには、内地農民はむろん満洲開拓民と比べても際立った「見切りのよさ」があった。たとえば次のようである。「某は収穫の整理がすむと同時に、引きあげて内地に帰るという話がある。……いや、もう大将の譲与地は、建物、馬農具一切つきの千二百円で誰それと手を打ったそうだ。……いったいりこうなのか。馬鹿なのか。……どうです、指導員さん、樺太の百姓というのは見込みのあるものですかい。そういう話がでてくる」（四五頁、棒点は原文）。

## 四．満州の農業開拓民―島木健作[5]の観察―

須田は一九三八年に渡満し、満洲拓殖公社経営部にて開拓民の経営指導にあたった。満洲開拓に対する技術的コメントも秀逸であるが、ここではプロレタリア作家島木健作の目を通じて、よりひろく「生活／エートス」をめぐる目線のズレをみておきたい。もちろん、移民たちが「内地延長的生活」に浸っていたとすれば、大なり小なりそこには「支配民族」としての、あるいは「国策移民」としての驕りや甘えがあったことは間違いないであろう。しかしここでは、それとは別に「移民」自体に即して、彼らを突き動かしていた期待と欲望の所在をみておきたいと思う[6]。

以下、島木が記録した〈外部の眼差しに対する開拓民たちの声〉を二つ抜き書きする。「……水安屯のある部落の座談会では、娯楽なんぞない方がいい、却って夫婦仲が円満である、といふ一部に行はれてゐる説が、そんなものがなんで真の人間生活といへるか、と一せいに激しい攻撃を受けた……人びとは堪へ得ぬ人間的侮蔑を感じ、いきどほつたのである。また弥栄村でも千振村でも、私はおなじやうな開拓民の声を聞いた。農民は何故に人よりも低い生活にゐねばならぬときめられてゐるのであるか。……我々は本も読みたいし、娯楽もたくさん楽しみたい。農民の生活が全体として高まる可能性が、内地によりはこつちにある、と思つたからこそ、我々は渡満したのである。そのやうにその人々は言ふのであつた。……開拓民は百姓をすることがたのしみだから、ほかになんにもいらない、などといふのは、一部の団長の、ラヂオ放送での言ひ草にすぎないのである。一般の開拓民はもっと人間らしいのである」（五九〜六〇頁）。「ある役人が視察に来て、「移民が長靴をはいてゐるようでは成功おぼつかない」と言ったが、その時その百姓は、足に釘をさし、それでも休まず長靴をはいて泥のなかに入ってゐた……新京お名流婦人が来て、帰ってからのラヂオ放送で「移民地の妻君同志が奥さんと呼び合ってゐるのはけしからぬ、めいせんやきんしゃを着てゐるのはけしからぬ。」と言った」（三一七頁）。

次に、このことの意味を考えてみたい。

## 五．農業開拓政策の根本矛盾—帝国経済的合理性 vs 私経済的合理性—

いずれからも見てとれるのは、「帝国圏経営と農業移民私経済」の深い対立である。本シリーズ第Ⅰ巻で、戦時末期の日本経済・社会の顕著な特徴が「闇経済」の蔓延にあり、それをもたらしたものは「消費財の供給無き強権的統制」であったと述べた。それと同じような矛盾が農業開拓にもあったというべきであろう。〈生活向上を熱望するがゆえに見知らぬ地への入植を決意した開拓民たち〉と、〈個人消費をおさえ統御することにより最大の生産力化を目指す帝国〉との間には埋めがたい溝があり、それは各々の立場に根差した当然の主張であるがゆえに解決は容易ではなく、事態は混乱をきわめたのである。

このような事態に立ち至ったのは、樺太も満洲も国家の期待を背景にしたいわば「時局移民」であったことが大きい。とくに満洲の場合、一九三六年（広田内閣「満州開拓移民推進計画」）以降は国家事業として取り組まれた「国策移民」であったことが決定的な意味をもった。もっぱら私経済の論理と責任で処理しうる「自由移民」とは異なり、国が「大義」を掲げたことが、一方では「国家目標と帝国圏経営合理性」を明確な価値目標に据えることになり、他方ではそれだからこそ、農業開拓民たちは大きな期待と決意を獲得できることになり、実際膨大な権力と資金が投入されたために私経済的な期待と欲望を膨らませることができたからである。このような開拓民たちが、開拓現場で両者の間には巨大なズレがあることを思い知らされた時にとった典型的な行動が、金になる作物への脱法的傾斜と自らを地主化（農業生産・農業経営から手を引くということである）することにより種々の兼業に私経済の力点を移すことであった。そして森林に近接した開拓団では、最も確実有利な現金獲得手段として森林の大量伐採が進行したのである。こうして、開拓民による北方帝国圏の農林資源開発は自ずと刹那的・寄生的なものになり、ストックとしての資源の破壊を行うことに恥じることはなかったのである。〈定着の展望を描けない農民に資源管理能力は伴わない〉ということが白日のもとにさらされたといえようか。

このように深い対立関係にあった帝国権力と開拓農民ではあったが、双方の視野から等しく欠けていたのがかの地の本来の主である、満洲の人たちでありその自然であった。(7) この点では、帝国権力は無論、その犠牲者ともいえる開拓民たちもまた、ともに許されざる侵略者でしかなかったのである。

## 六．南洋群島移民の独自性

これに対し、森亜紀子「第八章　委任統治領南洋群島における開発過程と沖縄移民―主体・地域・資源の変化に着目して―」が示す南洋群島農業移民の姿は相当に異なっていた。彼らの特色はきわめて移動性が高いことであった。この地の農業移民がこのような性格を帯びたのは、第一には、この地における農林資源開発主体に関わる問題があるであろう。少なくとも現場においては開拓団・開拓農民が「開発の直接的担当者」として責任をもった満洲（樺太）とは異なり、主体は南洋興発という株式会社であり移民農業者たちはその雇用者にすぎなかったからである。人夫・作業員から準小作へ、準小作から本小作へとラダーを上ったとしても土地所有者になる途は開かれていなかった。そもそも雇用者の南洋興発自体が借地者にすぎなかったのである（もともと委任統治下では土地所有権の設定自体が不可能であった）。したがって、最初から土地所有者たらんことをめざして渡航する満洲・樺太とは決定的な条件の差があったし、ましてや「東亜農業のショウウインドウ」に相応しい確たる定住農民としての地位を築くことを目標にした満洲移民とは根本的な相違があった。このような状況にあってこの地では、農業移民すら「高い移動性」をもつことが必要とされたのである。

加えて、主力をなす沖縄出身者についていえば、「家産としての農地」という観念にしばられた都府県農民とは異なり、その土地感覚（人・土地関係）はきわめてフレキシブルであることが指摘できよう。したがって、沖縄農村出身者が比重を高めていくなかで、南洋群島における「土地・人」関係もおのずと沖縄的なものと矛盾なく受けとめられ再生産されていったという側面もあろう。他方、帝国権力の側からは、国境線の防衛という観点から「土地の現実的支配者」としての定住農民が重視される大陸とは異なり、軍事的観点からも土地支配／定住性の必要は高くはないという事情もあったであろう。さらに大きく言えば、南洋群島の位置づけ自体にかかわる問題があった。森論文が明らかにしたように、帝国圏における南洋群島の位置づけは、外南洋との関係においても、軍事的意味においても、したがってまた農林資源開発上の位置づけにおいても「時局」に応じて激変したのであり、状況の変化を被りながらも一貫して「食糧資源確保と農民定住」が課題となり続けてきた満洲とは、この点においても大きく異なっていたのである。

## 第三節　一つの批判軸—上野満の「満洲」経験—

前掲島木『満洲紀行』は、満洲開拓農業再生の切り札として導入がはかられた改良農法としての北海道農法に対して二つの意見を述べていた。①「北海道開拓においては……基本的な開拓方針は早くにきまって動かなかった。函館に開拓使出張所がはじめて開かれたのは明治二年だった。その翌年には開拓史留学生二名をアメリカにやってゐる……機械使用などはケプロンの意見書によってこの時にもうきまってゐるのだ。今の満洲が、在来農法からの脱出の道について、専門家の間にすら、未だ確固たる結論がないといふことと思ひ合してみるがいいのである」[8]（三一四～五頁）。他方次のようにも言う。②「まじめな学者はある。しかし……すでに五万の農民大衆が、満洲に移住し、そこに彼等の生活を打ち立てようとしてゐる眼前の事実、この現実の経験からして考へてみようとしてゐるのではないのである。……進んで何かの説をなしてゐるものは信用のおけぬものであり、信用がおけると思はれるものは、国策に便乗するといはれることをおそれてでもゐるかのやうに消極的なのは、どこの世界においてもまぬがれぬことなのか？」（二八一～二頁）。①は、寒地農業という共通点はあるにしても、北海道農法をそのまま満洲に移転できるかのように考えてはいけないこと ―― 同農法自体が明治二年以来数十年の時間をかけて創りあげてきたものであり、またそのような積み重ねが可能だったのは当初に確固とした基本方針があったからだとの指摘である。それに比すれば満洲開拓はあまりにも拙速だというのである。②は満洲開拓に関し山ほど出版されている「宣伝本」の醜悪さを批判した後、「まじめな学者」もまた「現実に向き合う」真摯さを欠くという点で学問的責任を果たしていないことを問題にしたものである。

以上の①②が合わせ意味するところを記せば、次のように概括できよう。〈満洲開拓の実をあげるには北海道農法の安易な適用では不可能であり、これから何十年もかけて満洲自身の（満洲各地に相応しい）改良農法を創り出していく必要がある〉。しかし〈だからといってそれまで待っているわけにはいかず、基本方向を明確にしたうえで、可能なところから必要な手立てをうつための具体的実践的検討が行われるべきである〉と。だがそれは、どのようなものでありえたのだろうか ―― ここではかかる創造的工夫の一事例を上野満の経験[9]に求めてみたい。上野のチャレンジを具体的に見ることは、満洲開拓民すなわち満洲農林業開発の陥っていた問題状況が逆照射されることにもなろうと思う。

## 一．上野満の事例的意味

上野は入植を志すに至る経緯をおよそ次のように語っている。「武者小路実篤の「新しき村」運動に共感し埼玉県で耕種・園芸・畜産三部門からなる共同経営に取り組んだが失敗、折からの満洲農業移民政策に応じて一九三八年に渡満した。最初は共同農場の経験を買われて指導農場長を任じられたが、ほどなく満洲開拓青年義勇隊訓練本部に移り農業技術指導方針の具体化とそのテキストづくりに従事した。しかし満洲農業を指導する「サラリーマンたち（軍人・政治家・満鉄・研究者）」の現場に無知で高圧的な指導に憤り、これを辞して北満洲・小興安嶺の山中に自ら開拓団を率いて入植した」（上野満『協同農業の理想と現実』家の光協会、一九八一年）。

満洲エリートの座を棄てて開拓現場に赴いたこと自体が異例であるが、そのような決断をするうえで力となった「現場から学ぶ力・経験を咀嚼する力」が非凡であった。もちろん開拓団長になる途を選んだ上野に加害者としての自覚は乏しいが、農業を見る目は鋭く当時の為政者や研究者の水準をはるかに超えていた。そして、「リアリティ」という点で「被害者」の目線とも重なるものを持っていた。なお本節が依拠した上野『協同農業の理想と現実』は戦後の著作であるから無意識にせよ自らの功を過大に示したところもあるであろうが、「農業経営に関連する見方・判断」という側面にしぼって考察することにしたい。

## 二．満洲農業移民政策への批判

**（指導農場[10]と訓練本部[11]での経験）** 指導農場とは「日本人開拓者のため……土地を失った住民に……新しい農村を

作らせるための中心となる新しい農業の実験農場」(六三頁)である。まことに恐るべき組織であるといわねばならないが、ここではそこで上野が獲得した満洲農業理解に関心を絞る。上野は指導農場で学んだことを次のように記している。「まるで海のような大平原の農業は、日本人が考えるような個人経営ではできない……把頭と称する作頭を中心に、食事の係あり、役馬の係あり、作業をするにも播種の係あり、ローラーを引っぱって覆土鎮圧をする係あり……男だけの五〜六人の組み合わせと分担による協同農業方式でした。……日頃日本人からは苦力と言われ馬鹿にされているこれら北満の農民が、いかに合理的な農業をやっているかを知るとともに……都会の一隅に日本人だけ集まって生活しながら、指導権だけを握って満洲を統治していることが、いかに危険きわまることか……ひしひしと感じたのでした」(六四〜五頁)。

翌三九年に訓練本部勤務に転じた上野は、各地に散在する訓練所や開拓地の実情を調査する機会を得、そこから日本人開拓民には、①満洲に不適な生活ぶり、②個別経営では営農は不可能、③資本の欠乏、④労働力の不足、⑤社会生活の欠如などの点で改善すべき問題があると感じたという。①では建物の耐寒性が乏しいこと・食生活が日本風であることがその理由であり、④では移民たちは家族労働力だけでなく親戚もないため大面積と作業適期の短い寒地農業には対応不能であること、⑤では「デンマークをまねて散居式村落形式を採用」したことが「隣人と顔を合わせることもない」村をつくってしまった。これでは「社会」は生まれない、という(六八頁)。したがって、後で見るように、上野の団経営では、これらの問題を克服するという観点から種々の工夫がこらされることになった。

**〈軍と官僚農政に対する批判〉**[12] 開拓団の不備や不合理が「支配者としての驕り」に起因するものであったことを、上野は次のように述べる。「満洲の農業をやっていくには農機具の勉強が大切だと考えた」がその「種本」は満鉄の報告書一冊のみであり、「サラリーマンによる満洲開拓の指導」に「大きな疑問」を抱いた。さらに、「今日の貨幣価値にすれば数兆円台にも相当すると思われるほど莫大な」資金が投じられていたが、その大部分は建設工事費と「有象無象のサラリーマン」の賃金だった。「義勇隊のための莫大な国の予算はあっても、その九〇%はこのようにして途中で消えてなくなって、かんじんの若き訓練生は寒さに震えながら、大陸の荒野に野放し」されることになった。「……肩をいからし、眼を吊り上げて時局を論じ悲憤慷慨している人も〝にせ者〟であることを知りました。……高みの見物で批判ばかりしている左翼系等の人たちと同様、決して自分自身死地に赴く気はないのでした」（七〇～四頁）。

## 三．上野満の開拓地経営[13]

入植を決意したのは以上の経験の結果であり、さらに「農民自身が自分で自分を救う道を求めて」（七六頁）開拓団長になる途を選んだ。「新しき村」という元来の望みを達成するには広大な土地・資金・担い手が必要であったし、「開拓団長には、日満両国政府の嘱託という身分……農作指導の権限はもちろん、教育、治安、警防までの一切の権限があたえられ」（同頁）、かろうじて「一国一城の主」として自ら工夫する余地があるためであった。

北満における開拓農業は「農産と畜産と園芸の組み合わせ……畜産中心の五人組協同農業方式以外にはない……五戸協同すれば五〇ヘクタール……これだけあれば、十分に農業を機械化することができる／畜産中心の経営にして、耕地の半分を草地として利用するならば、五〇ヘクタールの農地の耕作くらい、機械化すれば一人でできる／残りの四人の労力で、乳肉兼用の牛を飼い、これに養豚と園芸を組み合わせた複合経営を行い、農産物は、食料のほかは家畜の飼料として、現金収入は肉と乳であげることにするならば、いまだかつて日本人が経験したことのない農業ができるはずだと思いました」（七八頁）。以上のような構想のもとに、一九四一年三月に一五名の先遣隊で開拓団を結成した。「一面坊という山間の小駅から、北へ約一〇キロにして達する山間の盆地」に入植し、直ちに「総務、農産、園芸、酪農、養豚の部門別分担による協同の基礎農場」の建設をめざすこととし、まずは「基礎牛」を一〇頭ほど入れた。草地にはめぐまれており、夏に干し草さえ確保すれば将来は数百頭にも規模拡大することは可能だと思われた。次に「野生に近い猪のような豚ばかり飼っていた当時の満洲で、六頭の優秀なバークシャーの種豚を導入し」た。三年後には「五戸組を編成し、結婚して独立するという構想」(八二頁)だった。実際ほぼ上野の計画通りにすすみ、団員は一九四三年には二八名に、四四年には四六名へと拡大した[14]。

しかし「いよいよこれからという」一九四四年五月、上野自身が招集されることにより、突如農場作りは頓挫せざるをえなかったのである[15]。

## 四　上野の経験の例外性

この開拓団の実績は見事なものであったが、上野の類まれな判断力と指導力のみで可能であったわけではない。もう一つのそして決定的な条件は破格の資金と物資が調達できたことであり、それを可能にしたのは、開拓団を指導する側にいたことがもたらした権力につながる人脈であり、為政者や軍のなかに有力な支援者がいたという「特権的立場」であった。したがって、汲み取るべき教訓は多々あるにせよ、それは容易に普遍化できるものではなかった。逆に言えば、満洲開拓とは、たとえ上野水準の的確な営農設計力と卓越した指導力を全開拓団が獲得したにせよ、資本の制約上それを遂行することは不可能だったのであり、二重の意味で無謀なものであったといわなければならないのである。

## 第四節　日本帝国農林資源開発をめぐる諸論点

「農林資源開発の抜本的強化による農林産物自給率向上」と「「過剰人口」を含みこんだ膨大な農村人口を維持しつつその健全化を図り人口再生産能力を向上させる」という、並び立ちにくい二つの要請に同時にこたえなくてはならないところに、日本内地農林資源開発の根本的困難があった。かかる状況において選び取られた方策を単純化していえば、「農業生産構造変革なき増産政策」と「農村の社会政策的改良」を結合することであり、その集合の重なりに位置する中核的手立てが「人的資源」すなわち「労働の質と量」の改善であった。しかし、徴兵と徴用（および農工間賃金格差）のなかで「質」の改善は困難であったから、その中心は「共同化（＝農事実行組合）と外部からの労働力投入」による「量」不足への対応にならざるをえず、「生産構造の抜本的改革」を含むという意味での農林資源開発の主たる場は、（日本「内地」以外の）帝国圏諸地域となった。

### 一．帝国圏諸地域の農林資源開発

**（台湾・朝鮮／樺太・南洋群島）**　植民地台湾・朝鮮ではすでに戦前期において日本向けの米の開発がすすみ、その成果が蓬莱米（台湾）・多摩錦（朝鮮）の育成と大量生産として結実していた。この基盤には旺盛な育種研究とともに、大規模なダム建設を伴う水利改善や耕地整理などによるおおがかりな土地改良事業があった。蓬莱米は主に関東市場に、多摩錦は主に関西市場に移出され、大正期の米需給ひっ迫を大幅に抑制するのみならず、引き続く恐慌期には強力なデフレ要因に転化し（大阪市場では最大五割を占めた）、内地農民には大きな脅威となったのである。[16]食生活に欠かせない甘味資源の獲得にも力が入れられ、蔗糖生産の拡大が台湾および南洋群島において試みられた。そして米と同様、帝国圏における増産は日本「内地」に跳ね返り、沖縄農業に大きな苦悩を強いたのであった。また、膨大なパルプ材を確保するための拠点として樺太が位置づけられ、製紙資本が殺到した。樺太を事実上「無主の地」とみなす人たちに森林の再生産能力を配慮する視点は乏しく、すでに戦時体制以前に濫伐がすすみ「はげ山」と化したのである。

**（満洲）** 特別な位置にあったのが満洲である。土地の広大さにおいても農業開発可能性においても大きなポテンシャルを有する存在であったのみならず、共同・連帯・発展を象徴する大東亜の「ショウウインドウ」たる役割と大義を与えられていたからである。独立国である満州国の建国が、あたかも日本帝国が自らの理念を無地のキャンパスに描くことであるかのように錯覚されたのである。満洲の特異性は目標戸数一〇〇万戸という膨大な農業移民が「国策移民」として遂行されたことであった。そして国策移民に投入された国庫は莫大なものであったが、今井良一論文（第六章）が整理したように、現場の実情からはかけ離れた「机上の空論」であり、農業移民にとっては相次ぐ政策変更に対処を迫られ続けた歴史であった。上野によれば、異常に膨らんだ工事費に業者の利権が渦巻き、現場に無関心な「サラリーマン」指導者に対する巨額の賃金が浪費された。その結果、実際に入植した人たちに金はまわらず、必要な家畜も農具も肥料も欠き、指導も援助もないまま放置されたのである。先述した入植者たちの寄生的・略奪的性格は、このような事情により増幅されたものでもあったであろう。

**（華北占領地）** 白木沢旭児論文（第五章）が唯一占領地区の分析を行った。占領地区での問題関心は「戦争が戦争を養う（石原莞爾）」という日本軍の統治姿勢がいかなる資源論的問題を引き起こしたかである。白木沢論文は、日本内地の目線からは見えなかった日本帝国圏における綿花の意味が、寒地である華北においては分厚い民需が存在していただけではなくとりわけ占領統治上の重要物産として浮上していたところにあったことを明らかにした。これは、占領統治が必要とした「新たな資源性」であったといえる。さらに、集荷には合作社の活用が図られたことを指摘しているが、合作社とは当該期に設置がすすんでいた地域経済組織である。これは、占領地資源管理における既存組織の利用という論点につながる。集荷には強権的支配とともに価格インセンティブが重要な役割を果たしたという指摘もあるが、占領地の多くが「二重支配」状態にあったことを考えれば、十分理解でき、かつ興味深い論点であるといえよう。

**(「帝国の戦略性」なるもの)** 日本帝国の農林資源開発は、日本内地の状況を密接に反映してその不足を帝国圏レベルで補うことを目的にしてすすめられた。日本内地のみならず帝国圏の見地から「農業人口の四割定有」が語られ、帝国圏全域に日本と同様の産業組合が組織され、朝鮮や台湾には農事指導を柱とするこれも日本のそれを範とした農会がつくられた。このような日本帝国の農業把握の仕方は西欧帝国圏とは異質であり、まさに「当初から戦略的に配置された植民地／帝国」であったことの一側面を示しているといえよう。西欧帝国主義には見られない「植民地の工業化」に取り組んだのも、同様に「戦略的に配置された」植民地経営の総力戦対応形態であったのであろう。

しかしもちろん、それがどの程度の内実をもてたかは別問題であった。農林資源開発組織としての産業組合の実際的機能を比較した坂根嘉弘論文(第一章)が端的に示したように、それぞれの農村社会の性格と農業ウエイトの高さを反映して、大きなばらつきをもたざるをえなかったからである。また島木健作や須田政美が指摘したように、開拓民が採用すべき農法自体が全く未確立であり、モデル農業(たとえば北海道農法)を設定した場合でもそれを各々の地域に馴致させる余裕(数十年単位の)を欠いたまま入植を強行したため、あまりにも無知なるがゆえの無謀な混乱を強いたのであった。農林業開発において「戦略性」を発揮するとはサイト・スペシフィックな農法を編み出すことと同義であったが、帝国の近代主義(抽象的・観念的戦略性)はかかる現実をみつめるセンスを欠いていたのである。

## 二・諸アクターの能動性について――とくに開拓民の寄生的性格に注目して――

**（諸アクターの具体相）**各章が明らかにしたことは、日本帝国圏諸地域における資源問題の現象形態は、「帝国主義と資源問題」「共同体と資源問題」（序章を参照されたい）というような抽象的なレベルではなく、〈帝国権力（実態としての軍）〉〈日本政府〉〈（農林資源開発組織としての）産業組合〉〈（日本から参入した様々な）利害関係者〉〈移民入植者と開拓団〉〈地元・伝統社会〉（本書ではふれていないが〈民族的抵抗運動〉も）など、諸アクターの相互関係として具体的に検討する必要があるということである。そして〈農林資源開発組織としての産業組合〉と〈移民入植者と開拓団〉こそが、日本帝国の農林資源開発を一線で担った二つのアクターであった。

たとえば「帝国主義と資源問題」というテーマを例にとれば、「日本は米の需給不安が米騒動に結果したので朝鮮半島での大規模な米増産に乗り出した」という説明では事実関係の理解を誤る。「大規模な米増産」に積極的に乗り出したのは朝鮮総督府（帝国＝植民地権力）であり、安価な米の大量流入が日本農業を圧迫することを恐れて農林省（日本政府）は強い懸念を表明していたからである。[17] そしてかかる対立のはざまで大量の利権にありついたのは〈利害関係者〉たち（ここでは精米過程を握る輸出業者）であったろう。[18] 「共同体と資源問題」についても具体的に検討する必要がある。同じ日本政府が、明治・大正期においては国民国家の統合力を増すために「共同体」（旧近世村）の撲滅を意図したが（これは内務省系列である）、大正期における「ムラの復活」を経て、世界恐慌期（経済更生運動）以降「ムラの活用」に舵を切り替えたという事実がある（これは農林省系列である）。そもそも農林資源にとって「共同体」が問題になるのは、生物資源とは適切で恒常的な管理があれば再生産可能であるとともに増加すら可能な存在だからである。問題にならない場合があるとすれば、「共同体」が自由に移動できるか、管理が問題にならないほど潤沢な自然に取り囲まれているかのいずれかである。そうでなければ、なんらかの形の資源管理が必要とならざるをえないのである。その必要がなくなるのは「共同体」を上回る十全な管理システムが登場した時であるが、現時点でそのような見通しはたっていない。

**（植民者の寄生性）** 他方、本書が明らかにした樺太や満洲の状況はやや違う問題状況をも示していた。入植者の寄生性・刹那性という問題がシビアに出ていたのである。この点は第二節で述べたので省略する。

**（エスニシティをめぐる諸問題）** さらに「無主の地」を強弁しえた樺太では大きな問題にはならなかったが、満洲への入植は多くの現地農家からの広大な既耕地強制取得をともなっていた。しかも入植者の多くは、破格の規模をもつ農業経営を維持することができず、早々と農地の経営を「奪った」相手に委ね、自らは地主化したのである。今井良一論文が明らかにしたように、かかる過程は個々の入植者にとってみればやむをえざる選択であったといえるが、マクロ（国家＝政策レベル）視点から見れば、使うこともできない／使う目途もたたない土地を広範に強制取得するという、きわめて寄生性・略奪性の強いものであったといわざるをえない。そして、上野の証言にあるように、かかる事態を招いた無視できない要因が、〈利害関係者によって多額の資金が浪費され、農業移民のもとに届かなかったこと〉であった。このような過程が満洲在来の農業・農家・農村にいかなる被害をもたらしたのかは現時点では不明である。いずれ、同じ歴史過程がかかる視点から見直されることにより、新たな論点を付加することになろう。

他方、チャモロ・カナカとよばれる島民たちのなかに、日本帝国の住民たちが大量に加わった南洋群島では、日本人／沖縄人／朝鮮人／島民という「民族序列」が形成された。ここでは、満洲のような直接的な土地取得や地主・小作関係（収奪関係）の形成という問題は弱かったようであるが、さまざまな場面でこの社会階梯を反映した寄生性・略奪性が存在したことは十分想定できるであろう。[19]

**（補）日本農業への朝鮮人労働力の参入について**

本書には収録できなかったが、安岡健一が明らかにした「日本農業への朝鮮人労働力参入」について付言しておきたい。[20] これも総力戦体制下農林資源問題の重要な一コマだからである。一九二〇年代以降の労働力不足が深刻化する局面に朝鮮人労働力が大量に農業部面に参入した事実はこれまでも知られなかったわけではなかったが、以下の諸点はこれまで十分注目されてこなかったか、知られていなかったことである。

すなわち、①労力不足に対応して導入された朝鮮人労働力の相当部分が年雇形態をとったこと、②戦時体制の後半期四〇年代にはいると大量の農業労働者が小作農化する動きが顕著になり、③さらにその後、農地所有権を獲得して自作農になるものも出はじめるにおよび、④かかる動きを為政者は深刻にとらえ農地・農家の民族性を守るために腐心したこと、などである。この問題が興味をひくのは、農村こそ大和民族の源泉だと位置づけられていただけでなく、世界でも稀に見る強力な地縁的凝集力（したがってまた排他性）をもち「村外者の農地取得（要するに不在地主）」問題を小作争議の一争点にもした日本の村落が、村外者どころか「異民族」を広範に受容したことを示しているからである。

しかも短期間に起こった①から③の変化がまことに興味深い。注目すべき第一は、①の多くが「年雇」形態をとったことである。「年雇」は近世ではごく一般的な「雇用」形態であったが、通年支配に甘んじることになる隷属性の強さと経済性の低さが忌避され、急速に「季節雇」や「日雇」に置き換えられてきたという事実があった。他方、深刻な労力不足に対する最大の対処は、労働力市場に委ねるのではなく「年間労働力として確保すること（すなわち年雇形態）」であるという事情もある。このような状況にあって、日本人では困難な「年雇」に「朝鮮人労働力」をあてがうという形で対応したものと理解できる。ここには単なる労働力不足ではなく、明らかに支配／被支配の関係が動員されているのである。第二は、①「単なる労働力」から②「経営主催者としての小作農」への転換は、大きな「飛躍」を含んでいることである。これは、朝鮮人が農業における社会的ラダーを一つ上がることができたということだけでなく、ムラ農業組織である農家小組合への朝鮮人小作農の参入を意味しかねない（もしくはその筋道を開くものである）からである。ただし、安岡の発掘した京都の事例では、朝鮮人小作農の農家小組合参加を認めなかった（朝鮮人農家は別途彼らの共同組織プマシを組織した）ようであるが、いずれにせよ、かかる対処はムラとムラ農業組織に大きな亀裂（変質）をもたらす（もしくは、脈絡する）ことになるであろう。第三は、②「小作農」から③「農地所有者」への変化は、伝統村落の基本的な在り方を揺るがす、まさに驚くべき「飛躍」であることである。上述のように、大正期農村運動の重要な柱が「ムラの農地を守る」ことであったから、単に古くからの伝統にはとどまらぬ、いわば日本的農村近代化の基本方向とも齟齬をきたしかねないものだからである。このような事態のなかで時の為政者（進歩的農政家の代表とされてきた石黒忠篤においてすら）の強い危惧を生んだことは十分に理解できる。

しかし今、まずもって私たちが受けとめるべきは、「現実に起こった変化の巨大さ」の方であろう。上述した①〜③の変化は、それまでの運動や理論や思想を軽々と飛び越えた「飛躍」であったし、現在の研究者ですらその「常識」では想像すらできなかった「断絶」的事実であった。③に至った変化は、直後に訪れた敗戦により中断されたため、「その後」の展開がどのようなものでありえたかは定かではないが、これもまた日本帝国圏が生んだ新しい「交流」であり「変化」であったことは間違いないのである。

# おわりに

（一）本書では、帝国圏に設置された農林資源開発組織（産業組合）の実態および人口論的見地からの東亜という単位性の見直しおよび畜産領域における帝国圏レベルでの資源補完関係の形成を考察することによって当該期の帝国圏像を把握する努力をしつつ（第Ⅰ部）、占領下華北および満洲・樺太・南洋群島における農林資源開発問題の実相を考察してきた（第Ⅱ部）。本書が分析対象にした直接の農林資源開発主体である開拓農民もしくは労働者も含む移民たちの体験に即していえば、彼らが被ることになった体験はあまりにも「圧縮」されていた。農業についていえば、現地に即した農業技術としたがってまたそれに相応しい経営形態を模索する余裕はほとんど与えられず、その意味で極めて「人為的」でほとんど「無謀」な挫折を繰り返すことになった。日本人入植者の周辺で必ずと言ってよいほど引き起こされた森林破壊は、彼らが自らの力で選択しえた最も普遍的な対処策であった。

農業現場が対応不能な「（過程の）圧縮」――これこそ、後発帝国主義の焦燥が帝国圏農林資源開発にもたらした最も基本的な特質であった。「圧縮せざるをえない過程」が要求するものは「単なる自然」の「てっとり早い資源化」であり、少なくとも「科学動員」を鼓吹することによって現場の希望をつなぐことであった。本書の分析から抽出できるのは、〈農林産物海外依存量の圧倒的多さ〉↓〈にもかかわらず農林生産構造変革の可能性に乏しい日本内地〉↓〈帝国圏における新しい農業システムの創造〉↓〈後発帝国主義ゆえの過程「圧縮」の必要〉↓〈資本欠乏を埋め合わせるための労働力動員（人の資源化）〉↓〈生態適応性・再生産性を無視した過剰な農林資源化〉↓〈人と自然の破壊へ〉という連鎖にほかならない。そして以上の過程のそこここに、該地に住んでいた人々からの土地と労働力の収奪があった。

（二）本書の分析が帝国圏の中軸であった台湾・朝鮮を欠いたことに関連して触れておきたい。一つは、このことが、産業組合の現実的機能を比較考察した坂根嘉弘論文（第一章）が、最も良好であるとして注目した両地域の分析を落とすことにもなったことである。その意味では、坂根論文が提示した「帝国圏農林資源開発主体に関する見取り図」を十分生かし切ることができなかったのである。[21] 二つは、最近刊の藤原辰史『稲の大東亜共栄圏』[22]が強調した視野、すなわち労働対象の変革（中心は日本米の帝国圏への普及と改良）という側面を欠くことに連なった。本書が総力戦体制下農林資源開発における「農業生産構造変革」と「移民なかでも農業開拓民」に注目したのは、満洲・樺太・南洋群島に照準を当てたからでもあり、結果として台湾・朝鮮における既存農民に対する支配と、その最大の手立てとしての米品種改良とそれをベースにした技術改良という論点は視野の外に置かれたのである。

先に「坂根論文の提示した見取り図を生かすことができなかった」と述べたが、同様の問題（相互の論点のさらなる摺合せの必要）は随所にある。本シリーズ第Ⅰ巻では、日本における総力戦体制期農林資源開発の重要な特徴は「人的資源の動員」であり「農民政策の基軸化」であったことを指摘したが、それは本書の足立泰紀論文が解明した戦時下の人口論とりわけ農村人口論をめぐる動きと無縁ではなかろう。両者の接点がより詳らかになるとこれらの領域も新しい視野を獲得できるかもしれない。また、大瀧真俊論文・野間万里子論文が畜産資源をめぐる東アジア市場圏の端緒的形成を指摘した。確かに馬も牛もその流通自体が深く帝国支配に関連したものであったが、直截な政治支配とは異なりモノが動く（経済関係が深まるということである）範囲が形成されていった過程を明らかにすることは、農林資源開発の性格を考えるうえでも重要な課題であろう。もう一つ、台湾・朝鮮を欠いたことに加え、本書（要するに編者）における占領地の位置づけも不充分だったことを述べておきたい。華北占領地を扱ったものの議論を白木沢旭児論文に任せてしまい、総力戦体制期・農林資源問題という課題においてどのように位置づけるべき領域であるかにつき、十分な検討ができなかった。しかし、帝国圏農林資源開発は日本内地はむろん台湾・朝鮮および本書が扱った満洲・樺太・南洋群島、そして新たに加わった占領地の総体を動員して行われたのであり、各々のおかれた状況の差異を重視しつつその総体を明らかにし、各々に固有の位置づけを与えていくべきであろうと思う。今後の課題としたい。

## 注

(1)「中進国」という表現をここでは「主権国家としての世界市場への編入時期」を基準にとり、「先進国」のなかでは一番遅いが「後進国」に比べれば早い、という意味で使っている。「中進国」という表現自体は中村哲から借用したが、中村の場合は「日本はアジアで中進国から先進国になった初めての国」というような使い方（時系列概念）をしているが、私はそうではなく「中進国」という経験が新たに付加する構造的・類型的特質を重視している。その具体例については、日本農業論に「中進国」概念を適用して論じた野田公夫『日本農業の発展論理』農山漁村文化協会、二〇一二年を参照されたい。

(2) 本書が扱った帝国圏諸地域には、坂根論文(第一章)が産業組合の相対的良好地域とした台湾と韓国が含まれておらず、むしろ機能不全状況にあった地域に限られている。各々の地域の農林資源開発の困難は産業組合の機能不全と関連させ対応させて理解することもできるかもしれない。

(3) 須田の経歴は本書末尾の「著者略歴」によれば次のようである。一九三四年北海道(帝国 —— 野田)大学農学部農業経済学科を卒業、樺太で移民指導員を務めた後、一九三八年に渡満。満洲拓殖公社経営部に入り北満日本人開拓民の経営指導に従事。終戦後は、岩手・青森両県の農業研究部門に働き、一九五五年北海道農地開拓部、農務部にて開拓・農政の仕事に従事した。一九九〇年に死去、享年七六歳。二〇〇八年に、御子息須田洵氏によって遺稿の一部が、須田政美『辺境農業の記録—部分復刻版—』発行者・須田洵(自家版)として刊行された。以下の引用はすべて本書による。

(4) 同上。この引用部分は須田本人ではなく「ある澱粉業者」の言葉の紹介である。

(5) 島木健作(本名朝倉菊雄)は周知のように転向を経験した著名なプロレタリア作家である。ここで参照するのは、島木健作『満洲紀行』創元社一九四〇年である。北海道出身であり日農香川県連の書記も務めた島木の目は、開拓農業の実像をポイントを外さずよく伝えており、かつ切り札として導入が図られた北海道農法および技術移転のしかた自体に対する根本的批判など、その指摘は鋭くかつ農学的にもよく理解できるものである。しかも、農業関係者には弱い、生活一般や政治もしくは民族差別などにも目をむける視野をもっているところが大きい。島木の本書(紀行文)は、開拓農業の現実をみるうえで極めて良質の情報を提供してくれる。

(6) なお、前出須田は本書について次のような記述を残している。「亡くなった作家島木健作氏の「満洲紀行」その続紀行などは、この時期の、このような事情をよく観察しているというより、開拓地の現地における開拓農民たちが真実に求めている処と、指導層にうけとられている問題意識との径庭について、氏は鋭く感覚的にとらえている。民族の北方適応という試練的な開拓事業において、知性的な考え、科学的思考、合理主義的な思想が、一つの勢力によって故意に軽視され圧迫されていること、又いわば農本主義の流れに掉さす職業的指導者や、満洲在来社会の通をもって任ずる指導者などの、その小乗的な非科学的な考えのはんらんに対して、島木氏はたまらないほどの憎悪を感じたのであった(傍点は原文のまま —— 野田)」(須田前掲書八一頁)。

（7）満洲はもともと女真族の支配地であったが、この時期にはすでに漢民族が大量に流入しており、さらに朝鮮族の進出もみられ「主」自体が複雑ではあった。

（8）なお須田は同様のことをより直截に述べている。「……しかしこの在来農法に代って北満開拓の基幹農法たるべく嘱目される、いわゆる「北海道農法」というものも……当時一部のものが過大に讃えたような、完成した合理的なものではもちろん無い。その生成発達の歴史をみるとその水準も理解されてくるであろうが、当初導入された米国式の畜力耕作法に、大正以降デンマークその他の北欧式の耕作経営技術を吸収し、そしてやはり、日本的な社会的環境諸条件にこなされて、一つの体系を得たのが、今日の畑作畜力農法であった。その作業各部門において、一応畜力機械化ができているのは、整地作業と、除草中耕作業とに先ずは限られ、播種、収穫作業の大部は手労働に止まっており、除草が又手労働作業とコンビしている、いわゆる「畜耕手刈」という均衡に立っており……かなり家族労働の強化が要求されている。……より一歩進んだ労働手段―高度畜力作業機の採用と、労働対象たる土地条件の変化―緑作輪作の浸透という条件が実現されないかぎり、つまりは合理的な北方農業経営も空念仏の目標形態に終わる」（須田前掲書七七頁）。島木は北海道農法自体が確固たる方針のもとに長い年月をかけて生み出されたものであることを強調し同様の姿勢を満洲開拓農業に要求したのだが、須田はその北海道農法自体が北方農業のモデルというには技術的に未完成であったと指摘しているのである。簡単に「発明を移転できる」工業技術とは異なる農業技術の複雑さ困難さを改めて確認すべきであろう。

（9）上野満『協同農業の理想と現実』家の光協会、一九八一年。

（10）同右、六三〜五頁。

（11）同右、六五〜八頁。

（12）同右、六九〜七四頁。

（13）同右、七四〜八四頁。

（14）この「成功」は、上野の類まれなセンスと指導力によるところが大きいとはいえ、付け加えるべきは、満洲移民指導の幹部を経験しておりトップ層の信頼も厚かった上野には物心両面の大きな支援があったことである。この点では、数多の開拓団とは異なる特異ケースではあった。ここでの眼目は、「満洲で農業をするとはどんなことで何が必要なのか」を上野の経験から抽出することであり、これを一般化することではない。それどころか、「指導者のセンスと指導力および破格の待遇を引き出しうる権力」が揃う「例外」以外はできるはずがなかったところに深刻な現実がある。

(15) その後、シベリア抑留を経て一九四七年に帰国。茨城県にて新平須協同農場を設立し、再度協同経営をめざした。湿地帯であるという悪条件と闘いながら、排水ポンプを設置し客土につとめ、一九六〇年代後半には、組合員は農林統計協会の専務理事が驚くほど精密な「決算書」を作成できるような力量を備えていた。そして、「揚排水機の取り付けまで自分でやるような技術者、一〇〇〇平方メートルの建物でも立てることができる技術者、乳牛一五〇頭あるいは種豚一〇〇頭・肥育豚二〇〇〇頭を一〇年間無事故で飼育してこれるような畜産技術者、二〇ヘクタールの農地から年間飼料作物を五回も収穫できる延べ一〇〇ヘクタールの農場を三人ぐらいで管理する技術者」に成長し、このように多角的な農業を営む大経営をつくりあげたのである。かかる成功を実現することができた秘密を上野は次のように述べている。「どうして(このようなすぐれた人と組織が……野田)生まれたか。それは、農業の分業化・組織化・協同化による余暇から生まれたものです。／協同化することによって、勉強する余暇ができたのでした。考える余裕ができたのでした。視察研修に行く余暇ができたのでした。その余暇が農民のもっている固有の天分能力を引き出したのでした」(一五七頁)。

しかし、このような稀にみる高い水準の経営と生活を実現したにもかかわらず、「協同農場が農場設立以来最高の実績をあげ、一戸当りの生産収入が一五〇〇万円台に上昇したその翌年の三月、協同農業三〇年を築いてきた親たちと、若い後継者たちとの意見の衝突がもとになって、一〇人の若者たちが全員集団家出をする、というような事件が起きた」(一六一頁)。以下、この点についての上野のコメントを記しておこう。「……彼らが家出したときには、〝もうだめだ〟と思いました。協同経営がうまくいかないために、協同経営反対だというなら、経営内容を改善していけばいいので説得の方法もありますが、協同経営が最高に軌道にのっている時に、協同経営に反対しているということは、もう経営内部の問題ではないと考えたからでした」(一六二〜三頁)。「……基本法農政による補助金行政や収入増大主義による農村生活の都市化政策にすっかり影響されてしまったわが協同農場の若者たちに決定的な影響を与えたのが、あの農業とは似て非なる、輸入農産物を工業的手法で加工する施設農業と称する企業的畜産の多頭化経営でした。」「……農村の古い家は、都会風の新建材の新しい家に建て替えられてゆきました。しかし新平須協同農場の場合、月収が三〇万円をこしたといっても、若者一人一人に、自動車を買って与えるような余裕はありません。こんなことからも、若者たちは、そのような地味な農業経営に不満を持つようになったのでした」(一九一頁)。

なお、新平須協同農場を扱った研究書として、西田美昭・加瀬和俊編著『高度経済成長期の農業問題』日本経済評論社、二〇〇〇年がある。

(16) この点で、日本帝国圏とは決して予定調和的な存在ではないことに留意されたい。朝鮮植民地経営という視点から「産米増殖運動」に取り組む朝鮮総督府（帝国権力）に対し農林省（国民国家としての日本）は激しい敵意を抱いていたのである。

(17) たとえば時の農林次官石黒忠篤は、朝鮮米の流入に対してはしばしば「朝鮮征伐」（『農林水産省百年史（中巻）』六三八頁）などという言葉すら口にし、かかる事態に対する対処策として立案された史上初の水稲減反案については、後藤農相との間で「減反案など決して実現できるものではない。しかしやれそうな顔をして進めようではないか」と話し合い、拓務省などを入れて同案推進の予算まで編成したという（日本農業研究所編『石黒忠篤伝』岩波書店、一九六九年、二二一頁）。「これを知って陸軍省あたりが大騒ぎし……しかし示威の効果は確かにあった。このような大騒ぎをしたため、朝鮮でもあるていど移出米の調整はやむをえまいという空気が出てきたのは事実だった」（同）。

(18) 山本有造『「大東亜共栄圏」経済史研究』（名古屋大学出版会、二〇一一年）は、「南方物資取得三か年計画」についての叙述の中で、「……こうした「計画」が机上の空論からはじき出されたものであること」に加えて「現地での開発と還送に携わる軍に「計画」遂行の意思がなかったことは、その後の証言にあきらかである」とし、「彼らは占領地の到る処で手当り次第物資を捕獲した。そして現地で使えるものはくすね、残りを誇らしげに戦利品として還送したのだった。しかもＡＢ船に積まれた物資は宇品や横須賀に揚陸され、治外法権のうちに再び隠匿されその残滓が物動の実績となって企画院に通達されたのである」という田中申一の指摘を紹介している。これが事実であるとすれば、〈帝国権力・軍〉の内部には「資源開発」の根本をめぐる深刻な対立があったことになる。

(19) いわゆる発展途上国が陥っている困難に農業・農村人口扶養力の弱さ（その反面が都市爆発とよばれる都市スラムの膨張である）がある。このような事態を生んだ背景には、長期にわたる植民地支配が過剰商品化と共同体の資源管理力の後退を引き起こしてきたこともあるのではないかと思う。これらの過程はしばしば「近代化」を標榜してすすめられてきただけに、その因果関係につき世紀をまたぐ長期のタイムスパンをもった研究が必要とされよう。

(20) 安岡健一「戦前期日本農村における朝鮮人農民と戦後の変容」『農業史研究』第四四号、二〇一〇年三月。

(21) 坂根嘉弘が強調した「産業組合が帯びざるをえなかった地域間格差」という論点を、再びピーティの言葉を借用して表現すれば、次のように言えるかもしれない。〝遅れてきた帝国主義〟である日本の植民地化過程は地政学的戦略性に貫かれたものであった（本書ではその一側面を帝国圏全域における産業組合＝農林資源開発主体の設置に求めた）が、〃遅れてきた帝国主義〃にとっては戦争に向かう足取りが余りに早かったため、かかる戦略性を個々の問題に反映させる余裕を欠き、とりわけ個別性と慣習のもつ意味が大きい農林業において破壊的な状態を生んだのである、と。

(22)　藤原辰史『稲の大東亜共栄圏―帝国日本の〈緑の革命〉―』吉川弘文館、二〇一二年。なお本シリーズ第Ⅰ巻第一章の（注七五）に同書に対する簡単なコメントを記しておいた。

## 参考文献


赤嶋昌夫『農政みみぶくろ』楽游書房、一九七六年。

井上貴子編著『森林破壊の歴史』明石書店、二〇一一年。

池川玲子『「帝国」の映画監督　坂根田津子―『開拓の花嫁』・一九四三年・満映―』吉川弘文館、二〇一一年。

上野満『協同農業の理想と現実』家の光協会、一九八一年。

島木健作『満洲紀行』創元社、一九四〇年。

須田政美『辺境農業の記録―部分復刻版―』発行者・須田洵（自家版）二〇〇八年。

西田美昭・加瀬和俊編著『高度経済成長期の農業問題』日本経済評論社、二〇〇〇年。

日本農業研究会編『日本農業年報　第二輯　植民地農業問題特輯』改造社、一九三三年。

野田公夫『〈歴史と社会〉日本農業の発展論理』農山漁村文化協会、二〇一二年。

藤原辰史『稲の大東亜共栄圏―帝国日本の〈緑の革命〉―』吉川弘文館、二〇一二年。

堀和生『東アジア資本主義史論（Ⅰ）（Ⅱ）』ミネルヴァ書房、二〇〇八年、二〇〇九年。

マーク・ピーティ、浅野豊美訳『二〇世紀の日本　四　植民地―帝国五〇年の興亡―』読売新聞社、一九九六年。

安富歩・深尾葉子編著『満洲の成立』名古屋大学出版会、二〇〇九年。

山澤逸平・山本有造『貿易と国際収支』東洋経済新報社、一九七九年（大川一司・篠原三代平・梅村又次編『長期経済統計』第一四巻）。

山本有造『「満州国」経済史研究』名古屋大学出版会、二〇〇三年。

同　『「大東亜共栄圏」経済史研究』名古屋大学出版会、二〇一一年。

# あとがき

実は、共同研究の成果を二巻にわけて刊行することは想定していなかった。当たり前のように、一六人共同の作品として、やや分厚めの一冊としてとりまとめるつもりでいたのである。「比較史と帝国圏に内容を振り分けて農林資源開発史論シリーズの二巻本としてはどうですか」というアドバイスを下さったのは京都大学学術出版会編集長の鈴木哲也さんだった。なるほどそれがいいかもしれないと納得し急遽二分冊に変更したものの、私にとっては序章・終章が「倍」に増えただけでなく、内容もそれに対応した具体性をもつものに代える必要ができたので、おおいに狼狽することにもなった。編者の未熟が一層露呈してしまったのではないかと恐れている。

いつも思うことではあるが、文字にすることの効用は絶大である。「無理にでも活字にしてみる」と、問題意識も問題理解もうんと深くなり視野も広がる。そんなわけで、提出された諸原稿を読んでみて、「これをもとにもう一度ディスカッションをし直してみたい」という強い思いにかられたのである（実際、同時並行的に執筆せざるをえなかった終章＝総括にこれらの成果を十分汲みとりきれていない）。

むろんそれを果す余裕はないが、せめて若い研究者には、現代社会の一側面を「農林・資源」という視角から見つめてみるという、なお「未完」と言わざるをえない本書の問題意識を、それぞれの視野のどこかに定置していただけたら嬉しく思う。そして、読者になっていただいた方々には、本書が、これから一層多用されるであろう「資源」というタームのもつ魔力（ニュートラルな装いに隠された深い政治性）と、農林資源のもつ再生産性（それゆえに持ちうる批判的・創造的視野）という特質の意味に対し、深い注意を向けるうえでの一助になれば幸いである。「はじめに」にも記したように、グローバル化時代とは、地球総体を「資源」とみなすことにより、まかり間違えば人々をかつてない規模での「疎外」に追いやる、巨大なリスクをはらんだ時代であると思うからである。

お世話になった方々に謝意を記したい。何よりも、本巻八人の共同研究者・執筆者の方々に心からお礼を申し上げる。極めて多忙ななか六年に及ぶ共同研究にご参加いただき、この夏には本当に無理をお願いして原稿をとりまとめていただいた。「予定より早く出せそう」と言われるほど順調に諸作業が進んだのは、みなさんの献身的なご協力があってこそである。また、先のアドバイスを通じて本書の具体的な「かたち」をつくっていただいた京都大学学術出版会鈴木哲也編集長と、着実な仕事ぶりで刊行過程を強力に支えていただいた同編集部の斎藤至さんに種々お世話になった。心よりお礼を申し上げる。

最後に、同僚の足立芳宏さんに感謝したい。この共同研究を構想する直接のきっかけになったのは、「野田さん、時代にとって意味のある共同研究をたちあげてくださいよ」という足立さんの言葉であったし、「共同研究をしたならやはり書物として世に問わないと」と、本書刊行に向け背中を押していただいたのも足立さんである。そして、出版にかかわるあらゆる「雑務」を、驚異的な忍耐力と卓越した処理能力をもって、まさに「完遂」していただいた。形式上研究代表者である私が編者になっているが、実態からいえば足立さんとの共編として然るべきものである。

本書のもととなった共同研究には、日本学術振興会科学研究補助金「農林資源開発の比較史的研究―戦時から戦後へ―」基盤研究（B）二〇〇七年度～二〇〇九年度（研究代表者　野田公夫、研究課題番号　19380126）、および「農林資源問題と農林資源管理主体の比較史的研究―国家・地域社会・個人の相互関係―」基盤研究（B）二〇一〇年度～二〇一二年度（研究代表者　野田公夫、研究課題番号　22380120）の支援を受けた。記して感謝申し上げる。

二〇一二年一二月

執筆者を代表して
野田　公夫

of the Imperial Sphere, where protection against the cold was a necessity. In these areas, the Japanese trading companies, which expanded to farming villages, became the major force in the securing of raw cotton supply.

3. The most fundamental difficulty faced in the development of agricultural and forestry resources in the Imperial Sphere was the lack of support in terms of agricultural technology. In Manchuria, the agricultural technology system of Hokkaido (the Hokkaido Agricultural Method) was introduced, but there was a shortage of instructors, cattle, and ploughs necessary to pursue the Method. Furthermore, there was not enough time to modify the Hokkaido Agricultural Method to adapt to the conditions found in Manchuria. Farmers without any prospects in agriculture often turned to reckless logging in order to secure cash for immediate use. The same farmers, who would have observed strict rules regarding the use of common lands back in Japan, engaged in indiscriminate felling without hesitation in Manchuria and Karafuto.

4. One of the unique contributions of this volume is to reveal the facts of and discuss the significance of the distribution of large numbers of live horses and cattle in the Imperial Sphere. This was a peculiar phenomenon brought about by delays in the motorisation of agriculture, transport and the military.

fishermen, and skilled factory workers. This is in contrast to the third period when they were only employed as casual laborers, which was convenient for the employer.

## Conclusion:
## NODA, Kimio
## The Reality and Logic of Agricultural and Forestry Resources Development in the Imperial Sphere

The current volume has offered the following insights:

1. Agricultural cooperatives, which acted as support organisations for developing agricultural and forestry resources, were set up in all parts of the Imperial Sphere, but their performance was proportionate to the level of experience farmers had and to agricultural output. Thus, while the agricultural cooperatives played an important role in Taiwan and the Korean Peninsula, in other areas the main policy was to cultivate farmland with support from the state.

2. Japanese settlers were the driving force behind agricultural and forestry development in Manchuria and Karafuto, but there was a deep antagonism between the imperial authority and those settlers (immigrants) whose primary motivation was to secure private economic benefit. The imperial authority aimed to ensure a supply of agricultural and forestry produce to Japan. By contrast, the immigrants were motivated by making money. In order to lead 'a life as good as that in Japan', they became aggressive 'importers' of produce from the Japanese homeland. In Karafuto, particularly, where rice cultivation was impossible, there was even a debate on 'whether rice-eating was acceptable', and attempts were made to develop the natural environment in all types of ways so as to create a 'Northern culture'.

On the other hand, many of the agrarian settlers in Micronesia worked as tenant farmers or labourers in sugar cane farms started by *Nanyo Kohatsu*. In short, in Micronesia, agrarian immigrants were organised to administer *Nanyo Kohatsu*. It became clear that raw cotton was a necessary resource for occupation policy. The value of raw cotton as a resource was considered to have dropped significantly in the Japanese homeland due to the development of synthetic fibre, but it continued to be an essential resource in the cold parts

## Chapter 8
## MORI, Akiko
## The Process of Development and the Role of Okinawan Immigrants in Micronesia under Japanese Mandate

In this chapter, I discuss how the Japanese Micronesia Agency and Japanese companies developed the islands and their resources in Micronesia and how they mobilized immigrants from Okinawa as laborers in the exploitation of this region. In order to elucidate the process of development, I divide the Japanese Mandate term (1922–1944) into four periods, each of which are analyzed separately.

In the first period (1922–1931), the semi-governmental corporation *Nanyo Kohatsu* was established in 1921 and, took the lead in the development of Saipan and Tinian. Following the company's establishment, sugar manufacturing became the primary industry in this area. In the second period (1932–1936), newly arriving companies expanded the developed area to Palau, Pohnpei, and Chuuk. The details are as follows. First, *Nanko Suisan* was established in 1935 as the underlying company of *Nanyo Kohatsu* and the Okinawan fishermen's union built up the dried bonito industry mainly in Palau and Chuuk. Second, the Japanese Micronesia Agency's settlement project in Palau and Pohnpei was finally on track. Finally, a center of commerce was formed on each island. In the third period (1937–1943), the Japanese Micronesia Agency founded *Nanyo Takushoku* as a national company in 1936 as part of their national policyto advance into the south. Thisestablished Palau as their base into Southeast Asia, where oil, mineral, and tropical resources were abundant for exploitation. In addition, the Japanese Army began to build bases on the main islands.

The second part of this chapter discusses the strategies used by the Japanese Micronesia Agency, Japanese companies and Japanese army to mobilize Okinawan immigrants as labor. In the first period, *Nanyo Kohatsu* recruited sugar cane farmers and sugar manufacturers from Okinawan agricultural villages. In the second period, *Nanko Suisan* recruited bonito fisherman and dried bonito manufactures from Okinawan fishing villages. In the third period, these companies, *Nanyo Takushoku* and the Japanese Army used these workers and new recruits for exploitation of unknown tropical resources and the construction of army bases. In the first and second periods, Okinawan immigrants were in demand as farmers, the government feared the exhaustion of these resources. This fear motivated the renewed promotion of agricultural colonization. The SCES aspired to invent technology for the restoration and sustainable usage of fisheries and forestry resources. In addition, the SCES hoped to invent and promote technology for subsistence farming because the colonial government expected that the farmers wouldn't consume imported food, including rice that they could not grow in Karafuto. The SCES also planned to reuse the waste from fisheries and forestry for agriculture.

Three new departments of the SCES were established after total war order began in 1937. These included the department of chemical industry in 1938 and in 1941, the department of health and the Sisuka branch. The former department wanted to invent a general substitute technology for wartime, while the latter departments aimed to create a technology for "northern resource development" specific to Karafuto. As the war situation worsened, it became more difficult to import and export between other regions of the empire.

Due to this situation, the director of the Sisuka branch, SuguwaraMichitaro, was specially selected for an important post of a governmental organization promoting total war order. He also played an important role as an ideologue in Karafuto. The director graduated from the agricultural science department of Hokkaido Imperial University and was one of the most famous staff members of the SCEC in Karafuto. He had already played an important role during the development period as an ideologue.

In analyzing Suguwara's ideology and the operations of the SCES, it was found that there was a common concept between the development order and the total war order. The SCES aspired to create technology for subsistence farming for a self-sufficient structure of Karafuto. Suguwara and other staff played roles as ideologues in Karafuto. The main idea of the ideologue, which was common among other colonial elites and intellectuals of Karafuto, was that Karafuto's most important role as a colony of the empire was as a bridge to enlargement of the northern region of the island.

Japanese peasant immigrants after 1938. These newly settled groups included immigrants in a branch village and the detachment of youth pioneering brigades. However, the lack of Hokkaido agricultural machinery was one of the major reasons why Hokkaido agricultural methods did not spread.

On the other hand, there were also reasons why Japanese peasant immigrants could not introduce Hokkaido agricultural methods into their work. These include 1) a lack of both family labor and training in the Hokkaido methods;, 2) a decline in their physical strength due to the deficiency of their living system; 3) the specialization on the cultivation of marketable farm products (e.g., soybeans, wheat, rice); 4) the indifference of the immigrants in maintaining the fertility of soil; and 5) a lack in leadership or problem-solving by the executives and instructors.

Other reasons why the Hokkaido agricultural methods did not spread include: (i) lack of the study in the Manchurian agricultural experimental stations and research institutes, and (ii) lack in quality, quantity both sides of the members of spread.

Thus, the Japanese peasant immigrants to Manchuria had no choice but to leave agriculture since they were unable to settle there as farmers and were unsuccessful in their attempts to increase food production.

## Chapter 7
**NAKAYAMA, Taisho**
## Natural Resource Development and the Agricultural Science of Karafuto: Technology and Ideology of the Saghalien Central Experiment Station

The subject of this chapter is the colonial agricultural science and the process from "development" to "total war" of Karafuto in regard to technology and ideology. This chapter focuses on the technology and ideology of the "Saghalien Central Experiment Station" (SCES), which was established in 1929. The SCES played a public role in the innovation of agriculture, stockbreeding, forestry and fishery on Karafuto (the southern part of Sakhalin island), which was a colony of the Japanese Empire.

The Karafuto colonial government faced an important problem at the end of the 1920s. Although the main resources in the development of Karafuto had been forestry and fishing,

raw cotton was difficult to manage. In order to allow a farmer to increase his yield of raw cotton, cereals had to be supplied to him in abundance. The mill used for spinning the Chinese raw cotton was rebuilt under the leadership of a Japanese-affiliated company. The process of buying raw cotton from a farmer was also reorganized with the help of a Japanese firm. The branch of the Japanese firm then moved to a local city in northern China. The occupying army carried out a policy that organized raw cotton farmers into a Cooperative Society.

Although raw cotton production was not economically efficient, the purchase of raw cotton by the occupying military facilitated an increase in its production. We conclude that this increase was a result of military occupation and wartime violence.

## Chapter 6
## IMAI, Ryoichi
## Plundering of Local Resources and the Introduction of Farming Techniques to Manchuria: Hokkaido Agricultural Methods and the Japanese Peasant Immigration to Manchuria

The immigration of Japanese peasants to Manchuria occurred every year between 1932 and 1945. The total number of immigrants reached approximately 900 groups and the number of those who stayed was approximately 300,000.

One of the main roles of these groups was to quickly create the great, modern form of management in Manchuria that became a model for agriculture in Asia. Another goal of these newcomers was to increase the production of food during the war. In order to fulfill these goals, the immigrants made the following demands of the leadership of executives and instructors: 1) the acquisition of farming techniques in Manchuria; 2) the efficient execution of rice farming, dry field farming, and the management of domestic animals using only family labor as opposed to hired labor; 3) the maintenance of a healthy life suitable for the climate of Manchuria.

A group of Japanese peasants was sent to Manchuria between 1932 and 1935 to evaluate the situation but these individuals were not directly involved in doing agriculture. Based on the evaluators' experience, the advanced Hokkaido agricultural methods were introduced to longheadedness, and economic efficiency. The importation of cattle from the Korean peninsula involved the problem of rinderpest, but after the Japanese-Russo war, Korea became a protectorate of Japan, which enforced a quarantine system that expedited the import of cattle.

In the homeland, cattle breeders developed a fattening technique that would increase marbling. In the late Meiji era, fat lumps were regarded as signs of well-fattened cattle, but in the early Showa era, fat lumps were regarded as flaws and the industry demanded that all fat was to be incorporated into the red meat.

The import of Korean cattle solved the problem of quantity, while the fattening of cattle in the homeland could focus on meat quality. Depending on the way meat was used, the evaluation of quality was based on marbling, meat yield, and carcass size. Marbling was especially in demand for making nabe, or hot pot dishes, the most popular style of eating beef since the cultural enlightenment of the Meiji era. In the late Meiji era, gyuunabe (beef hot pot) became expensive. The increased import of Korean cattle coincided with a period of diversification in the ways to eat beef. The cheaper and unmarbled Korean beef supported the diversification of nutritional habits.

## Chapter 5
## SHIRAKIZAWA, Asahiko
## The Production and Circulation of Raw Cotton in the Occupied Territory in Northern China during the Wartime Period

This article clarifies the actual state of raw cotton production and circulation in northern China during the wartime period.

The civilian demand for cotton fabric in Japan was strictly limited. However, in the Japanese military occupied territory in northern China and Manchuria, cotton cloth played a key role in controlling the local inhabitants. In other words, cotton fabric was in demand by both civilians and the military. After foreign trade with Japan stopped, Japan imported almost all its raw cotton from China when it was occupied by Japan.

Competition between the production of raw cotton and cereals existed in northern China. In addition, the deficit was bigger for cotton than other crops and for the farmer, transplanted horses were supplied to Japanese agricultural immigrants but these people were not prepared to receive the horses or use them effectively. As a result, 30% of the transplanted horses were injured or maltreated and could not be used.

2) 1941–1942: When a large number of horses were requisitioned in Japan in July 1941, the transplantation was postponed until 1942. In the same period, the demand for Japanese horses by agricultural immigrants increased. These groups introduced the farming method called Hokkaido-noho, which used a large horse-drawn plow. However, in order to manage their farms without employees, the use of this plow was only possible with the larger Japanese horses and not with the Manchurian ones.

3) 1943–44: The transplantation resumed in 1943 in order to supply farming horses to immigrants and to increase crop yield in Manchuria using the Hokkaido-noho method. This means that the goal of the transplant project changed from fulfilling military demands to agricultural demands. However, the number of transplanted horses was still too small to achieve any increase in the crop yields. Although approximately 80,000 Japanese horses were required, only about 40,000 were actually transplanted.

## Chapter 4
## NOMA, Mariko
## Changes in the Beef Supply in the Japanese Imperial Sphere: The Development of Meat Resources in Conjunction with Farming and the Fattening of Cattle

This chapter covers the expanding beef supply in the pre-war period and tries to clarify some distinctive characteristics of the meat industry in Japan.

Because the Japanese-Russo war required a certain amount of beef in military rations, the fragility of the meat industry became apparent. We point out that until the mid-1960s, cattle older than three years of age were used for farming before they were fattened for slaughter. As the result of military demand, the number of cattle slaughtered increased by 20% with a consequent decrease in the number of farming cattle. The result was that Korean cattle became an essential component of the meat supply in pre-war Japan.

One important factor behind the increased import of Korean cattle was their high value to farming. These animals were positively evaluated because of their durability, meekness,

the government's intention of controlling the demographic transition and encouraging population growth for winning the war. This means that an agricultural population with a high birth rate was maintained, whereas the urbanization and industrialization of Japan were controlled. However, these population strategies were not easily accepted by policy leaders. In regard to agricultural policy, the following issues were argued: the allocation of an agricultural population, and the number of agricultural households in Japan, Manchuria, and China, with the goal of an agricultural immigration to Manchuria. Many of these arguments were mere agricultural planning theories ignoring the present condition of peasants that were criticized from the economical viewpoint of peasants. Peasant economists feared the increase in the number of part-time farmers and poor agricultural management rather than the maintenance of an agricultural population. The policy of maintaining an agricultural population with the intention of controlling the demographic transition did not consider the reality of agricultural business conditions. There was a gap between population theory and agricultural theory in regard to both logic and politics. When population theory considers the demographics of agriculture, this area of social science can contribute to many issues. The allocation of an agricultural population was part of a compromise for this problematic national population policy. It has been shown in several examples of typical policies in wartime Japan that a demographic policy focusing on agriculture and agricultural populations, was primitive in its design, and that agricultural policy in general progressed only under the actual conditions of that time.

## Chapter 3
## OTAKI, Masatoshi
## The Movement of Horses between Japan and Manchuria: The Project of Horse Transplantation to Manchuria from 1939 to 1944

The purpose of this chapter is to describe horses as a resource in imperial wartime Japan, with particular focus on the transplant of Japanese horses to Manchuria between 1939 and 1944. This analysis determined that the project was divided into three distinct periods:

1) 1939–1940: The transplantation began in order to remove the military horses in Manchuria because the domestic horses in Manchuria were too small for military use. The

transactions. Without the formation of a "family" system like that of Japan, farmers' ethics associated with the "family" system did not fully develop and the incentives for savings mobilization were inadequate. Unlike Japan's "closed communities" based on "families", the village communities consisting of highly mobile farmers failed to develop social relationships such as trust, cooperation, mutual aid, and mutual control adequately among the farmers. In addition, the development of rural economies was considerably slow in these regions, and such an economic environment of agricultural cooperatives likely had the effect of distracting the development of agricultural cooperatives. The prerequisites for the development of agricultural cooperatives must have been inadequate in Karafuto and Micronesia in both economic and non-economic aspects.

The cooperatives in Karafuto and Micronesia can be characterized by their roles as organizations in charge of developing colonial agricultural and forestry resources. In both areas, however, cooperatives in farm villages lacked activities and their positions in each respective market of regional finance failed to reach a high level. Rather, the characteristic of Karafuto and Micronesia was that both had developed as credit unions for commercial businesses. Considering this, it is rather doubtful that the cooperatives in Karafuto and Micronesia were capable of adequately playing the role of the organization for the development of agricultural and forestry resources.

## Chapter 2
## ADACHI, Yasunori
## An Issue between Population Policy based on Demography and Agricultural Policy in Wartime Japan

In January 1941, the Japanese government adopted "The Outline of Population Policy" in regard to diet. The goals of this policy were to cultivate healthy people and healthy soldiers who would play important roles in World War II and to encourage population growth among the Japanese population. This outline showed that the government planned to secure 40% of the population of Japan, Manchuria, and China for an agricultural society. The National Institute of Population Research implicitly included the maintenance of food production and a population policy in their plan. In other words, these strategies revealed the development of such cooperatives.

The Agricultural Cooperative Act was promulgated and enforced in Japan in 1900. Subsequently agricultural cooperatives expanded rapidly. The role that agricultural cooperatives played in rural economies during the pre-World War II period was extremely important. The Agricultural Cooperative Act permitted businesses of four types: credit business, sales business, purchasing business, and rental business.

The roles that agricultural cooperatives played in rural economies in the prewar era were substantial and analysis and research of them had already been developing at the time. These cooperatives have often been included also in postwar historical studies, adding to the extremely large numbers of studies of them ranging from pre-war to post-war periods. Almost no research of agricultural cooperatives in the Japanese Imperial Sphere, on the other hand, has developed with the exception of a cooperative credit society in Korea. Preceding studies of Karafuto and Micronesia are likely to be nonexistent.

Agricultural cooperatives in the regions ruled by the Japanese Imperial Sphere were given the grounds for establishment by the following laws and regulations: the 1915 law for Karafuto agricultural cooperatives for agricultural cooperatives in Karafuto, and the 1932 order for Micronesian agricultural cooperatives for agricultural cooperatives in Micronesia.

Improvement of rural finance was demanded by the farmers at the time and the credit business was the most profitable, which encouraged agricultural cooperatives to develop their credit business as a priority. This article presents development of its discussion based on credit business.

As prerequisites for the development of agricultural cooperatives that provided unsecured financing based on personal credit, the issues of how to promote savings mobilization and how rural communities would be able to control the opportunistic behavior of farmers (cooperative members) were examined specifically. Japan has its unique "family" system ("*ie*" system), in which the farmers' behavior and ethics of hard work, thrift, and regular savings for the permanent continuation of "families" and prevention of a downfall of "families" had been popularized. This constituted the incentive for savings mobilization. The "closed communities" ("*mura*" societies) that are distinctive of Japan played the role of controlling farmers' opportunistic behavior and governing economic transactions. Farmers and villages in both Karafuto and Micronesia, however, did not have such functions of providing incentives for savings mobilization and governing economic the wartime measures designed to maintain the agricultural population, which became an urgent issue at that time. A regional comparison of the performances of agricultural cooperatives should reveal differences in the individual conditions of agricultural and forestry resources development in the various regions throughout Imperial Japan. The volume also sheds light on the expansion of complementary relationships among the various regions in Imperial Japan by examining, for instance, the distribution of cattle and horses throughout the sphere of influence of Imperial Japan.

With regards to aim 2, despite the surge of interest in resources and environmental issues, the biggest constraint on research into these issues at present is the overwhelming lack of empirical analysis. In particular, no research specifically investigates the historical process of agricultural and forestry resources development during a total war system and this volume aims to fill this lacuna. The world is inherently diverse, but its diversity is most amply demonstrated in the agriculture and forestry industry. By accumulating particular facts about agricultural and forestry resources development, this volume aims to reveal the realities of agricultural and forestry resources issues, which are all unique. The regions to be analysed in this volume are Manchuria, Karafuto, Micronesia and Occupied North China.

Thomas Peaty makes a point that is of great interest. He argues that unlike European imperialism, which preceded Japanese imperial expansion, the expansion process of the Japanese Imperial Sphere was guided throughout by geopolitical strategic concerns. Bearing this point in mind, the volume also examines, in relation to aim 1, the reciprocal relationship in developing agricultural and forestry resources in the various areas throughout the Imperial Sphere.

## Chapter 1
**SAKANE, Yoshihiro**
**Agricultural and Forestry Resource Development Organizations in the Japanese Imperial Sphere: Comparative Study of Agricultural Cooperatives**

The aim of this study was to examine as specifically as possible the agricultural cooperatives in Karafuto (South Sakhalin) and Micronesia (Micronesia under Japanese Mandate), which have never been studied in the past, and to ascertain the conditions for

## English Summary

# *Agricultural and Forest Resource Development of the Japanese Imperial Sphere: "Resourcing" and the Total War System in Eastern Asia (A History of Agriculture-Forest Resource Development, Vol. 2)*

**Edited by NODA, Kimio**

Kyoto University Press, 2013

### Introduction
### NODA, Kimio
### Agricultural and Forestry Resources Development in the Japanese Imperial Sphere: Its Challenges and Structure

The current volume has two aims:

1. To comprehend, in terms of diversity and interrelationships, the sphere of influence of Imperial Japan, which provides a common framework for the various regional cases examined in this volume.

2. To describe in detail the actual situation of agricultural and forestry resources development within the sphere of influence of Imperial Japan.

While Japan was a semi-agricultural country, with about half the population working in the agriculture sector, about half of total imports were made up of agricultural and forestry produce. In order to embark on a war under these extraordinary circumstances, it was imperative to succeed in developing agricultural and forestry resources in the sphere of influence of Imperial Japan.

With regards to aim 1, the volume sheds light on the expectations towards the Imperial Sphere and the diversity of various regions in the Imperial Sphere. This is done by examining the situation of agricultural cooperatives, which were set up as an entity to direct the development of agricultural and forestry resources in the Imperial Sphere, and

[は行]



[ま行]



[や行]



[ら行]

# 索　引

第 6 章
**今井　良一**（いまい　りょういち・1972 年生）
神戸親和女子大学講師（非常勤）・京都大学研修員（近代日本農業史・近代満洲農業史・農業地理学）
「北海道農法の導入と「満洲」農業開拓民（第 3 章第 4 節）」田中耕司編『岩波講座:「帝国」日本の学知第 7 巻実学としての科学技術』岩波書店、2006 年
「「満洲」開拓青年義勇隊派遣の論理とその混成中隊における農業訓練の破綻」『村落社会研究ジャーナル』第 16 巻第 2 号、2010 年

第 7 章
**中山　大将**（なかやま　たいしょう・1980 年生）
日本学術振興会特別研究員（PD 北海道大学）（北東アジア移民社会史）
「周縁におけるナショナル・アイデンティティの再生産と自然環境的差異―樺太米食撤廃論の展開と政治・文化エリート」『ソシオロジ』第 163 号、2008 年
「樺太移民社会の解体と変容―戦後サハリンをめぐる移動と運動から」『移民研究年報』第 18 号、2012 年

第 8 章
**森　亜紀子**（もり　あきこ・1980 年生）
京都大学大学院農学研究科博士課程（近現代沖縄移民史）
「ある沖縄移民が生きた南洋群島―要塞化とその破綻のもとで―」蘭信三編『帝国崩壊とひとの再移動―引揚げ、送還、そして残留－』勉誠出版、2011 年

【著者紹介】
序章・終章
**野田　公夫**（編者略歴参照）

第 1 章
**坂根　嘉弘**（さかね　よしひろ・1956 年生）
広島大学大学院社会科学研究科教授（近代日本経済史）
『日本伝統社会と経済発展』農山漁村文化協会、2011 年
『日本戦時農地政策の研究』清文堂出版、2012 年

第 2 章
**足立　泰紀**（あだち　やすのり・1958 年生）
近畿医療福祉大学社会福祉学部教授（近代日本農政史）
「戦時体制下の農政論争」野田公夫編『戦後日本の食料・農業・農村第 1 巻：戦時体制期』農林統計協会、2003 年
「柳田国男の探求スタイル―農政論の射程―」『福崎町文化』第 23 号、2007 年

第 3 章
**大瀧　真俊**（おおたき　まさとし・1976 年生）
京都大学大学院農学研究科研修員（農業経済学・農業史）
『軍馬と東北農民』京都大学学術出版会、2013 年 3 月（刊行予定）
「戦間期における軍馬資源確保と農家の対応―「国防上及経済上ノ基礎ニ立脚」の実現をめぐって―」『歴史と経済』第 201 号、2008 年

第 4 章
**野間　万里子**（のま　まりこ・1979 年生）
京都大学大学院農学研究科博士課程（近代日本畜産史・食生活史）
「近代日本における肉食受容過程の分析―辻売、牛鍋と西洋料理―」『農業史研究』第 40 号、2006 年
「滋賀県における牛肥育の形成過程―戦前期、役肉兼用時代の肥育論理―」『農林業問題研究』第 46 巻第 1 号、2010 年

第 5 章
**白木沢　旭児**（しらきざわ　あさひこ・1959 年生）
北海道大学大学院文学研究科教授（日本近代経済史）
『大恐慌期日本の通商問題』御茶の水書房、1999 年
「日中戦争期における長期建設」『日本歴史』第 774 号、2012 年

## 編者略歴

**野田公夫**（のだ　きみお・1948年生）

京都大学大学院農学研究科教授
専攻：近現代日本農業史、世界農業類型論
主要業績
『戦間期日本農業の基礎構造―農地改革の史的前提―』文理閣、1989年
『歴史と社会 日本農業の発展論理』農山漁村文化協会、2012年

（農林資源開発史論　Ⅱ）
日本帝国圏の農林資源開発
―「資源化」と総力戦体制の東アジア―


2013年3月15日　初版第一刷発行

編　者　　野田公夫
発行人　　檜山爲次郎
発行所　京都大学学術出版会
京都市左京区吉田近衛町69番地
京都大学吉田南構内（〒606-8315）
電　話（075）761-6182
FAX（075）761-6190
URL　http://www.kyoto-up.or.jp
振　替　01000-8-64677

ISBN 978-4-87698-260-8
Printed in Japan
印刷・製本　㈱クイックス
定価はカバーに表示してあります